JN136659

挫折させない

Houdini™

ドリル

作例データと解説動画で
くりかえしたたきこむ

新井克哉 著

Born Digital, Inc.

ダウンロードデータと書籍情報について

本書のウェブページでは、ダウンロードデータ、追加・更新情報、発売日以降に判明した誤植（正誤）などを掲載しています。
また本書に関するお問い合わせの際は、事前に下記ページをご確認ください。
https://www.borndigital.co.jp/book/9784862466136/

はじめに

HoudiniはSide Effects Software社が開発・販売しているソフトウェアです。映像からゲーム制作まで幅広く使われており、本書を手に取った皆さんは昨今の盛り上がりをご存知かと思います。

しかしながらHoudiniは「難しいソフト」と呼ばれ、多くの挫折者を生むことでも有名です。そこで本書ではすでに挫折を経験した方々や恐る恐る扉を叩く方々に向けて、あなたの行く手を阻む難問を丁寧に1つずつ取り除き、**Houdiniを自分の力で使いこなすこと**を目標に、徹底的にサポートする内容になっています。

意味も分からず手順だけをコピーする（How）のではなく、**なぜそのノードを使うのか**という力強いロジック（Why）を身につけましょう。

もちろん座学だけでは知識の定着が難しいため、実際に手を動かしながらより良い設計ができるようステップアップしていきましょう。

昨今の技術は目を見張るスピードで進歩を遂げていますが「ただそれを使っただけ」の出力に意味はありません。大切なのは「その道具を使って自身の表現ができるようになること」です。

自分の力で、イメージ通りツールをコントロールできるようになったという実感があなたの背中を押してくれます。

学習を通して得た1つひとつの小さな成功体験が、かけがえのない財産になってくれるはずです。

さあ、一緒にHoudiniの扉を叩きましょう。

新井 克哉 a.k.a めんたいこ

CONTENTS

1章 ▶ 事前準備

Houdiniの世界に飛び込む前に、しっかりと事前準備をしてのぞみましょう。

》Houdini無料版のインストール

本書はHoudini FX、CORE、Indie、EducationおよびApprentice（無料版）すべてのバージョンで読み進めることが可能です。以下ではHoudiniをまだ入手していない方のために、無料版の導入方法についてご説明します。

▶無料版について

無料版ではいくつかの制限を除き、有料版のほぼすべての機能を使うことができます。学習目的で無料版を使用した後、有料版にステップアップする際にはご自身の目的に合わせてライセンスを選びましょう。

ライセンスについての詳しい情報は「SideFX社ホームページ：https://www.sidefx.com/ja/」をご覧ください。

▶無料版のダウンロード

まずはSideFXのアカウントを作成し、「ダウンロードページ：https://www.sidefx.com/download/」からインストーラをダウンロードします。

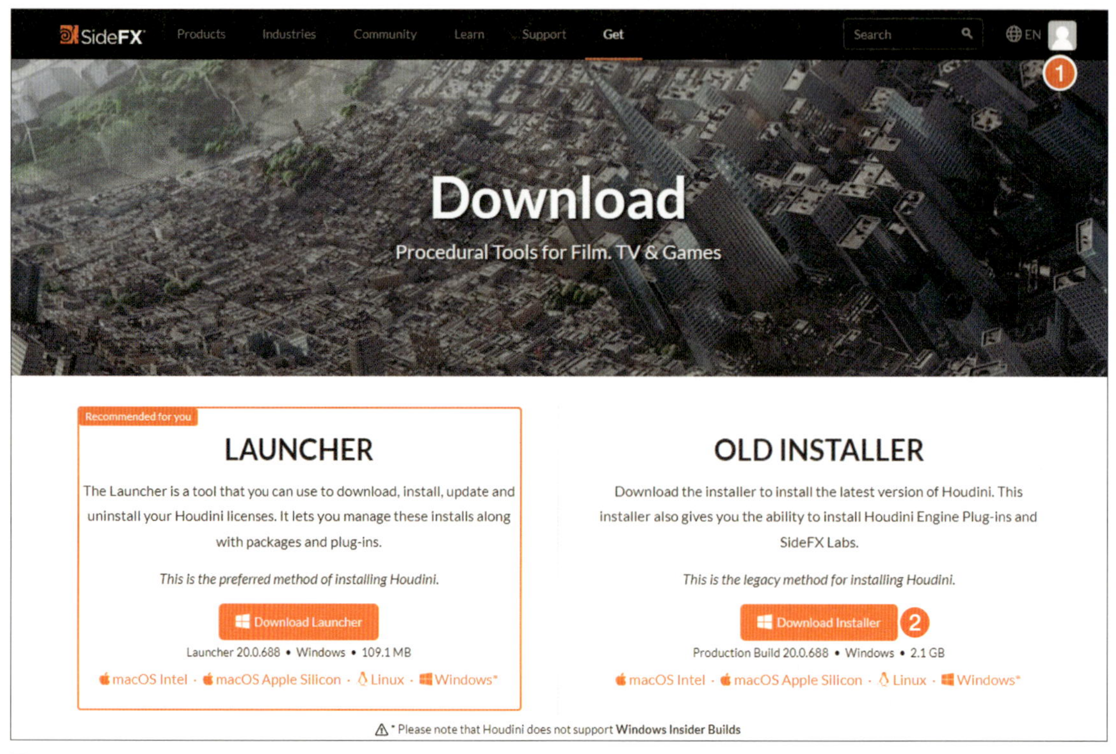

図01-001　インストーラのダウンロード

❶ ログインするとLoginの表記からアイコンの表記に変わります。

❷ インストーラはバージョンの管理ができるLAUNCHERとバージョン固定のOLD INSTALLERを選べますが、筆者は問題が発生したときにバージョンの切り分けを行いやすいため、OLD INSTALLERを使用しています。そこで本書では、OLD INSTALLERをダウンロードして説明を行います。

▶無料版のインストール

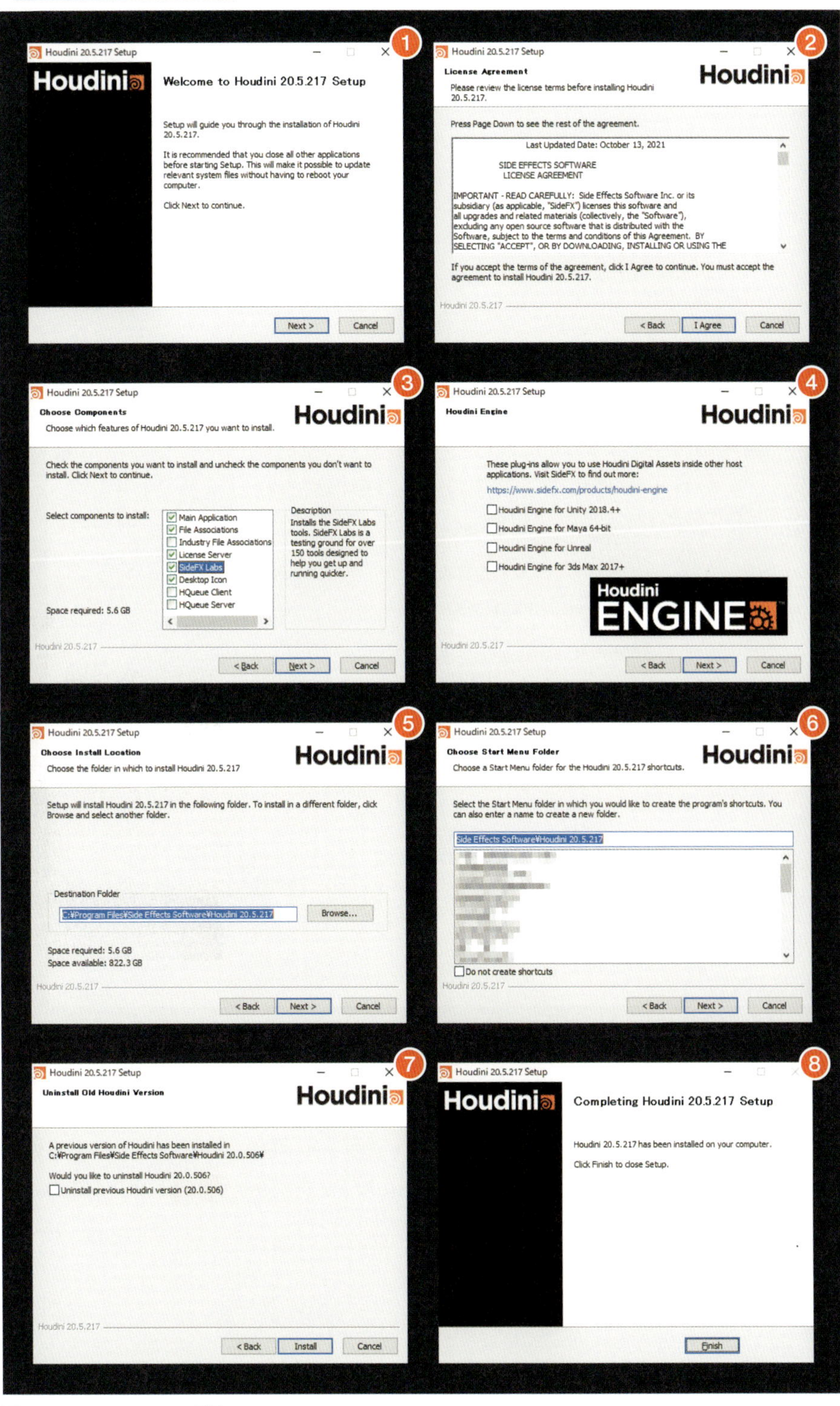

図01-002　インストール手順

ダウンロードしたインストーラを起動します。ライセンス要項を確認してインストールをしていきます。ここでは特筆事項のみ解説していきます。

3. 本体インストール時に追加のコンポーネント(便利なツールなど)もインストール可能です。今後役に立つケースが多いため、SideFX Labsにチェックを入れることをおすすめします。

4. HoudiniをMaya、3ds Max、Unity、Unreal Engineと連携するためのHoudini Engineというプラグインをインストールすることができますが、本書では割愛します。

7. 過去のバージョンをインストールしている場合は古いバージョンを削除するかどうか決定します。業務でHoudiniを利用するようになったら安全のため過去のバージョンを保持しつつバージョンアップの検証を行うとよいでしょう。

無料版の起動

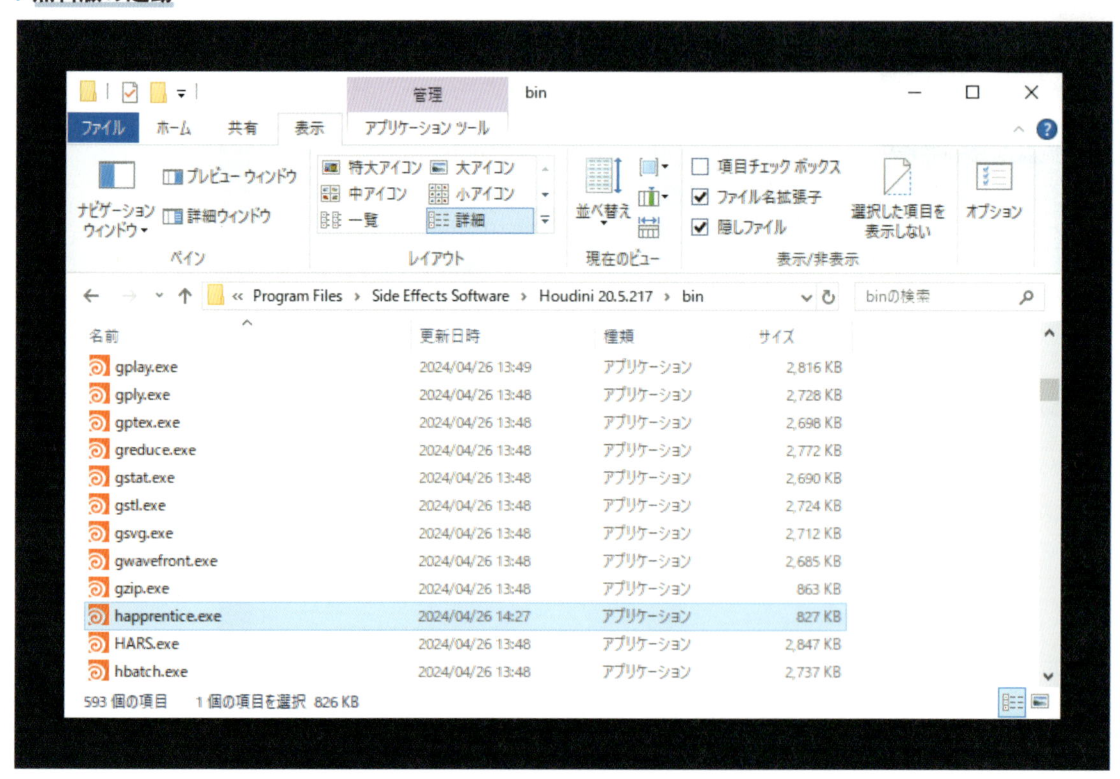

図01-003 Houdiniのアプリケーションが置かれたフォルダ

無料版のHoudiniはHoudini Apprenticeと呼ばれ、Windows環境でデフォルト設定でインストールした場合は`C:/Program Files/Side Effects Software/Houdini`のバージョン`/bin`以下にアプリケーション本体が保存されています。

`happrentice.exe`を起動してHoudiniライフを始めていきましょう。

›› ユーザーインターフェースと基本操作

Houdiniではユーザーインターフェース（以降UIと略します）を自分好みに変更し、Desktopという単位で管理することができます。

本書はデフォルトのUIのままでも読み進めることができますが、手元と比べて大きく画面が違うと学習しにくい可能性もあるので、筆者が業務で使用しているDesktopをご紹介しながらDesktopの編集・保存方法を見ていきましょう。

その上でHoudiniの基本操作をご紹介していきます。

Desktopの変更・保存

画面上部のDesktopタブを見てみると、デフォルトでは「Build」となっているのが確認できます。このデスクトップは他のDCCツール[*1]と同様、シーンビュー（ビューポート）が大きく表示されているものになります。

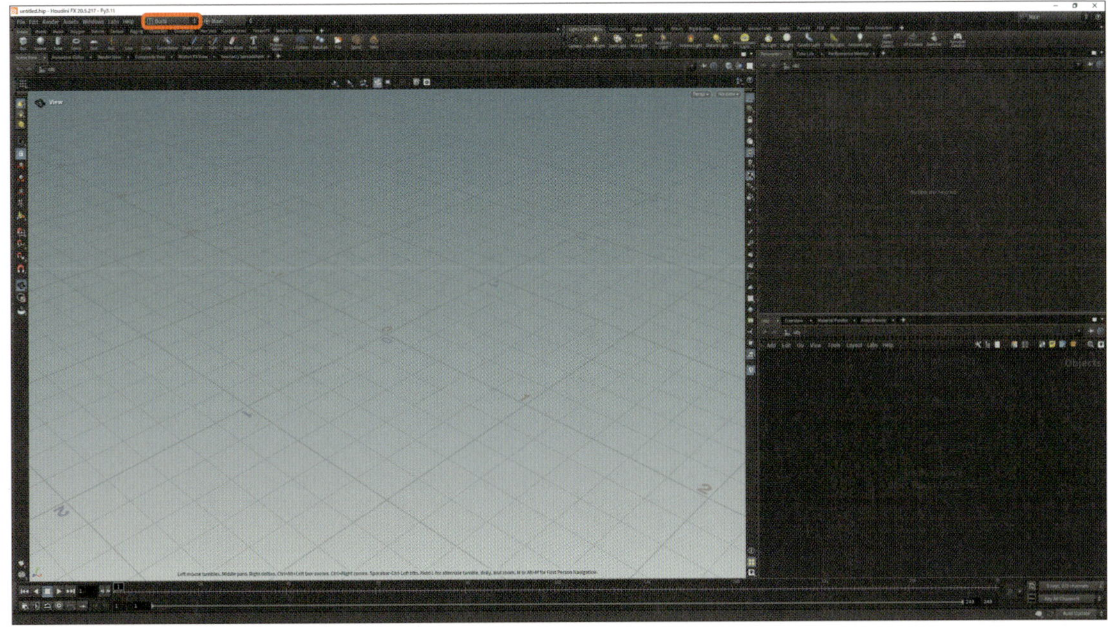

図01-004　デフォルト起動画面：Buildデスクトップ

他のツールから移行してきた方には馴染みが深いUIだと思いますが、Houdiniでは後述するように次のペイン（ウィンドウ）がとても重要になってきます。

・ネットワークビュー（Network View）
・ジオメトリスプレッドシート（Geometry Spreadsheet）

ネットワークビューはノードを配置したり繋いだりする場所です。ジオメトリスプレッドシートは表計算ソフトのようにジオメトリの状態を一覧で確認できる場所[*2]です。

重要なところを大きく表示したほうが作業が捗るので、既存のデスクトップを改造していきましょう。「Build」

＊1　DCCとはDigital Content Creationの略で、3D統合開発ツールのことを指します。簡単に言うとMaya、3ds Max、Blenderなどのソフトのことです。
＊2　この説明ではわかりにくいと思いますが、後ほど丁寧に解説しますので安心してください。

を改造しても良いのですが、目的に近い「Technical」からスタートします。

Desktopタブをクリックし複数のデスクトップ候補から、ここではTechnicalを選択します。

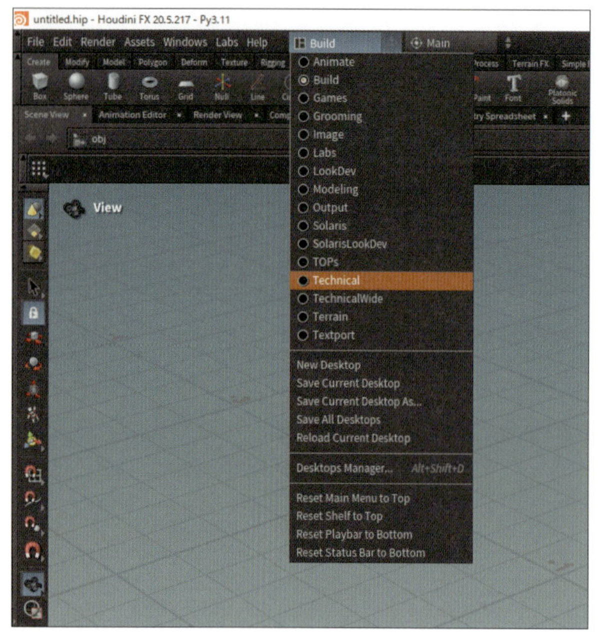

図01-005　デスクトップ選択メニュー

こちらがTechnicalデスクトップです。ここから改造していくのですが、スクリーンショットより動画をご覧いただくほうがわかりやすいと思うのでご参考ください。

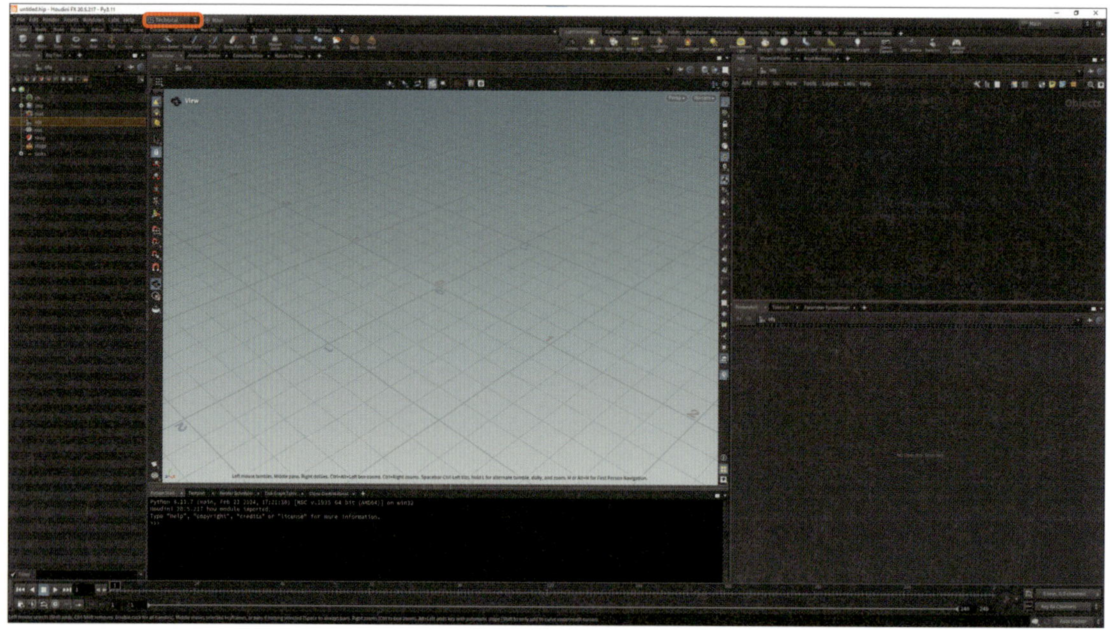

図01-006　Technicalデスクトップ

デスクトップのカスタマイズ

edit_desktop.mp4

デフォルトのTechnicalデスクトップをカスタムしているところ

変更し終わったらデスクトップを保存します。「Save Current Desktop As…」を実行して別名保存しましょう。

今回は「StartKit」とします。

これでデスクトップが保存できました。本書と同じUIで進めたい場合はこちらのデスクトップをご利用ください。

インターフェースの概要

Desktopを使いやすく変更したので画面の名称などを押さえておきましょう。本書を読み進めていく上でも、インターネットなどの情報を探す上でも基本となる部分です。

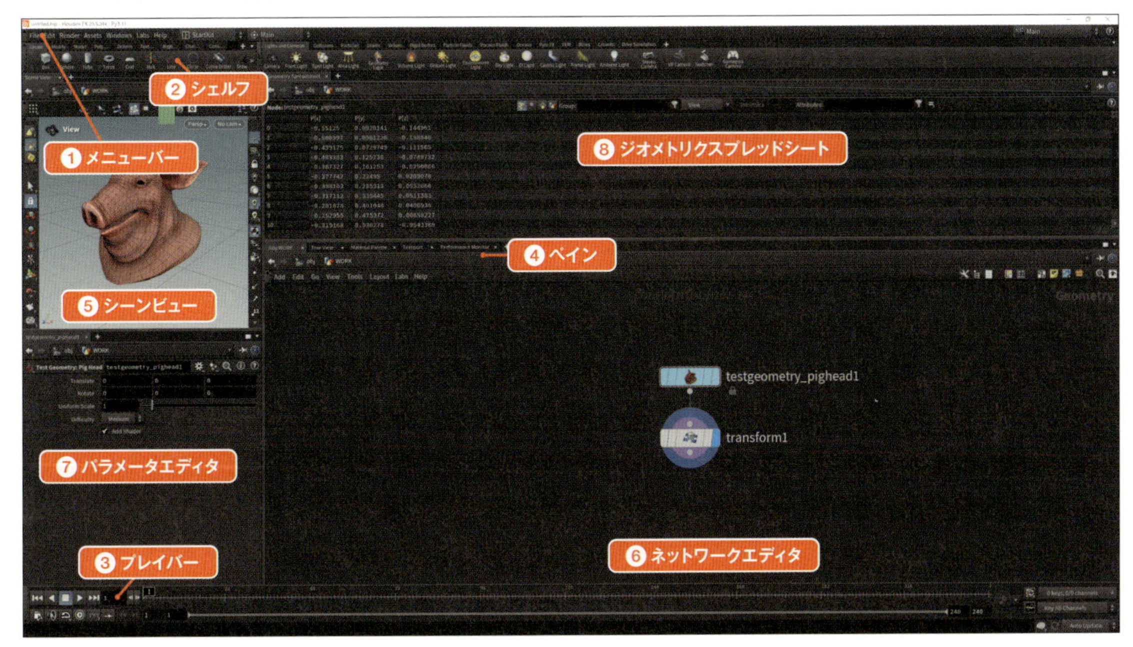

図01-007 インターフェース

①メニューバー

メインメニューとも呼ばれます。ファイルのインポートやレンダリングの管理など、よく使う機能にアクセスすることができます。多くのDCCツールも同様なUIを持っているのでわかりやすいでしょう。

②シェルフ

海や爆発、破壊などをワンボタンで作ってくれる便利機能がまとまっています。ですが筆者はデフォルトで用意されたシェルフはほぼ業務で使用しません。その理由としてネットワーク(ノードの組み方)の構成が筆者の好みと異なること、および大量のノードが一気に生成されてしまうため管理がしにくいことなどが挙げられます。

③プレイバー

アニメーションを再生するためのフレームを制御します。

④ペイン

ペイン(Pane)は英語で窓枠という意味で、複数のウィンドウをタブで管理することができる領域です。

⑤シーンビュー

3Dオブジェクトを表示する領域です。Desktopの編集のときにお話ししましたが、個人的にはHoudiniにおいてメインの領域ではなく、**デバッグ画面**としてとらえておくことをおすすめします。

⑥ネットワークエディタ

ノードを操作するHoudiniの最重要ウィンドウです。Houdiniでは組み上げたノード全体を**ネットワーク**と呼びますので覚えておくと良いでしょう。

⑦パラメータエディタ

ノード固有のパラメータを操作するウィンドウです。こちらも重要なウィンドウなので、ホットキーで表示・非表示する機能もあります。そこについては基本操作編でご紹介しましょう。

⑧ジオメトリスプレッドシート

ジオメトリの状態を確認することができるウィンドウです。初心者のうちは数字が大量に並んでいてひるんでしまうかもしれませんが、**Houdiniの最重要機能の1つ**です。この機能のおかげでデバッグが大いに捗り、堅牢なシステムを作ることが可能になります。慣れてくるとありがたみが身にしみる、素晴らしい機能です。

コンテキストについて

実際にHoudiniを触り始める前に、**コンテキスト**という考え方だけは先におさえておきましょう。この知識があるのとないのでは今後の学習に雲泥の差が生まれます。

はやる気持ちをグッと抑えて、まずは座学にお付き合いください。そしてここでは理解を深めるためにBlenderの画面を参考に説明します。

ここで使用しているBlenderはバージョン3.6.5LTSとなっております。本書はHoudiniの解説書であり、Blenderの説明も**一般的なDCCツール**の代表として登場してもらっているだけなのでバージョンの差異は無視していただいて構いません。また、Blenderを使用したことがない方は無理にインストールする必要もホットキーを覚える必要もありません。多くのツールで用いられている概念が伝わればよいので、ご自身の馴染みが深いツールに置き換えてお読みください[*1]。

■ Blender

図01-008　BlenderのUI

ここでお話をする重要な概念は次の2点のみです。

・アウトライナ
・エディットモード

アウトライナは、このシーンにどんなオブジェクトが置いてあるのか、それが目に見えるのかどうかなどの**シーン全体の状態を管理する場所**です。

多くのDCCツールにもゲームエンジンにも存在する機能なのでご存じの方も多いでしょう。続いてHoudiniの説明をしますが、その際このアウトライナに該当する場所がどこにあたるのか意識しておきましょう。

続いて**エディットモード**に関してですが、選択されたオブジェクトのポリゴンモデリングを行うモードのことです(Blenderの場合は[TAB]キーでエディットモードに入れますね)。

オブジェクトそのものの操作を行いたい場合はもう一度[TAB]キーを押して**オブジェクトモード**に戻ります。

オブジェクトモードとエディットモードを行き来してモデリングを行っていく、ということを覚えておきましょう。

■ Houdini

それではHoudiniに戻ってきましょう。操作方法については後ほど詳しく解説しますので、まずは本書と同じ操作をしてみてください。

Houdiniを起動したら、マウスをネットワークエディタ上に移動させて[TAB]キーを押します

＊1 Houdiniが初めて触るDCCツールだという方もおられると思いますが、個人的には1ヶ月でもいいのでBlenderやMaya、3dsMaxなどの一般的なDCCツールを勉強されることをおすすめします。Houdiniは非常に自由度が高いツールなのですが、その「自由さ」を理解するためには「普通の」考え方を先に学ぶ必要があると筆者は考えています。

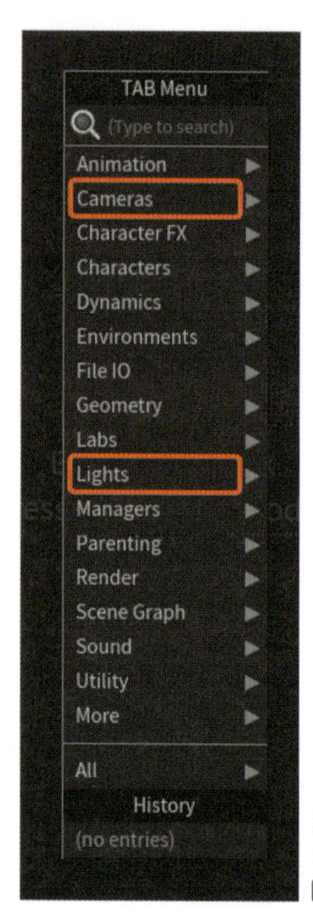

図01-009　ネットワークエディタ上、OBJレベルでTABキーを押す

左の図のような状態になりましたか？　簡単に操作の説明をするとTABキーを押すことで今作ることができるノードを一覧表示してくれるという仕組みになっています。この「今作ることができる」ということについて丁寧に説明していきますが、まずはこの一覧の並びをなんとなく覚えておいてください。後に見比べるので厳密でなくてOKです。

上記の操作に続けて以下を行ってください。

1　（Tabメニューが出ている状態で）geoと入力してください

2　Geometryという候補がハイライトされたらEnterキーを押します

3　ノードを作りたい場所にマウスを動かし、Enterキーを押すとGeometryノードが作られます

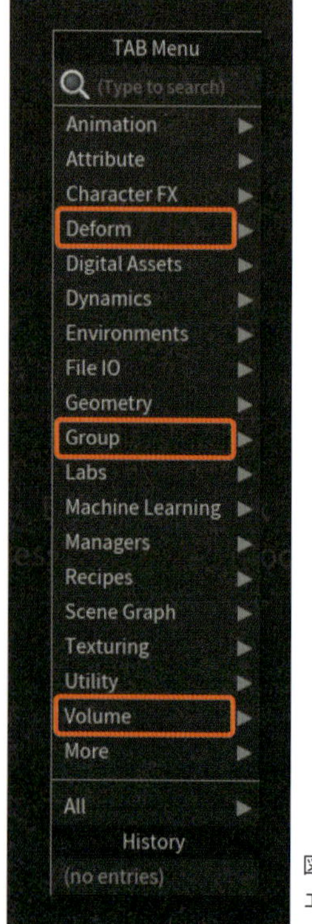

図01-010　ネットワークエディタ上、SOPレベルでTABキーを押す

初めてノードを作ってみましたね。ここまでは分かるのではないでしょうか。しかしここからが本題なので気を引き締めて行きましょう。

1　GeometryノードをマウスでB選択した状態でEnterキーを押します（マウスのダブルクリックでもOKです）

2　Geometryノードの中に入ることができるので、そこでTABキーを押します

先程と同様、**今作ることができるノードが一覧表示されました**。しかし、先程の図01-009とは様子が変わり、ノード一覧の内容が異なっています。

Geometryノードを作ったときには候補にCamerasやLightsがありましたが、Geometryノードの内部ではDeformやGroup、Volumeなどが表示されています。

Houdiniはすべてがノードでできており、ノード1つひとつはTABキーを押すことで呼び出すことができます。その総量は膨大で、もしTABキーを押した瞬間全部のノードが候補で出てきてしまったら目的のノードを探すのも一苦労になってしまいますよね。

それを防ぐためにSideFXは「マテリアルを作りたいときはマテリアルに関係あるノード」だけ、「モデリングをしたいときはモデリングに関係あるノード」だけ、「コンポジットをしたいときはコンポジットに関係あるノードだけ」をあらかじめ絞って表示してくれる賢い機能があります。これが**コンテキスト**と呼ばれるものです。

この機能を念頭に置いて先程の作業を振り返ってみましょう。まず最初にgeoと入力してGeometryノードを作成しました。これは**シーンにオブジェクトを配置する**ことを意味します（シーンに配置するものが候補で出てくるので、CameraやLightが表示されていたわけですね）。

ここがBlender（または他のDCCツール）で言うところのオブジェクトモードです。つまりアウトライナと同じシーン全体の状態を管理する場所ということです。

そして、Geometryを選択してEnterキーを押す、またはマウスのダブルクリックで中に入ったあとではノードの候補はモデリングに特化したもの*1に絞られます。この場所がBlender（他のDCCツール）で言うところのエディットモードとなります。

これらをまとめると次の通りです。

1 Houdiniは「今やりたい作業」に合わせてノードの候補が変わる仕組みがあり、これをコンテキストと呼びます。

2 カメラやライト、ジオメトリを作る場所はObjectやOBJ、Sceneレベルと呼ばれます。これは一番上の階層で、シーン全体を管理する場所です。

3 個別のジオメトリノードの中では主にモデリングを行います。Surfaceを編集する機能を持つことから**S**urface **OP**erator、略してSOP（ソップ）と呼ばれます。

Houdiniではノードのことを○○ノードと呼んでも良いですし、○○「コンテキスト名」と呼ぶこともあります。

例えばモデリングをする場所であるSOPで使うPolyBevelはPolyBevelノードと呼んでもよいですし、PolyBevelソップと呼んでもOKです。

本書ではモデリングをする場所であるSOPを徹底的に学んでいきます。「本当はエフェクトをやりたいんだけど」や「プロシージャルモデリングには興味がないな」という方も、どうかここから学習をスタートさせてください。この先すべてのHoudiniの作業には、このSOPの理解が密接に関わってきます。

「SOPを制するものはHoudiniを制す」という言葉もあります。一緒に学んでいきましょう。

Column

Windowsを使っている方はコンテキストメニュー（右クリックメニュー）はご存知かと思います。これはフォルダ上で右クリックとファイル上で右クリックで表示されるメニューが異なる機能ですが、まさにこれがHoudiniのコンテキストと同じものです。コンテキストとは日本語でいうと「文脈」に当たるので、現在の文脈に合わせて振る舞いを変えてくれる気の利いた機能というわけですね。

*1 実際はモデリングのみではないのですが、まずは大枠でモデリングととらえた方が理解が深まるでしょう。

2章 ▶ 基本操作

[TAB]キーで「今やりたい作業」に合わせてノードの候補を出す、というのは前の章で説明しました。これが最も重要なHoudiniの操作なのですが、それ以外も大切な操作が多くありますので、簡単にご紹介しておきましょう。

ポイントとして、**Houdiniはマウスがどのウィンドウ上にいるかで操作が変わる**ということを覚えておくと良いでしょう*1。

画面操作に関しては動画の方がわかりやすいところもあると思いますので、動画をご用意しました。

›› ビューポート操作

ビューポート（シーンビューとも呼びます）の操作はDCCツールの基本操作です。

ビューポートでは大別するとポリゴンやポイント、エッジなどの選択を行うセレクトモードとカメラ操作を行うビューモードがあり、ビューポート上にマウスがある状態でホットキーを押すことでモードを切り替えることができます。

ホットキー	モード
[S]	セレクトモード
[SPACE]	ビューモード

キーを押すごとにビューポート横のセレクトボタンとビューボタンがそれぞれアクティブに切り替わります。もちろんこのやり方で操作しても良いのですが、**一時的にビューモードに切り替えたい**というケースが多々あります。その際は[SPACE]キーを押しながらマウス操作を組み合わせる方法を使います。組み合わせ方法は次の表のとおりです。

オペレーション	操作内容
[SPACE]＋左ドラッグ	カメラの回転（タンブル）
[SPACE]＋右ドラッグ、またはホイール回転	カメラの前後移動（ドリー）
[SPACE]＋中ドラッグ	カメラの平行移動（トラック）
[SPACE]＋[H]	カメラがホームポジションに移動

また[SPACE]キーの代わりに[Alt]キーでも同様の操作を行うことができます。好みのキーを使用しても良いですが、何も考えずいろいろな方向からオブジェクトを確認できるよう、手に馴染むまで訓練してください。

ビューポートでのカメラ操作

viewcamera.mp4

カメラ操作をしっかりと覚えましょう

*1　意図した結果にならない場合はマウスが重なっているウィンドウを確認するようにしましょう。

またマウスカーソルをシーンビュー上においた状態で下記ホットキーを押すことでビューを切り替えることができます。Houdiniの操作に慣れてきたら積極的に使用していきましょう。

ホットキー	機能
SPACE + 1	パースペクティブビュー
SPACE + 2	トップビュー（2回押すとボトムビュー）
SPACE + 3	フロントビュー（2回押すとバックビュー）
SPACE + 4	ライトビュー（2回押すとレフトビュー）
SPACE + 5	UVビュー

実際の動作は次の動画をご参考ください。

ビュー操作のホットキー

viewport.mp4

シーンビューは、見え方をホットキーで切り替えられます

ネットワークビュー操作と処理の流れ

Houdiniはその時にやりたいこと、つまりコンテキストによって作成するノードの候補を自動的に制限してくれるというお話はすでにしましたね。

そしてこのコンテキストによって挙動が変化するのはノード自体も当てはまります。ここでは本書で多く扱うOBJレベルとSOPレベルのノードを見比べてみましょう。

図02-001　Geometryノード

上の図はOBJレベルに配置したGeometryノードです。このノードにはディスプレイフラグとセレクタブルフラグがあります（フラグはボタンのようにクリックするとオン・オフできます）。

ディスプレイフラグはビューポート上での表示・非表示を示し、セレクタブルフラグはビューポート上で選択可・選択不可を切り替えます。

OBJレベルではシーンを構築し、複数のものを配置するため、各々の**ノードにはビューポート上での見え方や入り組んだ形状を操作するときに誤って選択してしまうのを防いだりするフラグがある**わけですね。

以下にSOPレベルのノードもご紹介しますが、フラグの数が変わり、かつ同じ「ディスプレイフラグ」という名前の機能も意味が変わってきます。見ていきましょう。

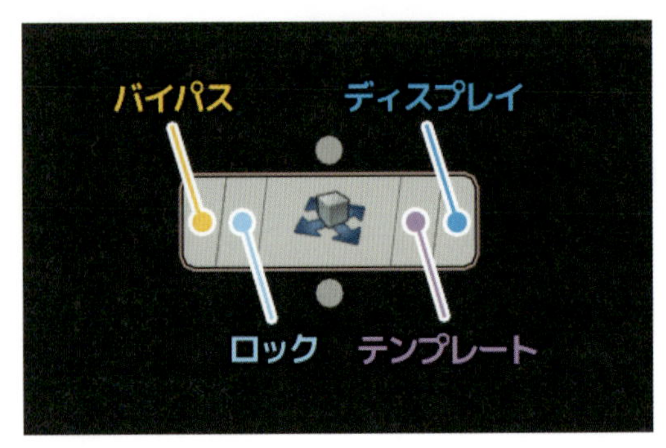

図02-002 Transformノード

上の図はSOPレベルに配置したTransformノードです。フラグが4つになりましたね。これらフラグはストリーム（ノードの流れ）を制御する上でとても大切なのでここでしっかり学んでいきましょう。

■ディスプレイフラグ

SOPレベルのネットワークで最も重要なのがこのディスプレイフラグです。先述のとおり、OBJレベルのノードにもディスプレイフラグはありますが、その意味はまったく異なります。

SOPではディスプレイフラグがオンになっているノードまでネットワークを計算します。

つまりディスプレイフラグが立っているノード以下にノードをたくさん繋いでいても無視され、ディスプレイフラグが立っているノードまでの計算結果がビューポートに表示されることになります。

初学者のうちはこの仕組みを不思議に思うかもしれませんが、ディスプレイフラグを切り替えるだけでどこまで計算をするか（つまりどのネットワークまで有効にするか）を変更することができ、複雑なネットワークを組むようになってからとても助かる機能になります。

つまりディスプレイフラグは「どこまで計算をするかを示すゴール」と言えます。そのため、**1つのネットワークでディスプレイフラグをオンにできるのは1つのノードだけ**となります。ゴールは1つだけ、と覚えておきましょう[*1]。

また本書を読み進めていく中で「ノードを繋いでも結果が変わらない」という場合は、このディスプレイフラグがそのノードでオンになっているかを確認するようにしましょう。

■バイパスフラグ

ノードの機能を一時的にバイパスする（無効化する）フラグです。このフラグはネットワーク内で複数のノードでオンにすることができ、ノードのオン・オフによって結果がどのように変わったか確認する際に非常に有用な機能です。

■テンプレートフラグ

このフラグが立っているノードはワイヤーフレームで表示されます。複数のノードを左マウスドラッグで選択、もしくはShiftキーを押しながら複数のノードを選択した後フラグをクリックすることで複数のノードをテンプレート表示することができます。

＊1　ネットワーク内のノードを参照して、計算することをクッキングと言います。なぜクッキングフラグではなくディスプレイフラグなのでしょうか。それはこのフラグがあくまで3Dビューポートに表示（ディスプレイ）させる場所を指定しているのであり、ビューポートに表示させる過程で結果的に計算処理が走っているためです。ビューポートは1つしかないのでディスプレイフラグも1箇所しか指定できませんね。ディスプレイには別のものを表示させつつ、Render結果は別のレンダーフラグとして指定することも可能です。

テンプレート表示した状態とディスプレイフラグが立っている状態を見比べる際に利用します。

■ロックフラグ

このフラグが立っているノードまでの計算結果をシーンに保存します。ロックフラグを立てた後は上流の計算結果が固定されるので、上流のネットワークをまるっと削除しても計算結果は保持されます。

一見便利そうに聞こえる機能ですが、筆者はほとんどこの機能を利用しません。なぜならば、上流の変更を受けて計算結果が変更されるプロシージャルワークフローのメリットが完全になくなってしまうためです。

またシーンのファイルサイズが肥大化するという弊害もあります。Houdiniは基本的に各ノードのパラメータのみをシーンに保存するので、非常にファイルサイズが小さくなるという特徴がありますが、このロック機能を使うとその計算結果がシーンに丸ごと保存されてしまうためです。

よって本書でロックフラグを利用することはありませんし、実務上も特殊なケースでなければ利用しないというスタンスをおすすめします。

ノードリングとフラグ、そしてNode Info

ノードの上にマウスオーバーするとノードリングというものが表示されます。これは上述のフラグ操作と同様の機能を持ったUIなのですが、ネットワークが広くなってきたときにノードを小さく表示していてもフラグ操作をしやすいよう追加された機能です。しかし、ノードリングにはノードのフラグにはない機能が1つあり、それがNode Info（ノードインフォ）と呼ばれるものです。

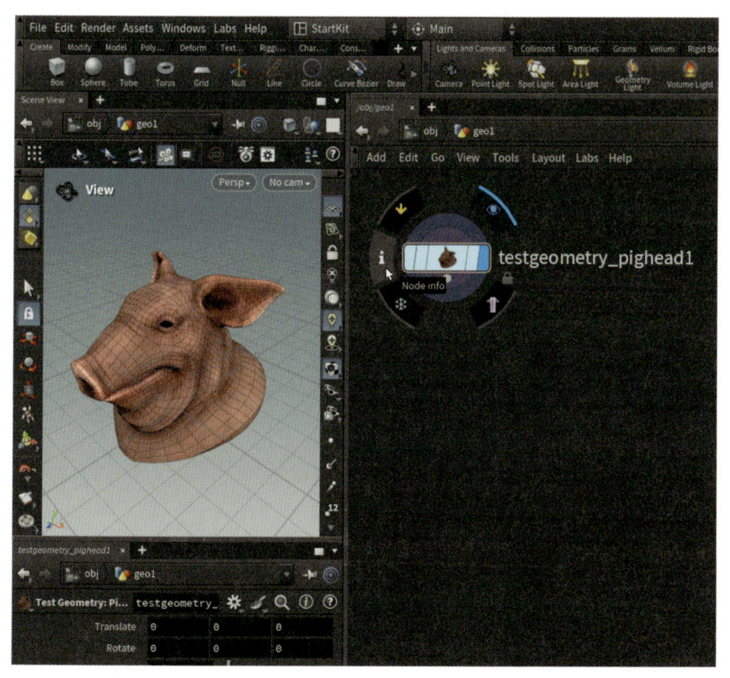

ノードリング

ノードリング左側のiマークがNode Infoになります。これをクリックするとそのノードにおけるジオメトリの情報を詳しく表示してくれます。

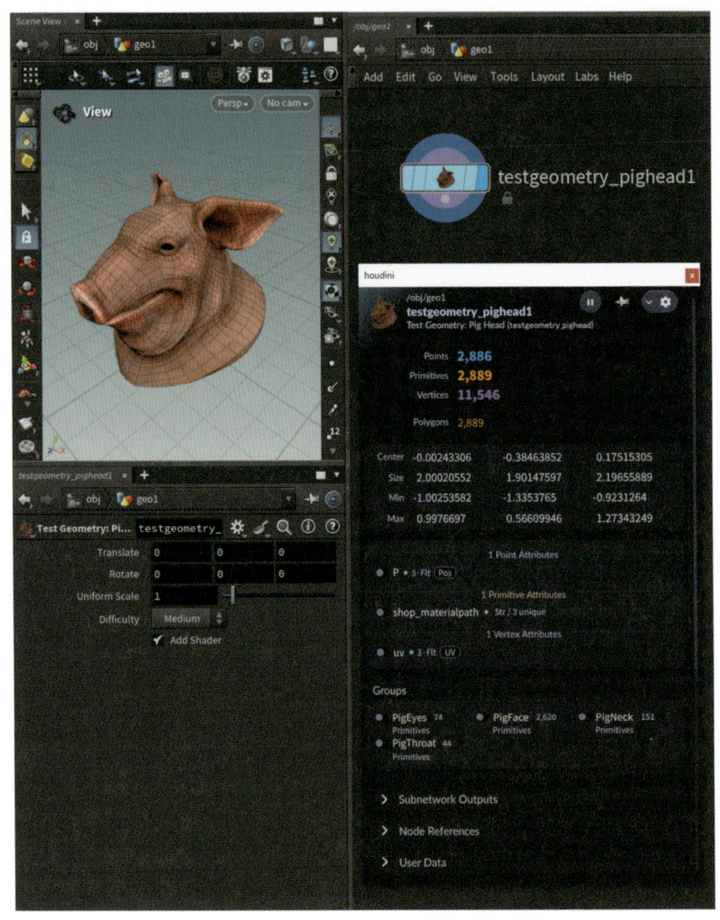
ノードインフォ

Node Infoは非常に便利な機能なので今後よくお世話になります。またホットキーも用意されており、ノード上で中クリックをしても同様にNode Infoを表示してくれます。

しかし中クリックで呼び出した場合はホールドをしている間だけ表示されるため、次のように使い分けるとよいでしょう。

呼び出し方	用途
ノードリング	Node Infoウィンドウを表示しておきたい場合
中クリック	ジオメトリの情報をパッと確認したい場合

ネットワークビュー操作

前述のビューポート操作と似ているため直感的に操作できるでしょう。最も多用するビューなので、自在に扱えるようにしましょう。

オペレーション	操作内容
左ドラッグ	ノードの選択
右ドラッグ または ホイール回転	ビューの拡大縮小
中ドラッグ	ビューの平行移動（トラック）
H	ビューをホームポジションに移動
P	パラメータエディタの表示・非表示切り替え

初学者のうちはOBJレベルとSOPレベルのフラグ操作をしっかりと理解し、自由にネットワークの処理をコントロールできるようにしておきましょう。以下の動画でフラグ操作を解説しますのでご参考ください。

フラグ操作
flag.mp4
SOPレベルでのフラグ操作について手順を確認しましょう

ネットワークの整理

Houdiniにはネットワークを整理するための機能が豊富に揃っています。ここでは基本的なものをご紹介します。

ノードカラー

ノードに任意の色をつけることができる機能です。チームで開発をするようになったら黄色はジオメトリ、緑はボリュームなどレギュレーションを決めておくと運用しやすいのでおすすめです。

1. ネットワークビュー右上のパレットアイコンをクリックするか、[C]キーを押すとネットワークビュー右下にカラーパレットが表示されます(再度アイコンクリックするか、ホットキーを押すことでカラーパレットを閉じます)。
2. ノードを選択後、カラーパレットの任意の色をクリックすることでノードに色を設定することができます。

カラーパレットによる色付けは続いて解説するステッキーノートやネットワークボックスにも使えるため、用途に合わせてわかりやすいネットワークを作成してください。

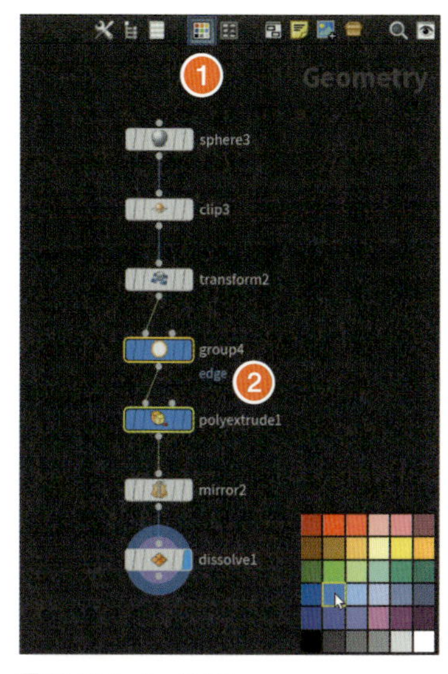

図02-003 ノードカラー

ステッキーノート(付箋)

ネットワークの任意の場所に付箋を貼ることができます。付箋にはテキストを入力することができるので、難解な処理や今後の実装予定などをメモしておくとよいでしょう。日本語入力も可能です。

1. ネットワークビュー右上の付箋アイコンをクリックするか、[Shift]+[P]キーを押すと付箋が出現します。
2. 付箋をクリックするとテキストを入力することができます。また付箋左上のマイナスマークをクリックすると付箋を閉じておくことができます。付箋が閉じられると左上のアイコンがプラスマークに変化するのでそれを再度クリックすることで付箋を開くことができます。

図02-004 ステッキーノート(付箋)

■ネットワークボックス

ネットワークを囲むボックスを作ることができます。処理ごとにまとめたいときに便利でしょう。

❶ ボックスで囲みたいノードを選択した後、ネットワークビュー右上のボックスアイコンをクリックするか、Shift+0キーを押します。

❷ ネットワークボックスは上部をダブルクリックするとテキストを入力することができます。処理のタイトルを書いておくとよいでしょう。ステッキーノートと同様に折りたたみもできるのでうまく利用しましょう。

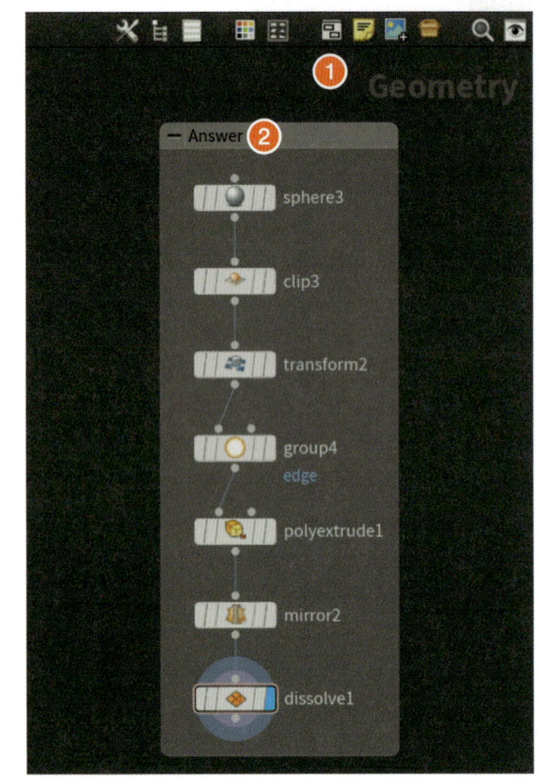

図02-005 ネットワークボックス

パラメータエディタの見方

パラメータエディタは選択したノードのパラメータを一覧で確認・操作することができる場所となります。

ノードは機能の塊で、その機能を調整するためにパラメータの設定は必要不可欠なので、非常に重要なエディタとなります。多用する場所なので確実におさえておきましょう。

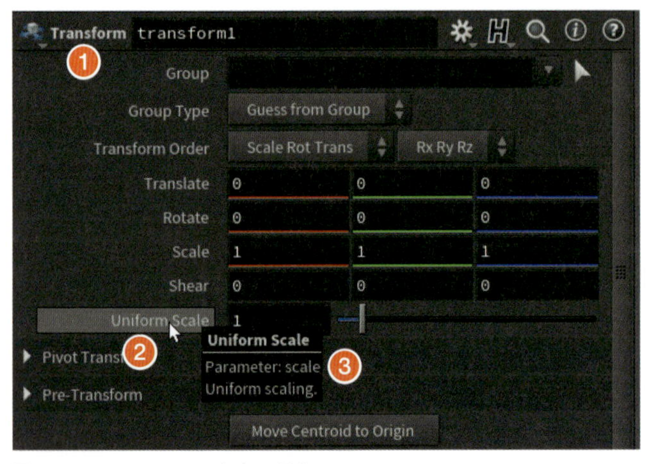

図02-006 パラメータエディタの見方 その1

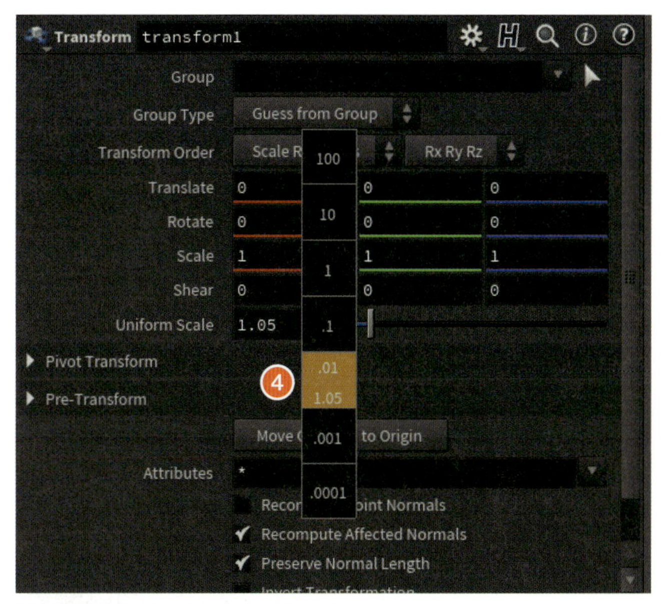

図02-007 パラメータエディタの見方 その2

ここではTransformノードを選択しているためTransformノード特有のパラメータが表示されています。以下に重要な項目を解説していきます。

❶ 現在選択しているノードのノードタイプが表示されます。ノード名(ここでは`transform1`)ではありません。

❷ パラメータのラベルです。これはそのパラメータがどういう意味を持つかを簡単に解説したものになります。

❸ ラベルをマウスオーバーすると表示されるツールチップウィンドウです。表示は英語ではありますが、より詳しい説明が出るので簡易的なヘルプ機能として使うとよいでしょう。この例ではツールチップには`Parameter: scale`という記述がありますが、これは後に解説するチャンネルエクスプレッションで使用するので気にかけておいてください。

❹ テキスト入力エリアやラベル上で中クリックを押すとバリューラダーと呼ばれるハシゴ状のUIが現れます。バリューラダーが表示された状態でマウスを上下すると`100`、`10`、`1`、`.1`、`.01`、`.001`、`.0001`と桁数を選択することができ、そのまま左右にマウスをドラッグすることで値を変更することができます。大きな値で大雑把に数値を変えたいときや、細かく調整したい場合などに非常に便利です。またテキスト入力エリアで呼び出したときはその値のみを変更し、ラベル上で呼び出したときは対応するセットの数値を同時に変更できるためこれも覚えておきましょう。

バリューラダーの操作は次の動画でご確認ください。

バリューラダーの操作

valueladder.mp4

直感的に値を変更する仕組みですのでぜひ利用しましょう

》Houdiniの仕組み

さて、ここから本書のメインコンテンツ、Houdiniの仕組みを深く理解する章に入っていきます。すべての概念が繋がっていきますので、ぜひ順番に読み進めていただけると幸いです。

プロシージャルとは

最近よく耳にするプロシージャル・非破壊処理について整理して理解します。

例えば**入力にオブジェクト（3Dモデル）をとり、ある処理を通ると頭の部分にだけ髪の毛が生えて出力される**というシステムに関して考えてみましょう。

図02-008 髪の毛生成システムのイメージ

このようにニンゲン、カピバラは問題なく頭に毛が生えるけど、ブタを入力すると全身に毛が生えてしまう…などというシステムは**プロシージャルではない**と言います。

逆にどんな動物のモデルを入力してもちゃんと頭部にだけ毛が生えるシステムができていれば、**プロシージャルである**と言うことができるのです。

筆者の専門分野はプロシージャルモデリングやツール開発なので、「ときおりうまくいかないことがある」といったシステムはご法度です。しかし映像制作やワンオフの3Dモデルなどは何でもかんでもプロシージャルにこだわるのは効率が悪くなることもあるので、ケース・バイ・ケースで対応していきましょう。

》アトリビュートとは：概念

Houdiniの本質であるアトリビュートを理解します。ここを超えれば自由自在にジオメトリを扱うことができます。VFXのコントロールなどにも密接に関わって来るところなので、気合を入れて学んでいきましょう！

まずはアトリビュートを簡潔に一文で説明しましょう。

ジオメトリを構成するコンポーネントに保持されるデータ、これがアトリビュートです。

まったくわからないですね。しかし本書を読み終わった頃にはこれが完全に理解でき、そしてそのアトリビュートを自由に扱いながらモデリングが進められることでしょう。

それでは早速「ジオメトリ」を構成する「コンポーネント」に保持される「データ」の順に紐解いていきましょう！

ジオメトリとはなにか

これはそんなに難しく考える必要はありません。いわゆるメッシュや3Dモデルのことです。

「ジオメトリ」という言葉は上記と同じものを指しますが、より形状を意識した言葉です。後述するジオメトリスプレッドシートという機能でも出てくるので慣れておきましょう。

コンポーネントとは何か

コンポーネントとはジオメトリを構成する要素のことです。「要素」などというと難しそうな気がしますが、他のDCCツールでいうと頂点や面と似た概念です。

しかしHoudiniではその要素を細かく分類し、それらを個別に管理することで非常に自由な操作を行うことができます。実際にそれぞれのコンポーネントを操作すると理解が深まるので、まずはサラッと次の表の内容を覚えておくと良いでしょう。

コンポーネント名	説明
Point（ポイント）	メッシュを構成するポイント*1
Vertex（バーテックス）	メッシュを構成する頂点
Primitive（プリミティブ）	メッシュを構成する面（フェース）*2
Detail（ディテール）	ジオメトリまるごと1つ

データ

位置情報や色、方向を表すベクトルやとある場所からの距離など、Houdiniが用意してくれているデータ以外にも、**ユーザーが無制限に好きな情報を付与することができます**。

その自由自在に付与したデータを利用して、思い通りにジオメトリをコントロールすることができるのがHoudiniの最大の強みなのです。

この段階の説明ではわかるようなわからないような、まだフワフワとした状態かと思いますが、これから実作業を通してしっかりと理解していきましょう。

》アトリビュートとは：実践

ここから実際にHoudiniを操作しながらアトリビュートを理解していきましょう。

アトリビュートとジオメトリスプレッドシート：その1

操作を一緒にやってみましょう。まだ操作に慣れていないと思うので、オペレーションを細かくサポートしていきます。

1 ネットワークエディタで TAB キーを押します

2 （Tabメニューが出ている状態で）geoと入力してください

3 Geometryという候補がハイライトされたら Enter キーを押します

*1 HoudiniではPointとVertexは明確に区別するのですが、初学者のうちはVertexは置いておいてPointを意識すると理解が進みやすいです。
*2 Primitiveは状態によって面以外のものにも変化するのですが、まずはポリゴンの面のことと理解しておいて、後々幅を広げていくと理解しやすいでしょう。

4 ネットワークエディタ上で[Enter]キーを押すか、左クリックを押すとGeometryノードが作られます

5 Geometryノードをマウスで選択した状態で[Enter]キーを押します（ダブルクリックでもOKです）

6 Geometryノードの中に入ることができるので、そこで[TAB]キーを押します

7 gridと入力してください

8 Gridという候補がハイライトされたら[Enter]キーを押します

9 ネットワークエディタ上で[Enter]キーを押すか、左クリックを押すとGridノードが作られます

10 GridのRowsとColumnsパラメータに4と入力するとGridの分割数が変わったのがわかります

11 Gridノードの出力コネクタ（ノード下側の丸）をクリックします

12 [TAB]キーを押し、transと入力してください

13 Transformという候補がハイライトされたら[Enter]キーを押します

14 Transformノードのディスプレイフラグをオンにします

※1～4までの操作がOBJコンテキスト、5～13までの操作がSOPコンテキストです。

文章で書くとややこしく見えますが、実際の作業としては非常に簡単です。次の動画でご確認ください。

ネットワークの作成

my_first_network.mp4

ネットワークを実際に作ってみましょう

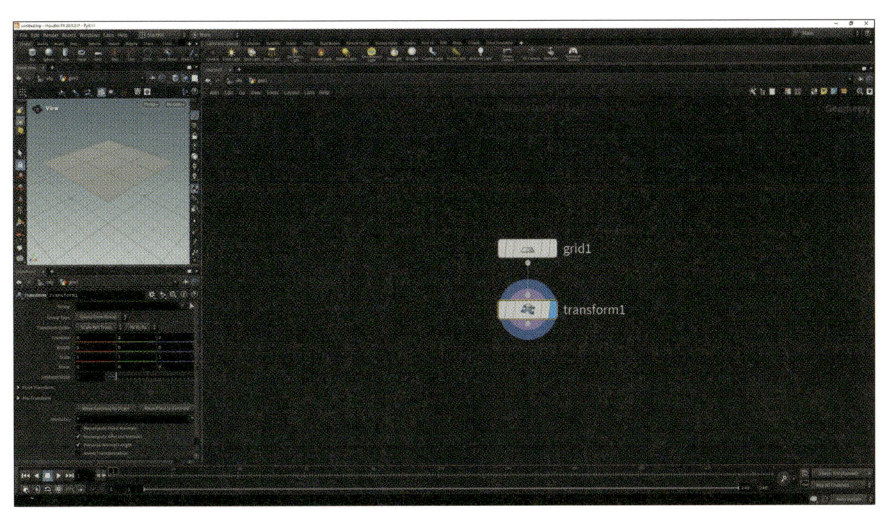

図02-009 GridノードとTransformノードを接続したところ

上の図のようなネットワークになりましたでしょうか。ここでTransformノードを選択するとパラメータエディタにTransformノード固有のパラメータが表示されます*1。

Transformノードはその名の通りジオメトリをトランスフォーム（変形）するもので、もっと言うと移動・回転・拡大縮小を行うノードです。パラメータは左からx,y,zの並びで3つの値を入力できます。まずは移動の動作を見るためtranslateの2つ目のフィールド、Y軸方向に2を入れてみましょう。上方向に2移動しましたね。ここまではイメージ通りなのではないでしょうか。

Houdiniに慣れていない方は**Grid（平面）にTransformノードを使って上に移動させた**ととらえるでしょう。もちろんそれは間違いではないのですが、より良いHoudinistになるためにはもう少し踏み込んだ理解が必要になります。

ジオメトリの状態を一覧で確認できる機能があると最初の方でお伝えしたのを覚えていますでしょうか。そうです。ジオメトリスプレッドシートです。これを見ながら形状を**見た目とデータの両方から把握**していきましょう。

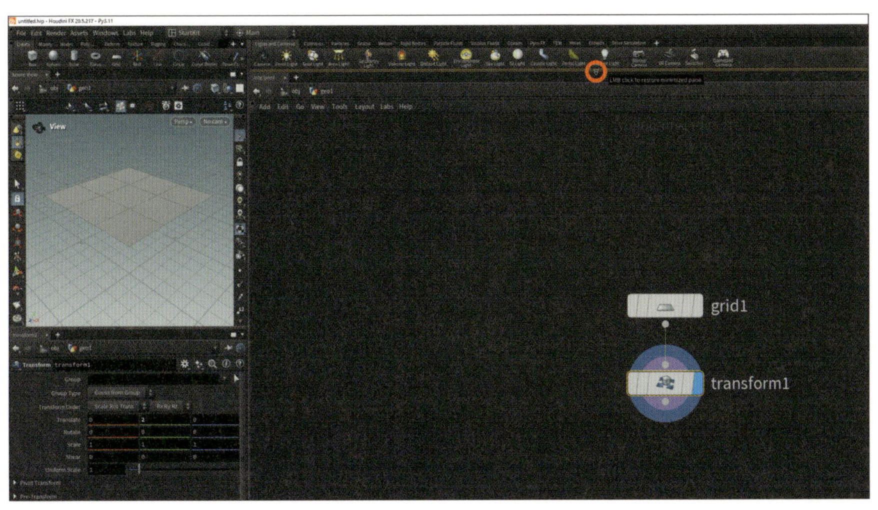

図02-010　ジオメトリスプレッドシートが閉じた状態

*1　当然ですが、ノードごとに表示されるパラメータは異なります。意図したパラメータが表示されないな？　と思ったらノードの選択状態を確認するようにしましょう。

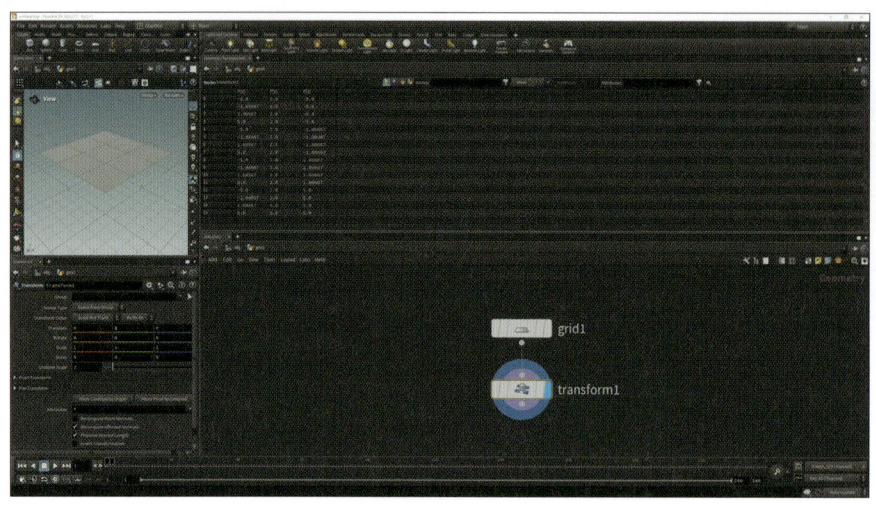

図02-011　ジオメトリスプレッドシートを開いた状態

事前準備で作成したStartKitデスクトップを使用されている場合、閉じているペインをクリックすることでジオメトリスプレッドシートを開くことができます。

ここではジオメトリスプレッドシートの見方を簡単に説明します。

ジオメトリスプレッドシートにはタブがあり、コンポーネント（Point、Vertex、Primitive、Detail）の状態を詳細に確認することができます。

Vertexは置いておいてPoints、Primitives、Detailタブを比べてみましょう。

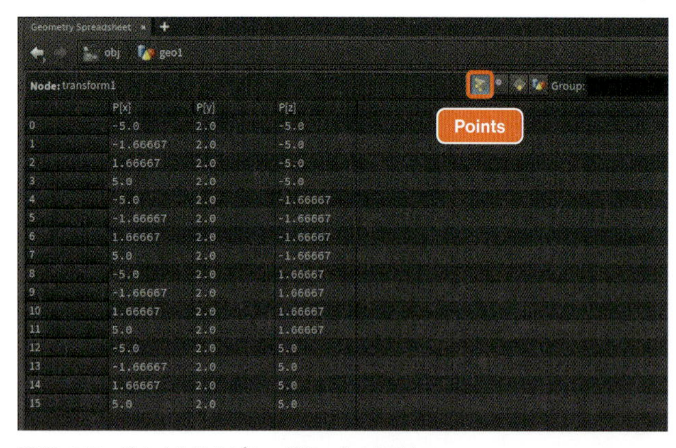

図02-012　ジオメトリスプレッドシート：Points

図02-013　ジオメトリスプレッドシート：Primitives

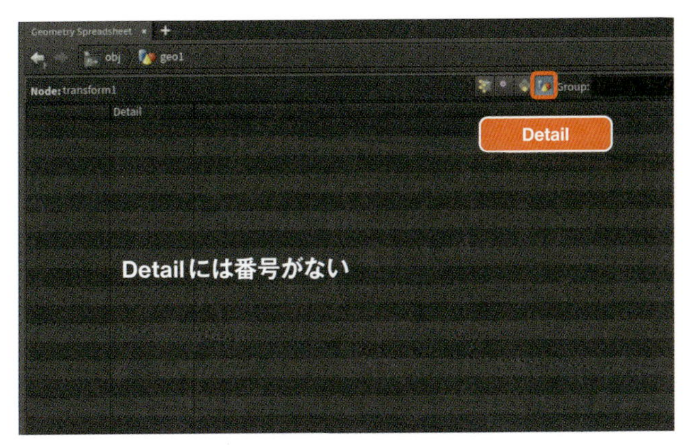

図02-014　ジオメトリスプレッドシート：Detail

ネットワークエディタでGridを選択した状態でPointを見ると16個、Primitiveは9個ありますね。そしてDetailはそのメッシュそのものにデータを付与するので、番号はありません（いつでも1つだけです）。

ディテールアトリビュートは扱いが特殊なので後々ゆっくり学ぶとして、Pointsタブにはポイントの情報が、Primitivesタブにはフェースの情報がまとまっているよということを覚えておきましょう。

ここでジオメトリスプレッドシートをPointsタブに戻して、ネットワークエディタ上でGrid、Transformの順に選択してみましょう。

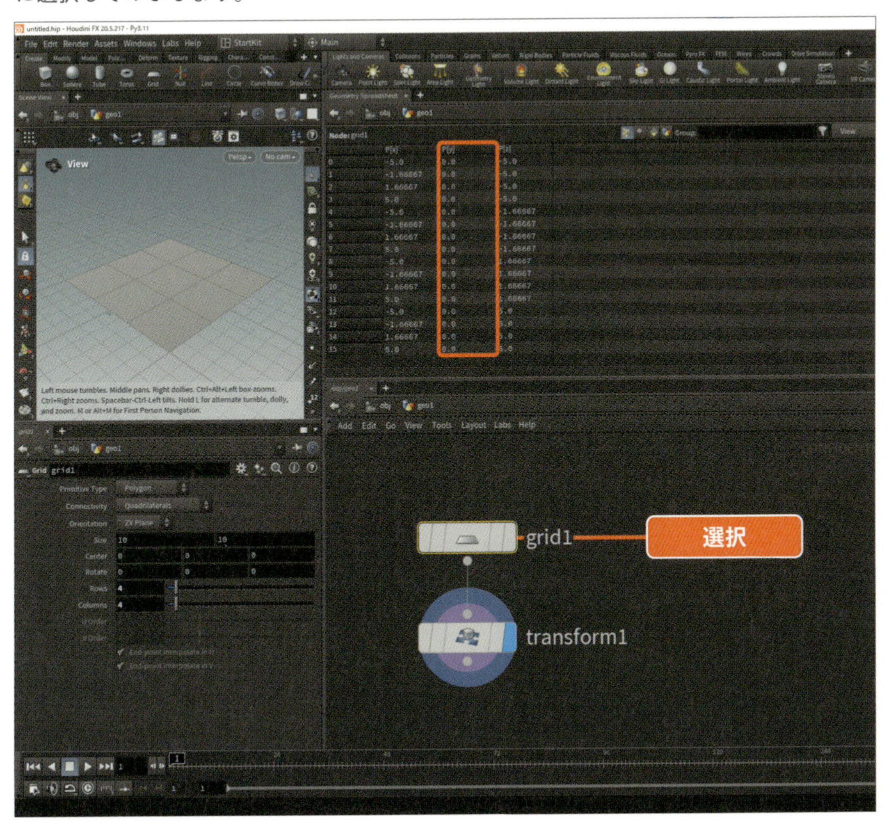

図02-015　Gridノードを選択

2章
基本操作編

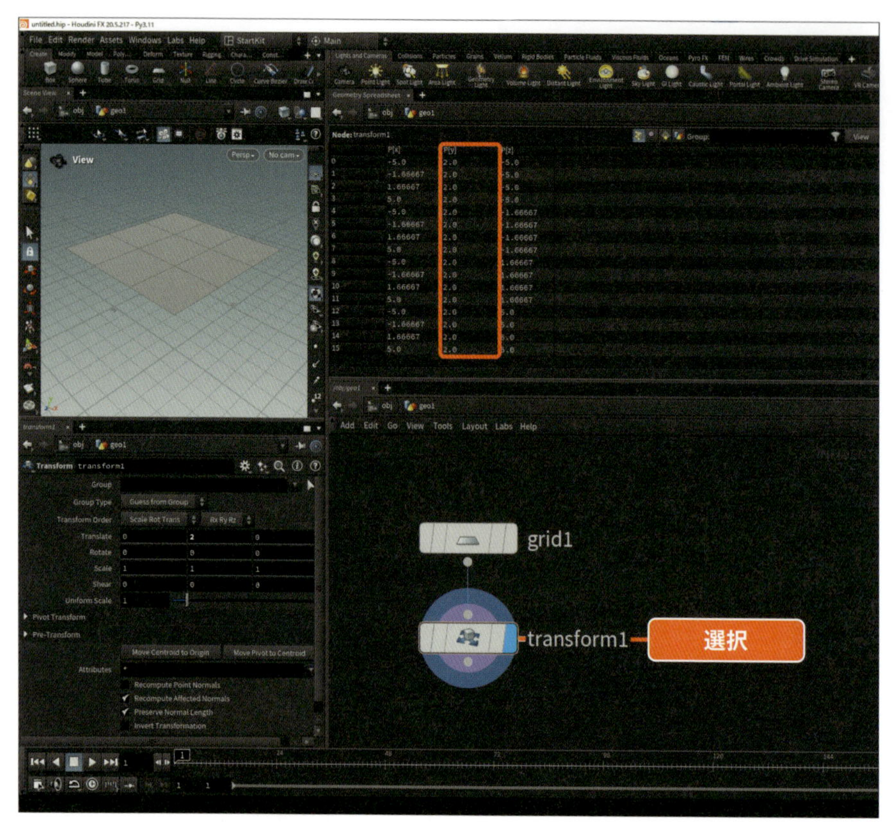

図02-016　Transformノードを選択

ジオメトリスプレッドシートの内容が変化しましたね？　そして変化した箇所は`P[y]`が`0.0`から`2.0`になったというところがものすごく重要です。

Transformノードが変更したもの、今回は`P[y]`の部分ですが、実はこれこそが**アトリビュート**と呼ばれるものなのです。

`P`というのは**位置情報を表すデータ**のことで、これを変更したから**位置が変わった**のです。

重要なことなのでもう一度言います。

> GridにTransformを繋いでY軸方向に2移動した
>
> と漠然と考えるのではなく
>
> GridにTransformを繋いでY軸方向に2を入力した結果、**位置アトリビュートPのYの値が2.0に変更されジオメトリが変形した。**

この一見手間に見える考え方こそHoudiniを理解する第一歩なのです。

私達がノードを繋いだとき、多くの場合**アトリビュートが変更され、その結果メッシュ形状が変わる**[*1]という考え方を何度も繰り返し訓練し、骨の髄まで染み込ませましょう。この考え方こそがHoudiniマスターへの道です。

アトリビュートとジオメトリスプレッドシート：その2

この流れでアトリビュートの感覚を叩き込んでいきましょう。しつこいようですがアトリビュートは本当に大

＊1　アトリビュートが変更されても見た目は変わらないケースもありますが、それは後々見た目を変えるための準備として行われることが多いです。またメッシュの形状が変わらなくともアトリビュートをビジュアライズする仕組みがHoudiniには用意されているので、後ほど学んでいきましょう。

切な概念なのでもう一度お付き合いください。

詳しい手順は先程と同様なので割愛しますが、新規ファイルからGeometryノードの中にGridノードを作成、それにMountainノードを接続してください。画像と動画をご用意するので焦らずゆっくりと同じ状態を目指しましょう。

Mountainノードの作成

mountain.mp4

GridノードとMountainノードの作成を行います

図02-017　Mountainノード

Mountainノードはその名のとおり、「メッシュを山のように変形する」ものなのですが、アトリビュートの大切さを知った皆さんは次のように捉えられるようになっているはずです。

(誤) GridにMountainを接続したので山のような形状に変形した

(正) GridにMountainを接続したことで**位置アトリビュートPが変更されたこと**で山のような形状に変形した

いかがでしょうか。

手を動かすより前にまずはアトリビュートの事を考える。それがHoudini上達の鍵です。

ちなみにMountainノードはアトリビュートをより深く学ぶ際に再登場します。お楽しみに。

アトリビュートとジオメトリスプレッドシート：その3

アトリビュートとメッシュ形状の関係について理解を深めたところで、Transformノードの解説に戻ります。

これはTransformノードを題材としていますが多くのノードでそのまま使えるコントロール方法です。気を引き締めて行きましょう。

1 新規ファイルからGeometryノードの中にGridノードを作成、`Size`の2つの欄に`2`を、`Rows`と`Columns`に`3`を入れます*1。

2 Transformノードを接続し、ディスプレイフラグを立てます（まだパラメータは一切変更しません）。

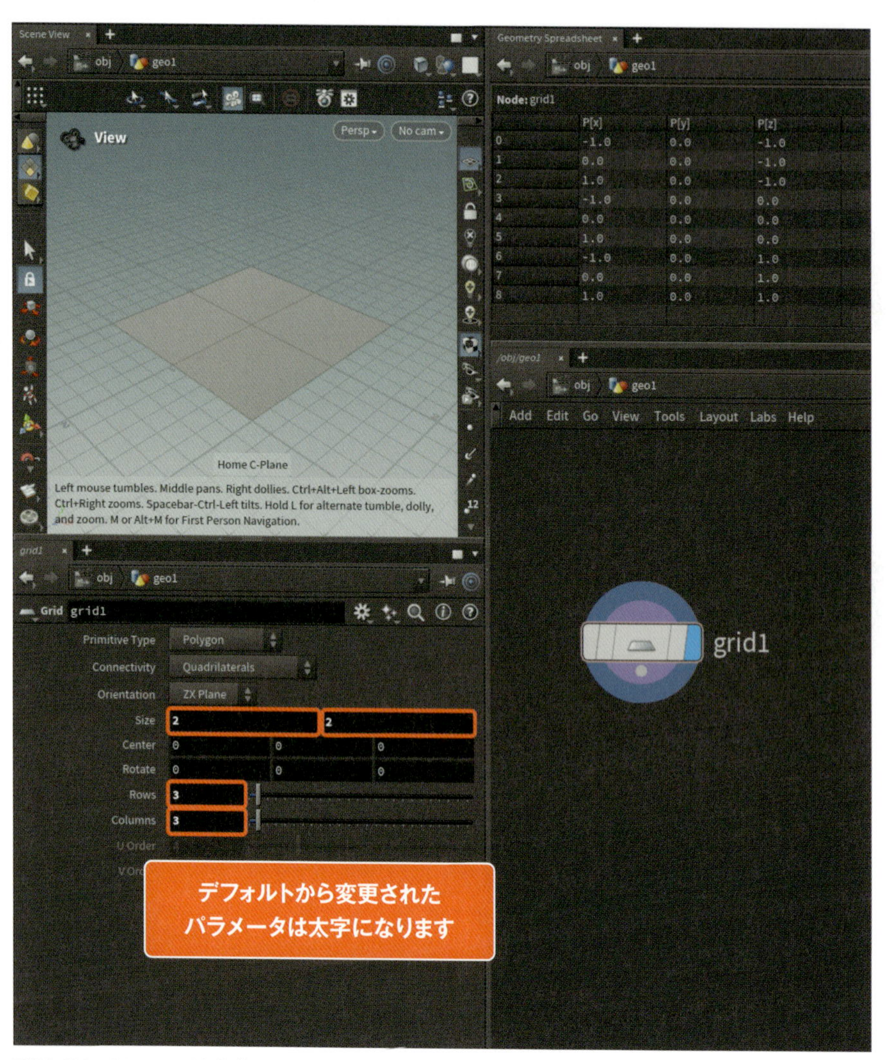

図02-018　Gridノードを作成し、パラメータを変更

*1　デフォルト値から変更されたパラメータは太字になります。他の制作者から渡されたシーンなどを読み解く際参考になります。

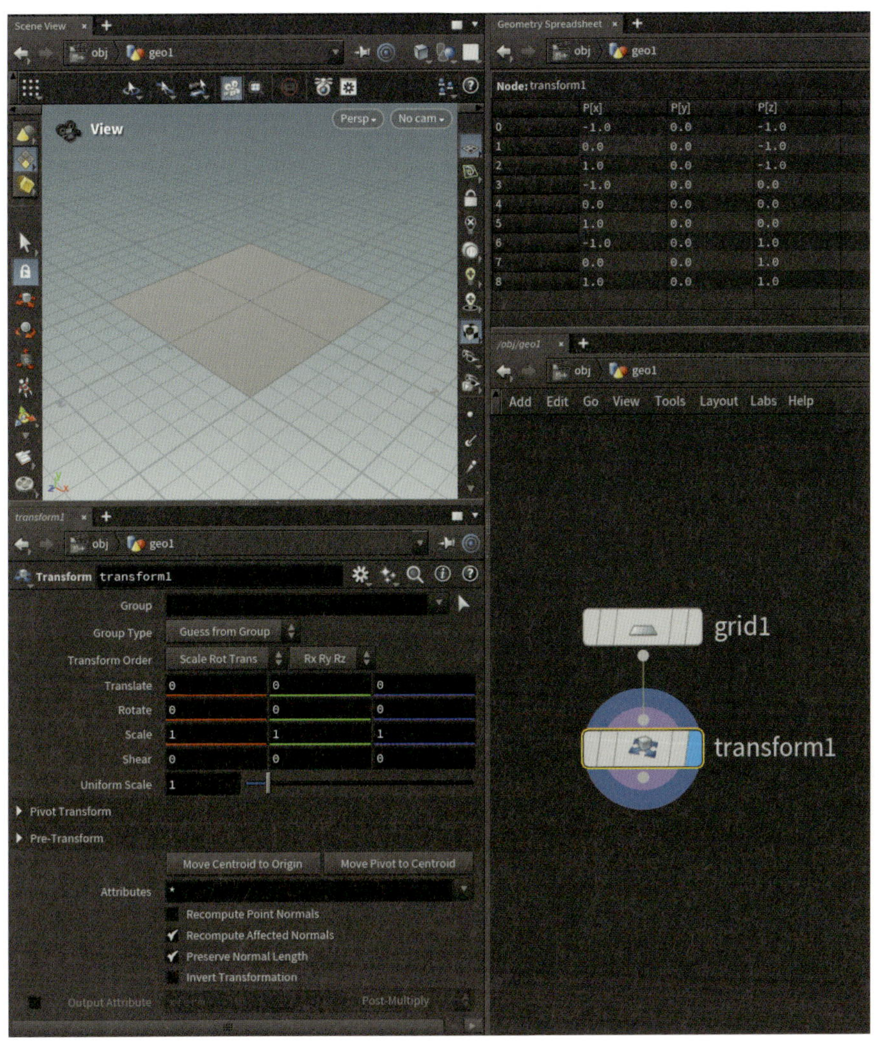

図02-019　Transformノードを作成

重要なのは手順**2**で、Transformノードを接続･ディスプレイフラグを立てただけでは**アトリビュートが変更されていないため**形状はまったく変わっていないということです。これはジオメトリスプレッドシートを確認すれば一目瞭然ですね。

続いてTransformノードの`Group`に`0`を、`Group Type`を`Points`に、`Translate`のY軸に`1`を入れてみましょう。結果はこんな感じになります。

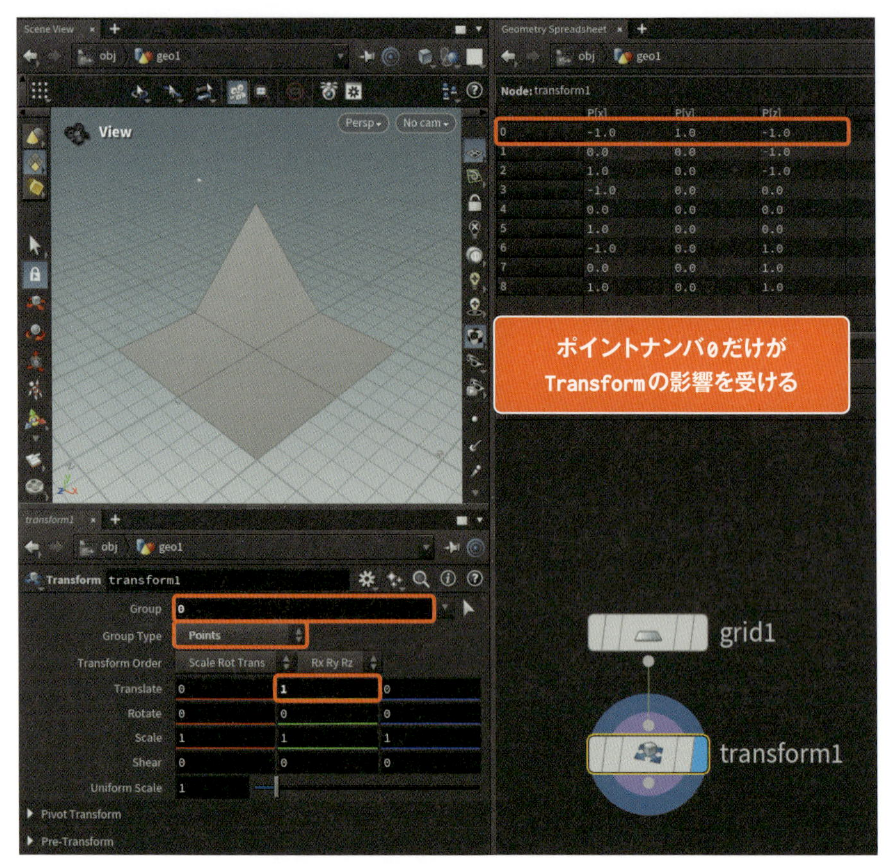

図02-020 Transformノードと Group

一箇所だけTransformの影響を受けていますね。Group Typeを Pointsにした場合、Groupには**ポイントナンバ**を指定するようになります。

ポイントナンバはHoudiniが自動で現在のメッシュに振り分けるポイントの値で、抜け番のない連続した番号になります。今回の例ではそのポイントナンバが0の部分だけTransformの影響を受けるようにしてね、とHoudiniに伝えたことになります。

ポイントナンバをシーンビュー上で確認できるオプションがありますので、それをオンにしてノードの影響範囲をコントロールすることができるわけです*1。

》アトリビュートとコンポーネント

これまでの説明でまずは位置を表すアトリビュート、Pについて簡単に紹介しました。Pはポイントの位置を表しているアトリビュートなので、ジオメトリスプレッドシートのPointsタブのところに表示されていたわけですね。

本項目ではアトリビュートを**どのコンポーネントにつけるか**を深掘りし、自分のイメージ通りにアトリビュートをつけ外しできるようになるための訓練を行います。

1　新規ファイルからGeometryノードの中にGridノードを作成します。

*1　ポイントナンバはHoudiniが勝手に振り分ける値ですが、ユーザーが並び順を指定することもできます。後ほど出てくるのでお待ちください。

2 続いてColorノードを作成し、ディスプレイフラグを立てます。

Colorノードはその名の通り**ジオメトリに色をつける**ノードなんですが、今までの説明を受けた皆さんは**色を表すアトリビュートをつけた結果、色が変わるんだな**と思ってくれるのではないでしょうか。そしてもちろんその理解でOKです！

さて、ノードを繋いだらジオメトリスプレッドシートを確認するクセをつけましょう。常にアトリビュートに気を配るのが良いHoudinistです。

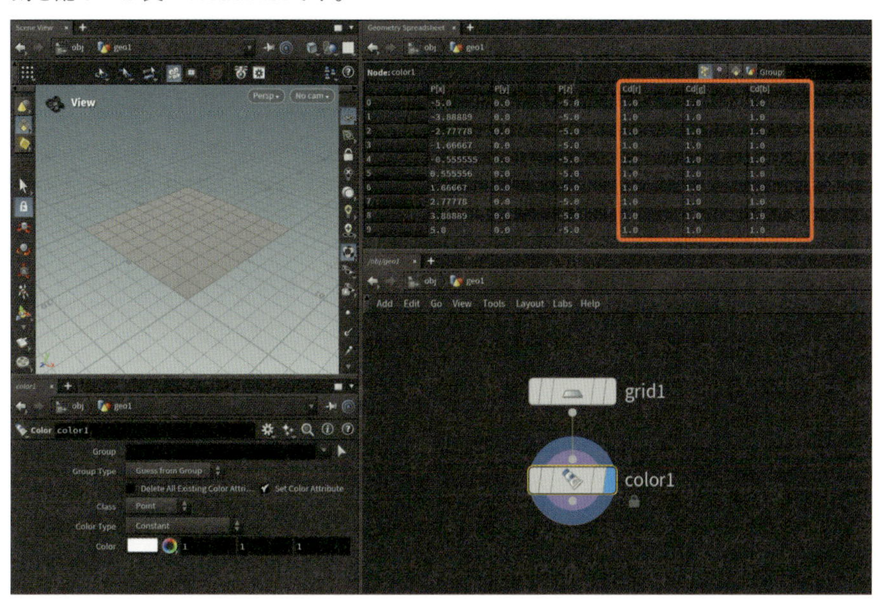

図02-021 Colorノードを作成

ネットワークエディタでColorノードを選択すると、ジオメトリスプレッドシートの`Points`に`Cd[r]`、`Cd[g]`、`Cd[b]`という項目が追加されました。これが`Cd`と呼ばれる色を表すアトリビュートです！ CdはColor diffuseの略で、ジオメトリに色情報を設定するためにHoudiniが事前に「色は`Cd`というアトリビュートで使うよ」と割り当てたものとなります。

続いてColorノードのパラメータをよく確認してアトリビュートとの関係を理解しましょう。

3 Colorノードの`Color`パラメータを`1, 0, 0`と入力してください。

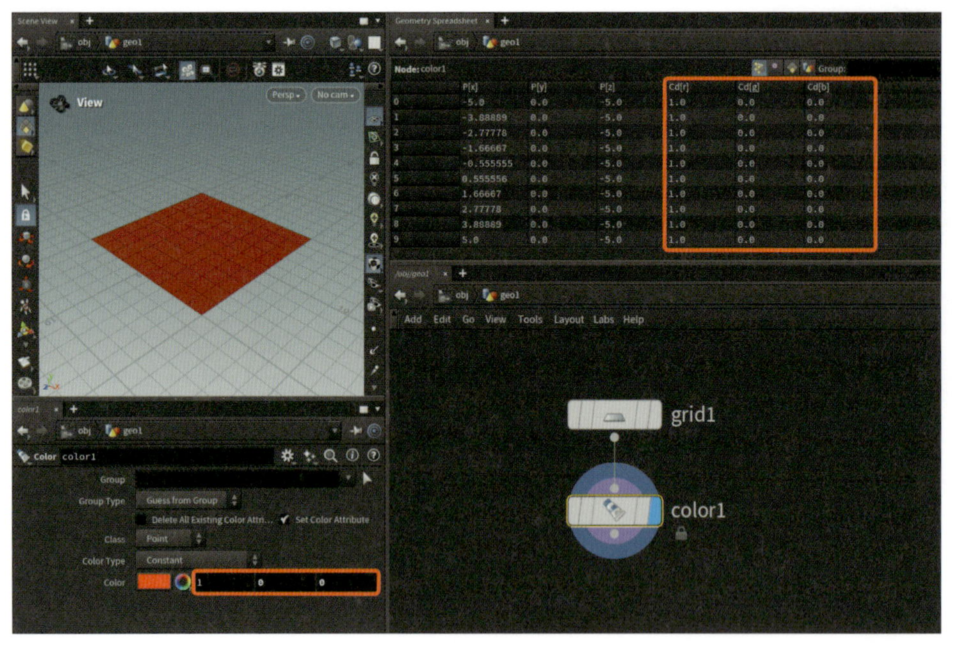

図02-022 Colorノード：赤色をセット

Gridのメッシュが赤くなりましたね。これは色を表す`Cd`アトリビュートが`1, 0, 0`に設定されたため赤くなったということです。

そして、ここからが重要な点です。

4 Colorノードの`Class`パラメータを`Primitive`に切り替えてください。**色は赤いままなのに、なんと色を表すCdアトリビュートが消えてしまいましたね！**

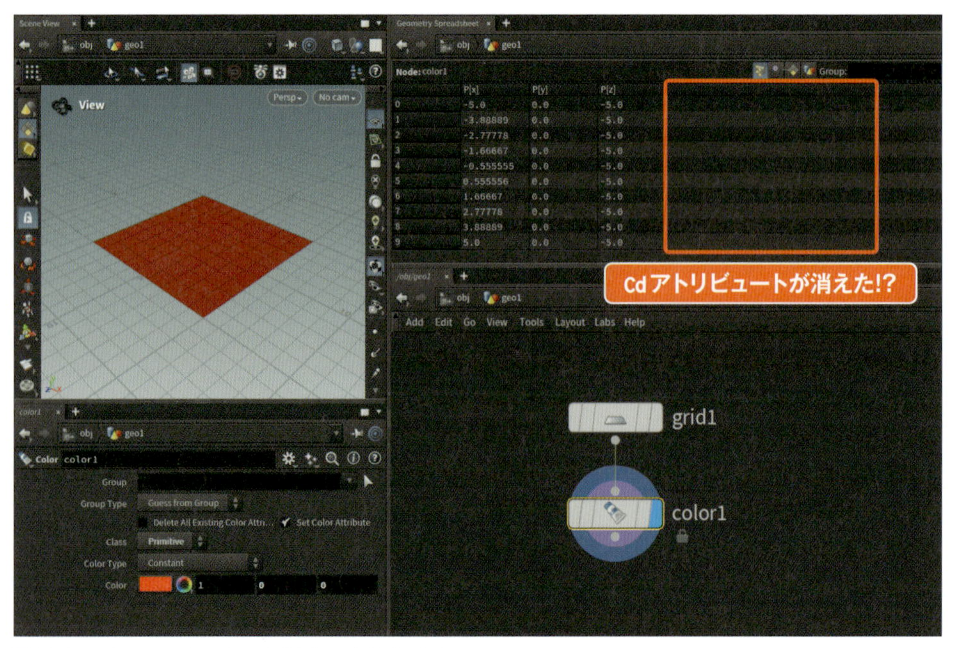

図02-023 Colorノード：Cdアトリビュートはどこに？

`Cd`アトリビュートが作られたから色が変わったはずなのに、これはおかしい。しかし秘密は先程行ったオペレーションに隠されています。

Classパラメータを Point から Primitive に変更したんでしたね。ということはアトリビュートも…？　ということでジオメトリスプレッドシートの表示を Points から Primitives に切り替えてみましょう。

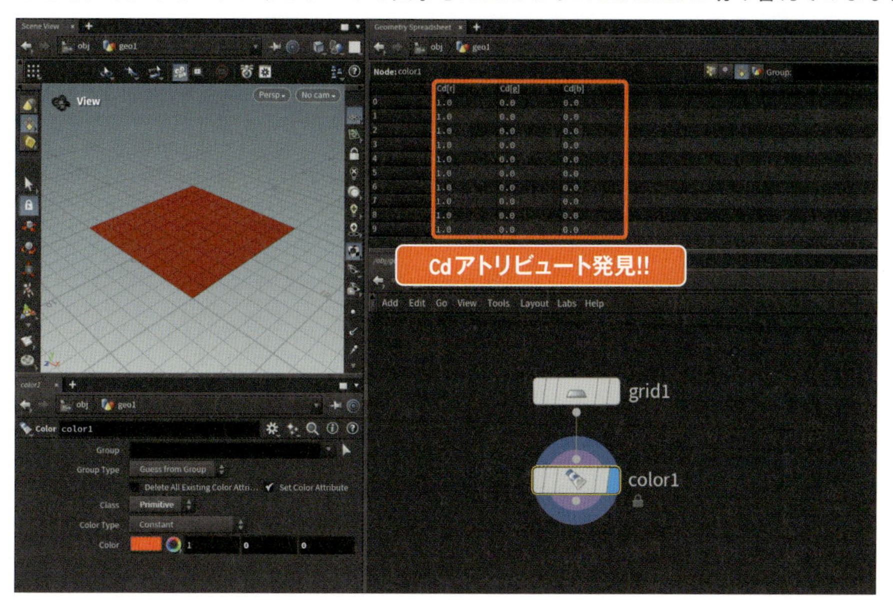

図02-024　Colorノード：Primitiveアトリビュートの確認

Cdアトリビュートをここで発見しました！

まとめると、Colorノードは色を表すアトリビュート Cd を作り、ジオメトリに色を付けることができるが、その際どのコンポーネントにアトリビュートをつけるか決めることができるということになります*1。

Cdアトリビュートをつけるコンポーネントを選べるのはわかったけれど、どちらも赤くなるということには違いがないので意味があるのかな？　と思った読者さんは勘が鋭いです。もう少しだけColorノードを学び、アトリビュートをどのコンポーネントにつけるか考える訓練をしましょう。

ここでColorノードのパラメータをデフォルト値に戻していきましょう。変更したパラメータが多い場合はノードを一度削除して再度Colorノードを作成すればよいのですが、今変更されているパラメータは Class と Color の2つだけなので、手作業で直してしまいましょう。

データの直し方として手作業で戻しても良いですがより良い方法があるのでご紹介しましょう。

変更されたパラメータ上で[Ctrl]**キー＋中ボタンクリック**でデフォルト値に戻すことができます。またラベル上で[Ctrl]キー＋中ボタンクリックでセットのパラメータを一括で戻すこともできます。詳しくは動画をご確認ください。ちなみにパラメータもしくはラベル上で右クリックするとメニューが出て様々な操作を行えます。ホットキーも記載されているので忘れたら焦らずこちらで確認しましょう。

パラメータをデフォルトに戻す方法

revert_to_default.mp4

Revert to default のショートカットキーを覚えましょう

Colorノードのパラメータがデフォルト値になったところで、下記のように Color Type パラメータを Random に変更してみましょう。またパースペクティブビューポートでは少々見難いので**ビューポート上で**[SPACE]＋[2]キーを押してトップビューにします*2。

*1　今回は Point と Primitive を試しましたが、Detail と Vertex を選択することもできます。
*2　以前説明した通り Houdini ではマウスがどのペインにいるかによってホットキーの挙動が異なります。

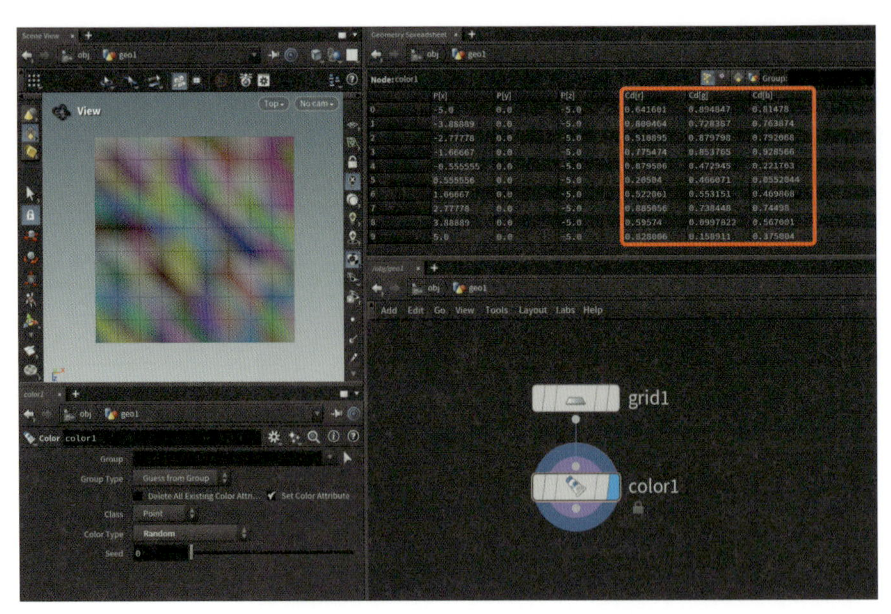

図02-025　Color ノード：Point Random

ランダムな色がついていますね。ジオメトリスプレッドシートの`Cd`の値もバラバラになっています。これはイメージどおりの挙動ではないでしょうか。

続いて`Class`パラメータを`Point`から`Primitive`に変更してみましょう。今度はビューポートの様子が変わりました。

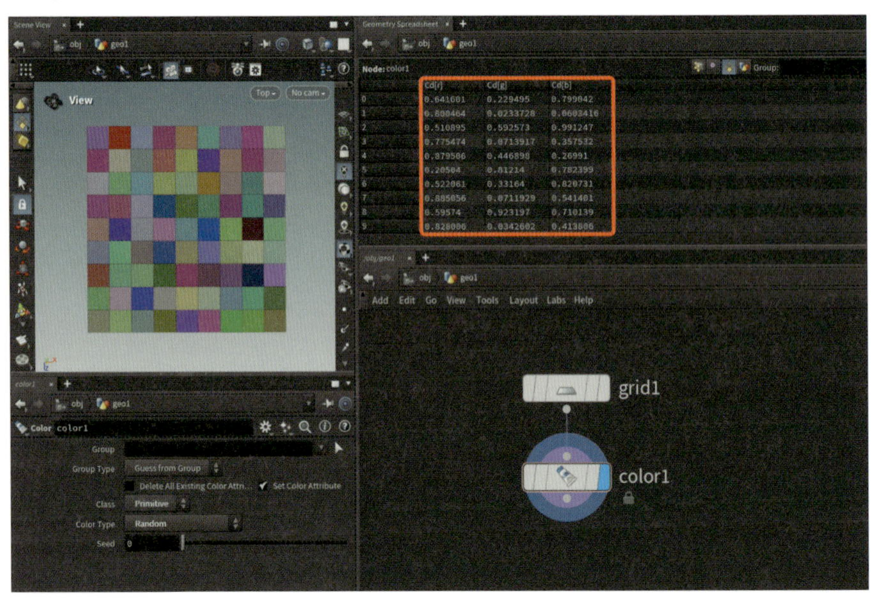

図02-026　Color ノード：Primitive Random

前回見てきたのと同様ジオメトリスプレッドシートの`Cd`アトリビュートは`Primitives`タブに移動しています。

この比較からわかることは、**一言でランダムな色をつけると言ってもPointごとにランダムカラーにするのか、Primitiveごとにランダムカラーにするのか**によって結果が異なるということです。

このように、自身が望む処理を実現させるにはアトリビュートはどこにつければよいか？　という事を常に考え続けるのが大事ということが想像できそうですね。

サンプル

Colorノードのコントロールについて、今まで学んだグループを組み合わせた簡単な作例を用意しました。回答を見る前に下の図のような状態を作ってみてください。

サンプルファイル：color_component_groups.hip

図02-027 Colorノードとグループの作例

Houdiniで扱う色について

Houdiniの色とベクターデータについて少し説明しましょう。ご存じの方も多いかもしれませんが、CGの世界では色をRGB（レッド（赤）、グリーン（緑）、ブルー（青））の3つの要素の掛け合わせとして表現することが多く、それぞれ0〜1の値で管理します。簡単な例を挙げると下記の通りです。

Cdの値	説明
{1, 0, 0}	レッドが1（100%）、グリーンとブルーが0なので赤になる
{0, 1, 0}	レッドが0、グリーンが1（100%）、ブルーが0なので緑になる
{0, 0, 1}	レッドとグリーンが0、ブルーが1（100%）なので青になる
{1, 1, 0}	レッドとグリーンが1（100%）、ブルーが0なので赤と緑が掛け合わさり黄色になる
{0, 0, 0}	レッド、グリーン、ブルーすべてが0なので赤と緑と青すべての要素がなく黒になる
{1, 1, 1}	レッド、グリーン、ブルーすべてが1（100%）なので赤と緑と青すべてが掛け合わさり白になる

無数の組み合わせを覚えておく必要はありませんが、赤・緑・青・黒・白はサッと出てくるようになると良いでしょう。ちなみにHoudiniでは各要素に1を超える値を入れることもできます。

》エクスプレッションについて

今までの説明でアトリビュートとは何か？　についてはなんとなくわかってきたでしょうか。これがどんな役に立つかは後々説明するとして、これからはまた別の切り口でHoudiniの便利機能を見ていきます。

本項目ではエクスプレッションという機能をご紹介します。エクスプレッションには様々なものがありますが、まずは手始めに様々なパラメータを気軽にリンクできるch（チャンネル）エクスプレッションを見ていきます。

Gridを作成したとき、縦と横の分割数を一緒にしたいときがありますよね（つまり正方形に分割される）。

ここではRowsを変更するとColumnsが自動的に同じ値になるような仕組みを作ってみましょう*1。

1 新規ファイルからGeometryノードを作成します。

2 Geometryノードの名前部分をクリックし、WORKに変更します。

3 Geometryノードの中にダイブし、Gridノードを作成します。

4 Gridノードの名前部分をクリックし、mygridに変更します。

ノード名の変更をしなくても解説はできますが、**わかりやすいノード名をつける**というのは保守しやすいネットワーク作りの基本となるので、クセをつけておくと良いでしょう。

続いてGridノードのColumnsパラメータにch("/obj/WORK/mygrid/rows")と英数で入力してください。入力途中で補完候補*2が出てきますが、まずは手入力しましょう。

入力が終わったらColumnsのラベル上でクリックしてみましょう。すると緑色の入力欄に10という数字が表示されましたね？　これはRowsのパラメータと同じ数値になっています。試しにRowsの値を変えてみましょう。Columnsの値が追従されるはずです。

もし、数値が変更されない場合は再度ラベル上でクリック、パラメータに書いた文字を見直してください。間違えがあると正常に動作しません。

パラメータが追従することが確認できたら先程書いたch("/obj/WORK/mygrid/rows")の意味を考えていきましょう。

ch("/obj/WORK/mygrid/rows")の/（スラッシュ）は、「の中の」と読み替えることができます。

つまりobjの中のWORKの中のmigridの中のrowsとなりますね。それをch("")でくるむことによって、**この場所にあるチャンネルと同じ値にしてね**と伝えることができるのです。

コーテーションの使い方については**データ型**の解説で詳しくお伝えするので、今はチャンネルにch("値を見に行ってほしい場所")と書くと見に行ってほしい値を指定できると覚えておきましょう（このように値を見に行くことを**参照する**と言います）。

さて、この便利なチャンネルエクスプレッションですが、ch("/obj/WORK/mygrid/rows")と書くのは少し面倒くさいですね。これをもっと短く書く方法があります。

ch("/obj/WORK/mygrid/rows")は実はch("rows")と書いてもOKなのです。これは「自宅にある台所」をイメージするとわかりやすいでしょう。

たとえるならch("/obj/WORK/mygrid/rows")が「東京都港区芝公園にある自宅の台所」という表現だとしたら、自分が自宅にいたらただの「台所」といえば伝わりますよね。Gridノード自身のRowsを参照したいのであれば単純にch("rows")と書いてもよい、ということです。

パスの書き方	名称
/obj/WORK/mygrid/rows	絶対パス
rows	相対パス

このように「住所をすべて書く」のが**絶対パス**、「自分からみた場所を書く」のが**相対パス**と言います。どちらの書き方も使えるようにしましょう。

＊1　この仕組みを作ると、逆にColumnsを変更したときもRowsが追従してくれます。
＊2　Houdiniではパスや関数などを補完する機能が備わっており、少ないタイプ数で入力を行うことが可能です。

最後に「自宅の台所」ではなく「友人宅の台所」の書き方も覚えましょう。

Grid ノードを作成し、friendsgrid という名前にしましょう。今度は自分(mygrid)とは別のノード、friendsgrid の Rows パラメータを参照することにしましょう。

絶対パスは簡単ですね。mygrid ノードの Columns に ch("/obj/WORK/friendsgrid/rows") と書けばOKです。

相対パスの方は少し書き方が変わり、ch("../friendsgrid/rows") のようになります。この ../ は自分の家を出る、つまり**自分のノードの1つ上の階層**という意味になります。

この書き方は慣れるまで難しいですが、便利な書き方なのでぜひ覚えましょう。

最後に緑色になった入力欄(エクスプレッションなどの計算式が入った状態)を元に戻す方法も知っておきましょう。

変更されたパラメータ上もしくはラベル上で Ctrl + Shift **キー+クリック**で Delete Channels が実行され通常の数値入力欄(黒色)に戻ります。

初学者がハマりがちな問題として、**日本語入力状態に気が付かずエクスプレッションを書いてしまう**というものがあります。その際は焦らずに上述の Delete Channels を実行すれば操作できるようになるので覚えておきましょう。

エクスプレッションと演算

エクスプレッションには簡単な演算を併用することができます。演算というと難しそうに思うかもしれませんが、はじめは四則演算(足し算・引き算・掛け算・割り算)だけ覚えておけば十分でしょう。四則演算は下記の通り表記します。

演算子	内容
+	足し算
-	引き算
*	掛け算
/	割り算

簡単な例としてGridの縦幅(X軸)が必ず横幅(Z軸)の2倍になる仕組みを作ってみましょう。

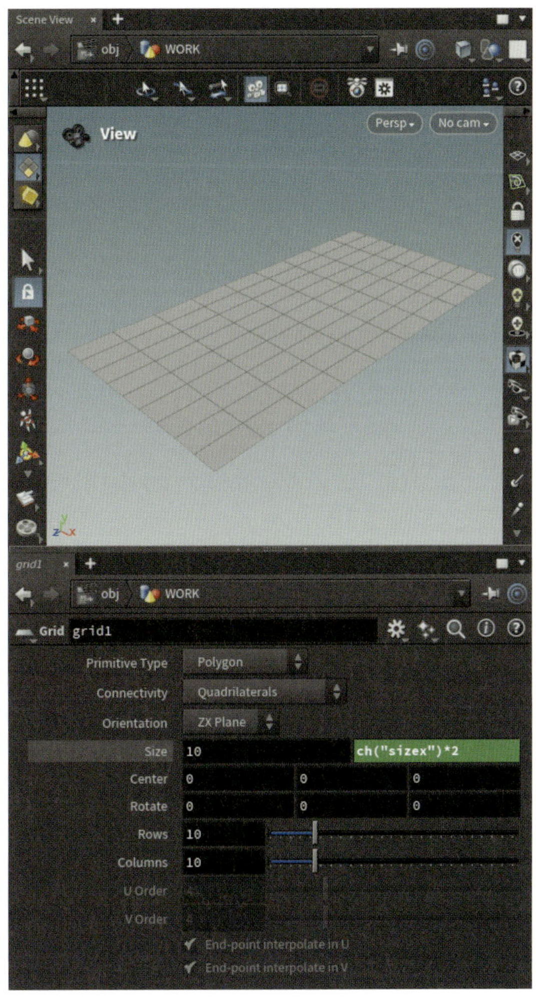

図02-028 エクスプッションと演算

Column

chエクスプレッションは手入力の他にマウス操作でも行うことができます。

ドラッグ＆ドロップで呼び出すDrop Actionsと右クリックメニュー、どちらでも設定することができます。便利な機能なので慣れてきたら活用してください。

■ Drop Actionsを使う方法

・参照先の入力欄から参照元の入力欄へドラッグ＆ドロップ

・参照先のラベルから参照元のラベルへドラッグ＆ドロップ（この場合は対応する複数の値が参照されます）

この操作でDrop Actionsウィンドウが表示され、次のアクションを選ぶと相対パス・絶対パスでエクスプレッションが記述されます。

アクション	内容
Relative Channel Reference	相対パス
Absolute Channel Reference	絶対パス

■ 右クリックメニューを使う方法

・参照先の入力欄で右クリックメニューから`Copy Parameter`、参照元の入力欄で右クリックメニューから`Paste Relative References`

・参照先のラベルで右クリックメニューから`Copy Parameter`、参照元のラベルで右クリックメニューから`Paste Relative References`（この場合は対応する複数の値が参照されます）

次の動画でご確認ください。

chエクスプレッションの設定方法

ch_expression.mp4

Drop Actionsと右クリックメニュー、どちらも使えるようにしましょう

》グローバル変数・ローカル変数について

本項目では**グローバル変数**と**ローカル変数**というものをご紹介しましょう。まずはグローバル変数を理解してからローカル変数を学ぶと理解しやすいですが、ローカル変数はパフォーマンス上の理由により現在では徐々に使われなくなっており、その姿を消しつつあります。

そのため本書では古い教材を学ぶ際の理解の手助けになるよう、ローカル変数については簡単な説明だけ行うこととします。

グローバル変数

「グローバル」という言葉の通り、「全体的に使うことのできる」変数ということになります。変数はHoudiniの色々な場面で使うことができるものですが、「値を入れておく箱」だと思ってください。つまりグローバル変数は**どこでも使うことのできる値**という意味になります。

実際に使ってみるとその意味合いがわかりやすいかと思いますので、例を見ていきましょう。

1　新規ファイルからGeometryノードを作成、名前をWORKにします。

2　中に入り「Test Geometry: Pig Head」[*1]ノードを作成します。タイプ数が多そうに見えますが、Tabメニューを出した後pigだけで作成可能です。

3　Pig HeadのRotateパラメータ、Y座標の入力欄に$Fと入力します。入力欄が緑色になります。

4　再生ヘッドを左右にドラッグしてみてください。ブタさんがY軸方向に回転しましたね。

これがどういうことか調べてみましょう。chエクスプレッションの説明で緑色の入力欄はラベル部分をクリックすることで実際の値(計算結果)が出るということを学びました。今回も同様にRotateパラメータのラベルをクリックしてみましょう。数値が表示され、現在のフレーム数と同じ値が入っているかと思います。

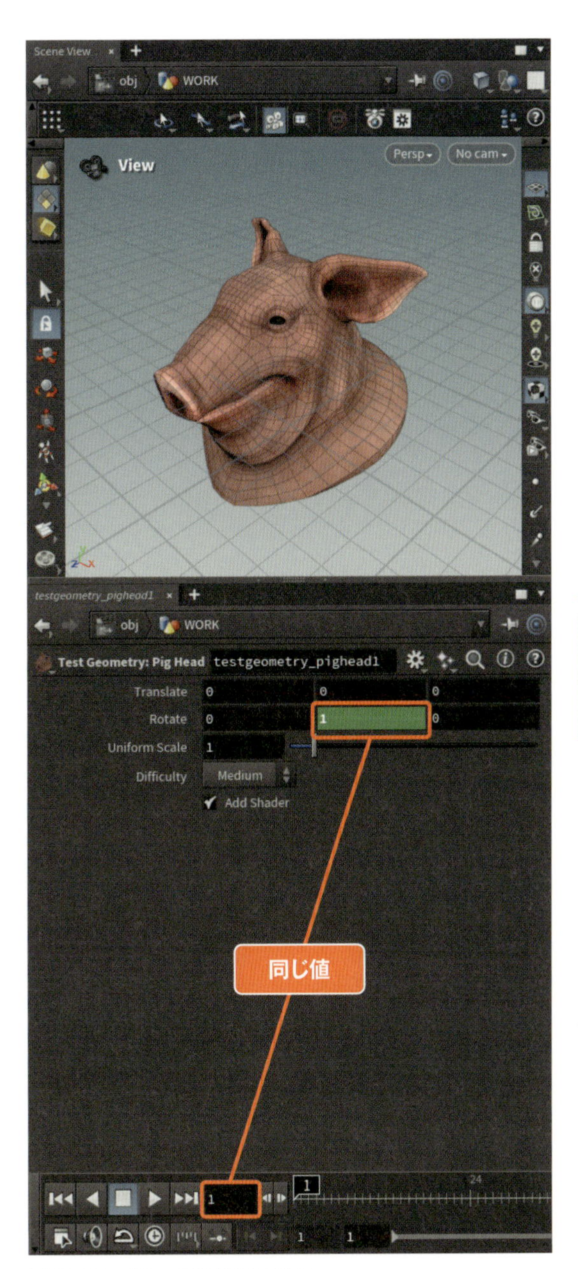

図02-029　グローバル変数F：その1

*1　本書では以下Pig Headと略します。

再生ヘッドを移動しても数値がフレーム数に追従していますね。

このように、Fというグローバル変数は**フレーム数**を表す変数で、$（ドル）を頭につけることでその値を参照することができます。グローバル変数は**Houdiniが多くのユーザーが使うであろう値をどこでも使えるように用意してくれた変数**ということができます。

ちなみにグローバル変数を記述した入力欄もエクスプレッションと同じく Ctrl + Shift **キー＋クリック**で通常の数値入力欄（黒色）に戻ります。

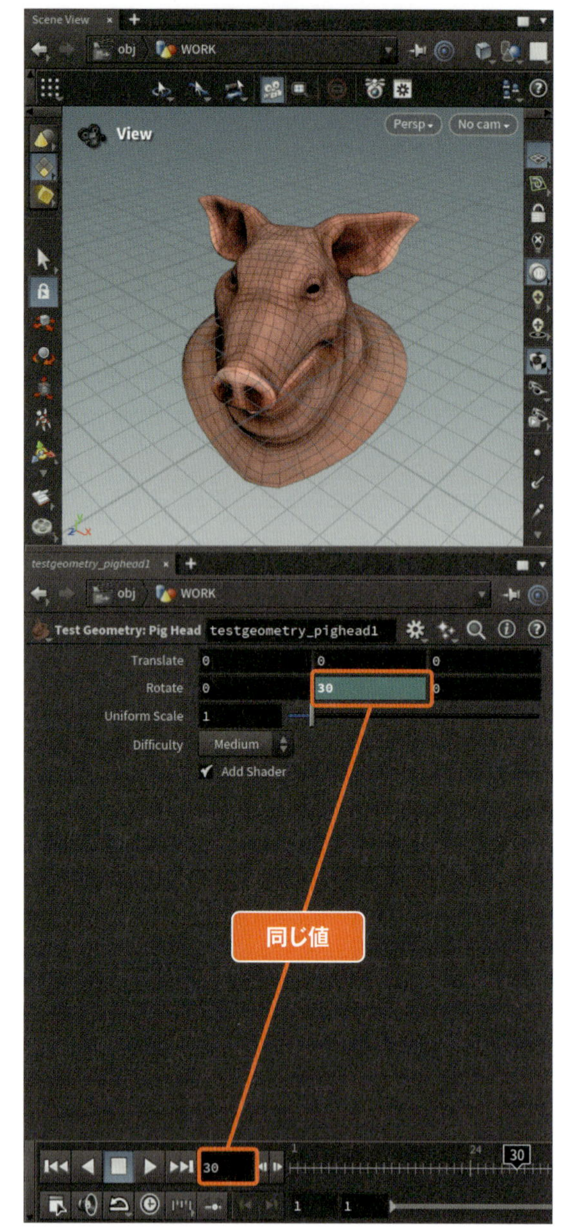

図02-030　グローバル変数F：その2

続いて他のグローバル変数もいくつか紹介しましょう。

Pig Headの回転パラメータを0, 0, 0に戻し、TranslateのY軸入力欄に$Tと入力し、再生ヘッドを動かしてみてください。今度はブタさんが上方向に動くのが確認できます。

いつものようにTranslateラベルをクリックすると、今度は小数の値が入っていると思います。そしてアニメーションの設定をデフォルトから変更していなければ、下の図のように13フレームのときに0.5という値になっているかと思います。

この0.5がどのように計算されるか見ていくと、グローバル変数Tの意味合いがわかってきます。

グローバル変数Tは時間（秒）を表します。デフォルトではHoudiniのFPSは24となっていますので、24フレームで1秒経過するということになります。つまり13フレームのときは1フレームから12フレーム経過、つまり0.5秒ということになるのです。

慣れるまでは計算が難しく感じるかもしれませんが、グローバル変数Tは時間、グローバル変数Fはフレームと覚え、良きタイミングで使っていきましょう。

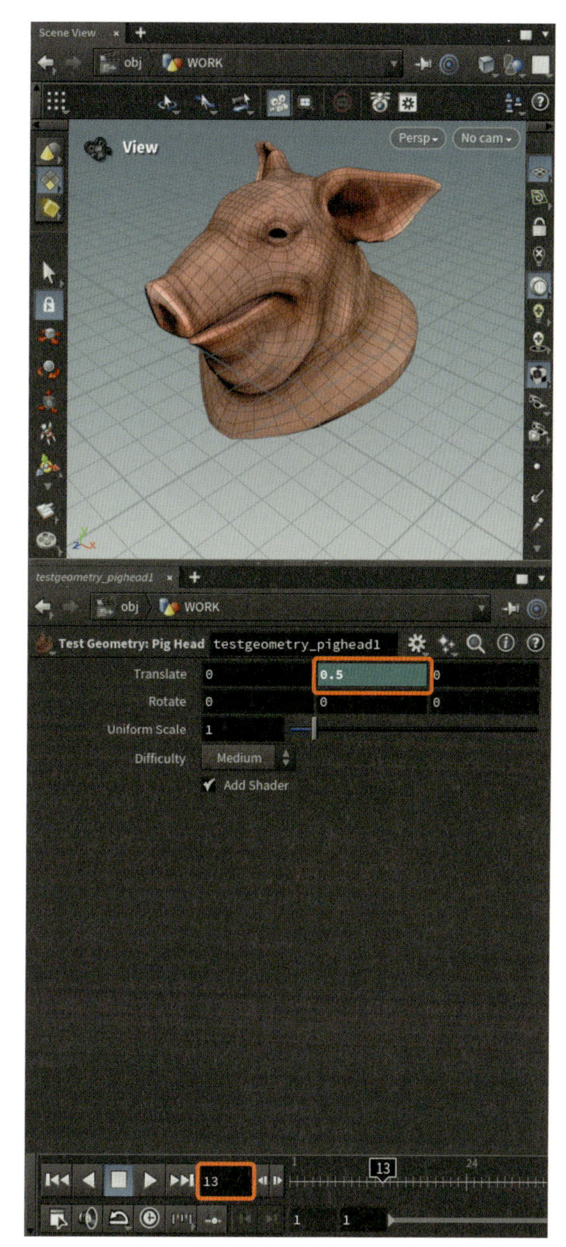

図02-031　グローバル変数T

もう1つダメ押しでFile Cacheノードに含まれているグローバル変数を見ていきましょう。今後ずっとお世話になるものばかりですよ。

今までの作例は作っては捨てでOKでしたが、今回は保存する必要があるので次の手順で操作してください。

1. 新規ファイルからGeometryノードを作成、名前をWORKにします。

2. Boxノードを作成します。

3. File Cacheノードを作成・ディスプレイフラグを立てます。

4 お好きな場所で良いのでシーンファイルを`global_variable_test.hip`という名前で保存します。筆者はデスクトップに保存しました（ファイルの保存はメインメニュー > File > Saveを実行するか、Ctrl+Sキーで行います）。

新しいグローバル変数の説明をする前に、そもそも`File Cache`ノードは何をするノードなのかを知るとより理解しやすいかと思います。`File Cache`ノードはその名の通りファイルをキャッシュする、つまり簡単に言うとジオメトリのデータを書き出す（保存する）ためのノードです。

ノードのイメージが付いたところで、さっそくグローバル変数の確認から行っていきましょう。

`Base Name`パラメータに`$HIPNAME`と`$OS`が、`Base Folder`パラメータには`$HIP`がありますね。

また、`Start/End/Inc`パラメータをクリックすると`$FSTART`と`$FEND`が隠れている事がわかります（緑色の入力欄はラベルをクリックすると値と計算式が交互に表示されるのは習ったとおりです）。

まずは最初に`$FSTART`と`$FEND`についてですが、これは`$F`がフレーム数への参照だったことを思い出すと理解しやすいでしょう。つまり`$FSTART`は開始フレーム、`$FEND`は最終フレームです。なのでここでの意味合いは**開始フレームから最終フレームまで書き出す**ということですね。

続けて`Base Name`パラメータと`Base Folder`パラメータについてですが、ここでは**ラベルを中ボタンクリック**してみてください。次の表のような表示になったかと思います。

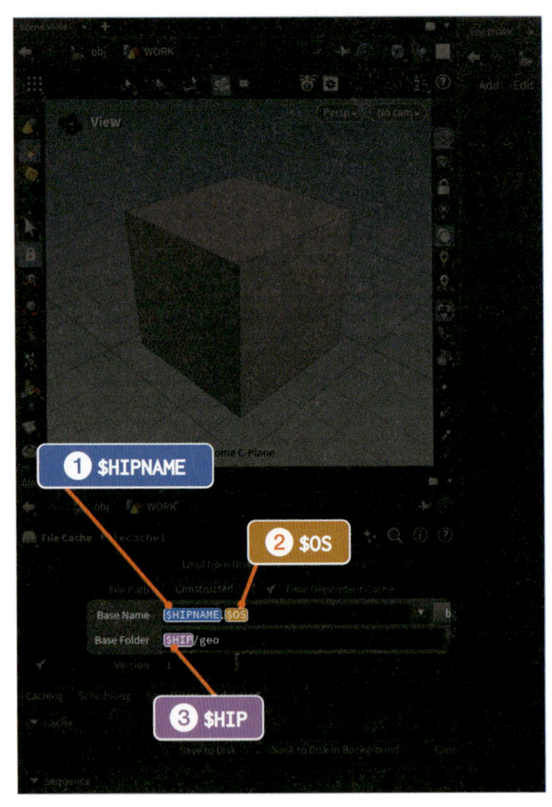

図02-032　File Cacheノード：その1

パラメータ	計算前	計算結果
Base Name	$HIPNAME.$OS	global_variable_test.filecache1
Base Folder	$HIP/geo	C:/Users/XXX/YYY/ZZZ/geo

ここで利用される各グローバル変数は次のようになります。このグローバル変数は少し特殊な変数で環境変数とも呼ばれます。

グローバル変数	参照
$HIPNAME	シーンファイルのファイル名
$OS	ノード名：Operator String
$HIP	シーンファイルが保存されているフォルダパス

パラメータを展開したところは下の図のとおりです。

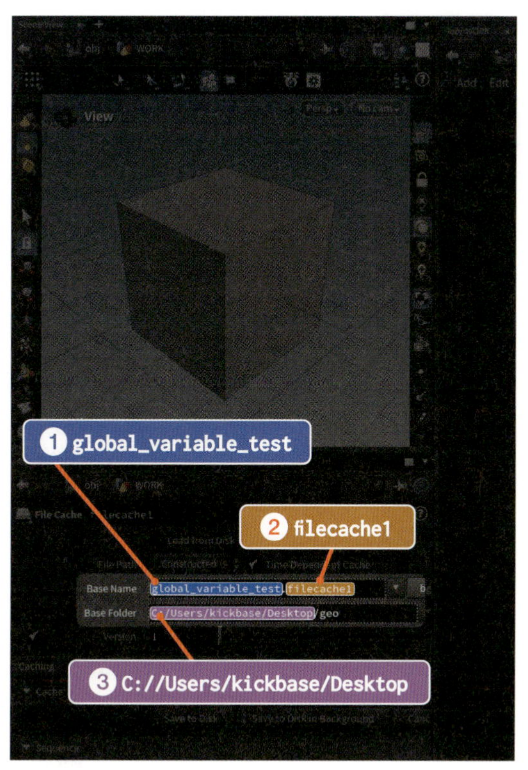

図02-033 File Cacheノード：その2

この中でも特に`$HIP`はよく使うグローバル変数です。ファイルを保存したり、読み込んだりするときに、シーンファイルから換算したほうが楽なケースはとても多いので、積極的に使って覚えていきましょう。メニューのEdit > Aliases and Variablesからこれら以外の環境変数をリストで見たり編集することが可能です。

グローバル変数の理解も大切ですが、ここでは計算前・計算後の表示切替に関するオペレーションも重要です。今までグローバル変数の値を確認する際は**ラベルをクリック**していましたが、`Base Name`パラメータと`Base Folder`パラメータのところでは**ラベルを中ボタンクリック**することで表示切替を行っていました。これはどういうことかというと、計算結果が数値の入力欄は**ラベルをクリック**、計算結果が文字の入力欄は**ラベルを中ボタンクリック**で表示切替ということです。

このオペレーションについては慣れていくしかありませんが、「この入力欄は数値かな？　それとも文字列かな？」と考えるクセをつけておくと後々役立つときがやってきますので意識するようにしてください。

ローカル変数

グローバルに対してローカルには、「ある場所に特有の」という意味合いがあります。Houdiniに関しては**そのノード特有の変数**という理解をしてください。グローバル変数はどこでも使えましたが、ローカル変数は特定のノードにのみ使えるということですね。

前述の通りローカル変数は置き換わりが進んでおり、別のより高速な手法で実現できることも多いですが、最も使われていたものの1つとして`Transform`ノードのローカル変数についてご紹介しましょう。

今回は新規ファイルからの作成ではなく、配布ファイルを開いて読み進めてください。以降の解説が既に組んであるので、お手本を横に自身でノードを作っていくとよいでしょう。

サンプルファイル：`local_variable.hip`

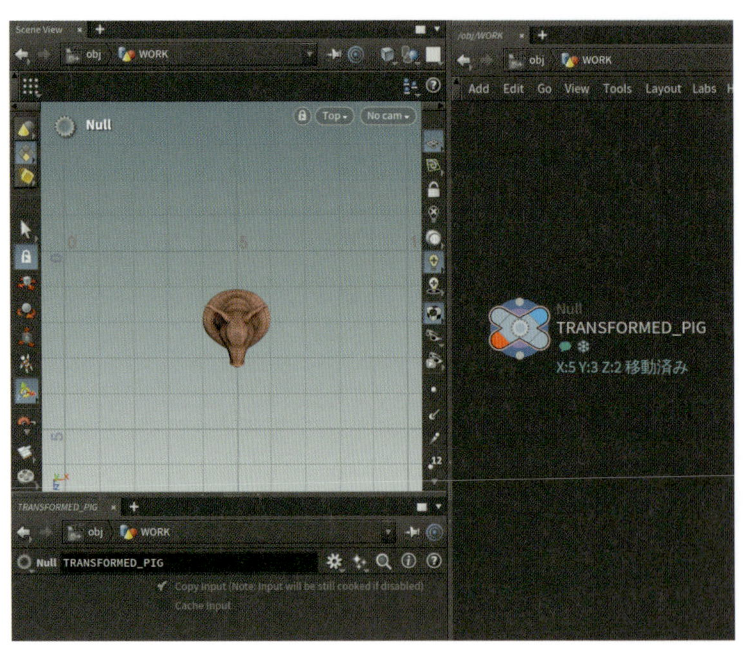

図02-034 Nullノード：埋め込まれたメッシュ

Lockフラグがついているためシーンファイルにブタさんのメッシュが埋め込まれています（以前解説した通り、プロシージャルの利点が失われることが多いので基本的にはLockフラグは多用しないようにしましょう）。

シーン内に配置されているノードは、ブタさんの位置を`{5, 3, 2}`移動した状態で埋め込んだものになります。これに`Transform`ノードを繋いでみましょう。

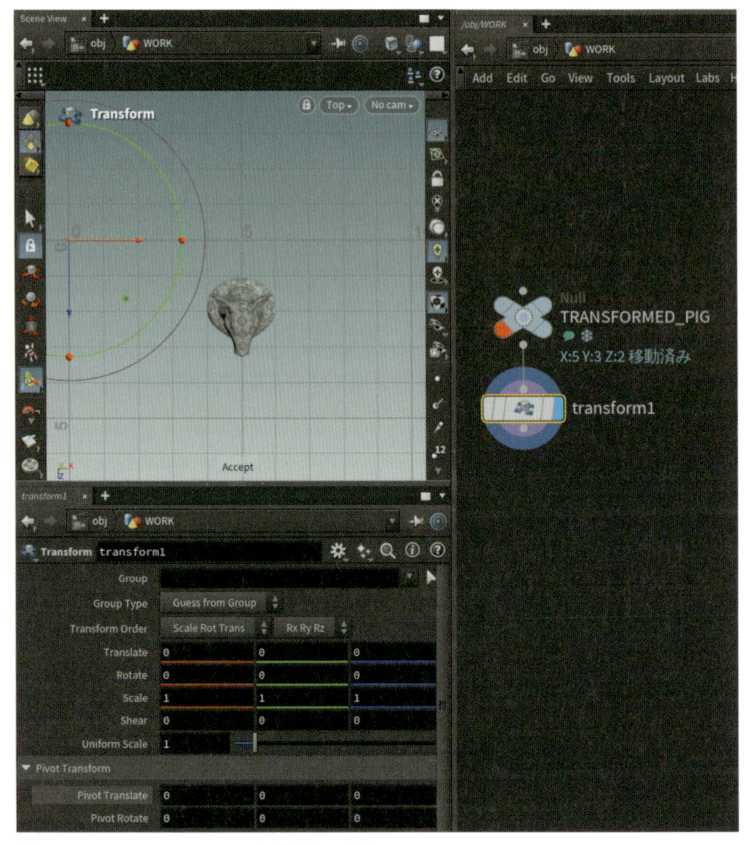

図02-035 Transformノード：原点中心に回転

当然ながら、画像のように中心軸は原点にありますが、これをブタさんの中心点から回転させたいときはどうするか、というのが今回のお題です。

Pivot Transformタブ内のPivot Translateパラメータに$CEX、$CEY、$CEZと入力しましょう。

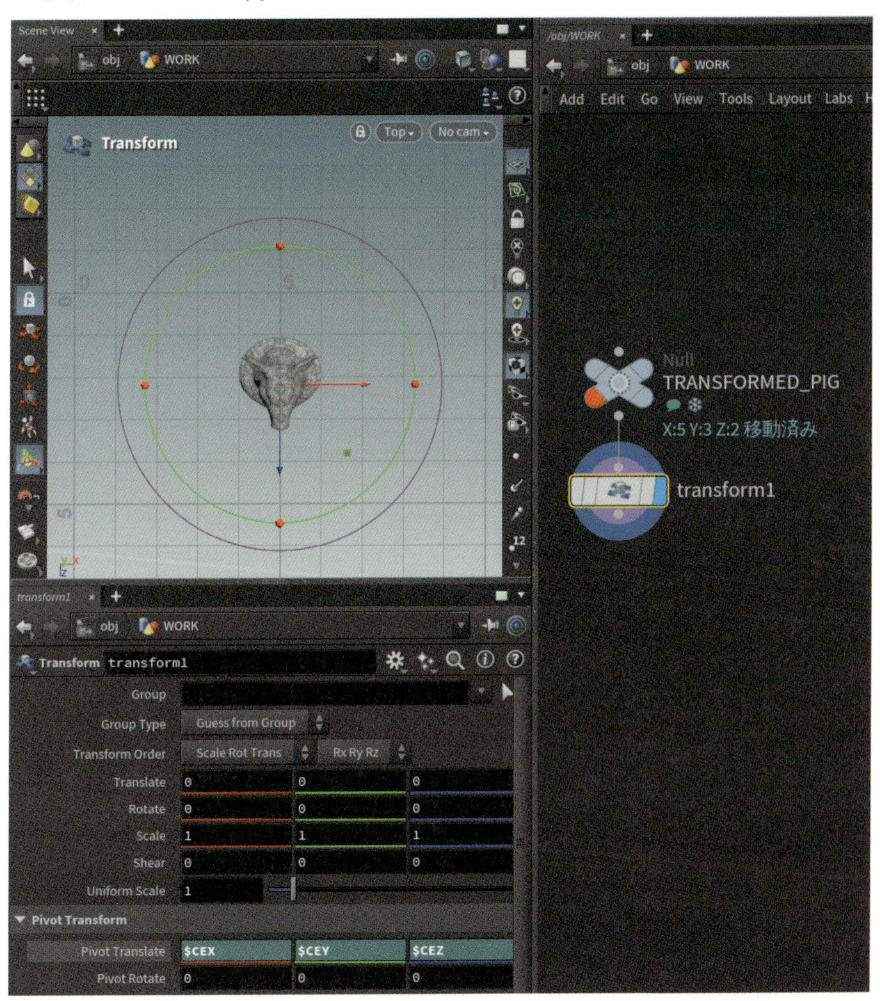

図02-036 Transformノード：ジオメトリの中心に回転

図のようにブタさんの中心点に中心軸が移動しましたね。ここで登場した$CEX、$CEY、$CEZがローカル変数です。これはそれぞれ**ジオメトリの中心座標**を表しています。

Transformノードを使う際は「ジオメトリの中心から○○したい」ということが多そうですよね。なのでTransformノードには特殊な変数としてローカル変数が用意されている、ということになります。

続いてTransformノードのローカル変数をもう1つご紹介しましょう。Transformの前に重要なポイントとして、Houdiniはジオメトリのバウンディングボックスを常に計算しているためそのサイズや中心点、最大値、最小値などをいつでも見ることができます。Node infoを見るとCenter、Min、Max、Sizeを確認することができます。今回はその値を利用できるローカル変数がTransformにはあるよというお話になります。

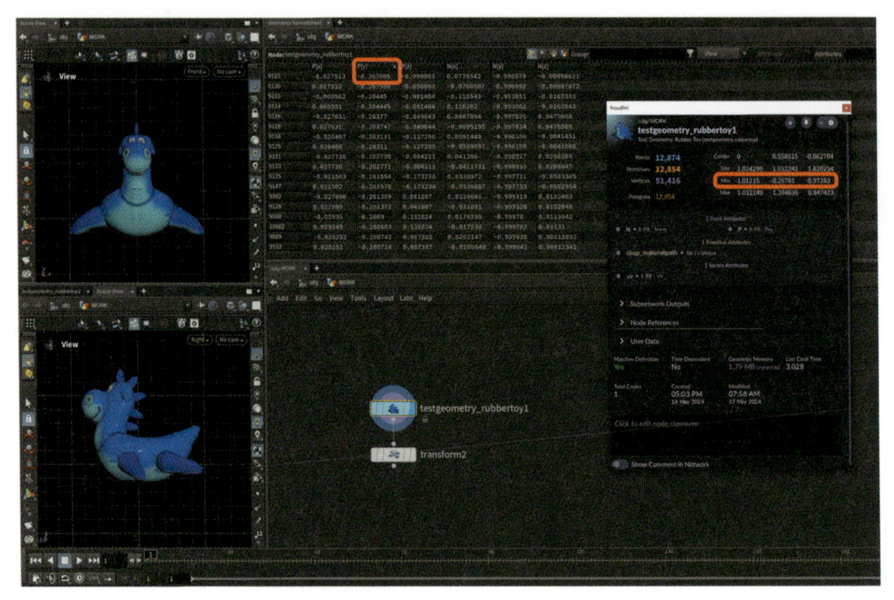

図02-037　ローカル変数$YMIN：その1

まずはラバートイの情報を確認してみましょう。ジオメトリスプレッドシートは項目の部分でクリックをするとデータを昇順、降順で並べ替えて表示する事ができます。**一番大きな値と一番小さな値を確認したいときに多用する**ので必ず覚えておきましょう。ここではP[y]の項目をクリックして昇順に並び替え、一番上に最も小さい数値が来るようにします。その値は-0.267606となっています。

Node infoのMinの項目を見てみると2番目の数値が-0.26761となっていますね（-0.267606が表示上四捨五入されていますが同じ値です）。これがバウンディングボックスのY座標の最も小さい値ということです。これらをまとめると、ラバートイの一番低いところの位置が-0.267606ですよという意味になります。

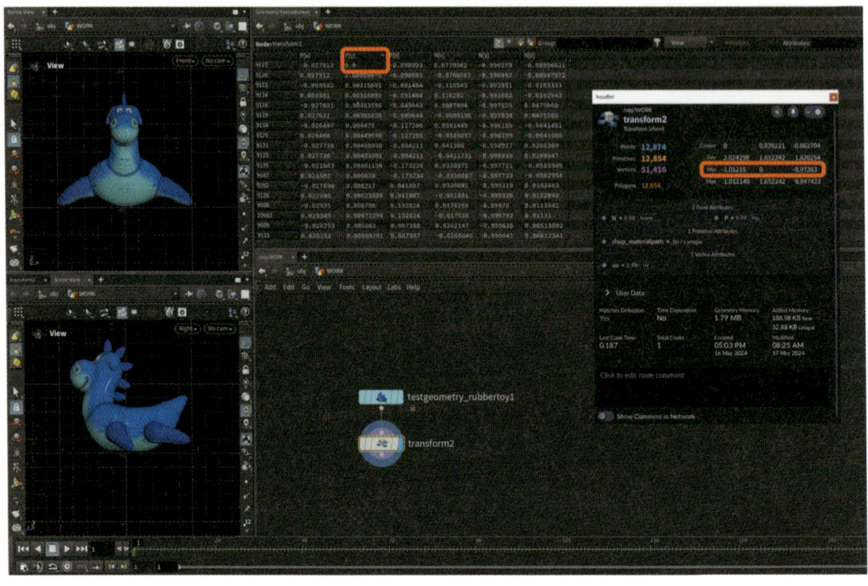

図02-038　ローカル変数$YMIN：その2

続けてTransformノードを接続し、TranslateのYの値に-$YMINをセットします。この$YMINがY座標の最も小さい値を参照するローカル変数となります（同様に$XMINがX座標の最も小さい値の参照を、$ZMINがZ座標の最も小さい値の参照をします）。

$YMINにマイナスを付けるということはどういうことかというと、「最小値分だけ引く」ということになるので最小値だったところの値が0になり、必ずジオメトリが地面に設置するということになります。

この仕組みは非常に強力で、Transformノードの上流がアニメーションしていてもまったく問題なく動作します。他のDCCツールでは難しいプログラムを書かねばならないところをこの簡単なエクスプレッションで表現できるのはHoudiniの大きな魅力の1つです。

バウンディングボックスがらみのコントロールには他にも方法があるのですが、今回のローカル変数を使った方法も必ず覚えておきましょう。

▶Column

先ほど説明した通り、ローカル変数は**あるノードのみが持つ変数**のことです。そのため、ノードAはローカル変数を持っているけれど、ノードBにはローカル変数がないといったことは当然起こりえます。それを便利に調べるにはヘルプ機能がおすすめです。

現在選択しているノードのパラメータエディタでヘルプボタン（？マーク）を押す❶とヘルプウィンドウが表示されます。先頭に目次がありますので、該当のノードがローカル変数を持っている場合はLocalsというテキストリンクが表示されます。

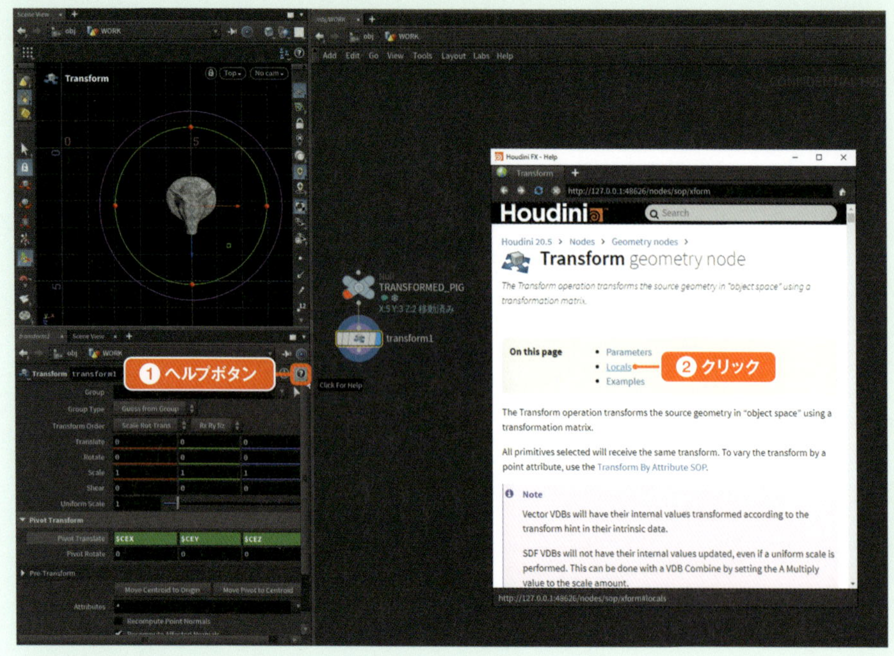

図02-039 ヘルプウィンドウ

Locals❷をクリックするとローカル変数一覧が表示されます。

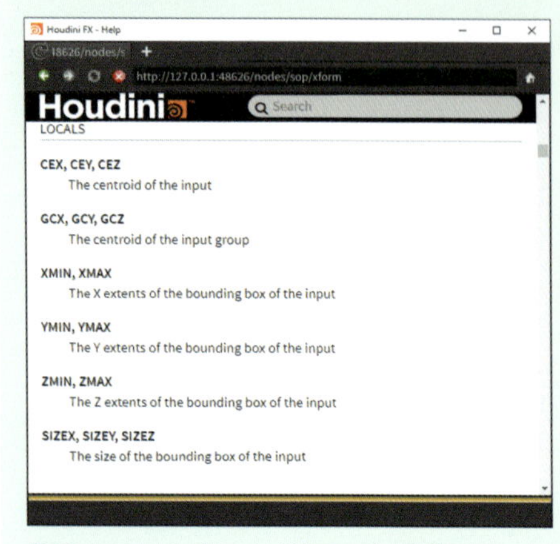

図02-040 ヘルプウィンドウ ローカル変数

こちらのヘルプウィンドウは日本語化する方法がありますが、筆者はDCCツールは英語のまま利用する方が最終的に利益が多い＊1という考え方ですので、このまま進めることとします。

＊1 もちろん考え方は様々ですが、CG技術は基本的に英語圏から発信されることが多く、和訳することで削れる情報もあるためできるだけ一次ソース（英語）で学ぶとコストが低いと考えています。

》プリセットの利用

Houdiniの作業に慣れてくると「好みのパラメータの組み合わせ」というものが出てきます。それを毎回手入力することなくすぐに呼び出せるようにしてくれるのがプリセット機能です。

本項目ではLineノードを例に**長さを変更してもラインの中心が原点からズレないライン**を作ってみましょう。本プリセットはこの先ずっと使っていけるものなので、ぜひ一緒に作ってみてください。

1 新規ファイルからGeometryノードを作成、名前をWORKにします。

2 中に入りLineノードを作成します。

Lineノードにはいくつかのパラメータがありますが、よく使うものを簡単に説明しましょう。

パラメータ	解説
Origin	ラインの始点（位置）
Direction	ラインの方向
Length	ラインの長さ
Points	ラインにいくつポイントを作るか

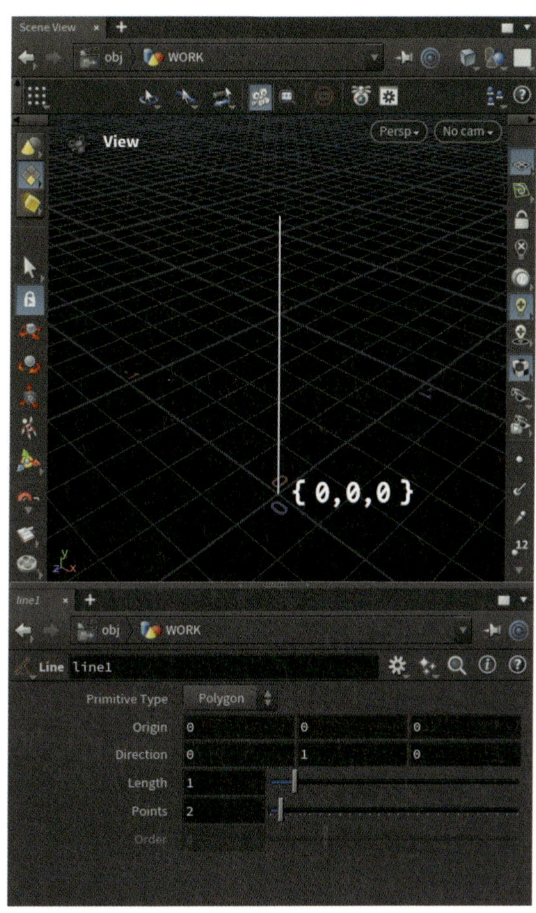

図02-041 Lineノード：デフォルト値

上の図のとおり、パラメータがデフォルトのときはラインの始点は原点{0, 0, 0}、Y軸方向上向き、長さは1、ポイント数は2なので両端に1つずつポイントがある形になります。

ここで重要なのはLengthを変化させたとき、**ラインの始点は原点から変わらず終点だけが上下に変化する**という点です。これから作りたいのは**始点と終点が反対の位置にあり、ラインの中心が常に原点にある**ような仕組みです。

さて、「長さを変更してもラインの中心が原点からズレない」や「始点と終点が反対の位置にあり、ラインの中心が常に原点にある」という最終的なイメージですが、これをパラメータに落とし込むところが最初は難しいところです。これからHoudiniの作業を行う際は**最終イメージをロジックに落とし込む**という意識を持ちながら行うとよいでしょう。

仕組みを作っていく際にロジックを導くことが難しいときは、手作業で例をいくつか作ってみるとその法則性に気づくことができる場合があります。では実際にやってみましょう。

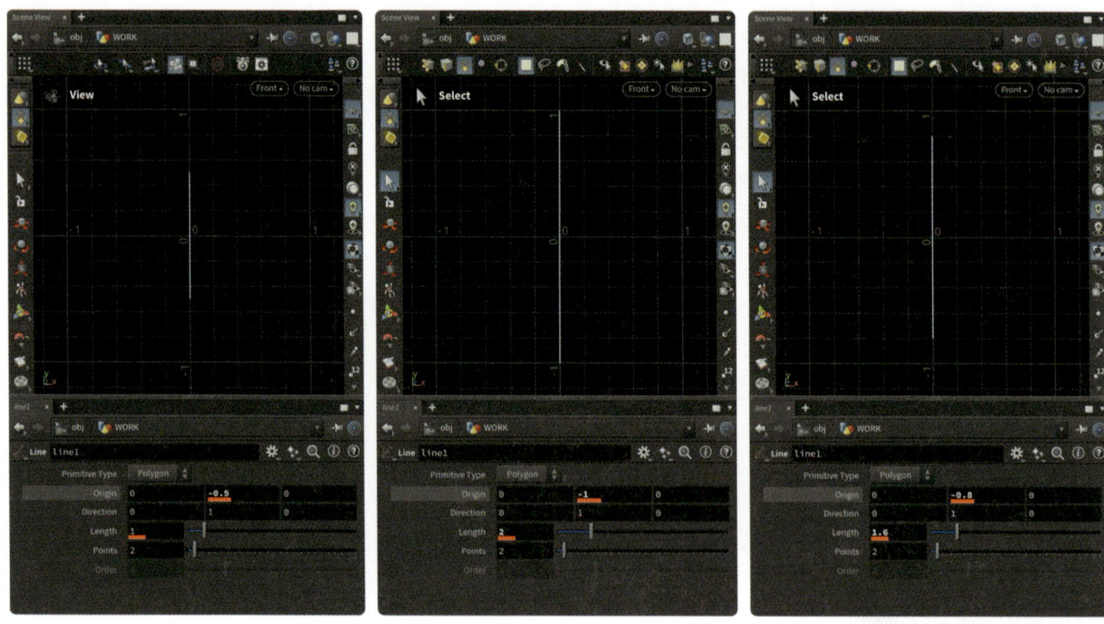
図02-042 手作業での作例

手作業で3つの例を作ってみました。この中から法則性を探し当てれば良いわけですね。パラメータを眺めてみると、**OriginのY値がLengthの半分にマイナスをつけたもの**ということが見えてきます。ここに気づけばあとは2つのパラメータが連動するようにしてあげればOKですね。それを実現するにはすでに学んだchエクスプレッションを使えばよさそうです。

このロジックをエクスプレッションに落とし込んだものが右の図になります。

「OriginのY値がLengthの半分にマイナスをつけたもの」はエクスプレッションでいうと-ch("dist")/2になるわけです。ここまでできたらLengthパラメータを変化させてみてください。「始点と終点が反対の位置にあり、ラインの中心が常に原点にある」という仕組みができたことを確認できると思います。確認が済んだらLengthパラメータを1に設定してプリセット作成に進みましょう。

パラメータエディタのLineノードの歯車アイコンをクリックし、Save Preset...を実行します。

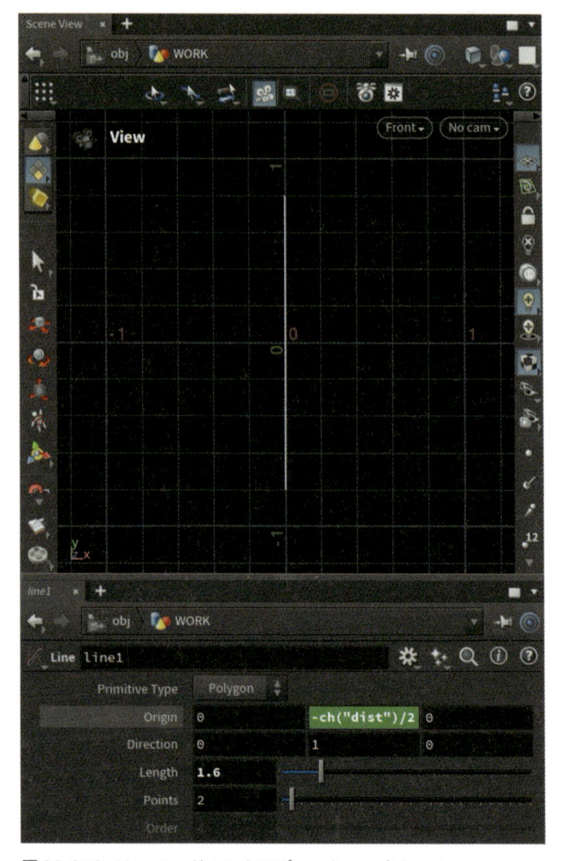

図02-043 Lineノード：エクスプレッションをセット

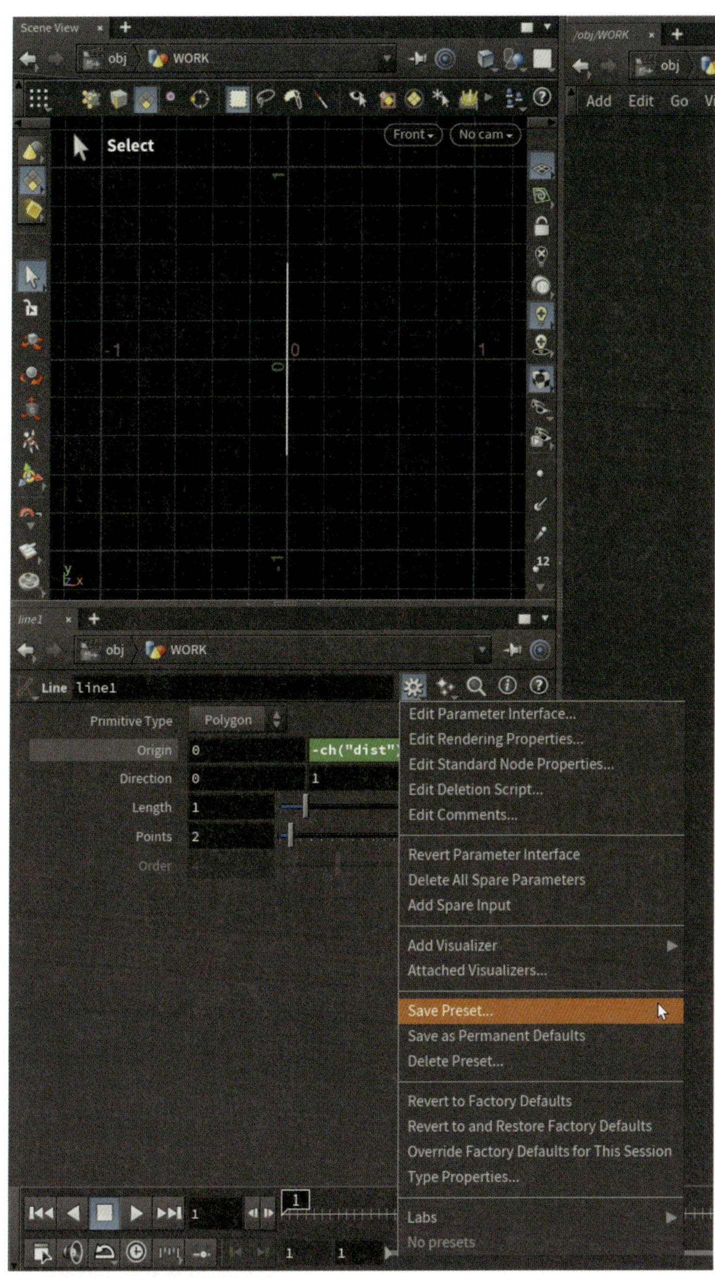

図02-044 Save Preset

プリセットの設定ウィンドウが開きますので、お好きな名前（今回はCenter Yとしました）を入力してSave Presetボタンを押しましょう。

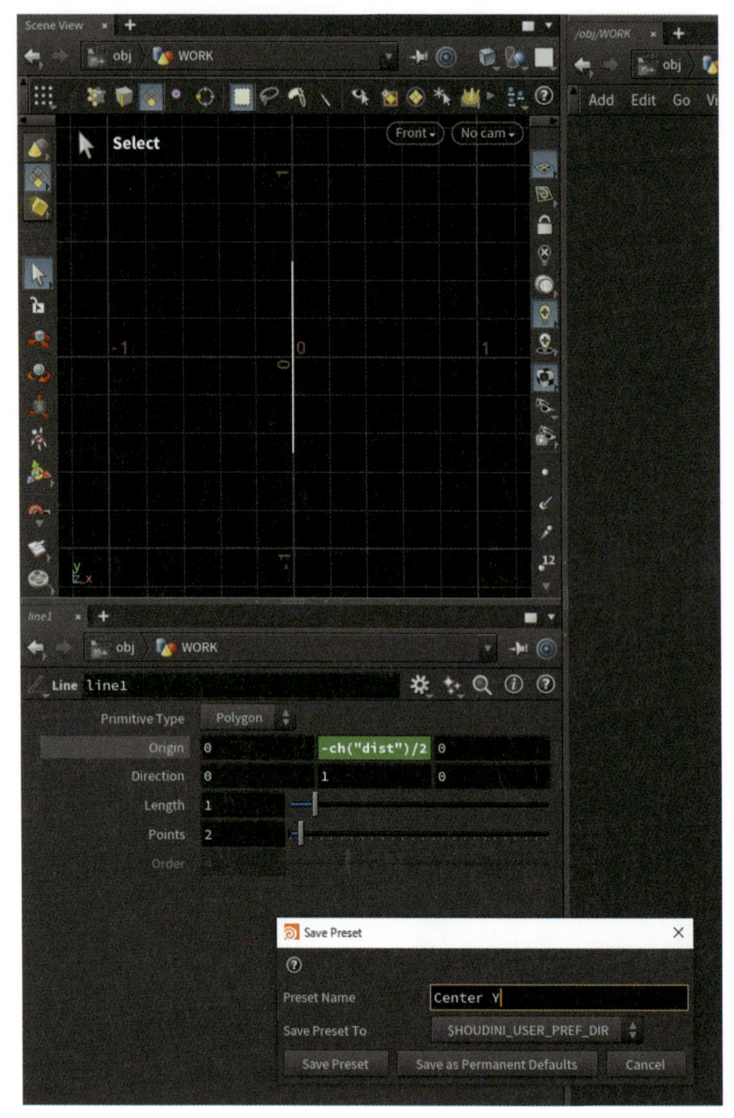

図02-045 プリセット名の設定と保存

これでLineノードを呼び出したらいつでも保存したプリセットを使えるようになりました。ネットワーク上のLineノードを削除して再度Lineノードを作成してください。

プリセットを使いたいときも歯車アイコンをクリックします。すると先程保存した`Center Y`が表示されるので実行してみましょう。

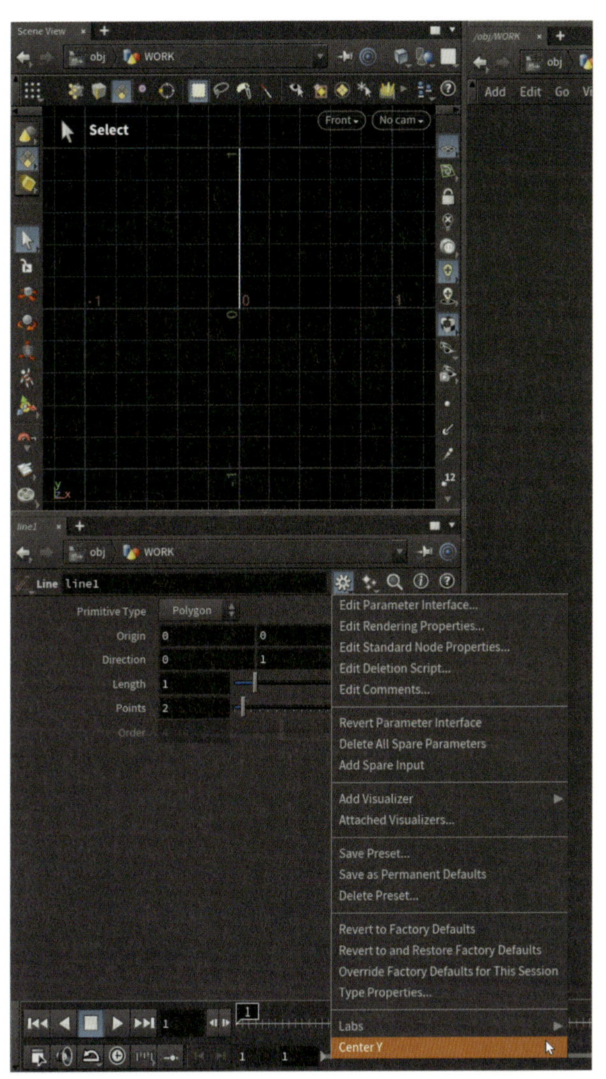

図02-046　プリセットの呼び出し

実行するとパラメータがプリセットのもので上書きされます（上書きなのでパラメータを編集していた際は注意しましょう）。

Lineノードのプリセットは非常に便利なので、`Center X`と`Center Z`も同様の方法で作ってみましょう。仕組みは同じなので解説はしませんが、読者のみなさんもプリセットを作ってみてください。サンプルファイルをご用意したのでそれをもって答え合わせとしていただければと思います。

サンプルファイル：`preset.hip`

›› グループコントロール

ここからプロシージャルモデリングの肝となるグループについて学んでいきます。グループを自在に扱えるようになると、様々な入力に対し破綻のない編集を行うことができます[*1]。

非破壊編集と破壊編集

プロシージャル・非プロシージャルと似たような概念として、非破壊編集・破壊編集というものがあります。非破壊編集はその名のとおり「オリジナルデータを変更しない編集」のことですが、DCCツールにおいては「入力ジオメトリを直接手で編集しない」と言い換えても良いでしょう。

Houdiniでも直接的なポリゴン編集はできますが、たやすく破壊編集となってしまい入力の変化に弱い仕組みになってしまいます。ここでは破壊編集のデメリットを理解していただき、それを非破壊編集にアップデートして入力変化に強いネットワークにしていく過程を学びます。

■ 破壊編集

1　新規ファイルからGeometryノードを作成、名前をWORKにします。

2　中に入りSphereノードを作成します。

3　シーンビュー上で[SPACE]+[3]キーを押し、フロントビューにします。

ここまでは今までと同じ流れですが、次から少し変わった手順で操作します。

4　シーンビュー上で[S]キーを押し**セレクトモード**にします（すでにセレクトモードだった場合は**ビューモード**になってしまいますのでもう一度[S]キーを押してください）。

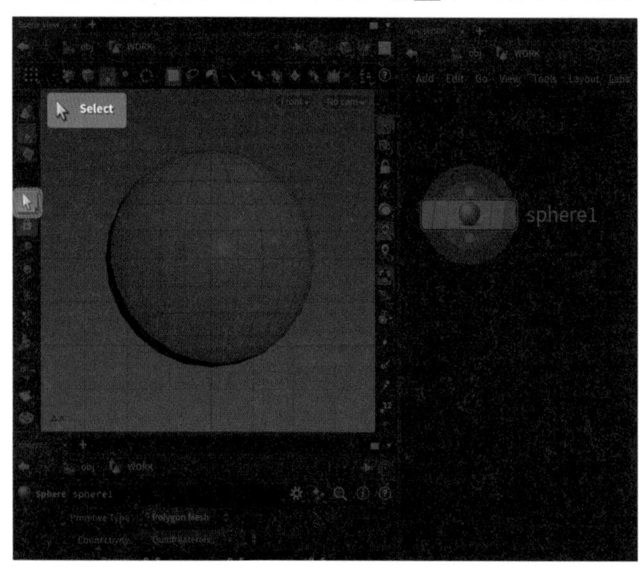

図02-047　セレクトモード

＊1　上級者になるとグループの代わりにアトリビュートを用いて同様の作業もできるようになりますが、まずは基本となるグループをおさえておきましょう。

5　今回は面を消したいのでSelect Primitivesボタンをオンにし、Sphereの下半分をドラッグで選択します。

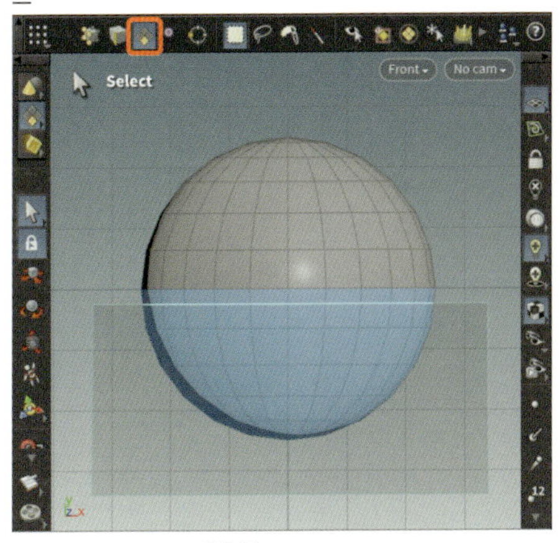

図02-048　ドラッグ選択

6　**シーンビュー上**で[Delete]キーを押します。するとBlastノードが接続・ディスプレイフラグが移動します（ネットワークビューで[Delete]キーを押すと選択したノードが消えてしまうのでご注意ください）。

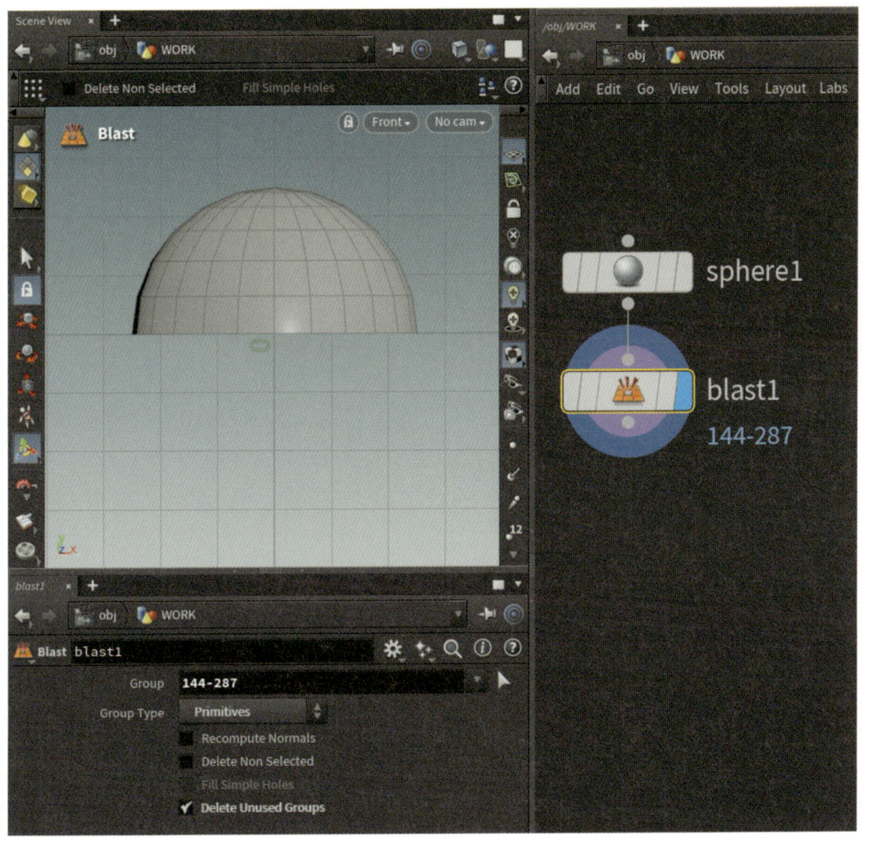

図02-049　Blastノード

簡単に説明すると**Sphereの下半分のポリゴンを消した**というものなのですが、この手作業の編集には問題が多く隠れています。その内容を見ていきましょう。

Blastノードを接続した状態でSphereノードを選択、ワイヤーフレームが邪魔なのでマウスをビューポートに移動し、[ESC]キーを押しましょう。続いてRowsパラメータをデフォルト値から17に変更しましょう。下の図のような状態になったと思います。

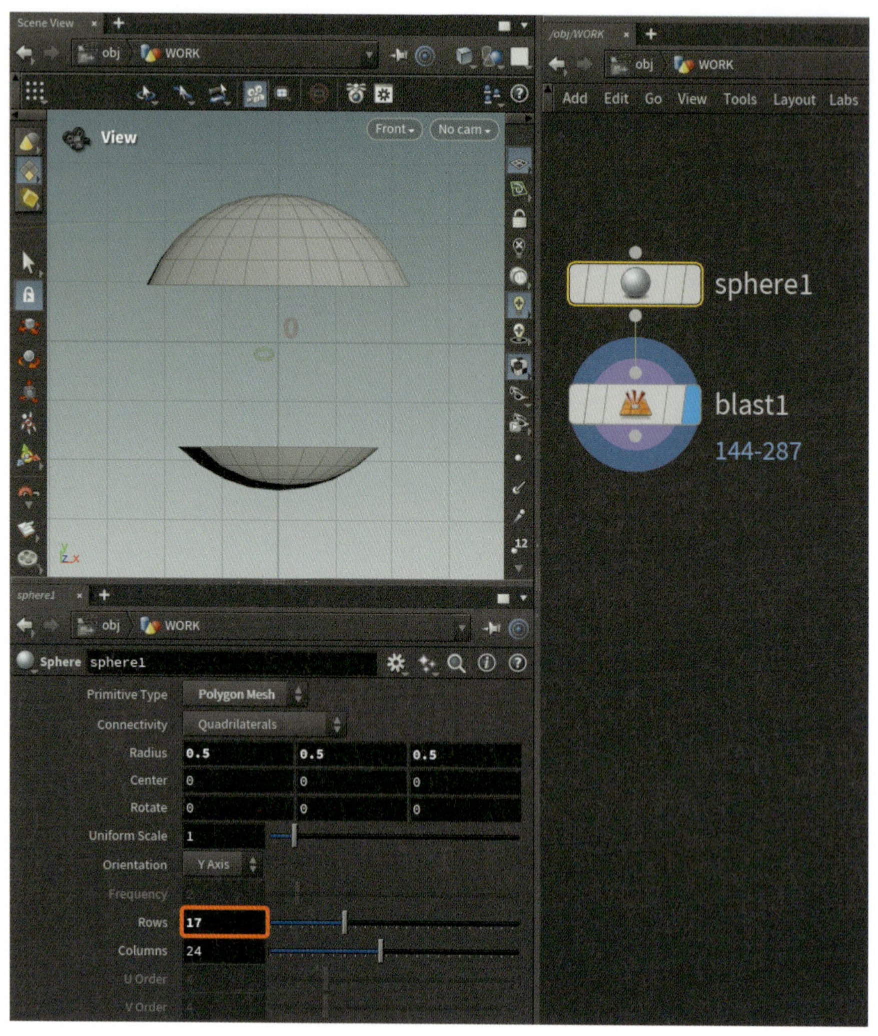

図02-050 Sphereノード：Rowsの変更

いかがでしょう。当初の「Sphereの下半分のポリゴンを消す」という目的が達せられなくなりましたね。この仕組みをきちんと理解することが大切です。Blastノードに選択を移しましょう。

理解を助けるため、シーンビューの横にある`Display primitive numbers`ボタンを押しましょう。これでフェースの番号である`Primitive Number`（プリミティブナンバ）を表示することができます。そして最後に見るべきは`Group`パラメータの`144-287`の部分です。`Group Type`は`Primitives`なのでこれらをまとめると次のようになります。

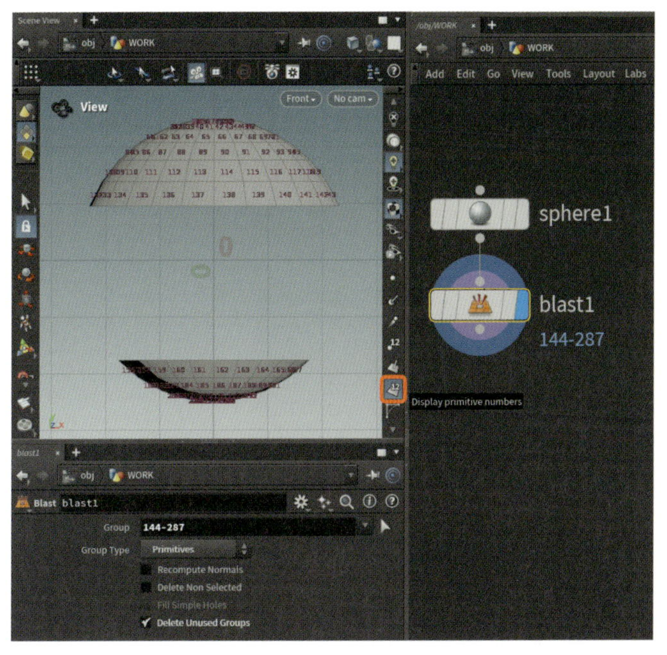

図02-051 Display primitive numbers

Blastノードは144～287番目までのフェース（Primitive）を削除する

このように、144～287番のPrimitive Numberを指定しているところがマズいのです。すでに見てきた通り、入力であるSphereのポリゴン数が変わってしまうと、消そうと思っていた場所がズレてしまうということになります。

ダメ押しでもう1つ問題のあるケースを見ましょう。再度Sphereノードを選択、続いてRowsパラメータを12に変更しましょう。そして見やすくするためにBlastノードを選択します。

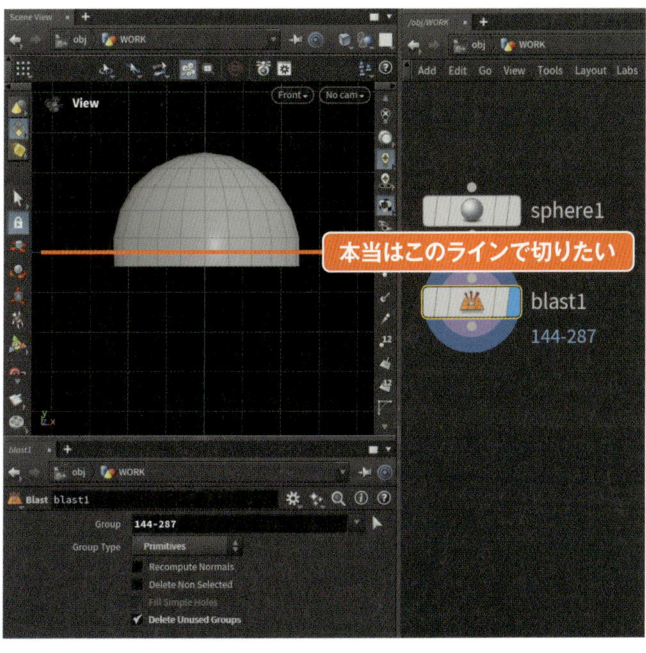

図02-052 ジオメトリの切断位置をコントロールしたい

下半分のポリゴンは消えているように見えますが、**正確にXZ平面で消えているわけではありません。**`Rows`パラメータを下げていけば顕著ですが、どんな入力を受け取っても必ずXZ平面で消えてくれたほうが意図した挙動に近そうです。

■非破壊編集

それではこの問題を解決するために`Clip`ノードを使ってみましょう。SphereにClipノードを繋げ、ディスプレイフラグを移動してください。

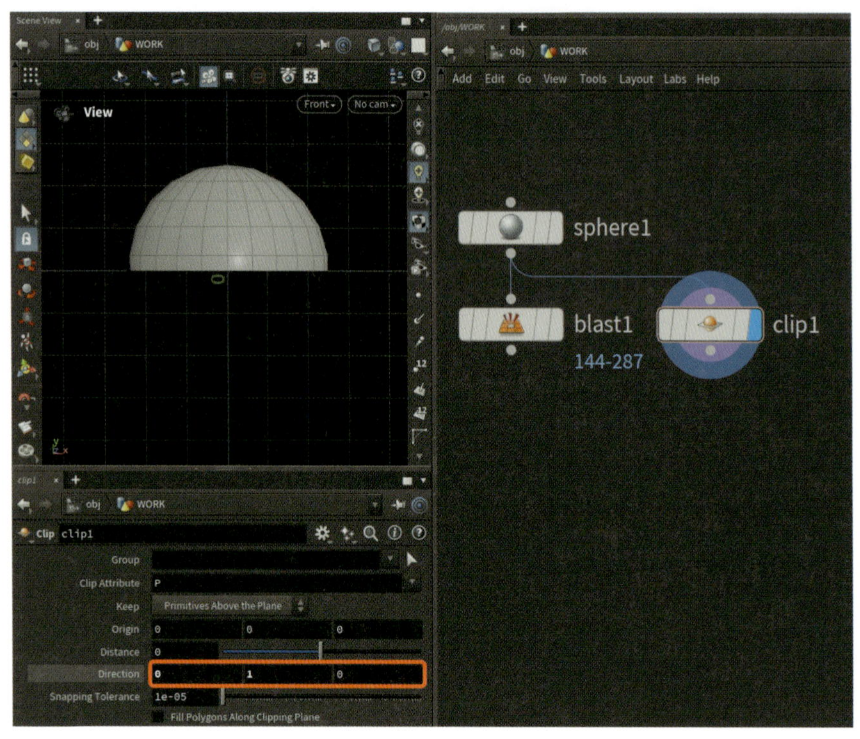

図02-053 Clipノード

見ての通りYZ平面でスパッと切れていますね。今回は下方向（XZ平面）を切り取りたいので、`Direction`パラメータを`{0, 1, 0}`に変更しています。

Blastノードとは異なり**プリミティブナンバを直接指定していない**ところがミソです。

動画をご覧いただければわかりやすいかと思いますが、Sphereの`Rows`や`Columns`、`Center`や`Rotate`などどんなパラメータを変更してもXZ平面で切れていることが見てとれます。

Clipノードの非破壊処理

nondestruction_clip.mp4

Blastノードの破壊処理と比較して理解を深めましょう

このように、**Clipノードはトポロジーとは関係なく、指定された平面でスパッと切る**という機能を有しています。

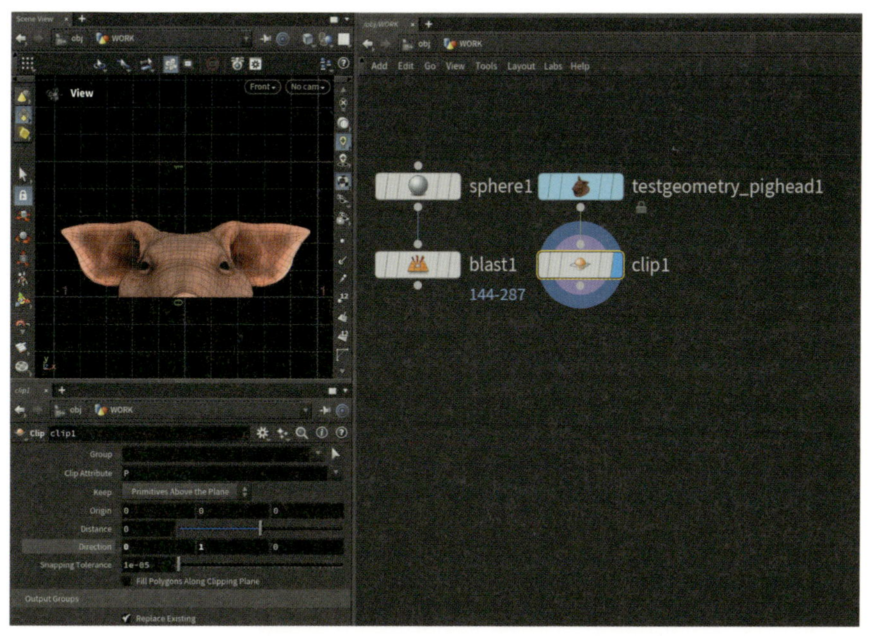

図02-054 Clipノード：上流をブタに

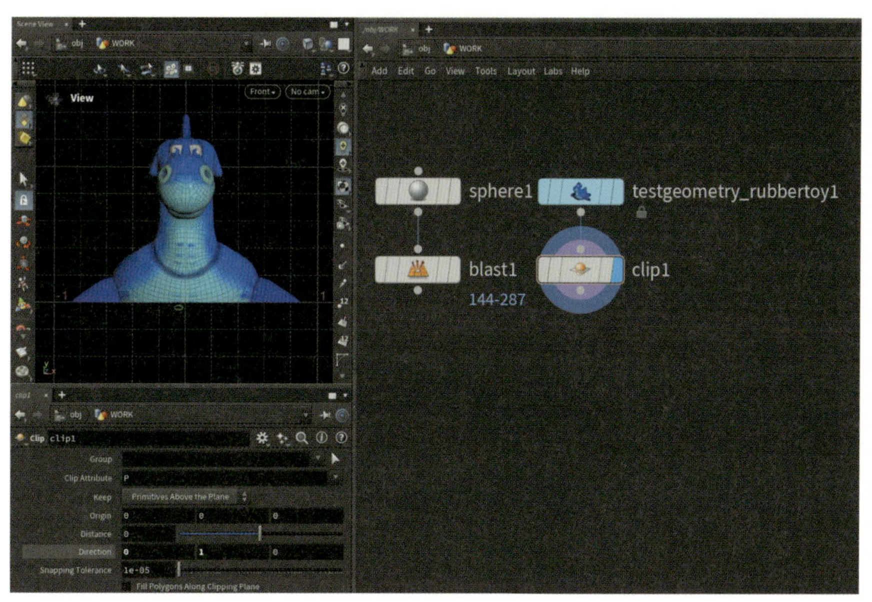

図02-055 Clipノード：上流をラバートイに

上の図のとおり、当然ブタさんやラバートイ（ブタさんと同様Houdiniが用意しているテストモデルです）など、何を入力してもスパッと切ってくれます。

このように、Houdiniが提供するノードを適切に使用すると変更に強いネットワークを作ることができるのです。

Groupノード

手で対象の場所を選択するのではなく、**仕組みベース**で指定するという重要なノードです（手で選択することもできるのですが上述の理由でおすすめできません）。

以下で様々なオプションを解説しますが、どのオプションを設定する際も`Group Type`を変更することによってグループを作成するコンポーネント（ポイントやエッジ、プリミティブなど）を指定することができます。続く作業で使いやすいコンポーネントを指定しましょう。

本項目では説明に集中したいため、サンプルファイルを見ながら解説していきましょう。

サンプルファイル：groups.hip

■ Base Group

基本的に手で選択するモードですので、本書では使用しません。デフォルトでEnableにチェックが入っており、Base Group入力欄が空だとGroup Typeで指定したすべてのコンポーネントがグループに指定されるので注意しましょう。使用しないときはEnableのチェックを外すことを忘れずに。

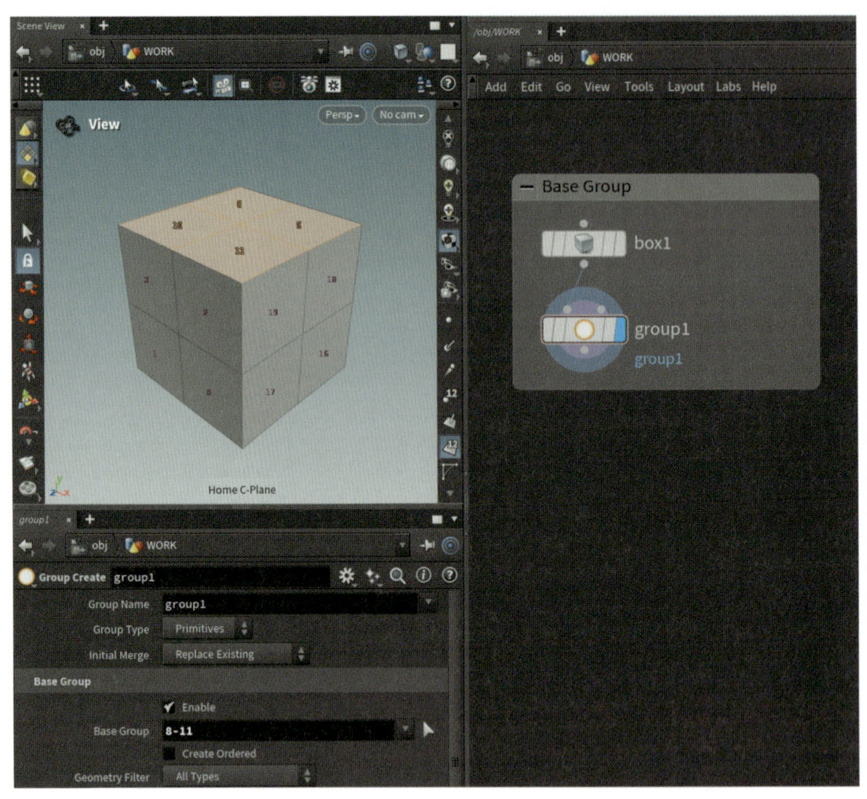

図02-056 Groupノード：Base Group

■ Keep in Bounding Regions

オプションは次のように複数ありますが、すべて**何かの中に入っている部分**をグループとして指定するモードです。

Bounding Typeオプション	グループ
Bounding Box	Boxの中に入っている部分
Bounding Sphere	Sphereの中に入っている部分
Bounding Object	第2入力のオブジェクトの中に入っている部分
Bounding Volume	第2入力のボリュームの中に入っている部分
Bounding Convex Hull	第2入力のオブジェクトから生成されたコンベックスメッシュの中に入っている部分

サンプルではよく使用する`Bounding Box`と`Bounding Object`をご紹介しましょう。直感的な機能かと思います。

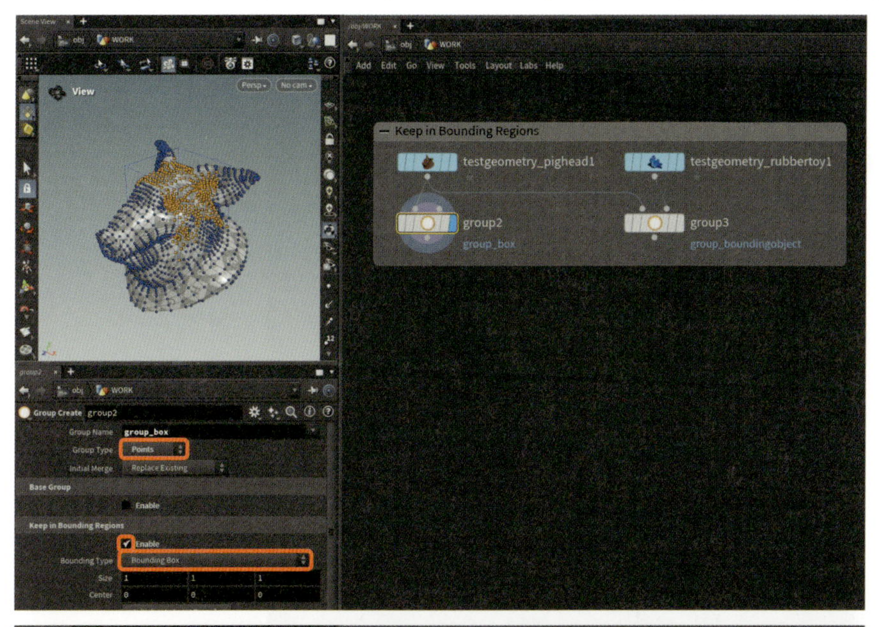

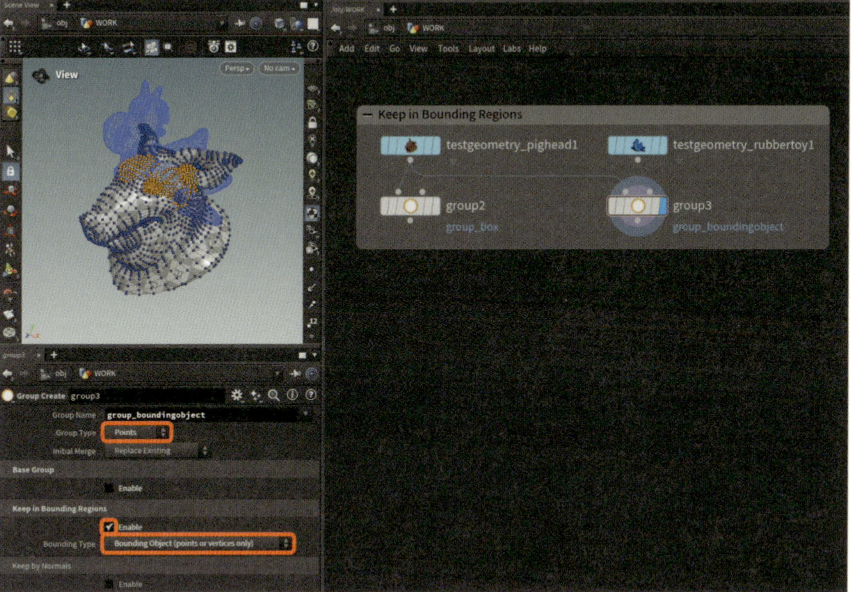

図02-057　Group ノード：Keep in Bounding Regions

●コンベックスメッシュ

コンベックスメッシュとはポイントの集合をすべて含む(包み込む)メッシュのことです。2Dと3Dの2パターンがあり、まずは2Dをイメージすると理解しやすいでしょう。

平面上にあるポイントをすべて含む図形です。輪ゴムでくるんだ図形をイメージするとよいでしょう。

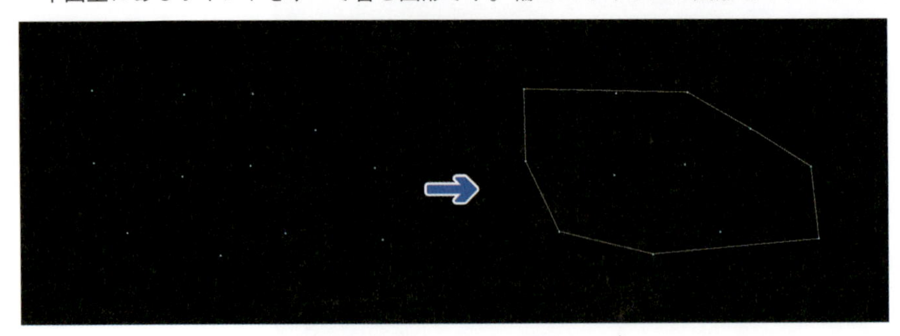

図02-058 コンベックス：2D

これがコンベックスメッシュ(3D)です。ゲームの世界では衝突判定に使用されることが多いでのでご存じの方も多いかもしれません。

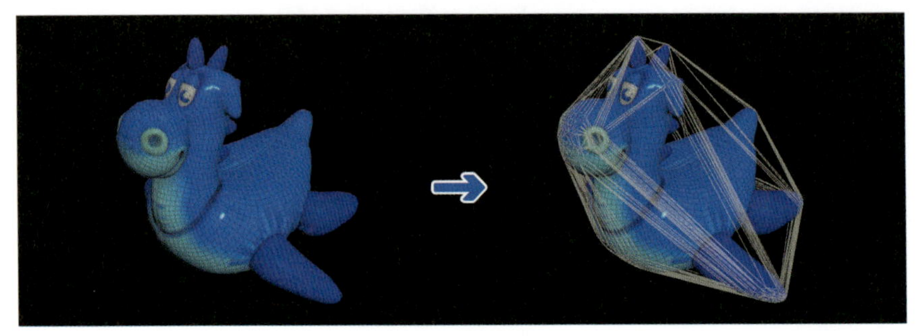

図02-059 コンベックス：3D

■Keep by Normals

法線を利用した範囲指定で、非常に強力な機能です。法線を理解するには「ベクトル」の理解が必須なのですが、ベクトルはデータ型の項目で詳しく解説します。ここでは法線というのは**面や頂点から垂直に伸びる直線のこと**と思っていてください。

ポリゴン面の表裏の判別やレンダリング時の計算に使用されることが多いですが、**Houdiniでは非常に多くの範囲をカバーする重要な値の1つ**です。

`Keep by Normals`オプションは「法線」と「指定した方向(`Direction`)」との角度を計算し、`Spread Angle`よりも小さければグループに指定されます。しかしこの説明ではわかりにくいですよね。なのでイメージとしては**ある方向を向いているものをグループ化する**と考えればいいでしょう

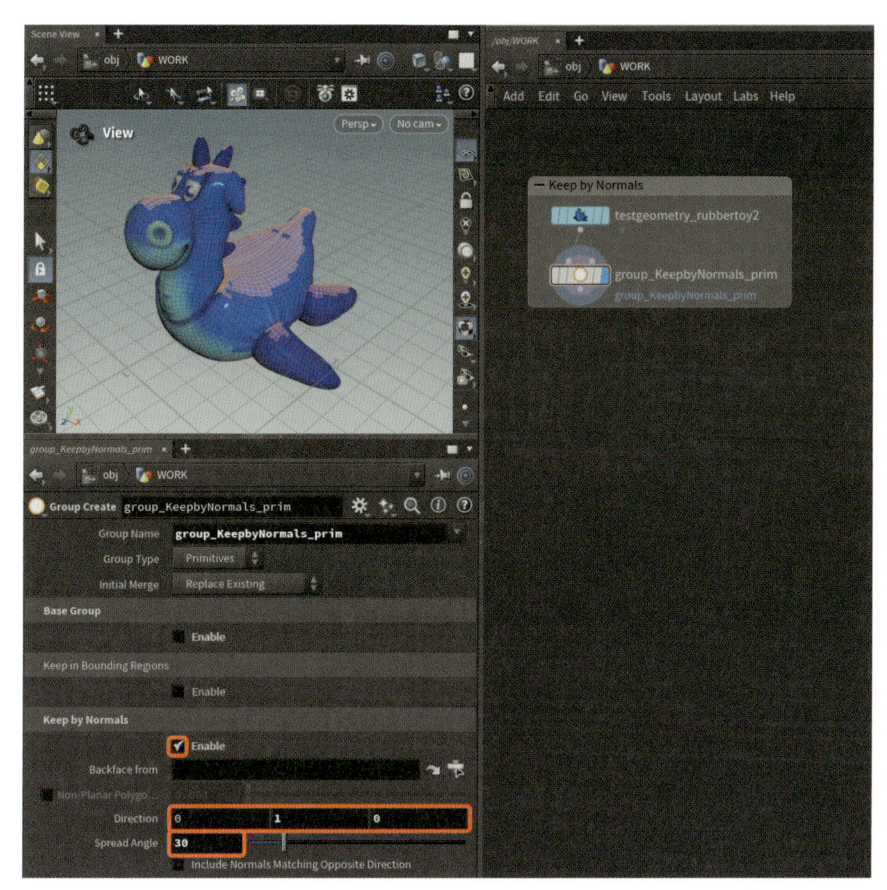

図02-060　Groupノード：Keep by Normals

上の図のように{0, 1, 0}方向、つまり上方向と法線が30度より小さい角度差だったらグループに入ります。これも「上方向を向いている面をグループ化した」ととらえるとよいでしょう。

■ Include by Edges

こちらも強力な機能の1つです。そして使用方法もシンプルなのでガンガン使っていきましょう。Include by Edgesには様々なパラメータ・機能がありますが、ここではUnshared Edgesについて解説します。

Unshared Edgesはその名のとおり、「ポリゴンに共有されていないエッジ」のことです。つまりイメージとしては**端っこのエッジ**ととらえるとよいでしょう。実際にグループを表示するとわかりやすいです。

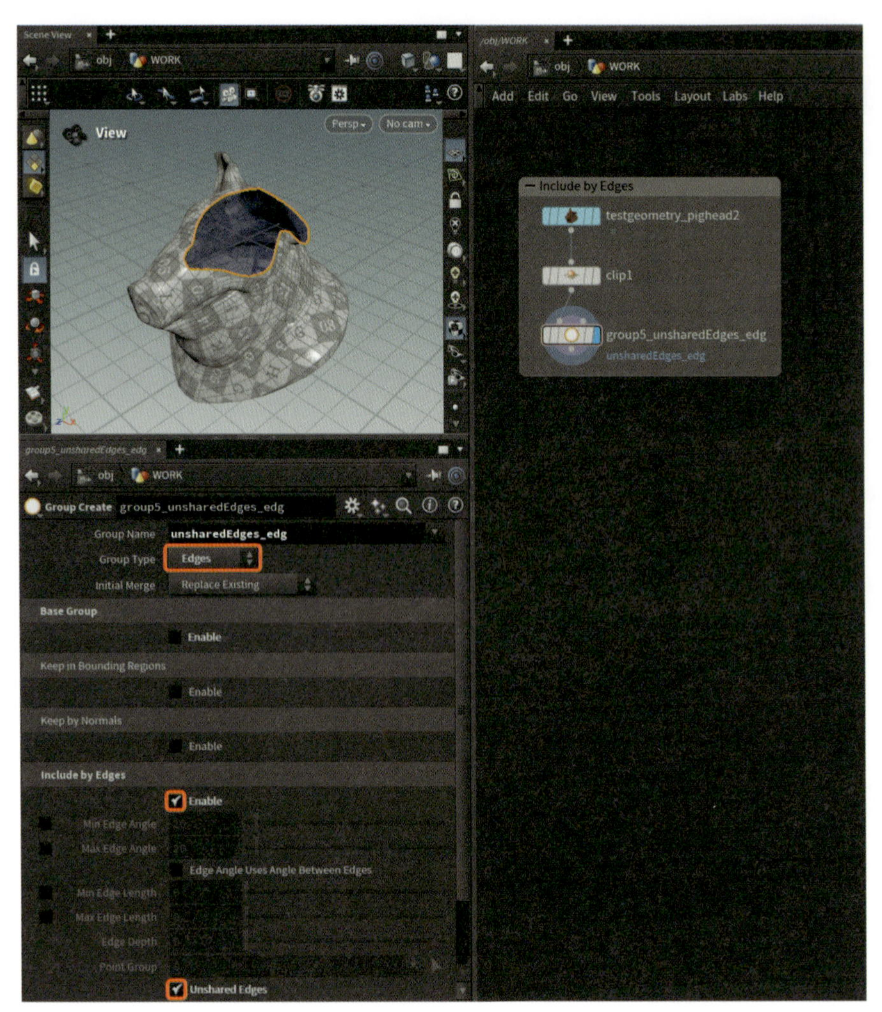

図02-061　Groupノード：Include by Edges その1

このようにClipノードとの組み合わせも非常に有用です。アイデア次第で様々な仕組みが作れそうですね。

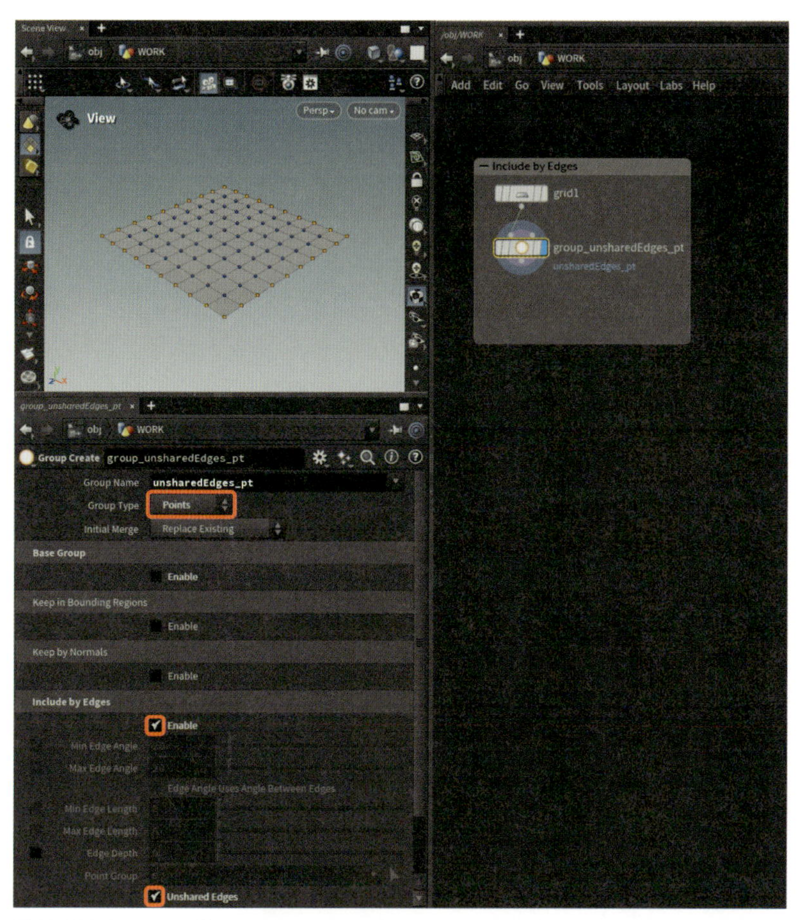

図02-062 Group ノード：Include by Edges その2

もちろん他のノードと併用せずともシンプルにグループ化することも可能です。上の図ではGridの端っこのポイントをグループ化しています。

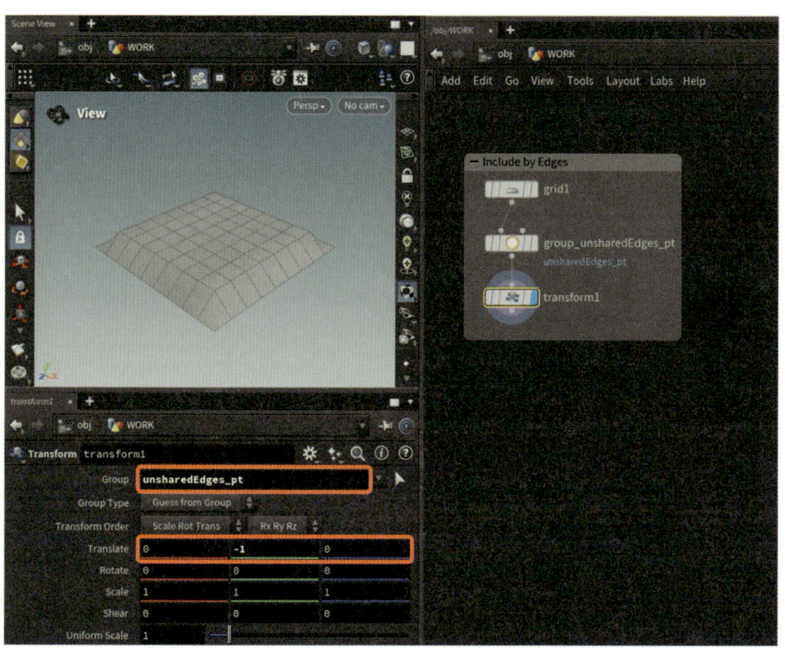

図02-063 Group ノード：Include by Edges その3

実際のグループの使用方法例としてGridの端っこだけを下方向に1下げてみました。**端っこを下げる**という仕組みベースのオペレーションなのでGridのトポロジーが変わっても破綻することがなく、非破壊編集の好例と言うことができます。

■ Keep by Random Chance

これはグループのオプションの中でも最も簡単なものかもしれません。`Keep by Random Chance`の名前の通りランダムでグループ指定するオプションです。

`Global Seed`パラメータを変更するとランダムの選び方が変わります。`Percent`パラメータもそのままの意味で、`0`だとグループには何も含まれず、`100`ですべてのコンポーネントがグループに入ります。

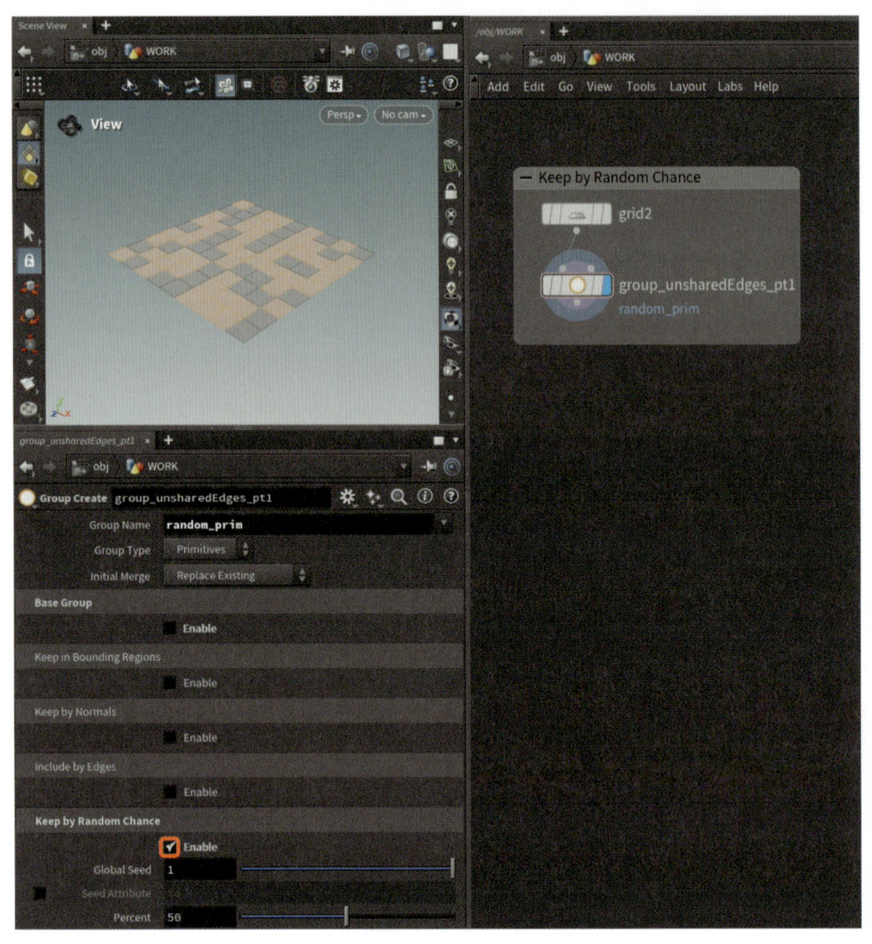

図02-064 Group ノード : Keep by Random Chance

次の動画でご確認ください。

Keep by Random Chance

group_random_chance.mp4

パラメータを変更して挙動を確認しましょう

≫ コンポーネント深掘り

コンポーネントについてはすでに説明しました。ジオメトリを構成する要素のことで、Point、Vertex、Primitive、Detailに分類されるのでしたね。

本項目では各コンポーネント同士の包含関係についてもう少し踏み込んだ理解をしていきましょう。少し難しいですが、必ず役に立つときがやってきますのでついてきてください。

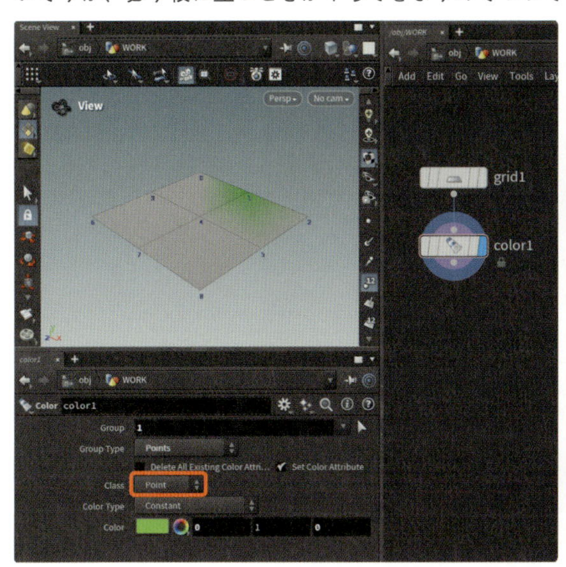

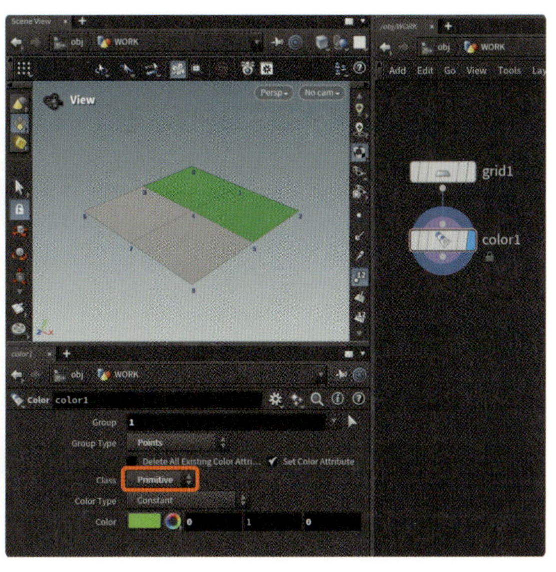

図02-065 コンポーネント深掘り

左上の図はもう大丈夫ですね。Groupパラメータに1を入力しているので、ポイントナンバ1の部分にだけ色をつけるようHoudiniに伝えます(ポイントナンバがわかりやすいようDisplay Point Numbersボタンを押しています)。

しつこいようですが「色をつける」というのは色を表すCdアトリビュートを付与するということですよ！

Classには Pointが指定されているのでCdアトリビュートはPointに付与されます。ジオメトリスプレッドシートも確認しましょう。

問題は右上の図です。先程との違いはClassにPrimitiveが指定されている点です。ジオメトリスプレッドシートを確認すればわかる通り、アトリビュートはPrimitiveに付与されていますね。しかし注目すべきはシーンビューです。

緑色になっている面が2枚になっていますね。これをちゃんと説明できるようになるのが今回の目標です。

▶ ランダムカラーから見えるコンポーネントのふるまい

引き続き次のサンプルファイルを使って解説していきます。みなさんもぜひ実際に手を動かして確認してください。

サンプルファイル：component.hip

接続されているColorノードのパラメータをすべてデフォルト値に戻すか、新たにColorノードを作成・ディスプレイフラグをつけましょう。

パラメータを次のように設定してください。

パラメータ	値
Color Type	Random
Seed	21

Seedパラメータはわかりやすい色が出るよう調整した結果なので特に気にしなくて良いのですが、各ポイントにランダムな色がついている（ランダムなCdアトリビュートがついている）ということをおさえておきましょう。シーンビューの見え方と、真ん中の色味を覚えておいてください。

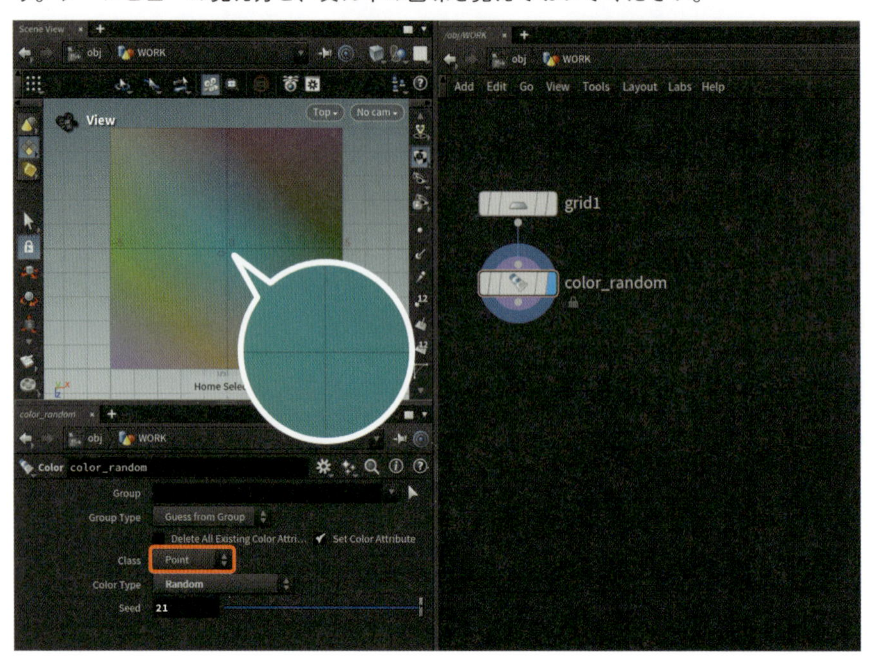

図02-066 Colorノード：Point Random

続けてClassをPointからVertexに変更します。他のパラメータは変更なしでOKです。

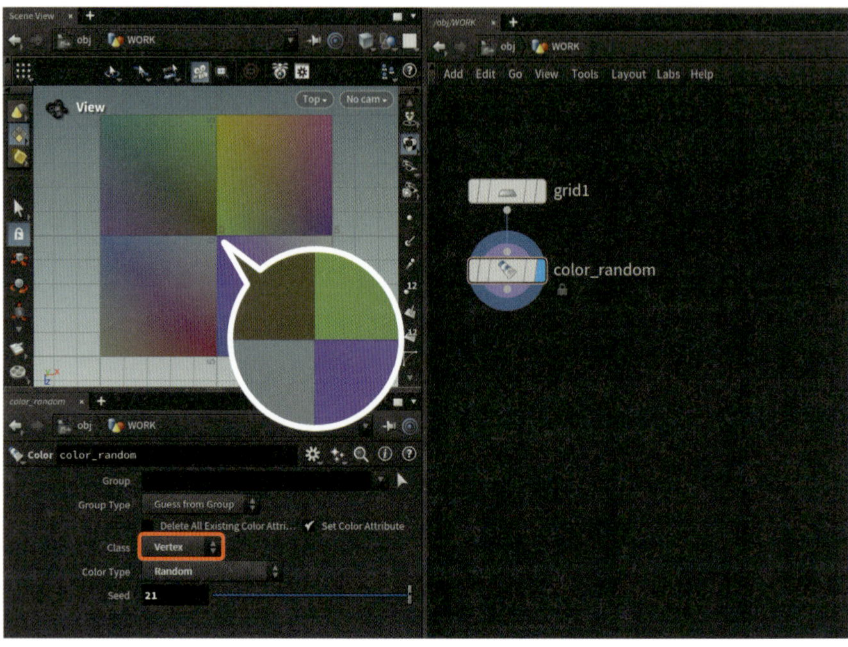

図02-067 Colorノード：Vertex Random

同じランダムでも様子が少し違いますね。特に真ん中の色のつき方が変化しています。簡単に言うとPointにランダムカラーがついていたときは真ん中の色は1色でしたがVertexのときは**ポリゴンごとに別々のランダムカラーになっています**。

Vertex(頂点)の仕組みをもう少し細かく見ていきましょう。`Primitive Number`と`Vertex Number`を表示しています(Vertex Numberは通常の方法では表示できませんが、表示するタイミングは少ないので解説は割愛します)。

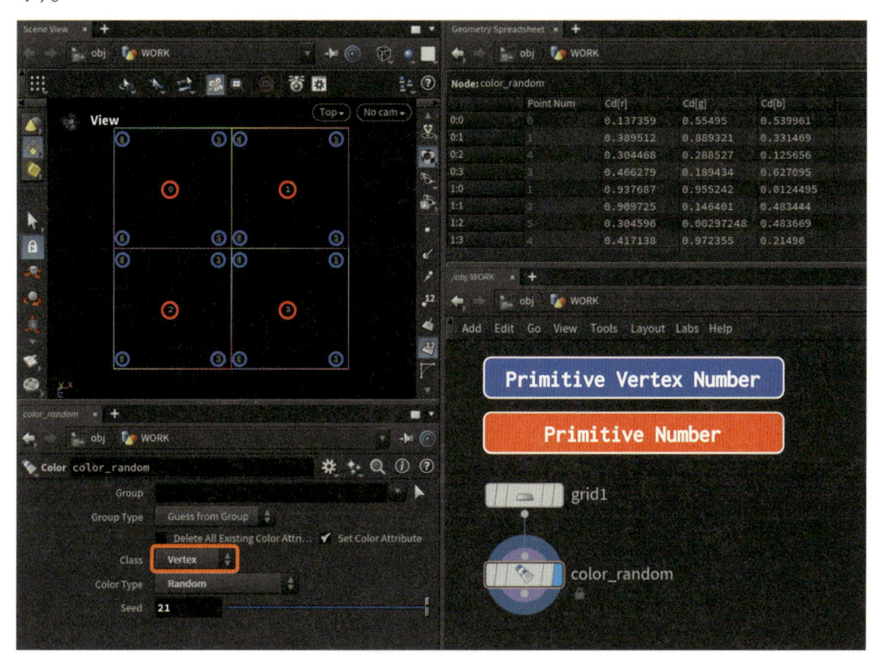

図02-067　ジオメトリスプレッドシートの読み方：Vertices

ジオメトリスプレッドシートを見ると少し不思議な書き方に見えます。`0:0`、`0:1`、`0:2`、`0:3`、`1:0`、`1:1`、`1:2`…となっていますね。

この見方がわかるとスッキリします。この先頭についている番号が`Primitive Number`です。そしてコロンの後ろにあるのが`Primitive Vertex Number`(プリミティブ頂点番号)となります。

つまり**Vertex(頂点)というのはPrimitive(面)に属しているポイントのことなのです**。

Gridの真ん中を見てみましょう。中心にポイントがありますが色は4つに分かれていますね。これは4つのポリゴンごとにVertexが存在するためだったのです。

PointとVertexの仕組みがわかればPrimitiveとDetailは簡単です。一応それぞれ見てみましょう。

Primitiveにランダムカラーをつけたところです。面にランダムカラーがついていてイメージどおりかと思います。

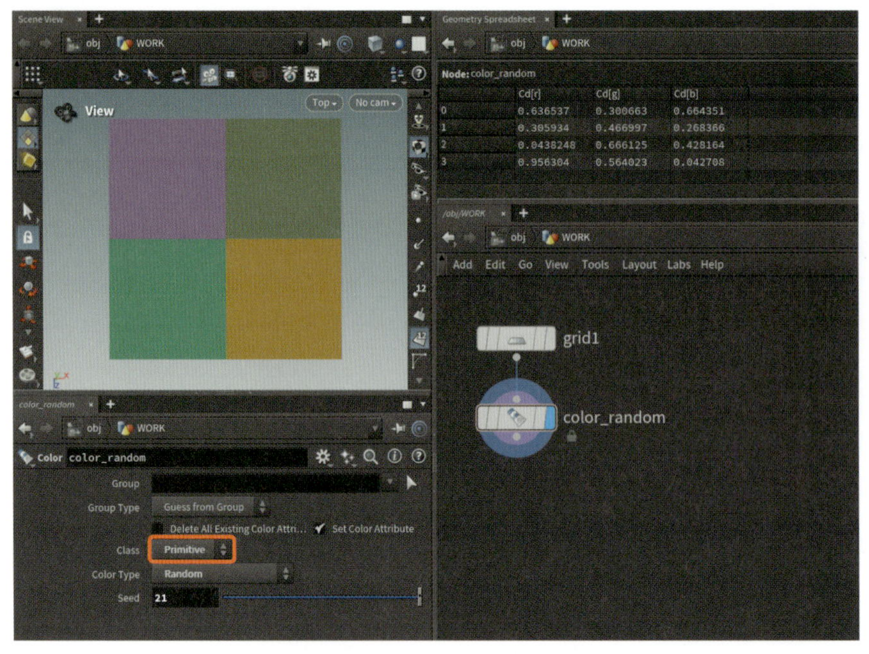

図02-068 Colorノード：Primitive Random

Detailはジオメトリまるごと1つでしたね。見ての通りGridに1つのランダムカラーがついています。これもわかりやすいですね。

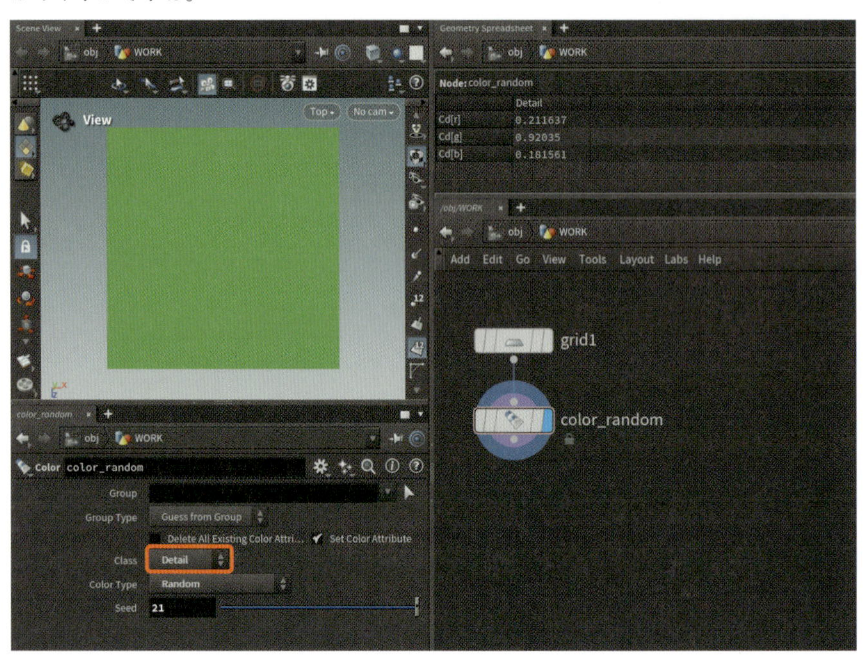

図02-069 Colorノード：Detail Random

コンポーネントの仕組みを詳しくお話しました。ここで最初の問題を思い出してみましょう。

`Group Type`が`Point`の状態で`Group`パラメータに`1`を入力しているので、ポイントナンバ1の部分がグループとして指定されます。しかし、色をつける対象は`Primitive`なので、ポイントナンバ1を参照するVertexがピックアップされ、そのVertexが属しているPrimitiveに色がつく、という流れになっています。

少し難しかったと思いますが、このコンポーネントのそれぞれの関係を理解しておくと思い通りにジオメトリを操作できるようになりますので復習しておいてください。

›› アトリビュート深掘り

今までアトリビュートは大切ですよとしつこいほどお伝えしてきました。しかし、今まで学んだのは簡単に言うと次のようにまとめることができます。

・位置を表すアトリビュートPが変化することでジオメトリの形が変わる。
・色を表すアトリビュートCdを付与することによってジオメトリに色がつく。
・アトリビュートは処理に合わせて適したコンポーネントに付与することができる。

これだけだと何が便利なのか全然わかりませんね。そこで本項目ではアトリビュートをより意識的に使用して**自分の思う通りにジオメトリを編集**していきましょう。

▶データ型

Houdiniでアトリビュートを扱うにあたって、「データ型」というものの理解は必須になります。ちょっと難しそうな言葉の響きですが、Houdiniが正しくデータを扱えるようにその種類を示してあげるものになります。

データ型には数多くのものがありますが、最初はint、float、vector、stringの4つを覚え、その後に他の型について理解を深めていくと良いでしょう。

■int

整数値のことです。今まで登場したものだとPoint NumberやPrimitive Numberがint型になります。ポイントナンバはポイントに振られる番号なので、1.3番や15.1番のように小数値になることはありません。このように「この値は整数として扱ってね」と示すときはint型を用います。

(例) 7、-10、30、91

■float

小数値のことです。例えば高さ、面積、長さなどは小数値として扱います。LineノードのLengthパラメータなどはfloat型の値です。

(例) 2.6、8.0、12.9、-15.4

■vector

小数値3つがセットになったデータ型です。今まで登場したものだと位置を表すPアトリビュートや色を表すCdアトリビュートなどはこのvector型になります。ベクトルやベクターと呼ばれています。

ベクトルという言葉を聞くと「数学だ！　頭が痛い！」と思われる方もいると思いますが、表現に使うところだけまずは理解しましょう。プロシージャルモデリングでも、エフェクトでも必須の項目です。

ベクトルを理解するには、その対概念であるスカラーを理解するとわかりやすいです（また難しそうな言葉が出てきた…！　と構えなくて大丈夫です。難しくないですよ）。

簡単に言うと**ベクトルは大きさと向き**があるデータのことで、**スカラーは大きさだけがある**データです。例えば体重が60kgと言った場合、**右方向に60kg**、**左上方向に60kg**などとは言いませんよね。これがスカラーです

(データ型でいうとintやfloatがこれに当たります)。

対して**北に時速80km**などはベクトルになります。同じ速さでも**南に時速80km**だったら別の方角に進んでしまいますよね。また方向が同じでも**北に時速20km**とは「同じ」とは言えなそうです。

つまりベクトルには「大きさ」と「向き」があり、**「大きさ」と「向き」のどちらも同じだったときのみ同じベクトルと呼ぶ**ことを覚えておきましょう*1。

そして重要な特徴としてはベクトルの始点はどこに移動してもよい点があげられます。つまり平行移動して重なったものは「大きさ」と「向き」が同じ、つまり「同じベクトル」と言えます。

理解しやすいように下の図で、2Dのベクトルを説明しています。またどの色のベクトルが「同じベクトル」と呼ぶことができるか、考えてみてから動画を見て答え合わせをしてみてください。

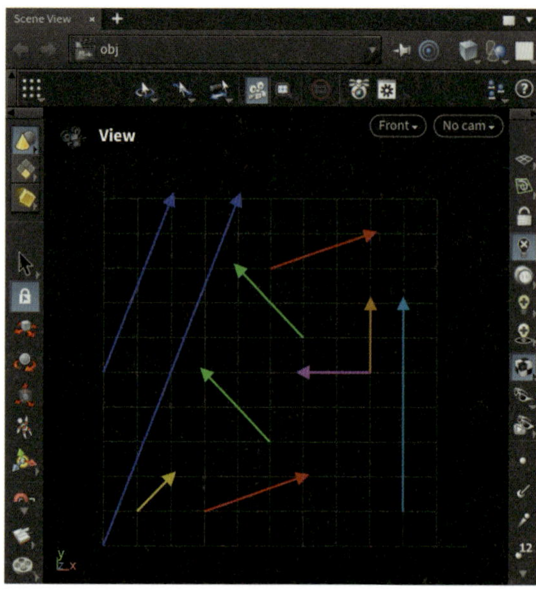

図02-070　同じベクトルは何個あるでしょうか

ベクトルの大きさと向き
vector.mp4
同じベクトルはどれでしょうか

(例) `{6.0, -1.2, 3.1}`、`{-84.6, 4.6, 17.68}`、`{-3.0, 6.6, -4.0}`

■ string

文字のことです(正式には文字列と呼びます)。

ファイル名やグループ名、ファイルパスなどの文字を扱うケースは多くあります。これらのデータ型は特にアトリビュートを作成する際に重要になってくるので、すぐに役に立つことになります。

Houdiniにこれは文字列だよと伝えるためには文字を'(シングルコーテーション)や"(ダブルコーテーション)で囲む必要がありますが、これはAttribute Wrangleの項目で実例をご紹介しましょう。

(例) `'hello'`、`"name"`、`"weight"`

*1　色を表すCdアトリビュートはベクターデータです。色に向きはないじゃないかと思う方もおられると思いますが、実は色も3次元空間内のベクトルとしてとらえることができます。このイメージはHoudiniを深く使っていくと馴染んでくるタイミングが来るでしょう。

Attribute Create

今までの説明で新しくアトリビュートを作るノードとしてColorノードをご紹介しました(Cdアトリビュートが生成されるんでしたね)。

このように、接続するとその機能に対応するアトリビュートが生成されるノードは多くありますし、これからも登場のたびに解説していきますが、どんなアトリビュートでも生成することができるノードがあります。それがAttribute Createノードです。

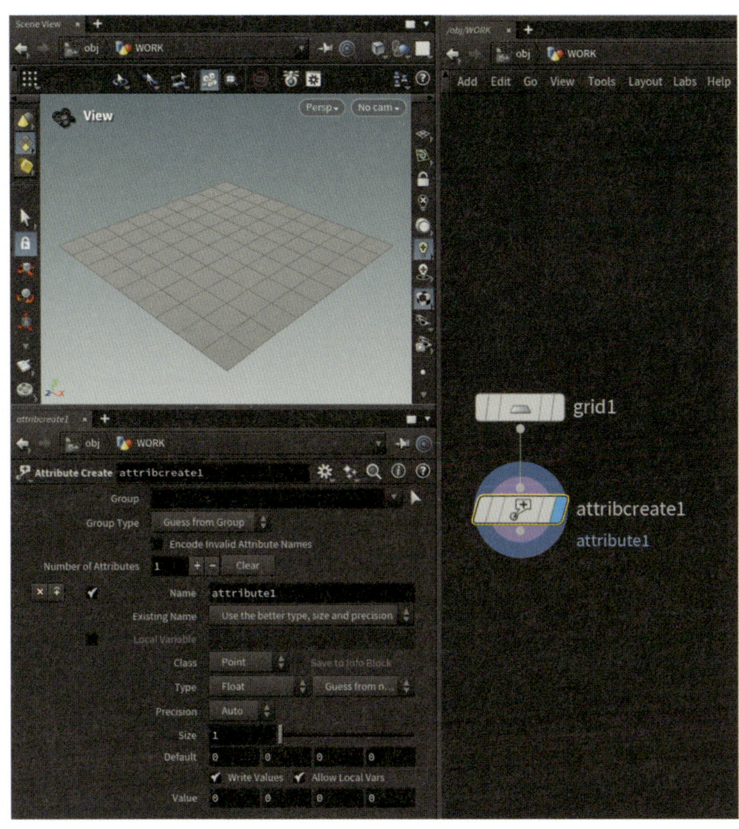

図02-071　Attribute Createノード

Attribute Createのパラメータは上の図のようになっています。重要なものから見ていきましょう。まずはClassですが、これはColorノードでも登場したからわかりますね。生成するアトリビュートをどのコンポーネントにつけるかを決定するものです。

そしてTypeパラメータとして先程学んだデータ型が登場します。

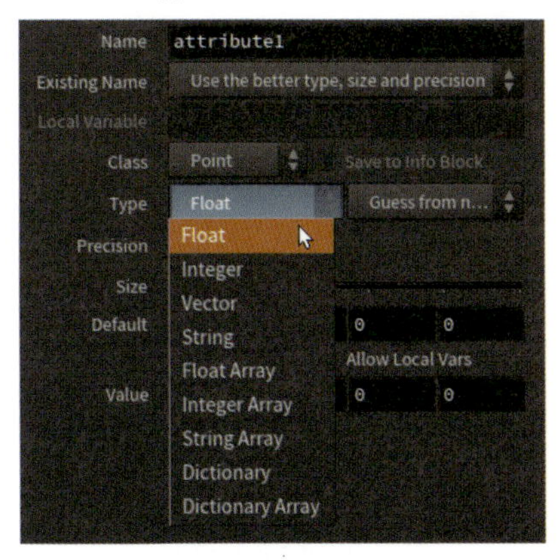

図02-072　Attribute Createノード：Type

こちらを変更するとUIも合わせて変わるので、実際に操作して解説していきましょう（ここでは理解しやすいパラメータから説明するため、先程の説明とは順番が異なります）。

そしてここからはジオメトリスプレッドシートをよく確認しながら読み進めてください。

■ string

Type を String にすると UI が変更され、String というパラメータが新たに表示されます。そこで下図のように設定してみましょう。

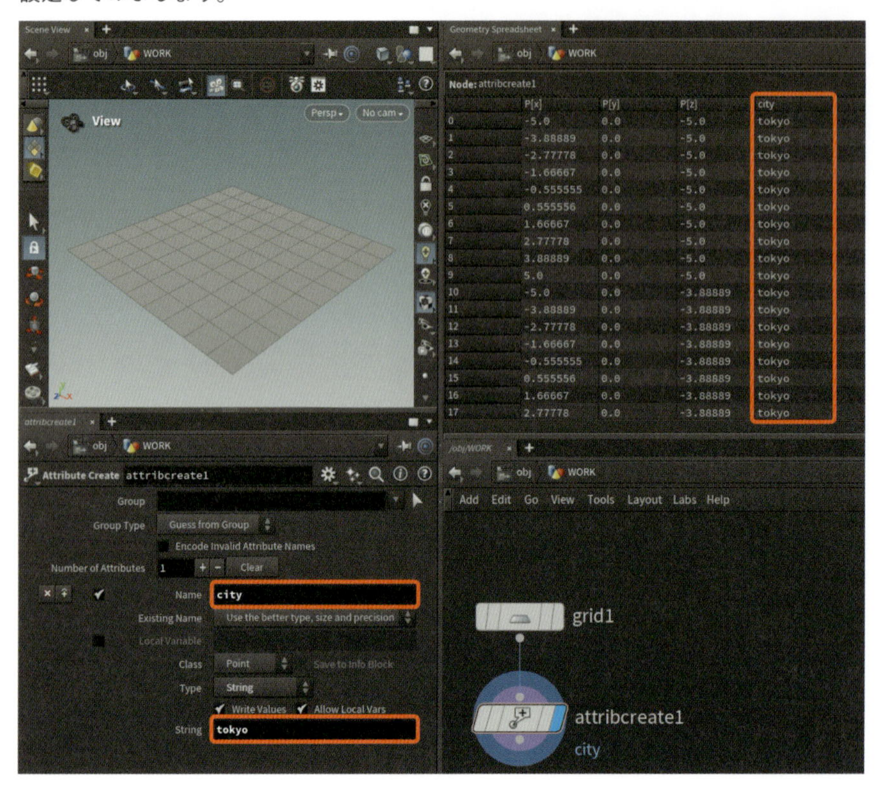

図02-073　Attribute Create ノード：Type string

ジオメトリスプレッドシートに示されているように、すべてのポイントにtokyoというアトリビュートが設定されていることがわかります*1。

この操作を文章としてまとめると次のようになります。

> Point に city というアトリビュートを作り、そのデータ型は文字列です。そして値は tokyo とします。

これをどう実制作で利用していくかという疑問は浮かぶと思いますが、まずは自由にアトリビュートを生成することを優先しましょう。アトリビュートを自在に扱えるようになればおのずとHoudiniをうまく扱えるようになります。

---

*1　String パラメータのところにtokyoという値が入っていますが、このStringパラメータはデータ型の指定ではなく、アトリビュートの値のことです。

■ float

次はAttribute Createのデフォルトのデータ型であるfloatについて見ていきましょう。少しUIが複雑になりましたが1つひとつ見ていきましょう。文字列型のときと異なり、SizeとDefaultというパラメータが増え、StringがValueに変わっています*2。

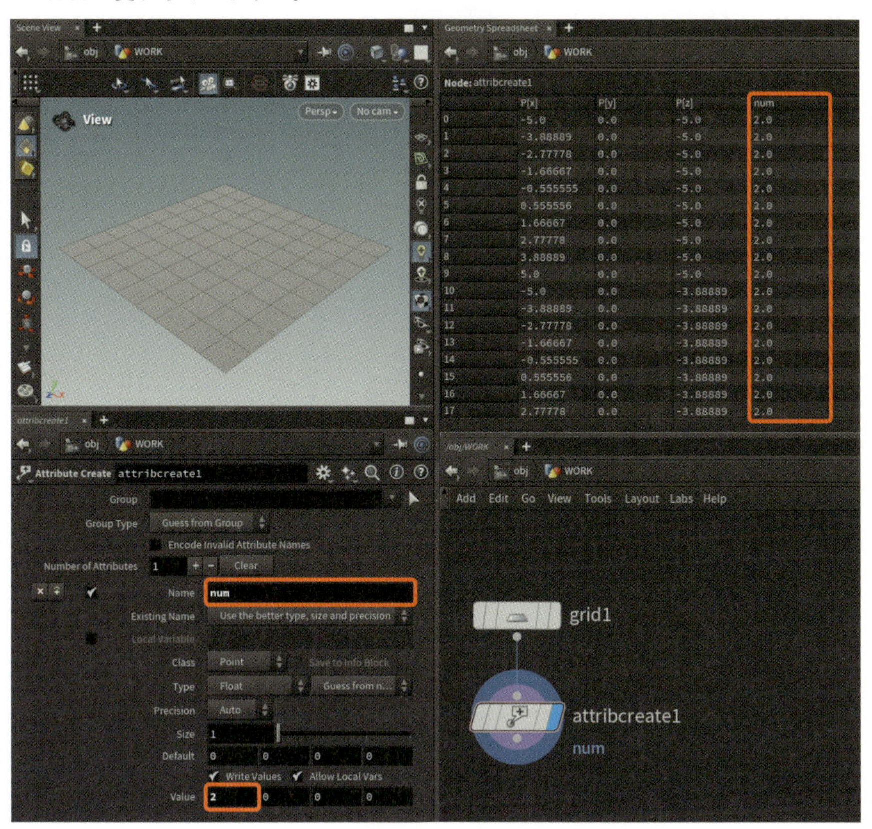

図02-074　Attribute Createノード：Type float

まず先程と同様にこのパラメータを文章にすると、

Pointに**num**というアトリビュートを作り、そのデータ型は**float**型です。そして値は**2**とします。

ということになります。ここで重要なのはパラメータには2と入力しているのに、実際のアトリビュートは**2.0**となっているということです。これはなぜかというと、Houdiniに**データ型はfloat型です**と伝えているからですね。

またここで大切なのはSizeとValueの関係です。Sizeはこのアトリビュートが何個の値のセットなのかを指定するパラメータです。ここを解説しましょう(Defaultパラメータは少し難しいのでMergeノードの項目で解説します)。

*2　データ型をfloatにした際、Guess from typeというプルダウンメニューが表示されます。これはqualifier(修飾子)と呼ばれるパラメータが追加されますが、これは本書の領域を超える知識になり、混乱を避けるため説明は割愛します。外部アプリケーションとの連携などを行う際に必要となるケースがあるのですが、そのときはドキュメントなどをあたってください。

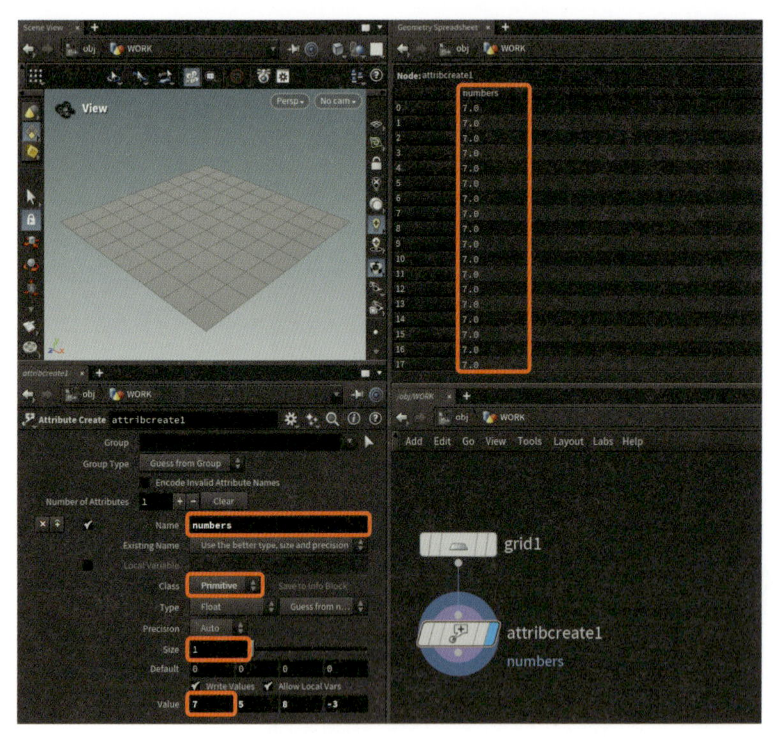

図02-075　Attribute Create ノード：Size 1

さて、ここではアトリビュート名をnumbers、valueに{7, 5, 8, -3}としてみました。Sizeパラメータはまだ1のままです。ジオメトリスプレッドシートをみるとnumbersプリミティブアトリビュートは7.0になっていますね。

ここでSizeを増やしてみましょう。

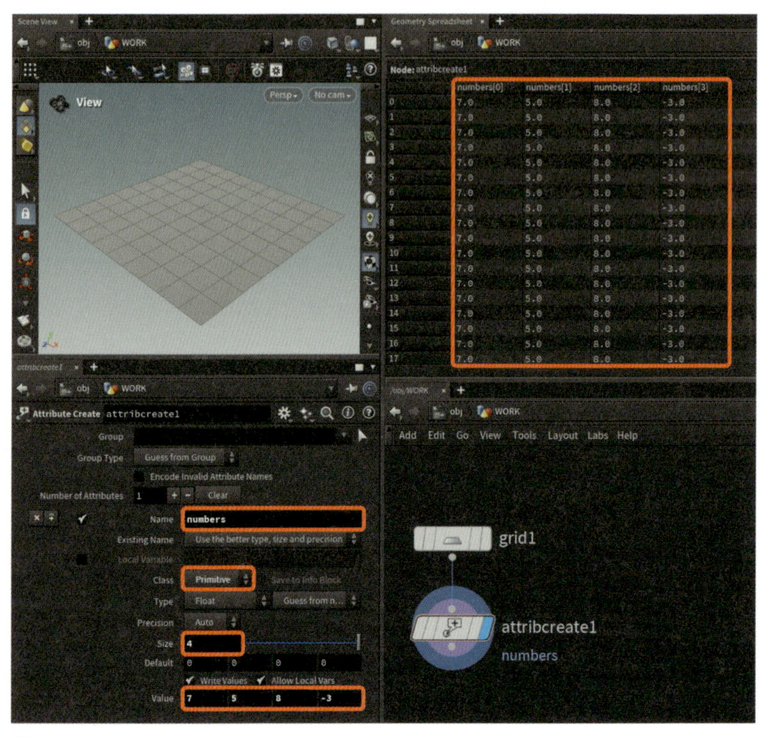

図02-076　Attribute Create ノード：Size 4

「アトリビュートが何個の値のセットなのかを指定するパラメータ」というと難しく聞こえそうですが、Sizeを増やしていくとアトリビュートがfloatの「2つのセット」、「3つのセット」、「4つのセット」となるわけです（画像の例では4つのセットを示しています）。

特にこの中の「3つのセット」は先程学んだvectorデータをよく使用するので、このサイズ指定は簡単な紹介にとどめておきます。

■ int

続けてintについて見ていきましょう。floatとほぼ同じUIなので迷うところは少ないかと思います（Sizeに関しても同じ仕組みです）。

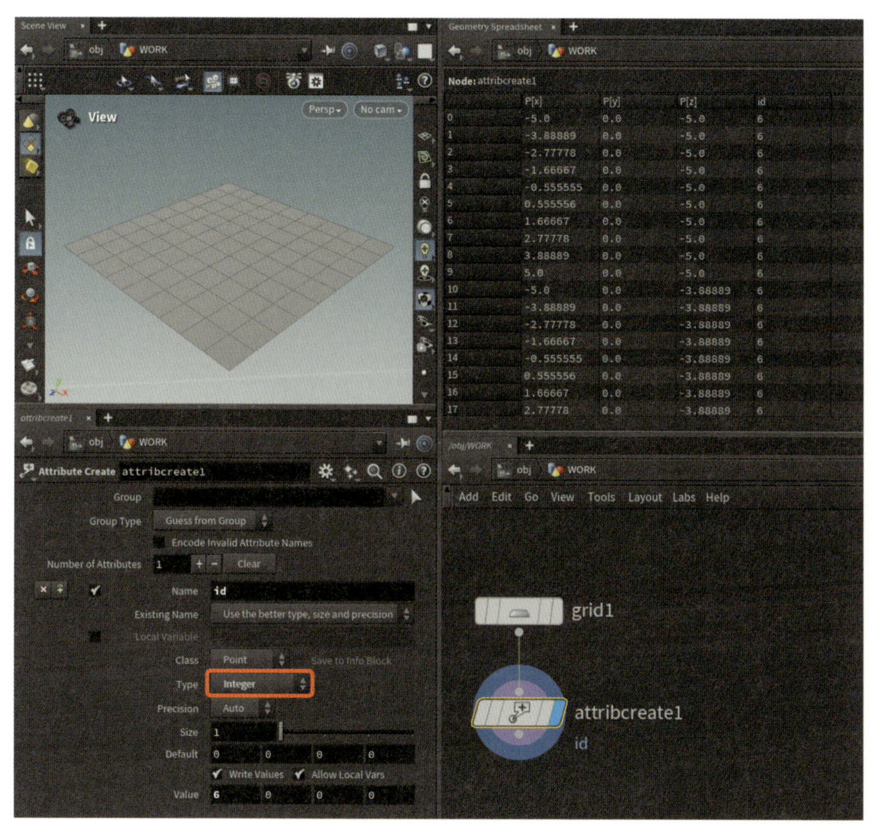

図02-077　Attribute Create ノード：Type int

このパラメータを文章にすると、

> **Pointにidというアトリビュートを作り、そのデータ型はint型です。そして値は6とします。**

となります。Houdiniにはint型だよと伝えているため、ジオメトリスプレッドシートには6.0ではなく6と表示されていることを理解してください。

これで自由にアトリビュートを作成する準備が整いました。次項から実際にジオメトリをアトリビュートにより変化させていきましょう。

▶組み込みアトリビュート

Pは位置アトリビュート、Cdはカラーアトリビュートのように、よく使うのでHoudiniがもとから用意してくれているアトリビュートのことを**組み込みアトリビュート**と言います。組み込みアトリビュートはHoudiniが最初から定義してくれているので、データ型の指定は不要です。以下によく使う組み込みアトリビュートをあげておきます。

アトリビュート名	データ型	データ型
P	vector	ポイントの位置
Cd	vector	色　**C**olor**D**iffuse
Alpha	float	不透明度
N	vector	法線方向
pscale	float	均一スケール　**P**oint**Scale**
scale	vector	3軸の不均一スケール（X,Y,Z）
up	vector	上向きベクトル
uv	vector	UV座標
v	vector	速度ベクトル　**V**elocity
rest	vector	位置

以下に簡単な例をピックアップしてみました。

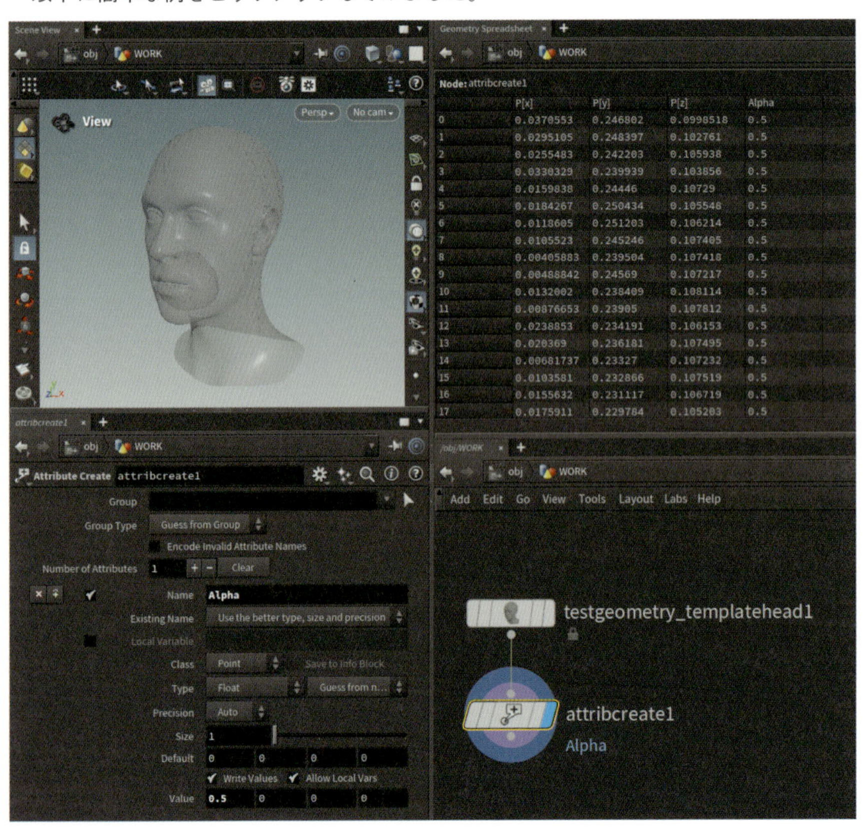

図02-078　Attribute Createノード：Alpha

Attribute Createノードで`Alpha`アトリビュートを作成し、`0.5`という値をセットしました。`P`アトリビュートが位置を表し、`Cd`アトリビュートが色を表すように、`Alpha`アトリビュートはHoudiniが自動的に不透明度（`0`が完全な透明、`1`が完全に不透明）として認識してくれています。

組み込みアトリビュートは使用するタイミングで都度説明しますので、徐々に覚えていけばよいでしょう。

さて、不透明度の作例に戻って少し考えていきましょう。Attribute Createノードは今後も使用していくことがありますが、すべてのポイントに`0.5`という値がセットされていますよね(そのようにパラメータを指定したので当然ですが)。

しかし、例えば目の周辺は不透明で、口周りは透明に、耳はその中間で…などのように**アトリビュートの値を自身で自由にコントロールできるようになれば表現の幅が大きく広がる**ことでしょう。

次の項目ではいくつかのノードを紹介しながら、アトリビュートの値を変化させる手法についてご紹介していきます。ここからHoudiniの醍醐味に踏み込んでいきますので、頑張ってついてきてください。

▶アトリビュートの利用

本項目ではアトリビュートを設定するだけではなく、**アトリビュートを利用することによってジオメトリを意図した形状にしていく**という非常にHoudiniらしい仕組みを体験していただきます。

「アトリビュートをつけた」で終わることなく、「このアトリビュートを利用していこう」という考え方はこれから幾度となく出てくるので、その感覚をしっかりと掴んでいきましょう。

また本項目からディスプレイフラグの移動については同様の解説が多くなるため説明を割愛させていただきます。基本的にネットワークの最下部のノードにディスプレイフラグを立てて作業を進めてください。もちろん特殊なケースではディスプレイフラグのオン・オフについて明記します。操作がわからなくなった場合は図や動画を参考にしてください。

これから出てくる様々な作例は1つのオブジェクトの中の処理になります。断りがなければSOPレベルでの操作・解説となります。

■色を利用したジオメトリ操作

次のようなネットワークを組んでいきます。段々と複雑な構造になってきますが、各々のノード、そしてそのパラメータの意味を理解していけば恐れることはありません。

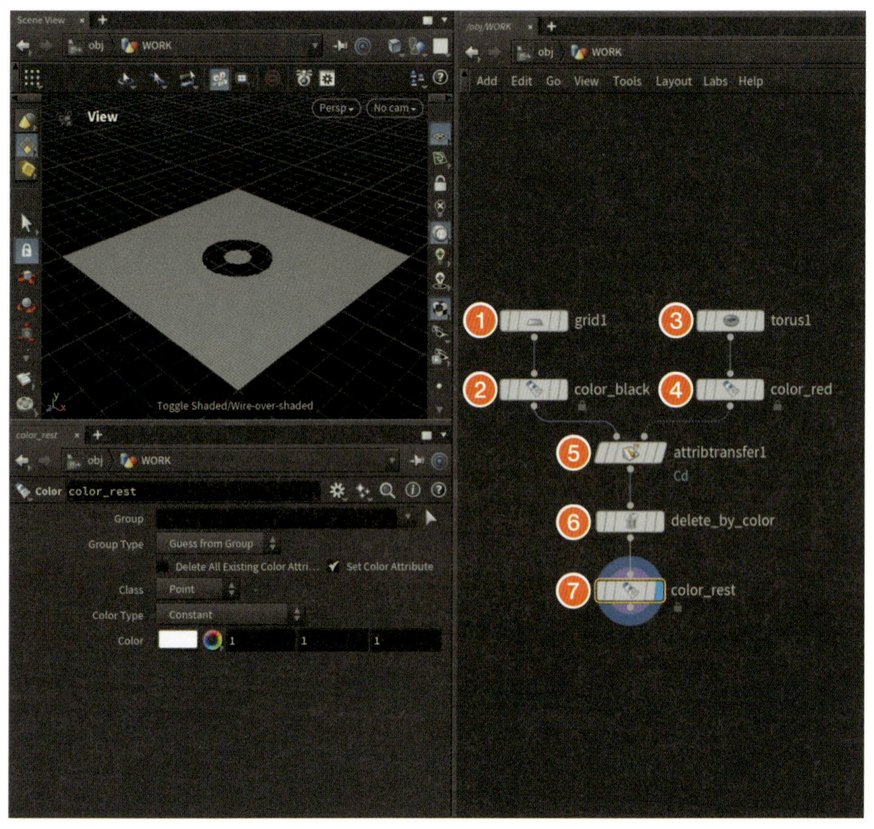

図02-079 色を利用したジオメトリ操作

Houdiniの学習法として**良くない**のは、**意味はわからないけれどとりあえず手順を真似て丸々覚える**という手法です。応用が効かなくなるばかりか、「覚える」ことがどんどん増えていき、いつになっても楽になりません。新しいノードやパラメータが出てきたら、「理解する」ことを意識して進めてください。似た考え方で使いこなせるノードも多いため覚えることはどんどん減っていき、学習効率は上がっていくことでしょう。

サンプルファイル：attribute_control.hip

サンプルファイルを用意しましたのでそちらを開いて解説を読み進めてください。そしてノードやパラメータの意味・処理の流れが理解できた段階ではじめて、ご自身でネットワークを写し取る練習をすると良いでしょう。自身でネットワークを組んでいくとオペレーションミスなどでうまく動かないことももちろん出てきますが、正しいネットワークを見ながらそれを修正していくのも良い訓練になります。

さて、図の番号どおりに解説を行っていきましょう。実際にノードを作成する順番もこのとおりです。また以降ノードの名前を変更する手順については紙面の関係上説明は割愛します。

❶ grid

パラメータは図のとおり、Rowsに100を、Columnsにch("rows")を入力しています。パラメータ自体をコピーすることよりも、その意図を理解することが重要です。本ノードでは下記が大切な意図となります。

・細かく分割をするためにRowsを100にしました。
・正方形に分割する（分割が縦横等しくなる）ようにエクスプレッションでRowsとColumnsの値を同じにしました。

❷ color_black

ポイントアトリビュートに黒（{0, 0, 0}）をセットしています。なぜ色を黒くしているかは、この後の❺Attribute Transferノードの項目で説明します。

❸ torus

ここで変更しているパラメータはCenterのY座標を0.8に、Columnsを50に上げています。こちらも数値そのものではなく意味を見ていきましょう。

・Radiusの値を{1, 0.5}に設定し、大きさを調整しています。
・CenterのY座標を上げることにより、torus自体を上に持ち上げています。
・Columnsの値を上げることにより分割を増やしています。

grid同様、torusも分割数を上げていることが何やら重要なポイントのようです。こちらもAttribute Transferノードがうまく動作するための下準備です。

❹ color_red

ポイントアトリビュートに赤（{1, 0, 0}）をセットしています。

❺ attribtransfer

ここで登場するAttribute Transferが本項目の主人公です。Attribute Transferはその名のとおり「アトリビュートを転送する」ノードです。もう少し補足すると「近い位置にあるアトリビュートを転送する」ノードです。

そしてシーンビューを見るとわかりますが、黒いGrid上に赤い円が表示されていますね。この仕組みを理解してください。

Attribute TransferノードにはAttributesタブとConditionsタブがありますので順に見ていきましょう。

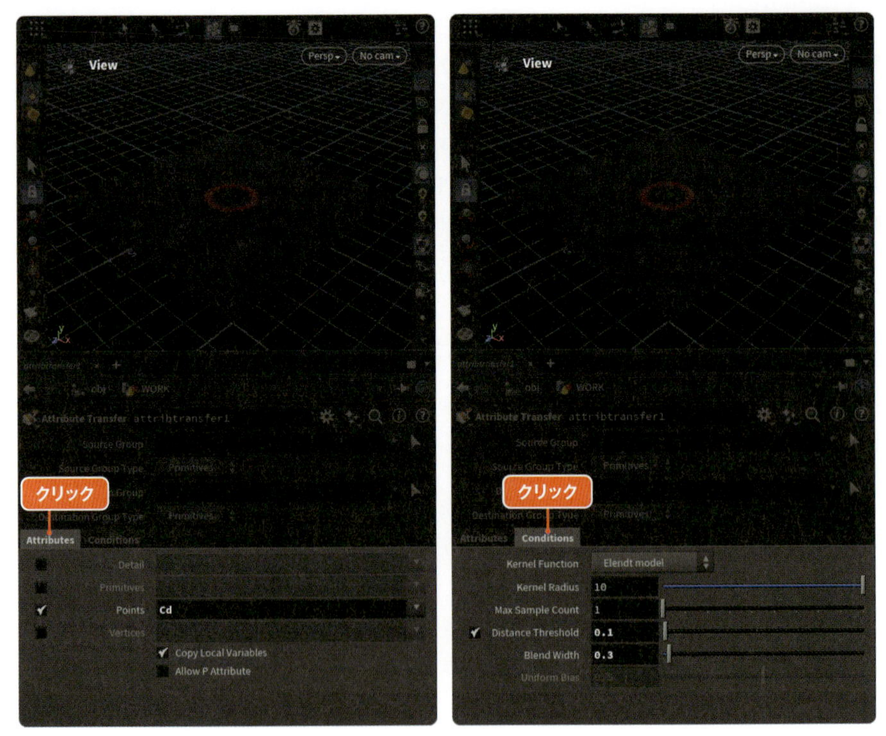

図02-080 Attribute Transfer ノード：パラメータの説明

Attributesタブにはどのコンポーネントのどのアトリビュートを転送するか？ を指定します。今回は左側の入力に入っている黒いGridに、右側の入力に入っている赤いTorusの色を転送したいので`Points`の`Cd`アトリビュートを指定します。

続いてConditionsタブでは複数の項目を設定しています(タブはクリックで切り替えることができます)。変更したパラメータは次のとおりです。

パラメータ	内容
Distance Threshold	アトリビュートを転送する距離
Blend Width	転送したアトリビュートのボケをコントロール

実際にパラメータを変化させて2つのアトリビュートの違いを確認しましょう。

パラメータについては説明したので、Attribute Transferの前に行っていた下準備について思い出してみましょう。

まずGridとTorusについてですが、分割をデフォルト値より高くしていましたね。それはAttribute Transferでポイントについている`Cd`アトリビュートを転送する際、分割数が少ないとポイントが少なすぎてきれいに値が転送できないためです。

またTorusの位置を上の方に上げていたのはそうしておかないとTorusがGridにめり込んでしまい、意図した転送結果になりません(この結果がほしい場合はもちろんこれで正しいのですが、今回のケースでは円状に色を転送したかったので上に持ち上げていたということになります)。

これら問題のある状態の図を用意したのでみなさんも実際に操作して結果を確認してみてください。

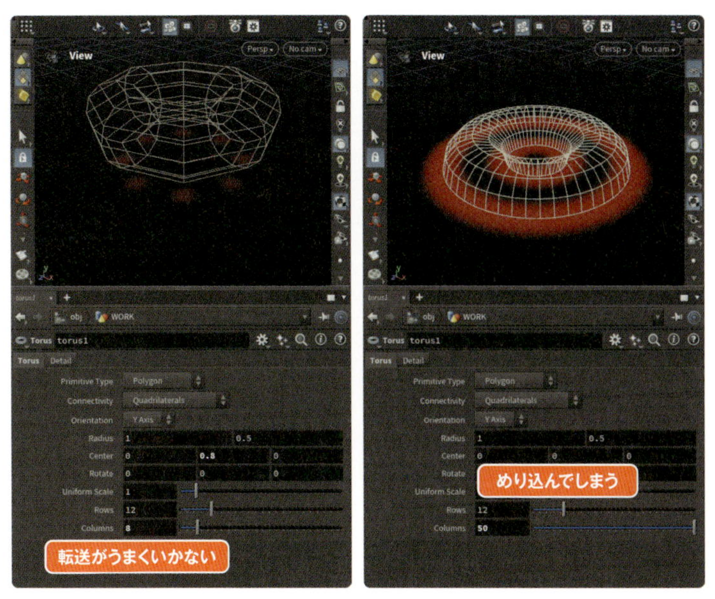

図02-081　Attribute Transfer ノード：Torus ノードのパラメータによる動作の違い

color_black と color_red については簡単ですね。Cd アトリビュートを転送するために前段階として色をつけていたということになります。

ここまでで下準備の説明は終わりましたが、**そもそもなぜ色を転送したのか？**　という疑問がわきあがってきます。これは次の Delete ノードで判明します。

6 delete_by_color

ここでは初めて出てきたDeleteノードについて簡単に説明します。今までメッシュを削除するノードとしてBlastノードが登場してきましたが、Deleteノードはより複雑な仕組みでメッシュを削除するノードととらえてください。

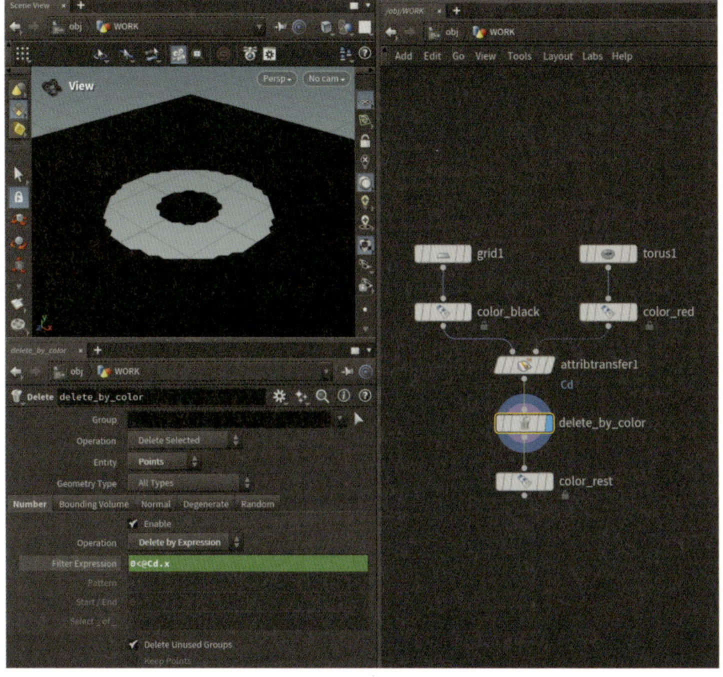

図02-082　Delete ノード：Delete by Expression

2章　基本操作編

ここでは`Operation`パラメータを`Delete by Expression`にしています。これは読んで字のごとく「エクスプレッションで削除する」というモードで、そのエクスプレッションは次のように`Filter Expression`に設定しています。

```
0<@Cd.x
```

エクスプレッションの書き方は詳しくは`Attribute Wrangle`の項目で詳しく説明するのですが、このコードの意味としては「`Cd`アトリビュートのR（赤）要素が`0`より大きい場合消す」というものになります。

このノードでの処理はものすごく大切な考え方なのですが、ちょっと我慢して最後の`color_reset`まで説明を進めましょう。まとめの振り返りで丁寧に解説します。

7 color_reset

このノードでは色をリセットするために`Cd`アトリビュート`{1, 1, 1}`を設定しています。これで黒いメッシュとはおさらばできますね。

さて、ここで処理の流れをまとめましょう。ノードは解説同様1～7の順に作成しています。

しかし、私の頭の中では次のような順でネットワークの設計をしていたということになります。

ノードの設計順	ノード	処理
1	delete_by_color	Gridをドーナツ状に切り取りたい。そのためには色を塗り分けて、赤色の部分を消すというエクスプレッションを使えばよさそう
2	attribtransfer	削除のキーとしてGridにドーナツ状の色をつけたい。そのためにGridにTorusの色情報を転写する必要がある
3	grid	Gridを作るが、色を転写しやすいよう分割数は多めにしておこう
4	torus	転写元のTorusを作成、今回削りたい領域はドーナツ型なので上に持ち上げ、色を転写しやすくするため分割数も増やそう
5	color_red	Torusに転写する色（赤）を設定しよう
6	color_black	メッシュを切り抜く際のエクスプレッションで赤と区別がつくように黒色を設定しよう
7	color_reset	形状としては良くなったけど、見栄えが悪いので白色にし、見やすくしよう

いかがでしょうか。文章にすると難しそうに見えるかもしれませんが、ここで最も大切なことは、**色はメッシュを切り抜くために利用し、使わなくなったら白色をつけてリセットしてしまえばいい**という考え方です。

色を見かけ上の色として使用するだけではなく、達成したい目的に応じてデータを横断してアトリビュートを利用するというこの考え方がHoudiniをうまく扱えるようになるための真髄です。

すべてのネットワークは「後々Bをしたい」という目的があり、「そのために事前準備としてAが必要」という目的ベースでロジックを組み立てていくことになります。今後本書では長めのネットワークを組む際に、「最終的に○○したい」という目標を提示し、それを達成するためにはどうすればいいか？　という思考訓練を積んでいくことになります。

少し長いネットワークは初めて出会う方も多いかもしれませんし、はじめは難しく感じる部分かと思いますが、超重要事項なのでぜひこの項目はクリアできるよう繰り返し読んでいただけると幸いです。

ちなみにcolor_blackノードにてGridに`Cd`アトリビュートとして黒（`{0, 0, 0}`）を設定しましたが、ここは白（`{1, 1, 1}`）ではうまくいきません。その秘密は`delete_by_color`のエクスプレッションにあります。後に学ぶAttribute Wrangleの理解が深まった頃に見直してみると学びになるでしょう。

Column

入力が多いノードについて説明します。HoudiniにはAttribute TransferノードやGroupノードのように、複数の入力をもつノードが存在します(出力が複数あるノードも存在します)。

複数の入力を持つノードの共通する基本ルールとして、**一番左の入力をジオメトリ形状として受け取り、その他の入力はデータだけを利用する**という決まりがあります。

下の図のように一番左の入力にはSphere(球)が、右側にはブタさんが入力されていますが、最終的にジオメトリとして使われるのはSphereの方ですね(ブタさんはその形状の中にポイントが入ってるかどうかの判定に使われます)。

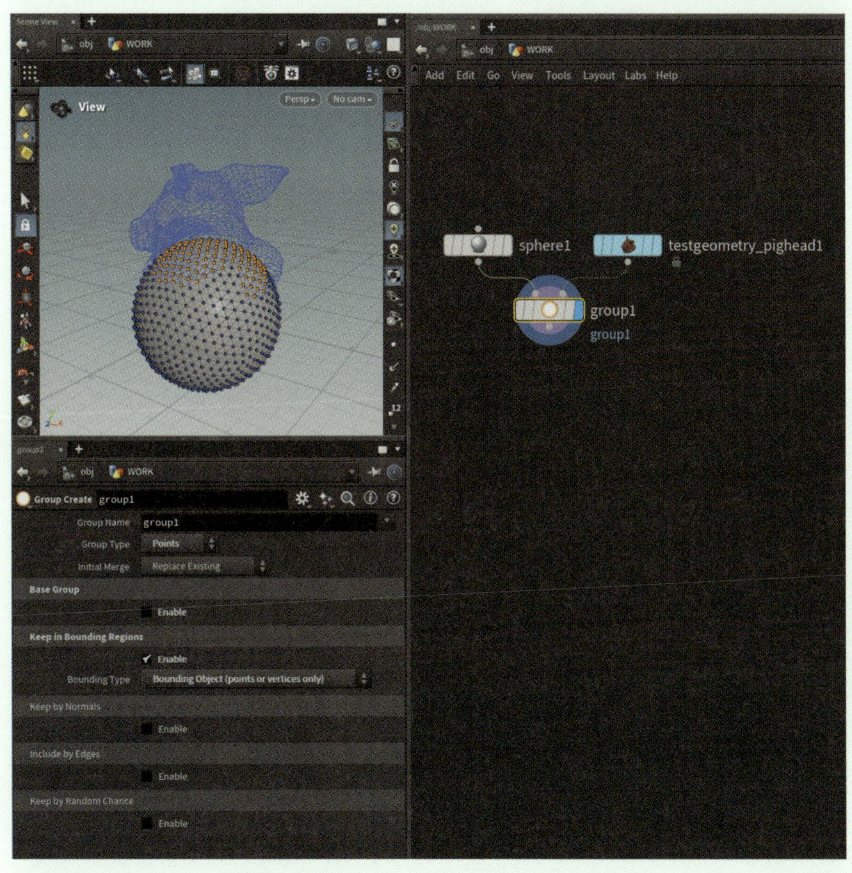

図02-083 Groupノード：複数の入力を持つノードの例

Houdiniには多くのノードがありますが、基本的なルールをおさえておくと覚えることが少なくなり学習が楽になるので大きなルールを意識的に知っていくようにしましょう。

位置を利用したジオメトリ操作

今回の目標は「ブタさんの左半分を消したい」というものになります。実際の処理はどのようになるでしょうか。先程に比べるとだいぶ小さなネットワークですね。作業としても次のとおり、非常にシンプルです。

1. Pigノードを作成します。

2. Deleteノードを作成し、`Operation`パラメータを`Delete by Expression`にします。

3. `Entity`を`Point`にセットします。

4 Filter Expressionに`@P.x<0`とエクスプレッションを記述します。

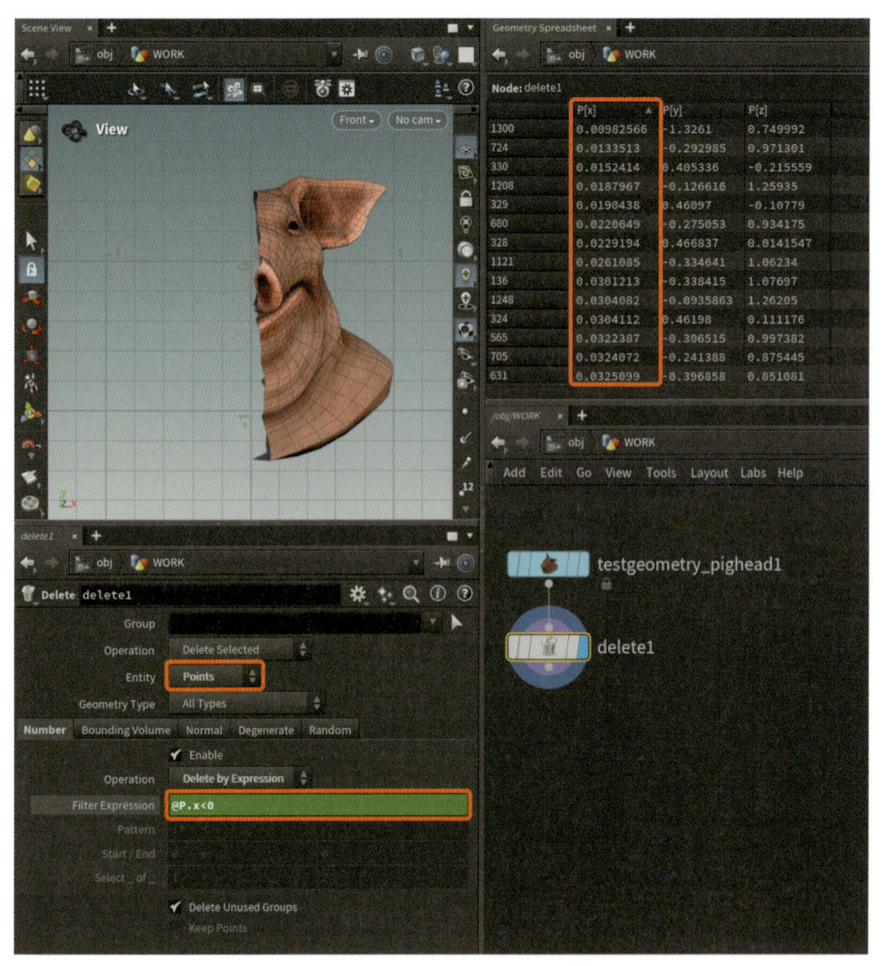

図02-084 Deleteノード：位置アトリビュートPを利用してメッシュを削除

エクスプレッションも前述のものと似ています。これは「位置アトリビュートPのX要素が0より小さい場合は消す」というものになります。

フロントビュー（ホットキーはシーンビュー上で[SPACE]+[3]キー）を見れば分かるとおり、X座標が0より小さいポイントが削除されていますね。そしていつものようにジオメトリスプレッドシートでもコンポーネントの状態を確認しましょう。

ジオメトリスプレッドシートは項目の部分でクリックしてデータを昇順で並び替えてみると、Pアトリビュートのx座標は最も小さな値で0.00982566となっています。ということはつまり、すべてのX座標は0.00982566以上ということになりますね。なのでジオメトリスプレッドシート上でも0より小さい値は存在していないということが確認できます（X座標が0より小さいポイントは削除されているので当然ですが）。

この「当然なこと」をちゃんと確認できることもジオメトリスプレッドシートの有用な機能の1つです。自分が行った処理に問題がないかを確認するときにとても便利です。

ここまでの処理自体は難しくないと思いますが、その考え方を振り返りましょう。

ここでの目標は「ブタさんの左半分を消したい」でしたね。そしてブタさんのモデルは原点を中心に左右対称です[*1]、ということは「消したい左半分とはX座標が0より小さいポイント」ということになります。

＊1 この後のコラムで補足しますが、Houdiniのテストジオメトリであるブタさんは X 軸に正対称のモデルではありません。しかしここでは厳密な判定は不要なのでそのまま進めています。

そこまで考えがいたれば、後はDeleteノードで「X座標が0より小さいものを消す」という処理を行ってあげれば良いということになります。

このロジックの流れと「位置をメッシュを消すために利用する」という考え方をおさえておきましょう。メッシュの形を決定する位置アトリビュートPですが、それをメッシュを消すために利用しても良いのです。

Column

少し意地悪なテストジオメトリ。

Houdiniにはテストジオメトリが複数用意されています。最も有名なブタさんをはじめ、おもちゃの恐竜ラバートイ、謎の生命体スクワブなどなど、見た目もユニークですが、作りそのものにも工夫が凝らされています。

例えばブタさんのモデルですが、よく見てみるとX軸に非対称になっています。

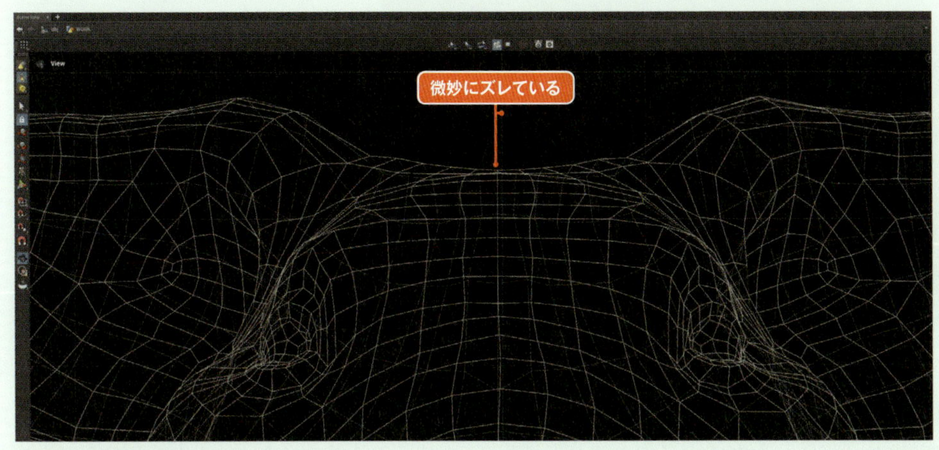

図02-085 PigHeadノード

当然これは意図的に作られているモデルなのですが、この左右非対称のおかげでダイナミクスのテストなどで複雑な挙動を得ることができたり、メッシュの計算などでバグを発見しやすくなったりしています。

ラバートイも1つに繋がったメッシュではなく、部分的にバラバラになったメッシュ構造になっています。

図02-086 RubberToyノード

これらの一見使いづらい仕様はより踏み込んだテストで役に立つものとなっています。細部まで配慮されたテストジオメトリは色々な場面でお世話になるので時間があるときに調べてみると面白い発見があるかもしれません。

■ポイント散布コントロール

本項目ではScatterノードが初登場します。これは**ジオメトリ上にポイントを散布する**という機能を持ったノードです。パラメータも多く応用範囲も広いノードですが、重要度の高いノードなので気合を入れて学んでいきましょう。まずは本項目で基本機能を理解し、後ほど他のパラメータを追加で覚えていくと良いでしょう。

今回やりたいことは「ポイントを好きな位置に散布したい」ということになります。

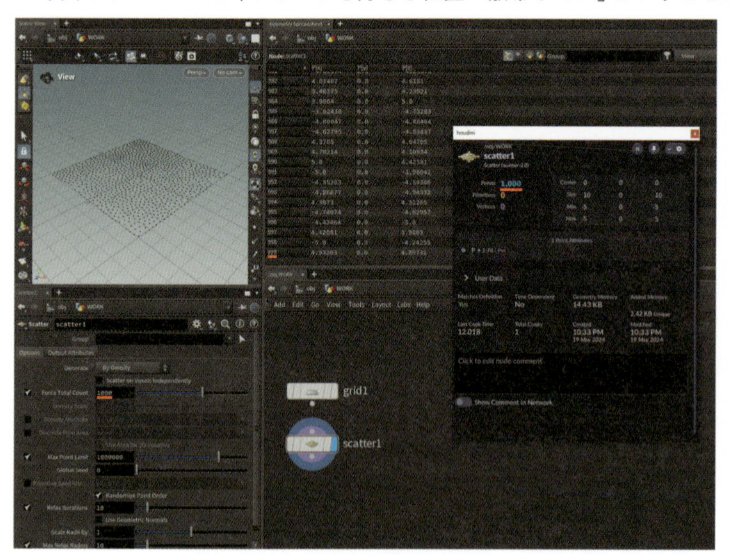

図02-087　Scatterノード：デフォルトパラメータ

図02-087はGridノードにScatterノードを繋いだだけのネットワークです。パラメータはすべてデフォルト値です。最も重要なパラメータはForce Total Countで、この値が散布するポイントの数になります。現在このパラメータが1000なので、Node Infoを見てもジオメトリスプレッドシートのポイントナンバを確認してもポイント数が1,000個であることが確認できます。現在はGrid上にまんべんなくポイントが散布されていますが、これを好みの位置に散布したいということになります。

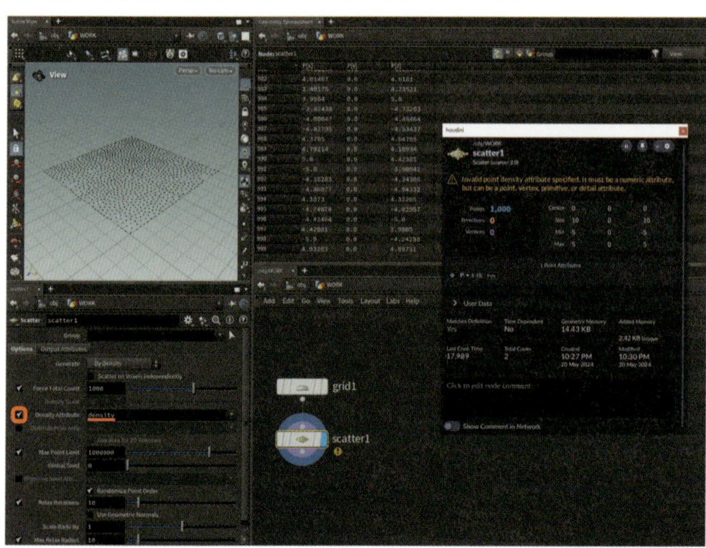

図02-088　Scatterノード：Density Attribute

ここで本項目の重要事項となるDensity Attributeのチェックをオンにしてみましょう。デフォルト値であるdensityがアクティブになりますがネットワークにアラート（警告）が出てしまいました。こんなときはNode Infoを表示してメッセージを読みましょう。アラート・エラーメッセージは英語ですが、Houdiniをマスターするためには避けては通れません。翻訳サービスなどを利用してみると良いでしょう。

今回の内容は簡単に言うと「密度を指定するアトリビュートに無効なものが指定されていますよ」ということになります。`Density Attribute`パラメータは散布する位置（密度）を決定するアトリビュートを入力する場所ですが、`density`というアトリビュートはGridに存在していないのでアラートが出て当然です。

ここで下準備をしっかりしてアラートが出ないように修正していきましょう。戦略としては「Gridに自由にペイントして、そのペイント情報を密度情報としてScatterに渡す」という方法をとってみます。

理解しやすいようノード名は適宜修正しています。また、ポイントを確認しやすいよう`Display Options`から`Color Scheme`を`Dark`に変更しておきます。カラースキームの変更方法は次の動画で補足します。

カラースキームの変更

display_options.mp4

Display Optionsを呼び出す手順についてご紹介します

1 grid_base

ペイントをしやすいように分割数を上げます。具体的には`Rows`パラメータに`100`を入力し、`Columns`パラメータに`ch("rows")`とエクスプレッションを入力します。

そしてscatterノードのアラートが出っぱなしなのも気持ちが悪いので`Density Attribute`のチェックをオフにしておきましょう。

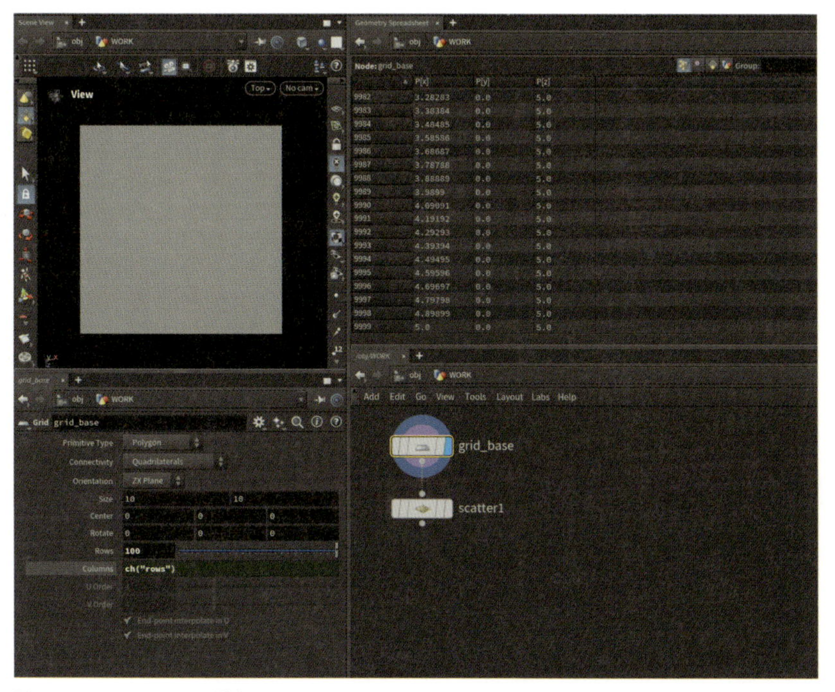

図02-089 Gridノードの設定

2　color_black_before_paint

Gridからカラーノードに接続し、`Color`パラメータに黒(`{0, 0, 0}`)を指定します。

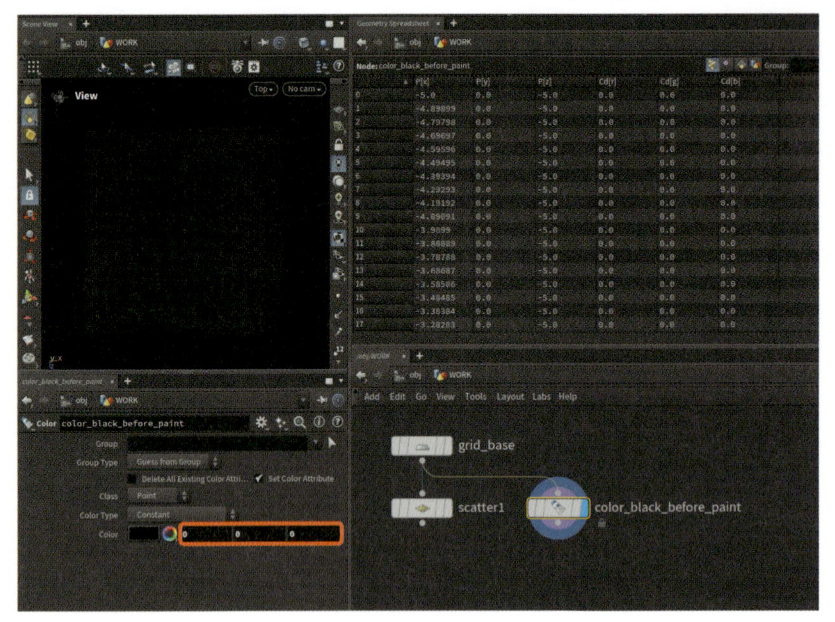

図02-090　Colorノード：ポイントアトリビュートに黒をセット

3　attribpaint_white

Paint Colorノード[*1]にカラーノードを接続しビューポート上で[Enter]キーを押してペイントモードに入った後、好きな模様を描きましょう。筆者はひらがなの「あ」と描きました。

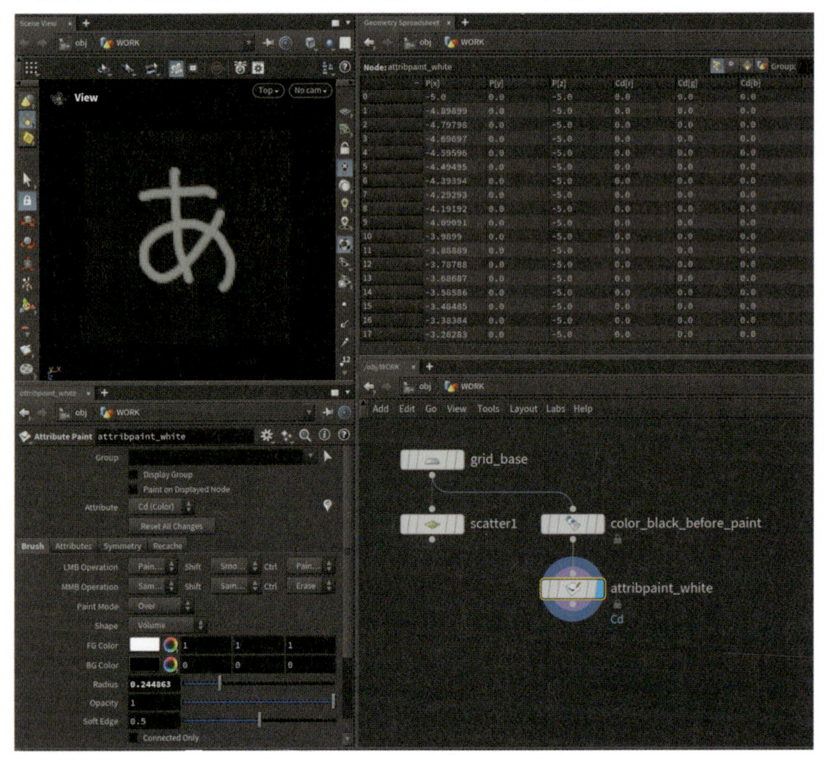

図02-091　Paint Colorノード

4　scatterを繋ぎ直す

attribpaint_whiteにscatterを繋ぎ直します。よさそうに見えますが、なぜかポイント数が少なく見えますね。また先ほど紹介したDensity Attributeパラメータも使用していません。今後の自身の作品づくりでもつまづかないように、これはどういう状態なのか確認する方法を学んでおきましょう。

図02-092　Scatterノード：ポイントが少なく見える

シーンビューの右側にあるDisplay pointsボタンを押してみましょう。これはポイントを青色で強調表示してくれるボタンです。

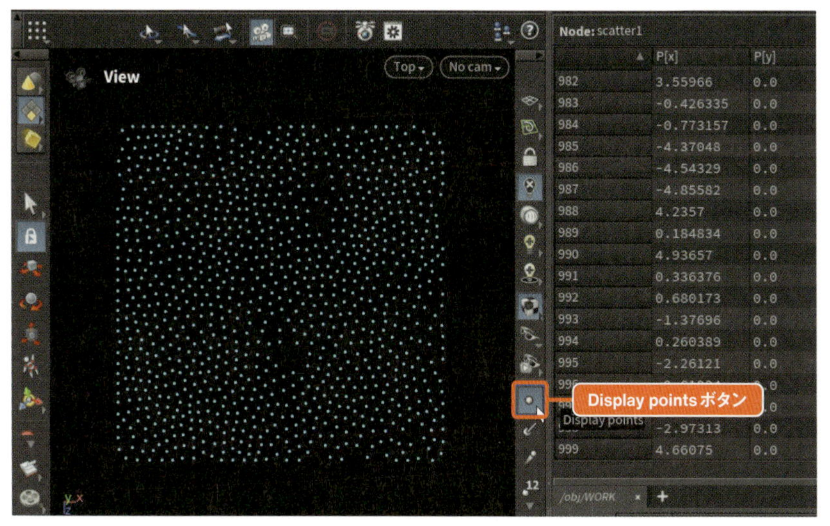

図02-093　Display pointsボタンをオンに

おかしいですね。Grid全体にポイントが散布されています。これはどういうことかというと、Scatterノードはデフォルトで**散布された場所のポイントアトリビュートを引き継いでくれる**という性質があるためです。これはバックグラウンドカラーがDarkだったから起こってしまった事故で、LightやGrayであれば間違うことはないでしょう。しかし、そんなときもジオメトリスプレッドシートを見てみるとCdアトリビュートに{0, 0, 0}のものが混ざっていることが確認できて気づくことができるでしょう。

＊1　注意が必要なのはTABメニューでpaint colorと入力し呼び出したノードは実際には、「Paint Color」というノードの名前が付けられたAttribute Paintノードであるということです。上記では解説の都合上「Paint Colorノード」と記載しましたが、Houdiniには呼び出し方は異なりますが、実際には同じノードのプリセット違いを呼び出すということが多々あります。そちらはコラムで詳しく補足します。

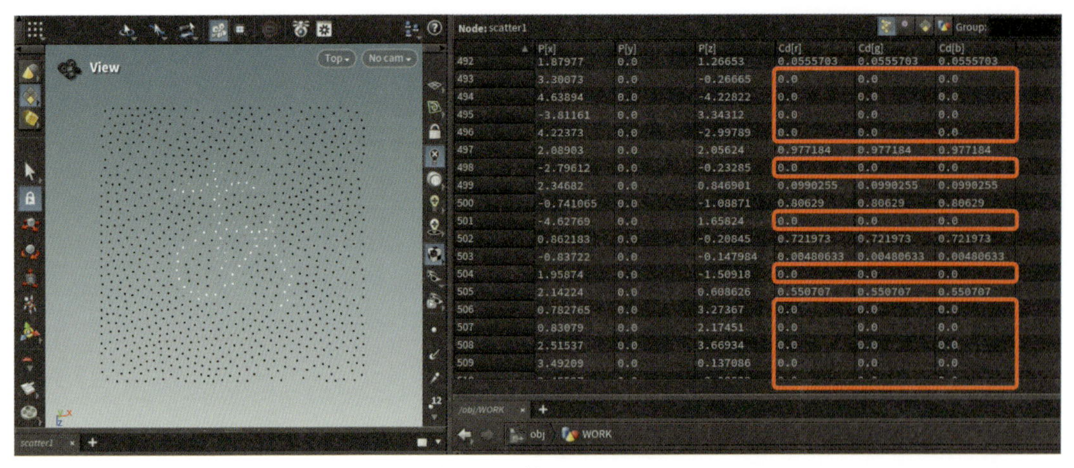

	P[x]	P[y]	P[z]	Cd[r]	Cd[g]	Cd[b]
492	1.87977	0.0	1.26653	0.0555703	0.0555703	0.0555703
493	3.30073	0.0	-0.26665	0.0	0.0	0.0
494	4.63894	0.0	-4.22822	0.0	0.0	0.0
495	-3.81161	0.0	3.34312	0.0	0.0	0.0
496	4.22373	0.0	-2.99789	0.0	0.0	0.0
497	2.08903	0.0	2.05624	0.977184	0.977184	0.977184
498	-2.79612	0.0	-0.23285	0.0	0.0	0.0
499	2.34682	0.0	0.846901	0.0990255	0.0990255	0.0990255
500	-0.741065	0.0	-1.08871	0.80629	0.80629	0.80629
501	-4.62769	0.0	1.65824	0.0	0.0	0.0
502	0.862183	0.0	-0.20845	0.721973	0.721973	0.721973
503	-0.83722	0.0	-0.147984	0.00480633	0.00480633	0.00480633
504	1.95874	0.0	-1.50918	0.0	0.0	0.0
505	2.14224	0.0	0.608626	0.550707	0.550707	0.550707
506	0.782765	0.0	3.27367	0.0	0.0	0.0
507	0.83079	0.0	2.17451	0.0	0.0	0.0
508	2.51537	0.0	3.66934	0.0	0.0	0.0
509	3.49209	0.0	0.137086	0.0	0.0	0.0

図02-094 ジオメトリスプレッドシートでCdアトリビュートを確認

5 ポイントの散布密度をコントロールする

最後に本来の目的である、「あ」の部分にだけポイントを散布する方法をお伝えしましょう。

Density Attributeのチェックを再度オンにしパラメータをdensityからCdに修正しましょう。

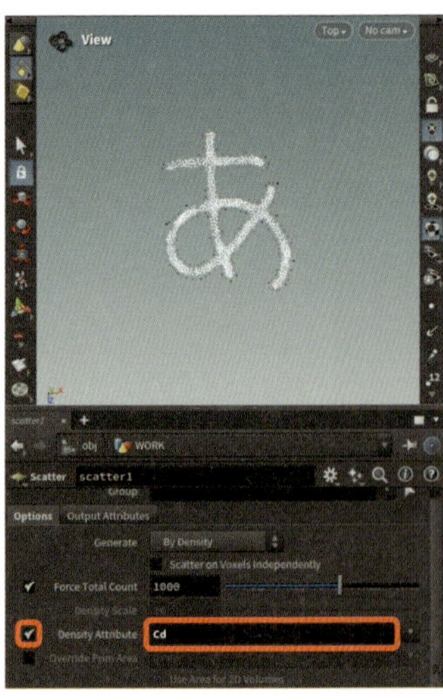

図02-095 Scatterノード：Density AttribueをCdに変更

目的どおりに「あ」の部分にだけポイントが散布されましたね。これは「ペイントしたところにポイントが集まってきたんだな」と漫然ととらえるのではなく、**Cdアトリビュートが高い部分が散布密度が増えた**と理解することが大切です。

ここでも色を表すCdアトリビュートをポイントの散布に利用するという、元々の用途とは別の使い方・考え方を自分の引き出しに収めていきましょう。

▶ Column

呼び出し名と生成されるノードについて説明します。

TABメニューを開くとそのノード数に圧倒され挫折された方も多いかと思います。しかしTABメニューに現れるノードの呼び出し名の数だけノードがあるわけではありません。実は**呼び出し方は違うけれど同じノードのプリセット違いが生成される**というケースも多くあるのです。例えば次のとおりです。

呼び出し名	生成されるノード
Attribute Paint	Attribute Paint
Paint Color	Attribute Paint
Paint a Mask	Attribute Paint
Attribute Wrangle	Attribute Wrangle
Point Wrangle	Attribute Wrangle
Primitive Wrangle	Attribute Wrangle

いかがでしょう。他にもまだありますが、どうしてもノードを覚えることが苦手な方はプリセット違いの呼び出し名ではなく、実際のノード名を覚えるようにすると負荷が減るかと思います。

■カスタムアトリビュートのビジュアライズ

今まで色を表すCdアトリビュートを利用してメッシュを削除したり、好きな位置にポイントを散布したりと、組み込みアトリビュートを用いた作例をいくつかご紹介しました。色を使う領域指定はビューポートで確認しやすいため1つの有効な方法なのですが、生成したポイントに色がついているがゆえの問題も発生していました。

ここでは組み込みアトリビュートとは別にユーザーが独自に作るカスタムアトリビュートを利用する方法をご紹介しましょう。作例は「ポイント散布コントロール」と同じものを扱います。

1 grid_base1

先程の作例で作成したgrid_baseをコピーします。Gridノードを作成して同じパラメータを入れても良いですし、grid_baseノードをAltキーを押しながらドラッグしても、Ctrl+Cキーをして、Ctrl+Vキーでコピー＆ペーストしてもOKです。

2 attribpaint_mask

Attribute Paintノードを作成します。ここで後にScatterノードで散布する密度をコントロールするためのアトリビュート、maskを作成します。attribpaint_maskを選択、ビューポート上でEnterキーを押してペイントモードに入った後好きな模様を描きましょう。筆者はひらがなの「た」を描きました。

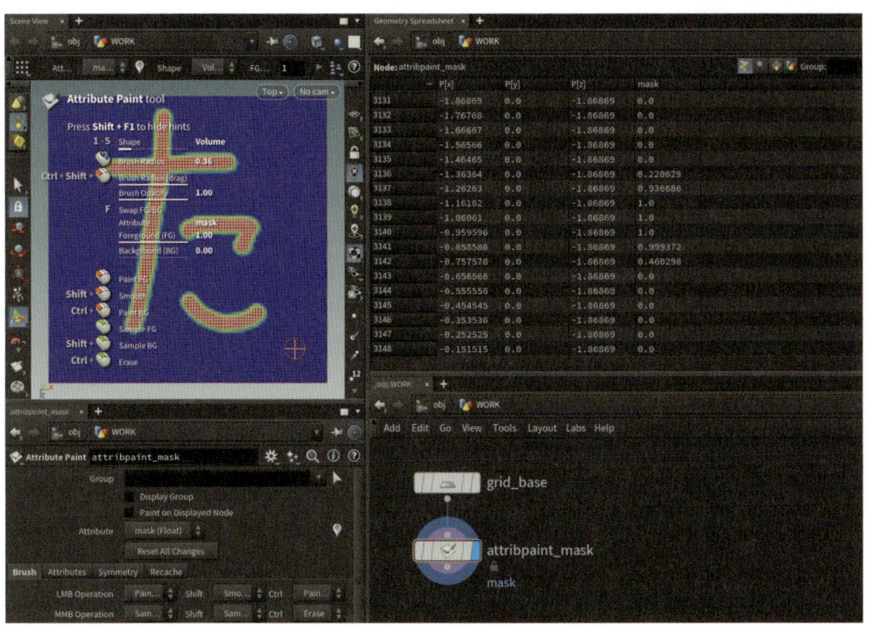

図02-096 Attribute Paintノード：maskアトリビュートを自由にペイント

このmaskはユーザーが独自に作ったアトリビュートです。ビューポート上でEscキーを押すとペイントモードから抜け描いた文字が表示されなくなってしまいましたね。

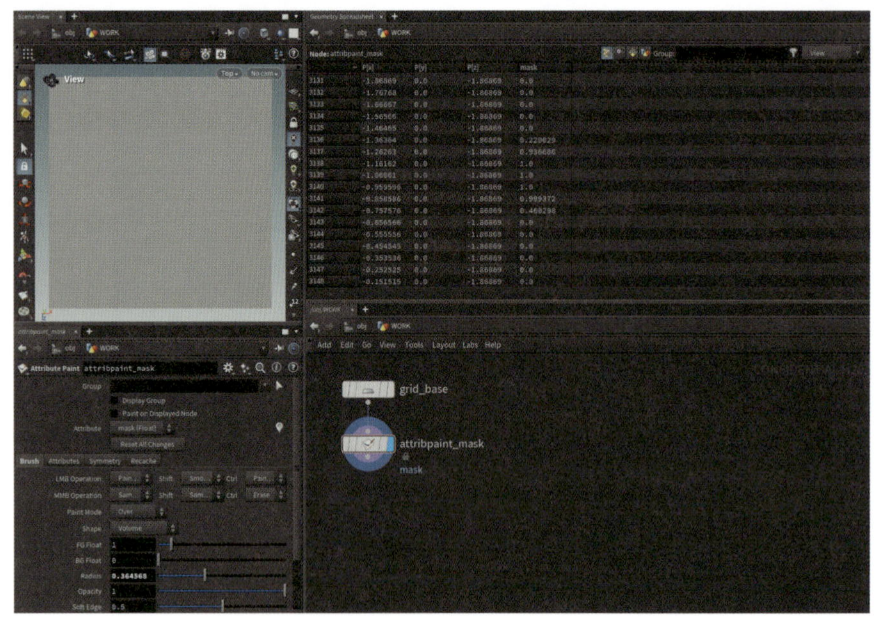

図02-097　Attribute Paintノード：maskアトリビュートが表示されなくなったところ

これまでのようにHoudiniが事前に用意してくれていたCdなどと異なり、そのままではユーザーが勝手に作ったカスタムアトリビュートはシーンビュー上で確認をすることができません。そこで次の手順を行うことでビジュアライズを行うことができます。

アトリビュートペイントノードを選択した状態でNode Infoを表示、ビジュアライズしたいアトリビュート左側のトグルボタンをクリックします。これでアトリビュートがビジュアライズされました。

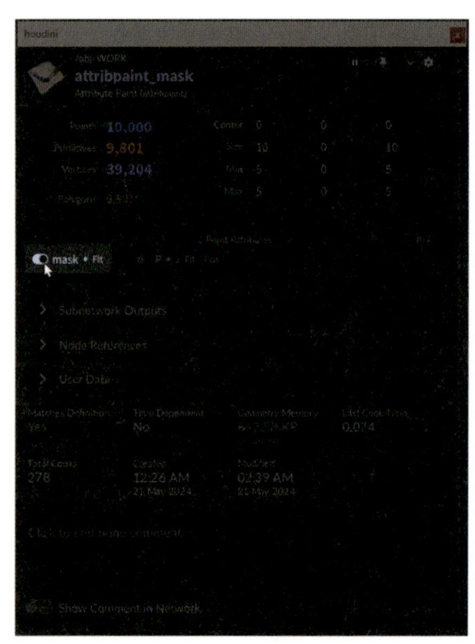

図02-098　Node Info：アトリビュートのビジュアライズ

ネットワークが複雑になってくるとビジュアライズしたいアトリビュートが複数出てくることがあります。その際はシーンビューの右側にあるVisualizationボタンで右クリックを押し、ビジュアライズしたいアトリビュートにチェックを付けます。今回はmask Point AttributeにチェックがついていればOKということですね。

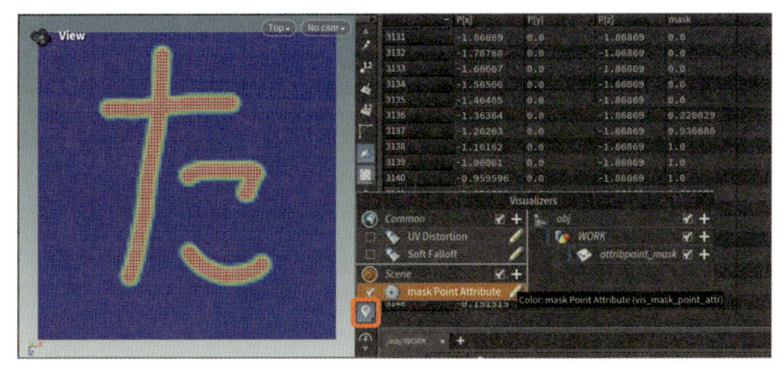

図02-099　Visualizationボタン：ビジュアライズするアトリビュートの管理

`Visualization`ボタンをオン・オフすることでアトリビュートのビジュアライズを一括で管理できます。

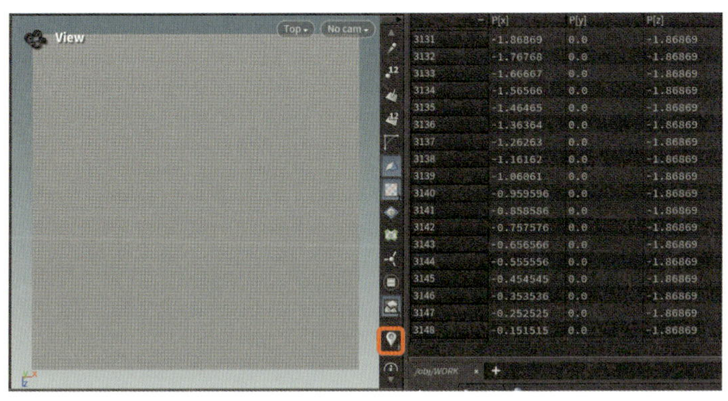

図02-100　Visualizationボタンのオン・オフ

3　scatter_mask

続けてScatterノードを接続し、`Density Attribute`のチェックをオンにしパラメータを`density`から`mask`に修正しましょう。これでひらがなの「た」の部分にポイントが密集しました。

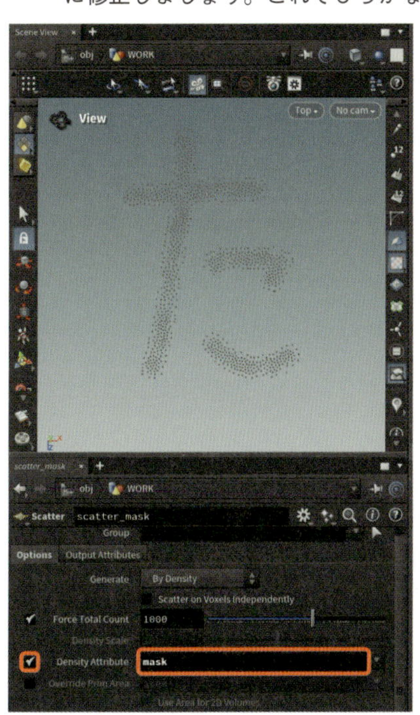

図02-101　Scatterノード：Density Attributeの値をmaskに変更

カスタムアトリビュートのビジュアライズはケースによって様々な表示設定があります。データがどのような値を持っているかの確認方法として、今まで学んできたジオメトリスプレッドシートに加えて、シーンビュー上での確認も手札に加えておきましょう。

■ Mountainノード深掘り

本項目の最後を飾るモチーフにはMountainノードを選びました。このノードを「山っぽい形状に変形する」ととらえてフワッと使うか、その仕組みを理解し意識的に使うか、この差が今後のHoudiniライフにおいて大きく影響してきます。

本来の意味を超えたアトリビュートの使い方をMountainノードを通して学んでいきましょう。

1. Gridノードを作成し、`Rows`パラメータに`100`を入力し、`Columns`パラメータに`ch("rows")`とエクスプレッションを入力します。

2. Mountainノードを作成し、`Amplitude`を`2`に、`Element Size`を`3`に変更します。

Gridノードのパラメータ変更はもう解説の必要がないと思いますが、Mountainノードで細かい形状を表現するために分割数を上げています。

Mountainノードのパラメータについてですが、`Amplitude`はどれだけ増幅させるかを示します。ギターなどで「アンプ」というものがありますが、あれは音を増幅させる機械のことですね。そして`Element Size`は周波数のサイズのことなのですが、この値が大きくなれば緩やかに、小さくなれば細かい形状になると覚えておくほうが直感的でしょう。

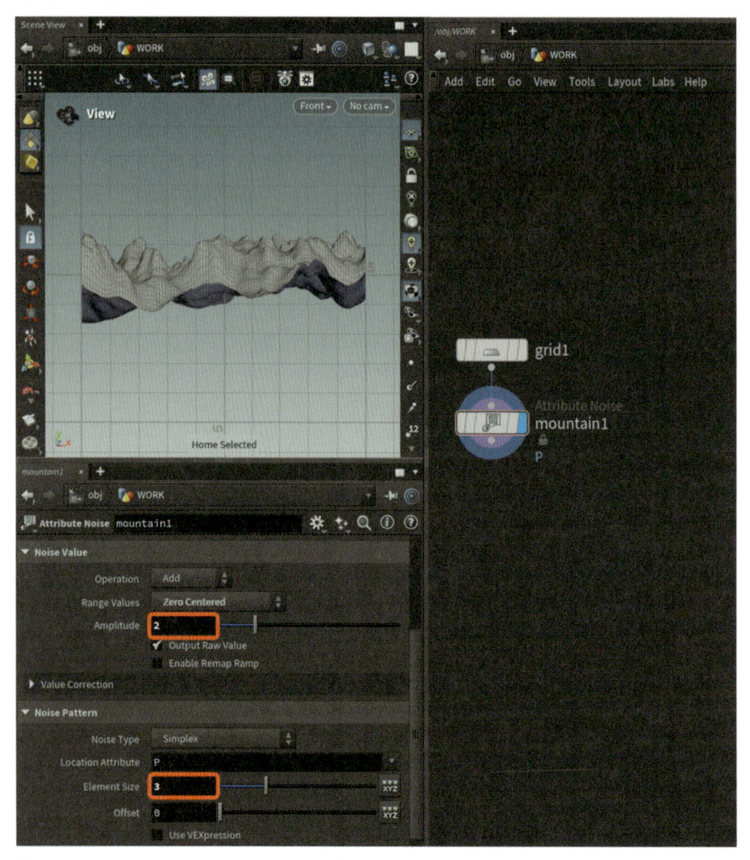

図02-102　Mountainノード：フロントビュー

画像のシーンビューに注目してください。フロントビューで表示しているところですが、Mountainノードによって**上下にポイントが移動**し、山のような形状を作っていますね。この「上下に移動」というのが重要になるので覚えておいてください。

続いてMountainノードの上流を`Sphere`に置き換えてみましょう。パラメータは次のとおりです(Mountainノードのパラメータは変更していません)。

パラメータ	値
Primitive Type	Polygon
Uniform Scale	10
Frequency	40

`Primitive Type`の値はデフォルトの`Polygon Mesh`と`Polygon`ではトポロジーが異なります。ケースに合わせて使いやすい方を選択していきましょう。今回のようにノイズ形状を加える場合は`Polygon`のほうが都合が良いケースが多いです。`Uniform Scale`は大きさを、`Frequency`は分割の割合を指定します。分割数を上げてノイズがきれいにかかるようにしているということです。

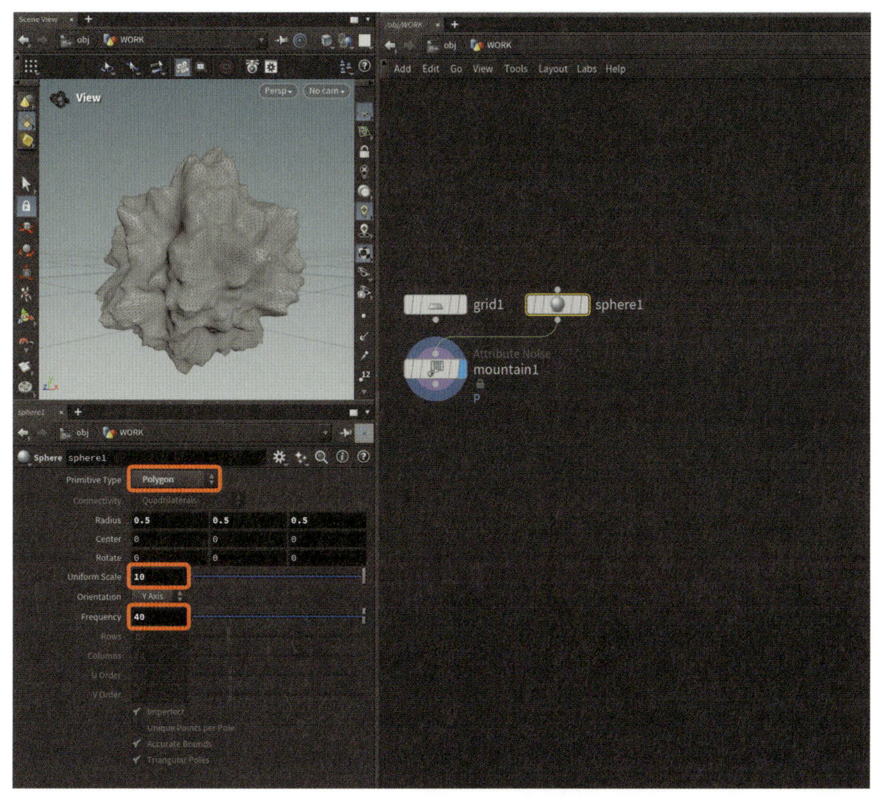

図02-103　上流をSphereノードに差し替え

ここで先程同様シーンビューに注目してください。今度は**上下ではなく放射状にポイントが移動し、起伏ができていますね**。Gridのときは上下に移動し、Sphereのときは放射状に移動するのはなぜなのかを理解するとMountainノードの仕組みを理解することができます。

最後にSphereノードとMountainノードの間にAttribute Createノードを差し込み、パラメータを下の表のように変更します。

パラメータ	値
Name	N
Type	Vector
value	{0, 1, 0}

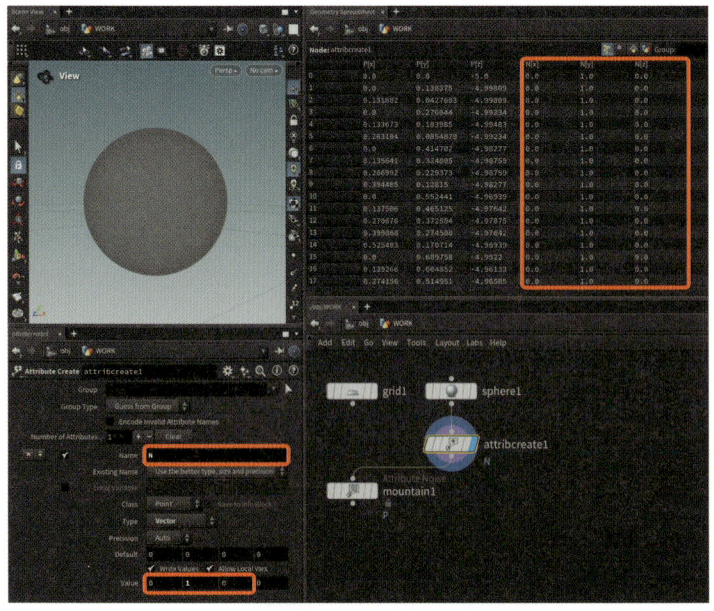

図02-104　Attribute Create：法線Nを設定

このパラメータの意味は、アトリビュートNをvector型で作成し、値には{0, 1, 0}を設定するという意味です。アトリビュートNは組み込みアトリビュートで法線を意味します。シーンビューを見ていると、元は同じSphereを使っていますが、Mountainノードの起伏は上下方向のみに限定されているように見えます。このAttribute Createを用いたネットワークと先程2つの例を組み合わせると1つの法則が見えてきます。

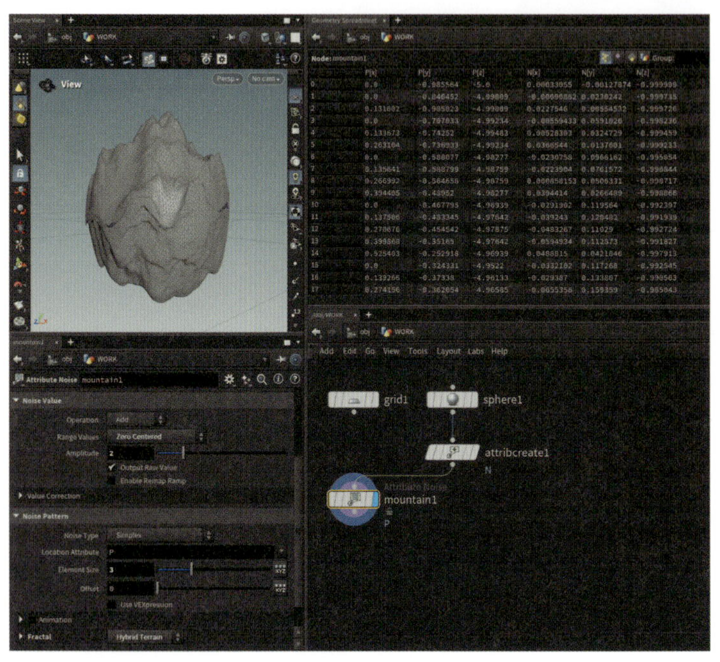

図02-105　Mountainノード：上流で法線Nを上方向に向けた結果

Gridは面が上方向を向いていたため法線は上向きでした。またSphereは法線が放射状に向いています。最後の**Attribute Createでは強制的に法線を上方向に向けた**ということになります。これらを総合すると、Mountainノードは「ポイントを移動させて山のような形状を作る」という理解から「ポイントを**法線方向に**移動させて山のような形状を作る」というように理解をアップデートすることができます。

これが何を意味するかというと、皆さんはMountainノードの起伏の方向を自由に設定できるようになったということです。そしてもう1つ重要なポイントとして、Houdiniでは**法線(だけでなくどんなアトリビュートでも)を自由に設定できる**という点が挙げられます。

一般的なDCCツールでは法線はポリゴン面の表裏の判別やレンダリング時の計算に使用されることが多く、基本的にはジオメトリの形状から算出されユーザーはその調整程度しか許されません。しかしHoudiniでは「次の作業で法線を使うから、今はこちらの方向を向く法線にしておこう」というオペレーションが簡単にできるのです。

当然法線を勝手に変更するとシェーディングはおかしくなりますが、どこかのタイミングで法線を再計算してやればいいのです(色を用いてドーナツ型にメッシュを削除した後で色をリセットした例を示しましたが、それと同様の手法です)。

このように、Houdiniでは色は色、位置は位置、法線は法線、と固定された使い方の他に、その値をどのような処理に利用しても良いという自由な世界が広がっています。ここがHoudiniの難しさではあるのですが、乗り越えれば無限のアイデアと驚くべきアプローチを生むことができます。ぜひ柔軟な思考法を体得していきましょう。

ここでクイズです。最初の作例でGridノードとMountainノードを作りましたが、その間に次のパラメータのAttribute Createを差し込んでみました。Mountainノードにディスプレイフラグを立てたとき、どんな形状になるでしょうか。

パラメータ	値
Name	N
Type	Vector
value	{1, 0, 0}

サンプルファイルに入っていますので、結果を想像してから試してみてください。

サンプルファイル:`attribute_control.hip`

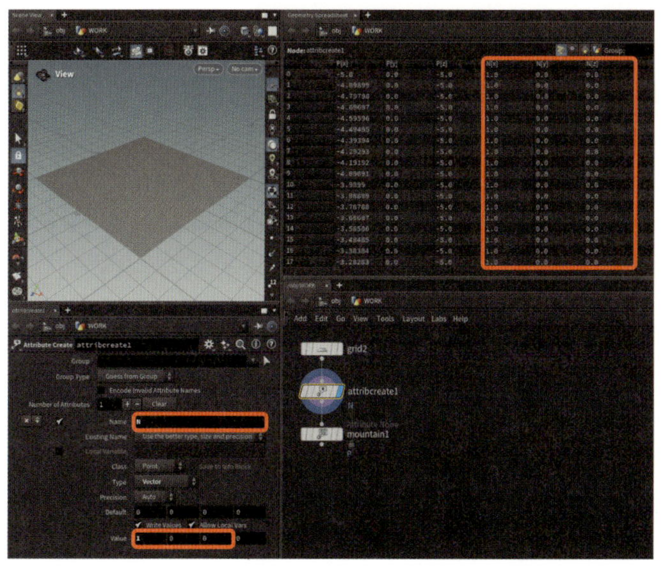

図02-106 Mountainノード:課題

》コピーマスターへの道

Houdiniの多彩なコピー機能を理解することによって、アトリビュートの理解も同時に深めていきます。今まで学んできたアトリビュートのテクニックがここでより深く広く使われていきます。少年マンガのようなアツい展開を経て、アトリビュートコントロールを自分のものにしてきましょう。

Copy and Transform

コピー機能の中でも最もシンプルで直感的なノードです。実際に例を見ればイメージどおりなのではないでしょうか。

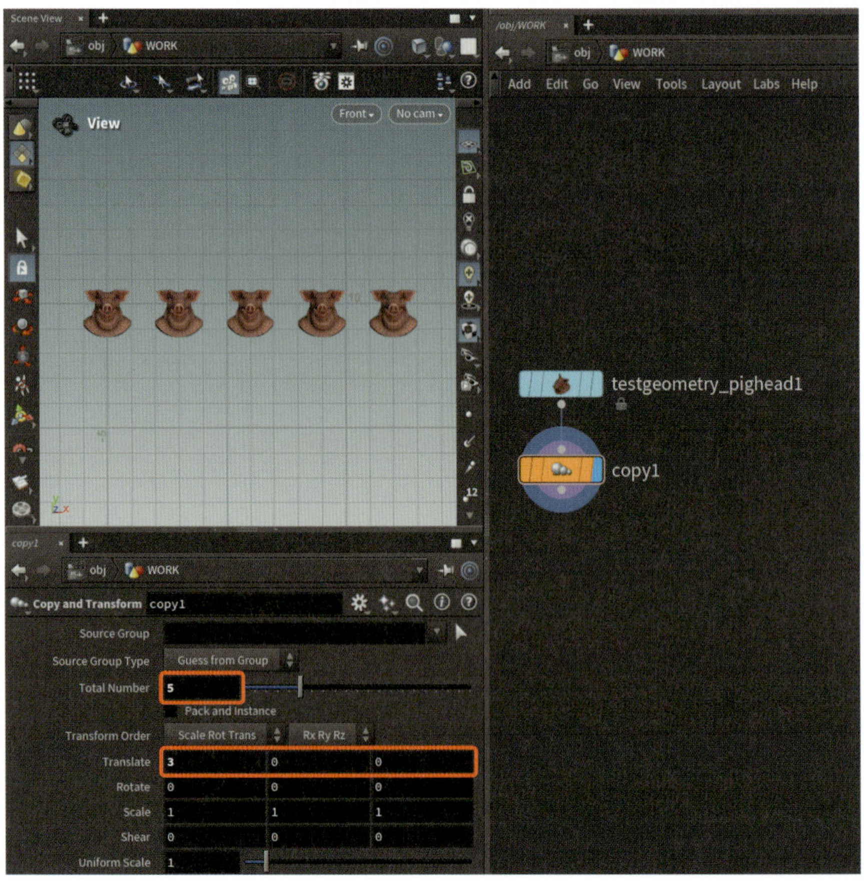

図02-107　Copy and Transformノード：移動

どうでしょう？　とてもわかりやすいかと思います。`Total Number`がコピーする個数、`Translate`が`{3, 0, 0}`なのでX軸方向に`3`ずつ移動しているわけです。

非常に直感的な仕組みですが、`Scale`と`Uniform Scale`を変更する際は気をつけてください。

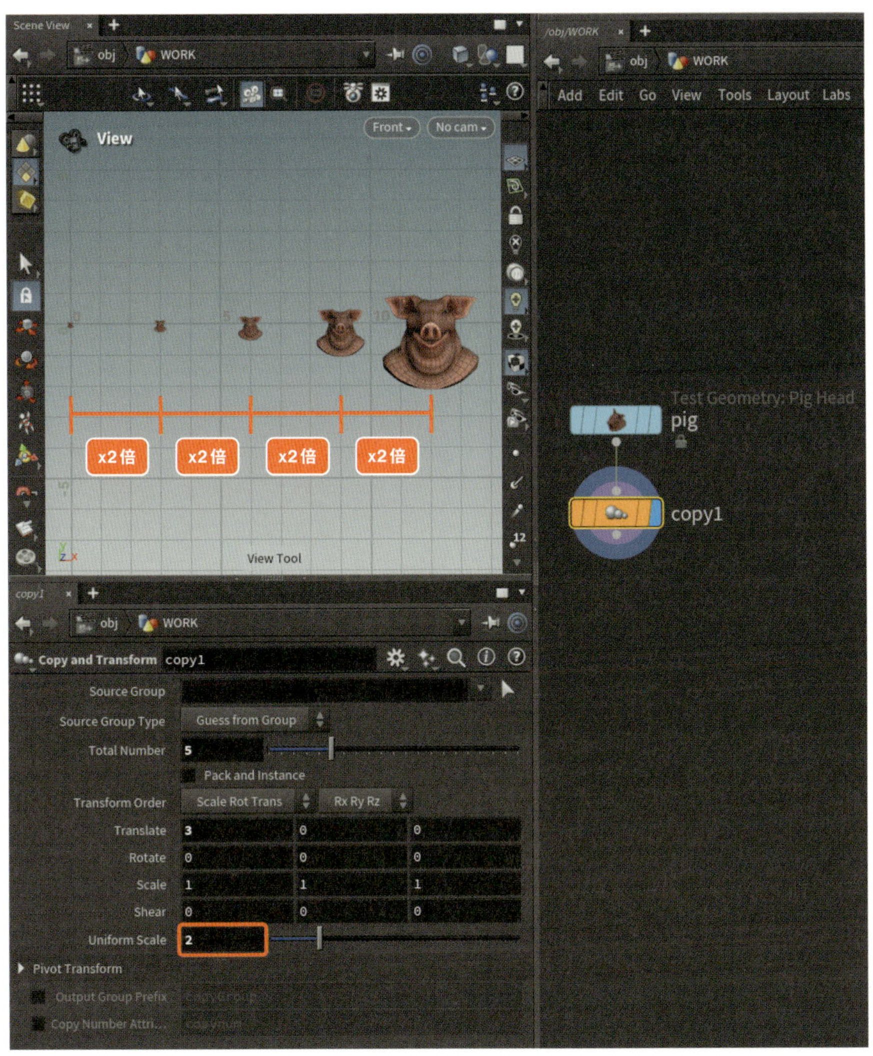

図02-108　Copy and Transform ノード：移動と拡大

図のようにUniform Scaleを2にした場合、**コピーされるたびに1つ前の状態から2倍の大きさになります**。最初の大きさから単純に2倍、3倍、4倍となるわけではないのでうまく使いこなしましょう（大きさの調整としてpigノードのUniform Scaleを0.1にしています）。

Copy to Points

Houdiniの中でもトップクラスに柔軟で強力なノードがこのCopy to Pointsノードになります。難しいノードですが非常に大切なノードなので時間をかけて理解していきましょう。

Copy to Pointsの最も基本的な使用方法は下の図のとおりです。パラメータの説明はひとまず置いておいて、ここまではそこまで難しくないのではないでしょうか。

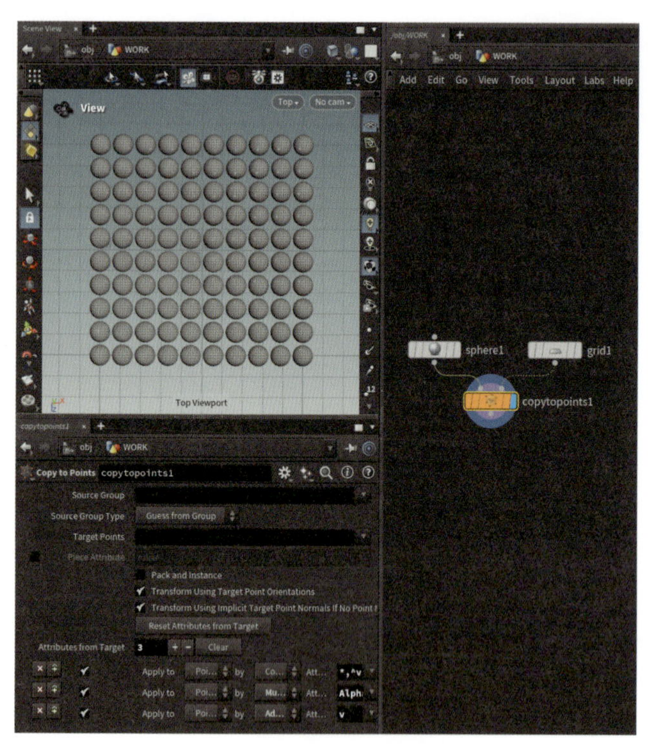

図02-109　Copy to Points：基本

Sphereノード、Gridノード、Copy to Pointsノードはすべてデフォルト値です。「Copy to Points」の名のとおり、左側に挿したジオメトリ（ここではSphere）を右側のジオメトリ（ここではGrid）の「ポイント」の位置にコピーするノードです。イメージとしては下の図のとおりです。

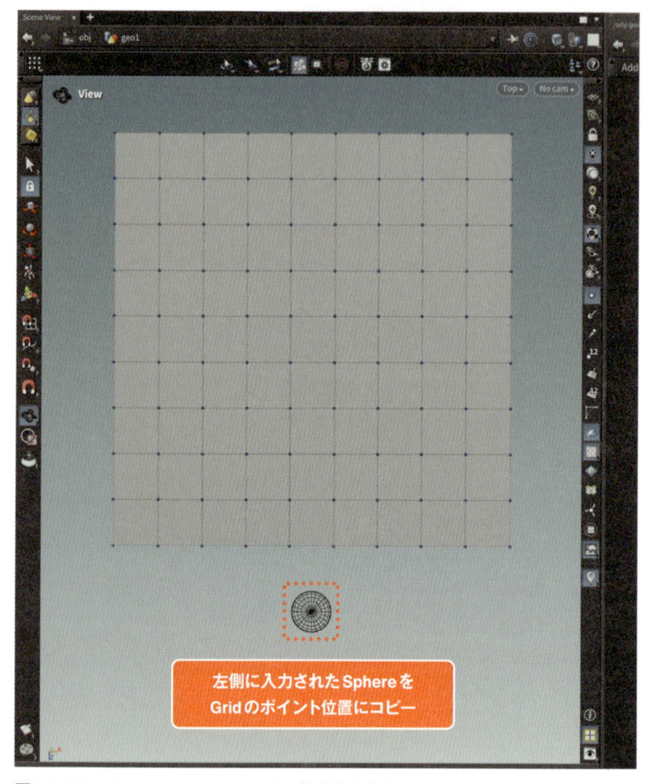

図02-110　Copy to Pointsノード：基本的な考え方

前述のコラムで記載したとおり、複数入力を持つノードは一番左がベースに利用するジオメトリ、右側にある入力はそのデータを利用するというのも同じ考え方です（ここではGridのポイント位置のデータを利用したということです）。

この基本的な考え方を元に、アトリビュートを追加していくことで様々な結果を得ることができます。はじめのうちは混乱しがちなところですが、わからなくなってきたらこの**左側に挿したジオメトリ（ここではSphere）を右側のデータ（ここではGrid）の「ポイント」の位置にコピーする**という原則を思い出しましょう。

■pscale

組み込みアトリビュートの項目で紹介だけしましたが、pscale（ピースケール）というスケールを表す組み込みアトリビュートがあります。

これを右側のストリーム（ノードの流れ）に入れてみましょう。アトリビュートを作成するノードにはAttribute Createを採用し、ポイントに対してpscaleアトリビュートを作成します。値は0.5にしてみましょう。0.5は小数値ですから、当然データ型はfloatに指定します。

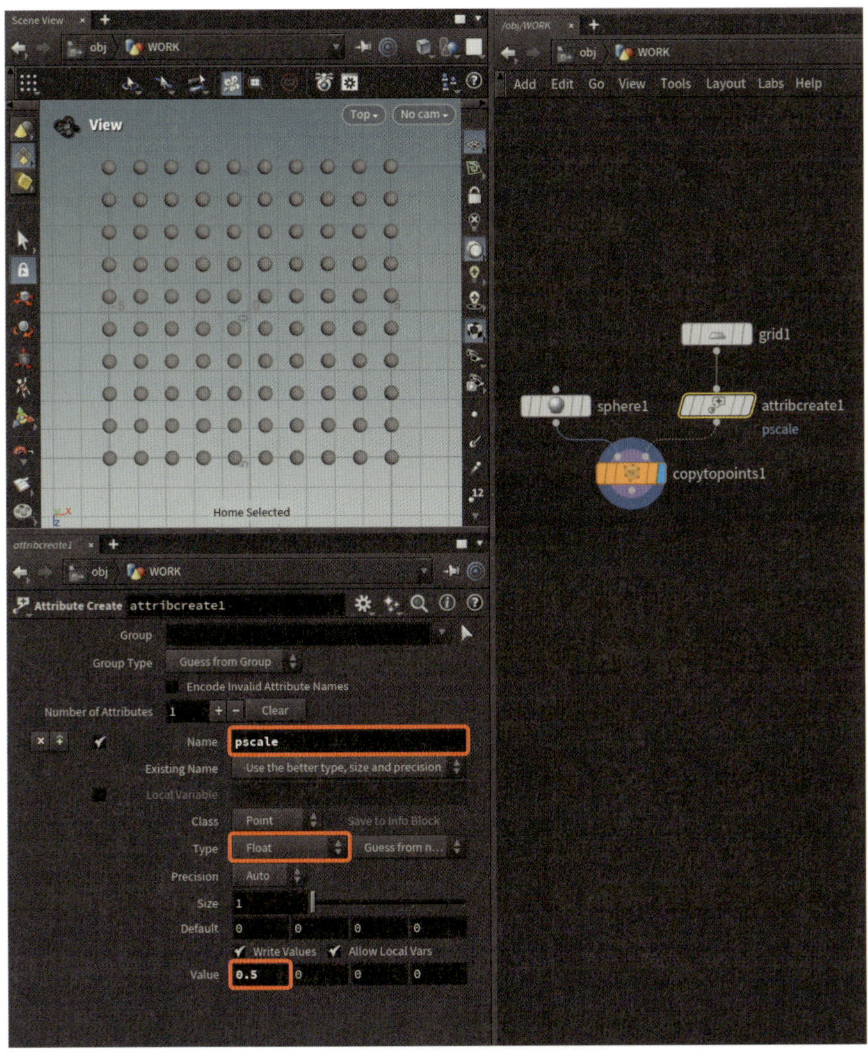

図02-111　Attribute Createノード：ポイントアトリビュートpscaleを作成

なんと！　コピーされたSphereの大きさが半分（つまり0.5倍）になりました。この仕組みを注意深く確認することが大切です。Copy to Pointsノードでは右側の入力の「データ」を利用するとご説明しましたね。そのデータというのはもちろんコピーをするポイントの位置を示すのですが、それ以外にも**データ（つまりポイントアトリビュート）がついていた場合、コピーした際にそれを参照する**という特性があります。

1　コピーしたいジオメトリを用意します。

2　それをCopy to Pointsの左側の入力に入れます。

3　コピーしたい場所（ポイントの位置）をもつジオメトリを用意します。

4　それをCopy to Pointsの右側の入力に入れます。

この流れが基本で、3のジオメトリにポイントアトリビュートを追加することでコピーされる際に変化を加えることができるということです。いくつかの例を見ていくとしっくりくると思うので、続けて作例を見ていきましょう。

■Cd

先程のAttribute Createを書き換えて`Cd`アトリビュートをポイントに与えてみましょう。色は赤（`{1, 0, 0}`）、データ型は`vector`です。

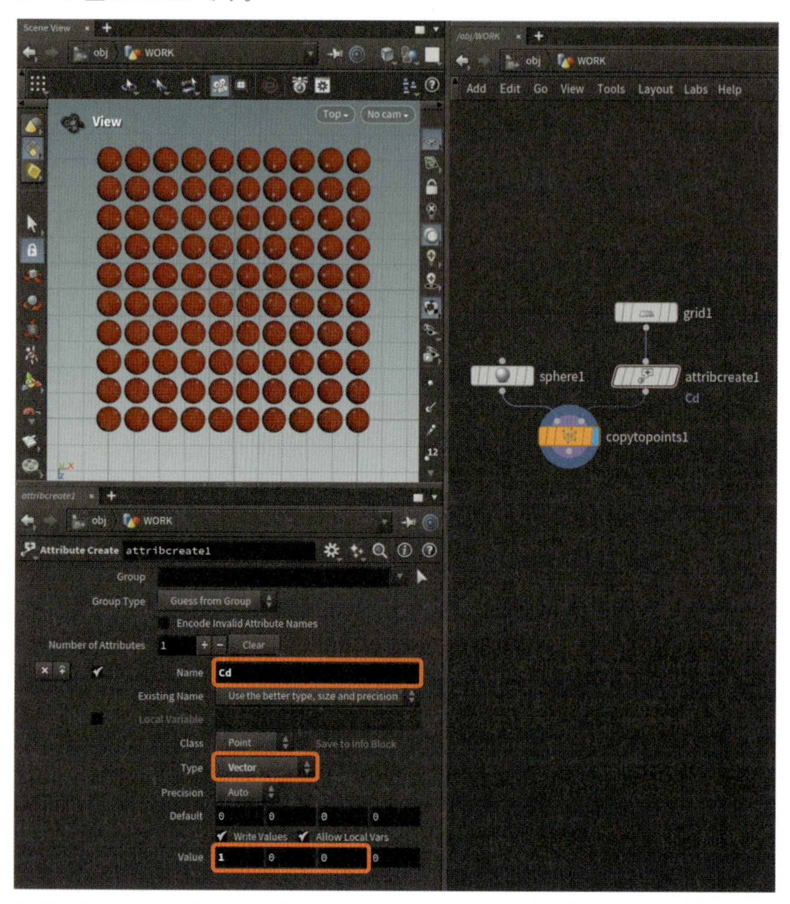

図02-112　Attribute Createノード：ポイントアトリビュートCdを作成

pscaleのケースが理解できればこちらも難しくないかと思います。コピーするとき、右側のストリームにCdアトリビュートがあったのでそれを参照して反映してくれたということですね。また、Cdアトリビュートをつけるのは Attribute Create ノード以外でも方法がありましたね。もちろんColorノードを使用してもOKです。

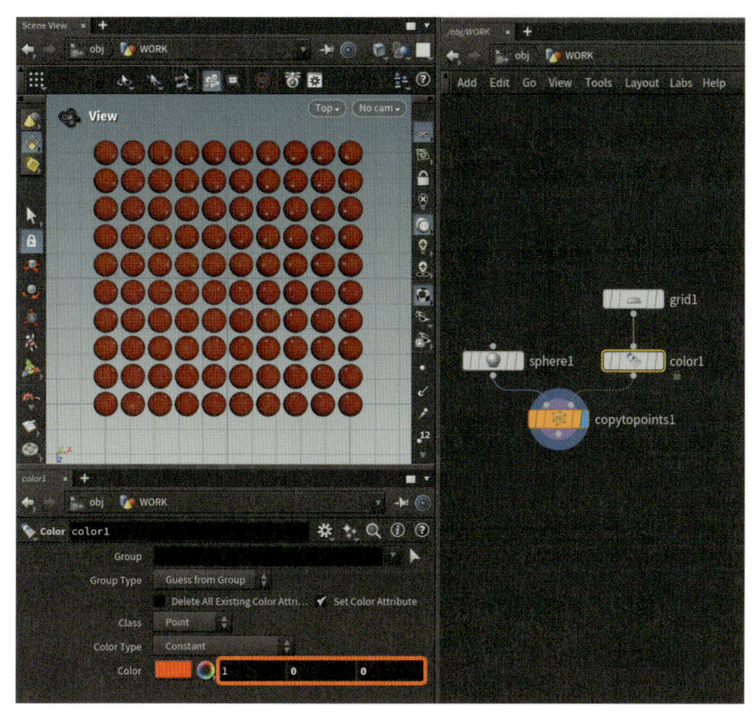

図02-113　Colorノード：ポイントアトリビュートCdを作成

さて、ここで勘の良い方は「赤色のSphereをコピーしても同じ結果では」と思ったかと思います。それは非常に鋭い指摘で、その方法でも同じ結果を得ることができます。ただし、**このケースでは**...。

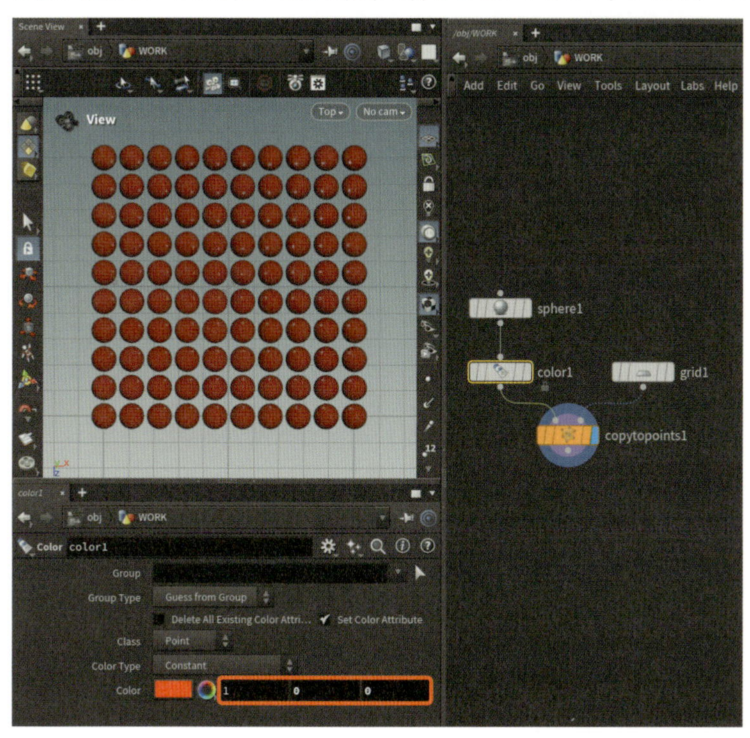

図02-114　元のジオメトリにポイントアトリビュートCdを作成した後にコピー

「このケースでは」と書いたのには理由があります。実は左側のSphere（コピーしたいもの）に赤色をつける方法では、Sphereの色が個別にランダムになるようなケースは表現できないのです。こちらのネットワークをご紹介しましょう。

右のストリームにColorノードを移動し、Color Typeに Randomを指定してポイントアトリビュートにランダムな色をつけてみましょう。

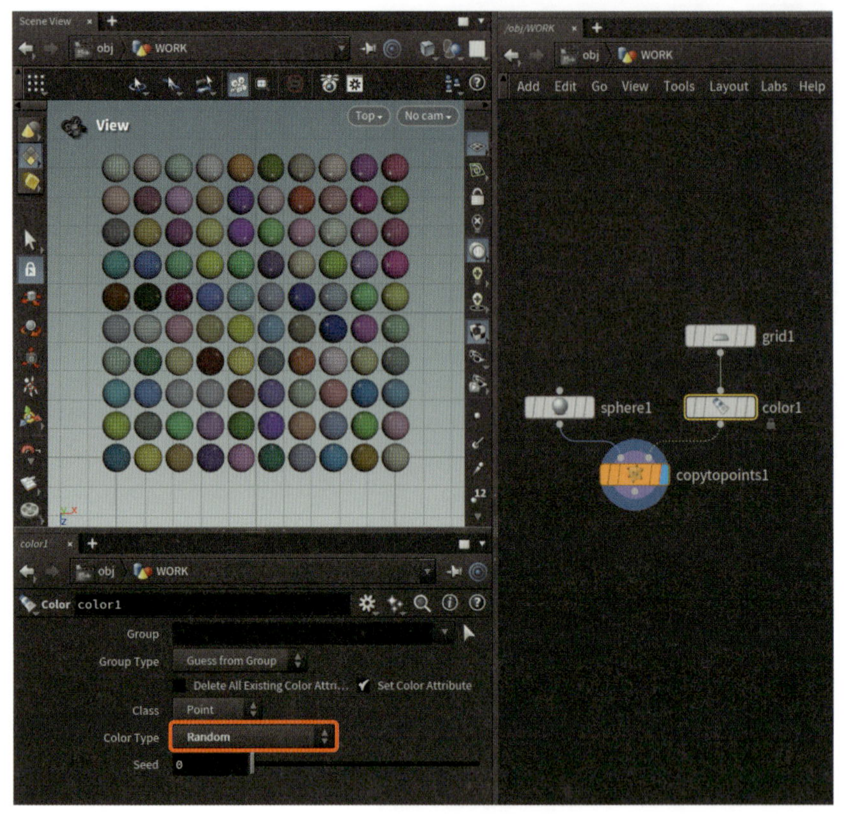

図02-115　Colorノード：ポイントアトリビュートCdにランダムな色をセット

いかがでしょうか？　コピーに利用するジオメトリにポイントアトリビュートとしてランダムな色がついているため、コピーされたときにそのポイントのカラーを参照してくれているということになります。

このように、コピーする元のジオメトリは1つでも、コピー先のポイントに様々なアトリビュートをつけることで複雑な結果を得ることができるのがCopy to Pointsノードの醍醐味なのです。

■ Nベクトルとupベクトル

Copy to Pointsで利用できるアトリビュートはまだあるのですが、すべて一気に学んでしまうと頭がパンクしてしまうおそれがあるので、このNベクトルとupベクトルで一旦免許皆伝としましょう。しかし最後の砦だけあってなかなかの強敵です。気を引き締めて取り掛かりましょう。

混乱を避けるため新規にネットワークを作ります。新規ファイルを作成し、Geometryノードを作成して中に入りましょう。ネットワークの作成手順は次のとおりです。

1　Pig Headノードを作成します（パラメータはデフォルト値）。

2　Gridノードを作成し、Rowsパラメータに5を入力し、Columnsパラメータにch("rows")とエクスプレッションを入力します。

3　Copy to Pointsノードを作成します（パラメータはデフォルト値）。

パラメータを変更したのはGridノードですが、ここは問題ありませんよね。必ず正方形に分割されるようにし、ブタさんがぶつからないように分割数を下げています。

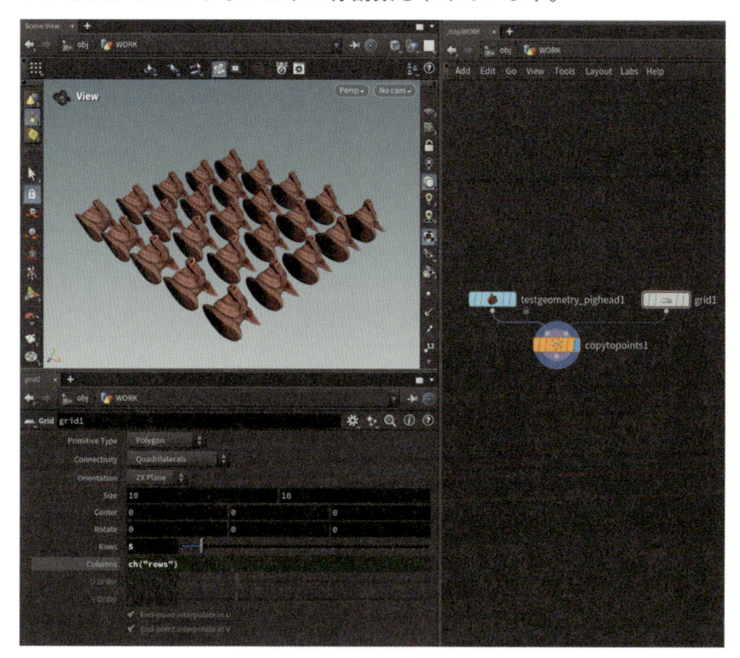

図02-116　Copy to Pointsノード：ブタさんをコピー

さて、ここでの目標は**コピーした際のブタさんの方向をコントロールすること**です。これをクリアすれば今まで学んだ大きさのコントロール、色のコントロールと合わせ様々な表現を行うことができます。

実際にアトリビュートを操作する前に、現在のネットワークを順に見ていきましょう。ここで生じる疑問がコピー時の方向コントロールに対する大きなヒントになります。

まずコピー元のPig Head（オリジナルのジオメトリ）を見てみます。下の図のようにブタさんの前方方向（つまり鼻が向いている方向）はZ軸プラス方向を向いていますね。そして図02-116を見返してみると、ブタさんは上方向を向いてしまっていますね（つまり鼻が向いている方向がY軸プラス方向になっている）。

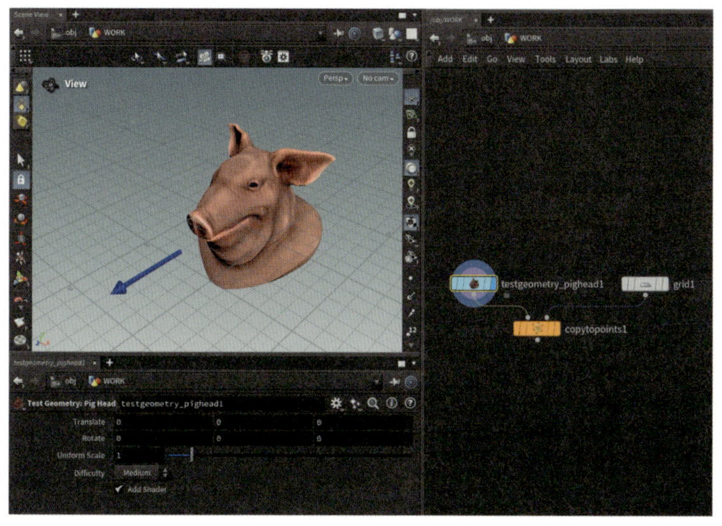

図02-117　Pig Headノード：コピー元の方向確認

このコピーしたときになぜか向きが変わっているという理由が理解できればコピー時の方向コントロールは完璧になります。

ここで答えをお伝えしましょう。

Copy to Pointノードではコピー元のジオメトリのZ軸プラスが、コピー先の法線方向(ポイントアトリビュートNの方向)を向く形でコピーされます。

言葉だけだとちょっとややこしいですね。では実際にGridを見ながら解説していきましょう。

Gridにディスプレイフラグを立てて、シーンビュー右側にある**Display normals**ボタンを押しましょう。これは文字どおり、法線を表示するボタンです(面法線を表示する`Display primitive normals`というものもあります)。アトリビュートのビジュアライズを行う**Visualization**ボタンについて以前解説しましたが、法線の表示はよく使うためHoudiniが最初から用意してくれているわけです。

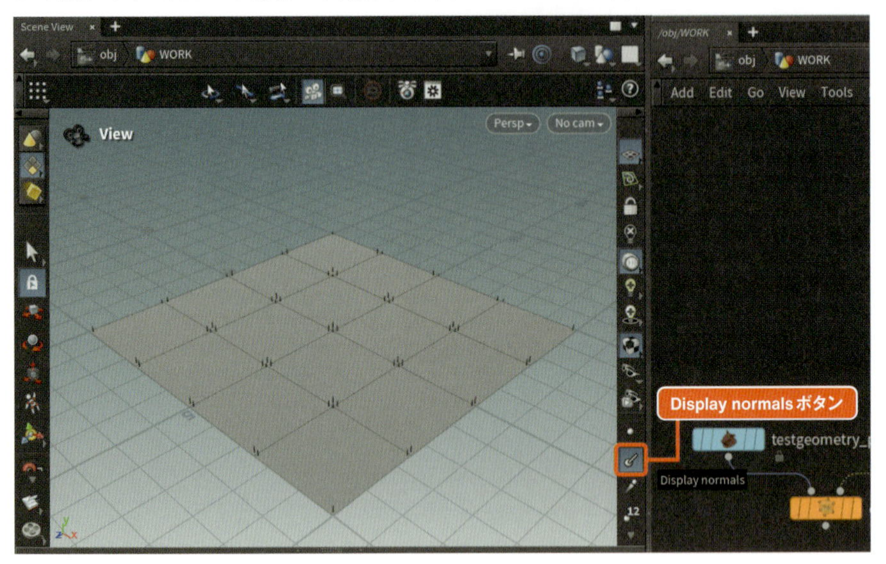

図02-118　Display normalsボタンをオンに

ここでジオメトリスプレッドシートシートを見てみましょう。現在pointにも、primitiveにも、vertexにも法線アトリビュートNはありませんが、シーンビュー上では上方向に緑色の線が伸びていますね。これはGridを作成した時、面が上方向を向いているため仮の法線アトリビュートがついている状態になっています(これがないとシーンビュー上で描画ができないため)。

これらをまとめると本例でのコピー方向は次のようになります。

1　コピー元のPig HeadはZ軸プラス方向に鼻が向いています。

2　コピーされるGridには(仮の)法線方向がY軸プラス方向に向いています。

3　最終的なコピー結果はすべてのブタさんがY軸プラス方向を向きます。

このような仕組みになっています。これからネットワークに自分で手を加えていくと理解が深まるのでこのまま進めましょう。

では「コピー後のブタさんがX軸プラス方向を向いてほしい」と思った場合どうすればいいでしょうか。GridのポイントアトリビュートにNを示すNを、`{1, 0, 0}`の値で設定してあげればよさそうですね!

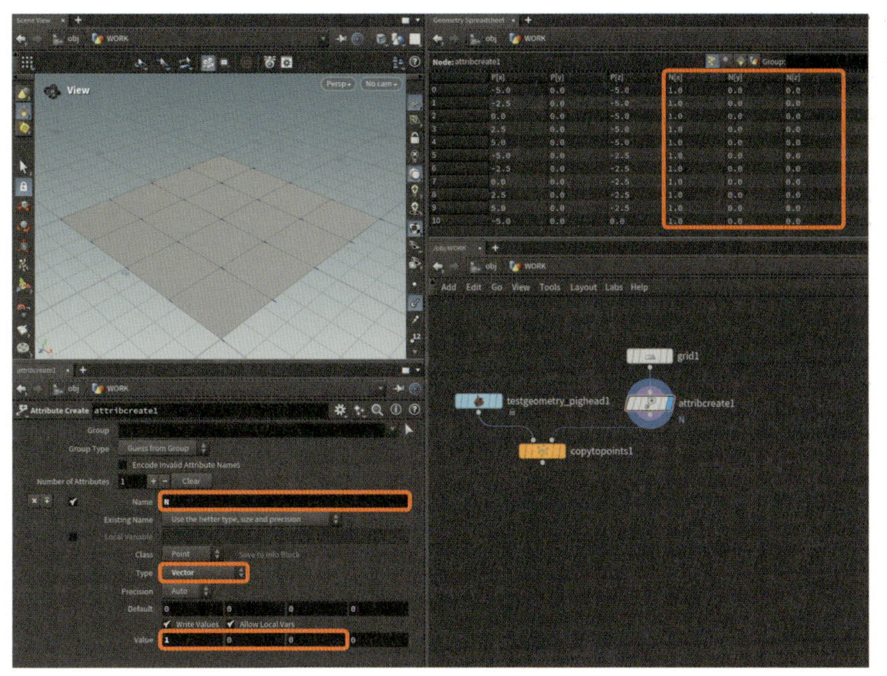

図02-119　Attribute Createノード：ポイントアトリビュートNを作成

Gridに法線を設定したら、Copy to Pointsにディスプレイフラグを立てて最終確認をしましょう。その際`Display normals`ボタンがオンのままだとすべてのブタさんの法線が表示されてしまい、毛むくじゃらのブタさんになってしまいますのでオフにするのをお忘れなく(Houdinistあるあるです)。

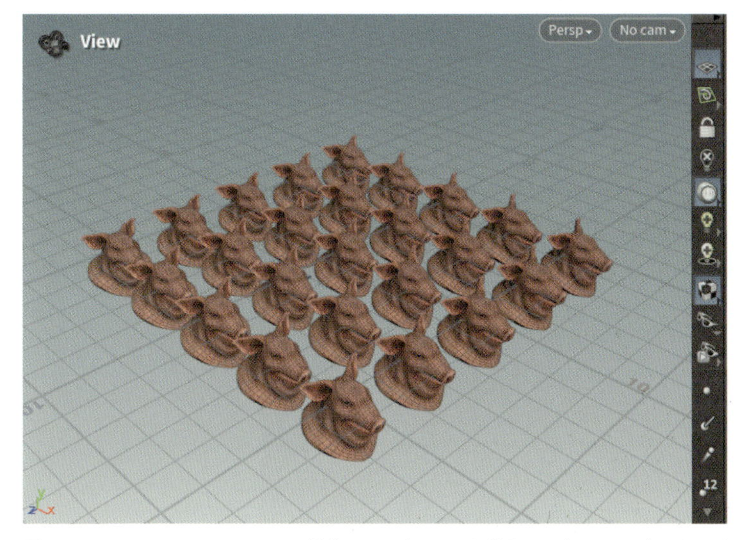

図02-120　Copy to Pointsノード：法線アトリビュートを利用してブタさんの向きをコントロール その1

これにてコピー時の方向コントロールは完璧！　というわけにはいかず、後ひと押し学ぶことが残っています。最後までがんばりましょう。

実は「3D空間で方向を決める」というのは前方方向だけでは決まりません。下の図のような紙飛行機を考えてみましょう。

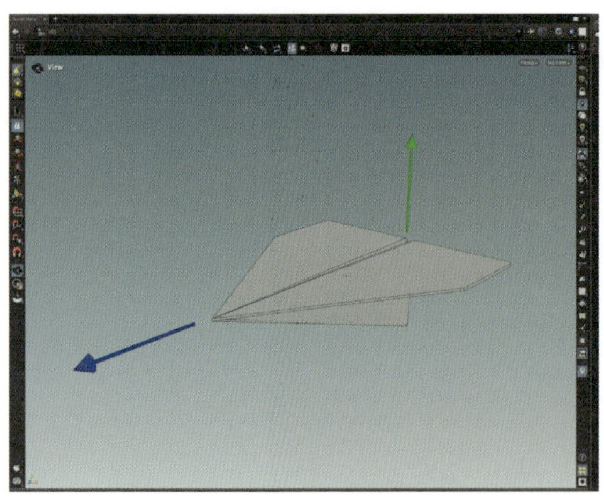

図02-121　ジオメトリの向きを確定する、前方向と上方向のベクトル

前方向は青い矢印が示していますが、紙飛行機の「上方向（緑の矢印）」も決めないと方向が定まらないんですね。この上方向を表すベクトルをupベクトルと呼びます。

これを用いて早速ブタさんの方向をカチッと決めてみましょう。

NアトリビュートSを定義したAttribute Createノードの下にもう1つAttribute Createノードを繋げ、上方向を示すupアトリビュートを、{0, 0, 1}の値で設定しましょう。

upベクトルは法線のようにHoudiniが用意してくれた表示ボタンはありませんので、確認するためにはVisualizationボタンを利用しましょう。やり方はもう覚えましたでしょうか。同じ手順を再度紙面で説明はしませんので、前項をご確認いただくか次の動画をご覧ください。

upベクトルの作成

create_up.mp4

upベクトルを作成し、ビジュアライズしてみましょう

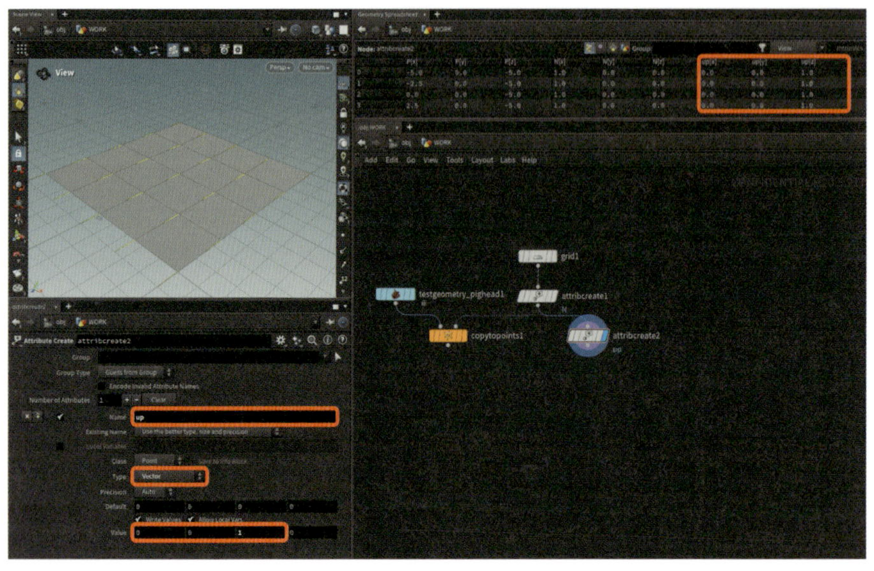

図02-122　Copy to Pointsノード：upベクトルのアトリビュートを利用してブタさんの向きをコントロール その2

Houdiniでアトリビュートを追加した際は、イメージしたとおりになっているか確認する癖をつけておきま

しょう。ジオメトリスプレッドシートもシーンビューでのビジュアライズもあなたの役に立ってくれるはずです。

図02-123　Copy to Pointsノード：結果の確認

結果は上記のようになりました。attribcreate_Nやattribcreate_upのバイパスフラグをオン・オフして、Nやupアトリビュートがない場合とある場合の挙動を確認してみましょう。

Column

pscaleアトリビュートとジオメトリの大きさについて説明します。

筆者が初学者の頃「pscaleはスケールを表すアトリビュートなのか…なるほど」と思い次のようなネットワークを組んでみて、「大きさが変わらないじゃん！」と思った記憶があります。

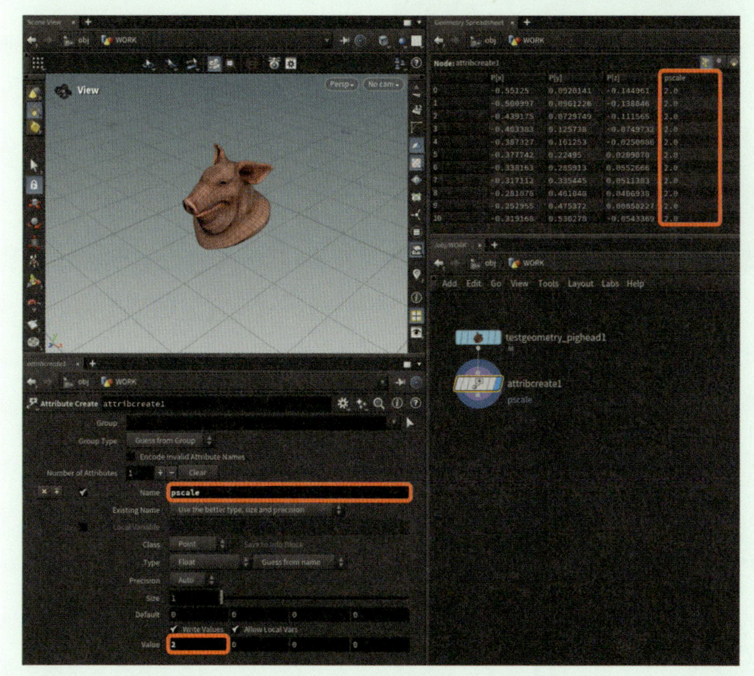

図02-124　pscaleアトリビュートとジオメトリの大きさ その1

pscaleアトリビュートはコピー時に考慮されるアトリビュートなので今考えれば当然なのですが、当初は混乱したものです。

「ジオメトリの大きさを2倍にする」これを実現するには次の方法が最も簡単で直感的ですね。

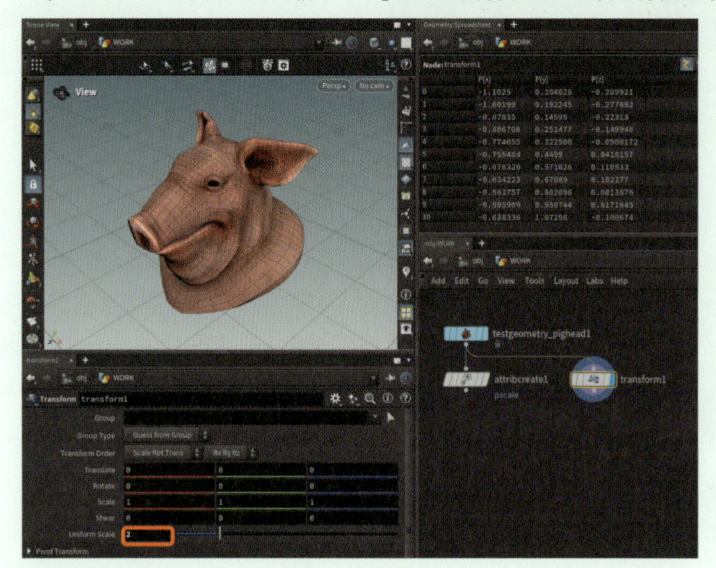

図02-125　Transformノード：大きさを2倍に（pscaleアトリビュートは不使用）

これはもう皆さん大丈夫でしょう。そしてpscaleをどうしても使いたいならこのようなネットワークでもOKです。

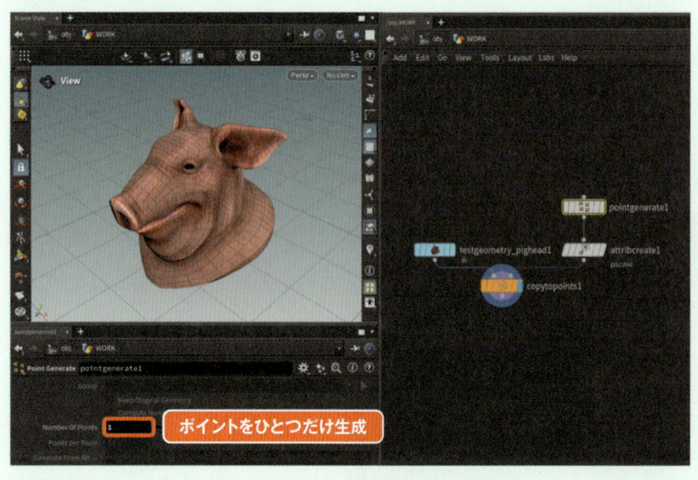

図02-126　pscaleアトリビュートとジオメトリの大きさ その2

Point Generateノードでポイントを1つだけ生成し、そこにpscaleアトリビュートを2で設定、そしてCopy to Pointsノードで複製したネットワークです。もちろんこれは無理やりCopy to Pointsを使った例なので、先ほど紹介したTransformノードを使うのが一般的です。

ですが、この**1つだけのポイントにコピーする**というのも実は有効な場合があるのです。それは次項で解説しましょう。

Copy to Points応用：その1

Copy to Pointsは「左のストリームにコピー元を、右のストリームにコピー先のポイントを受け取り、コピーを行う。そしてコピー先のポイントにポイントアトリビュートがある際はそれを参照してコピー結果に反映する仕組みがある」というお話でしたね。

ここまで説明してきて、皆さん「この仕組みってそんなに役に立つの？」と疑問に思ったのではないでしょうか。他のDCCツールのように、単純にコピーしたほうがシンプルでよいのでは？　と。

たしかに、コピー結果がすべて「同じ大きさ」になったり、すべて「同じ色」になったり、すべて「同じ方向」を向いたりするのであればこんな仕組みは必要ありませんね。しかしここからがHoudiniの真骨頂です。

「コピー先のポイントにポイントアトリビュートがある際はそれを参照してコピー結果に反映する仕組み」のおかげで、多くの表現を同じ考え方でカバーできるということを見ていきましょう。

ここから新しいノードがちょいちょい出てきます。その都度、解説していきますので振り切られずについてきてください。

新しいファイルを作成し、Geometryノードを作成・中に入りましょう。続けてCurveノードを作成します。Curveノードの呼び出し方は「Curve Bezier」「Curve Polygon」「Curve Spline」がありますが、生成されるのはすべてCurveノードで、そのプリセットが違うだけです。以前、呼び出し方は違うけど同じノードができるものもあるよとご説明しましたね。

パラメータの違いはカーブのタイプなので、慣れてきたらご自身がコントロールしやすいものを愛用してください。ここでは筆者が好んで使うCurve Splineで呼び出してみましょう。

Curve Splineは`Primitive Type`が`NURBS Curve`になっています。シーンビュー上をクリックするとエディットポイントが生成され、`Order`の数だけポイントを生成したタイミングでカーブが生成されます（シーンビューをクリックしてもエディットポイントが生成されない場合はシーンビュー上でEnterキーを押し、カーブツールをアクティブにしたうえで操作を続けてください）。デフォルト値は`4`なのでシーンビューを4回クリックするとカーブが生成されるということですね。カーブの形状はここでは問わないので好きにカーブを描いていただければと思いますが、カーブの編集などを補足動画として用意しましたのでご参考ください。編集が終わったらシーンビュー上でEscキーを押しましょう（ちなみに再度編集したくなったらCurveノードを選択状態にしてシーンビュー上でEnterキーでOKです）。

図02-127　Curveノード

図のように、筆者はフロントビューでエディットポイントを6個生成してみました。

カーブの作成

create_curve.mp4
カーブの作成・編集する手順をご紹介します

続いてResampleノードを作成します。Resampleノードはカーブやサーフェスに対してポイントの再分割を行うノードです。言葉ではわかりにくいので実際に操作してみましょう。

特に重要なのは次のパラメータです。

パラメータ	意味
Maximum Segment Length	エッジの最大長を指定するモード。長さで指定したい場合に使用します。
Maximum Segments	分割数を指定するモード。ポイント数を指定したい場合に使用します。

この2つは組み合わせることもできるので、まずは個々のパラメータの説明を理解した後、動作を確認してみてください。

■ Maximum Segment Length

エッジの最大長を指定するモードです。`length`パラメータで指定した長さを超えないようにできるだけ均等に再分割を行ってくれます。`Display points`ボタンをオンにしておくと分割の様子がわかりやすいですね。

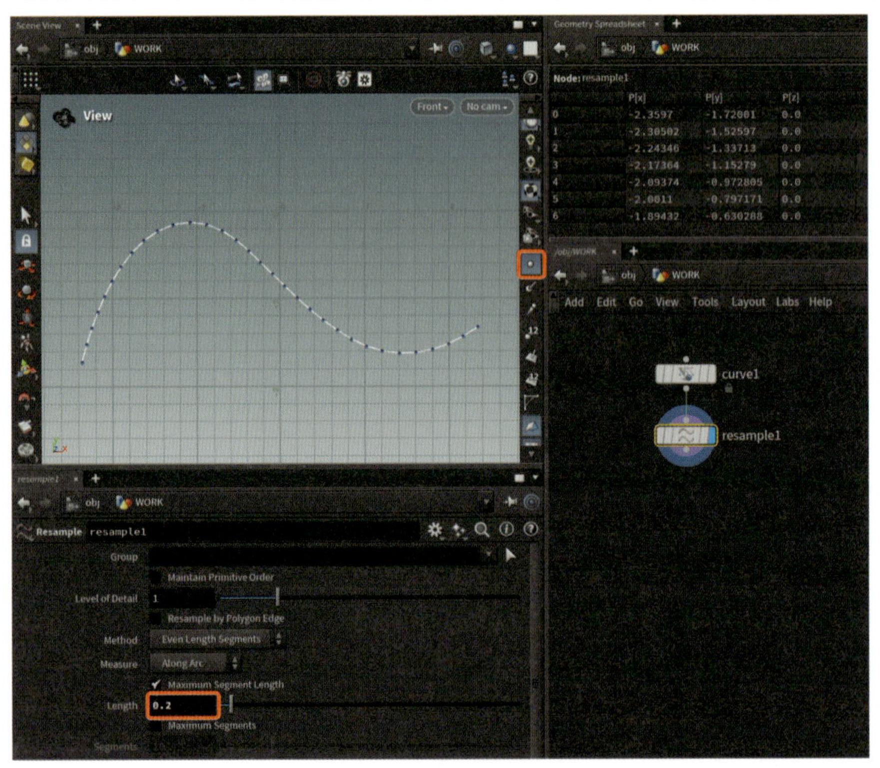

図02-128　Resampleノード：Maximum Segment Lengthモード

エッジの長さを表示し、全画面表示してみた図も用意しました。`length`パラメータで指定した`0.2`を超えない範囲で再分割されているのがわかるかと思います。

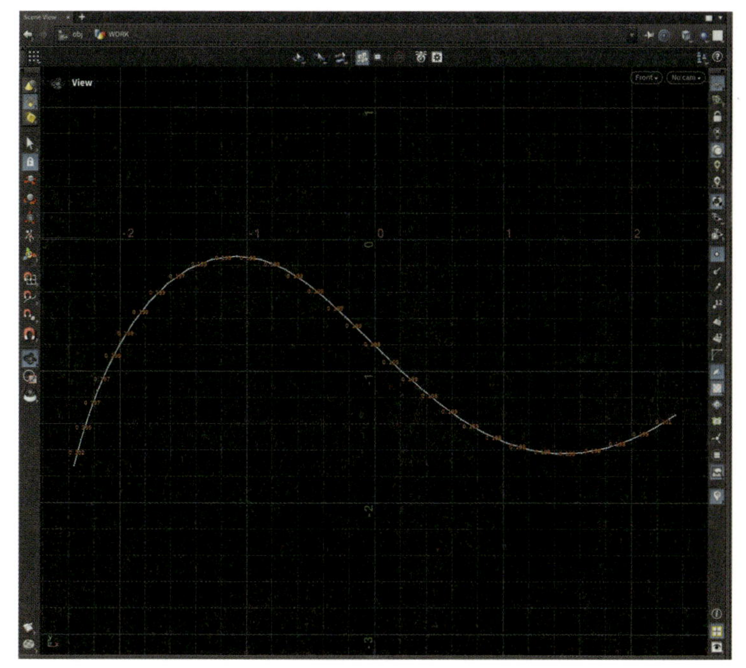

図02-129　Resampleノード：エッジの長さを表示

ここで注意してほしいのが、読者のみなさんがカーブをご自身で描いた場合、筆者の環境と分割数が変わる点です。筆者の環境と皆さんの環境ではカーブの全長が異なるので、長さベースの分割では当然の結果となりますね。

同じ環境で解説を読み進めたい場合は、以下のサンプルファイルをご使用ください。もちろんご自身で描いたカーブを使って読み進めても問題はありません。

サンプルファイル：copy_sample.hip

このモードで気をつけるべきポイントは、カーブ全長の長さがLengthできっちり割り切れないとき、Lengthより小さい値に変化してしまうことです。Even Last Segment Same Lengthのチェックを外してLengthの長さを遵守させるのか、全長の長さとバランスを優先させるかは何を作りたいかによって変わってきます。

■ Maximum Segments

分割数を指定するモードです。「分割数を指定する」という捉え方も大切ですが、それとともに「ポイント数を指定できる」ということも超重要なので抑えておきましょう。先程のシーンのパラメータを変更してみます。

Maximum Segment Lengthパラメータのチェックをオフ、Maximum Segmentsをオンにした上でSegmentsを10にしましょう。セグメントというのはエッジのことなので、エッジが10個に分割されるということですね。Maximum Segment Lengthモードとは異なり、こちらは長さベースの分割ではないのでカーブの長さが変わっても分割数に影響は受けません。

そしてポイントの総数は「分割数+1」になるということをおさえておきましょう。

図02-130　Resample ノード：Maximum Segments モード

さて、続いてブタさんをこのポイント上にコピーしてみましょう。オペレーションとしては今まで習ったとおりです。

1　Pig Head ノードを作成します。

2　Copy to Points ノードを作成します。

3　Pig Head を Copy to Points の左側に、Curve と Resample のストリームを右側に挿します。

4　Pig Head の `Uniform Scale` を調整します。筆者の環境では `0.2` でお互いの被りがなく、見やすい大きさでした。

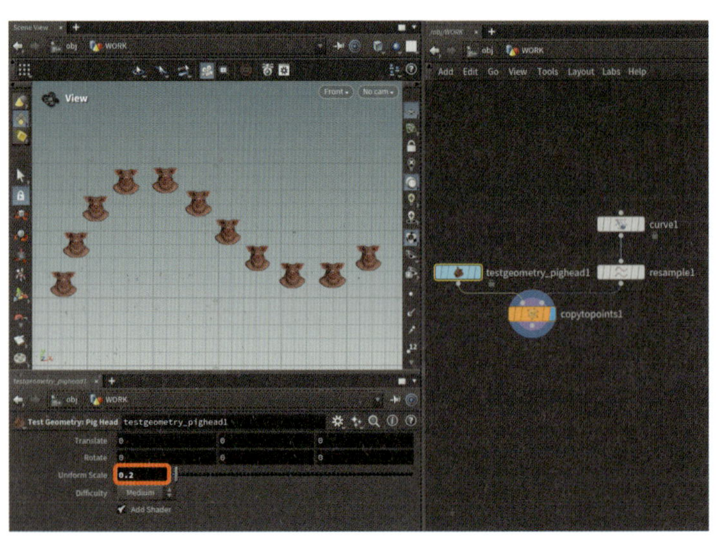

図02-131　Copy to Points ノード：ブタさんをカーブ上ポイントにコピー

さて、今回の目標はこのブタさんを全員右向きなどの簡単な指定ではなく、**カーブに沿った方向を向く**というコントロールをしたいと思います。

ここで新しく紹介するノード、Orientation Along Curveをご紹介しましょう。このノードは曲線に沿った向きを計算してくれるノードです。デフォルト値でupベクトルとNベクトルを作ってくれるので、まずは法線をビジュアライズして確認してみましょう。`Display normals`ボタンをオンにしてみると下の図のようになります。

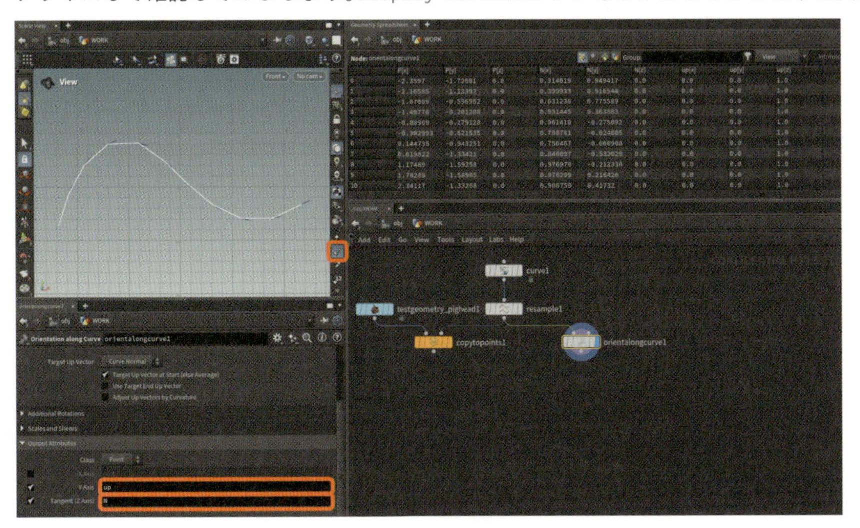

図02-132　Orientation Along Curveノード：法線方向の確認

ちゃんとカーブに沿って法線が生成されていますね！　そしてジオメトリスプレッドシートを見れば分かるとおり、upベクトルはすべてのポイントで`{0, 0, 1}`となっています。これはフロントビューでカーブを描いたためであり、3D空間でカーブを描いた場合はupベクトルもちゃんとカーブに沿って生成されるのでご安心ください。

準備は完了しました。さあ、Orientation Along CurveノードをCopy to Pointsノードに繋いでみましょう！

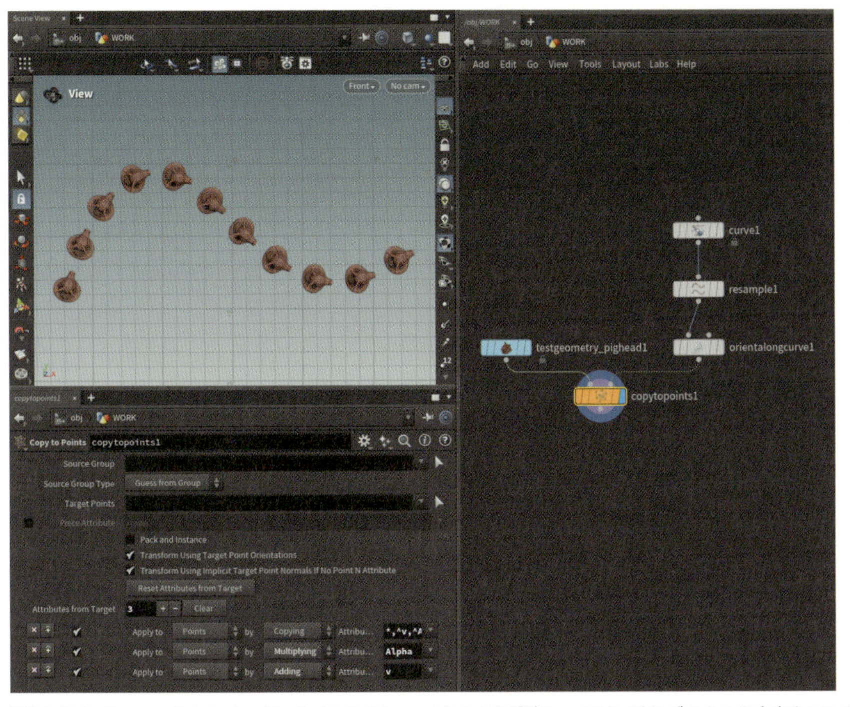

図02-133　Copy to Pointsノード：Nベクトルとupベクトルを設定し、コピー時のブタさんの方向をコントロール

いかがでしょうか。ブタさんがカーブに沿った方向を向いてコピーされましたね。これをより深く言語化すると「ブタさんをコピーする際、コピー先のポイントにNアトリビュートとupアトリビュートが存在しているため、

その方向を向いた状態でコピーされた」ということになります。

他のDCCツールでは「カーブに添わせる」などの専門の機能を使う場面でも、**Houdiniでは1つの原則を利用するだけで表現できる**のが大きな利点です。

最後にもう1つだけCopy to Pointsを用いた面白い例をご紹介しましょう。

Copy to Points応用：その2

先程のネットワークを改造して進めます。Resampleノードの`Segments`を`100`にして分割数を増やし、なめらかな曲線にします。ご自身でカーブを描かれた方はカーブがなめらかになるよう分割数を調整してください。

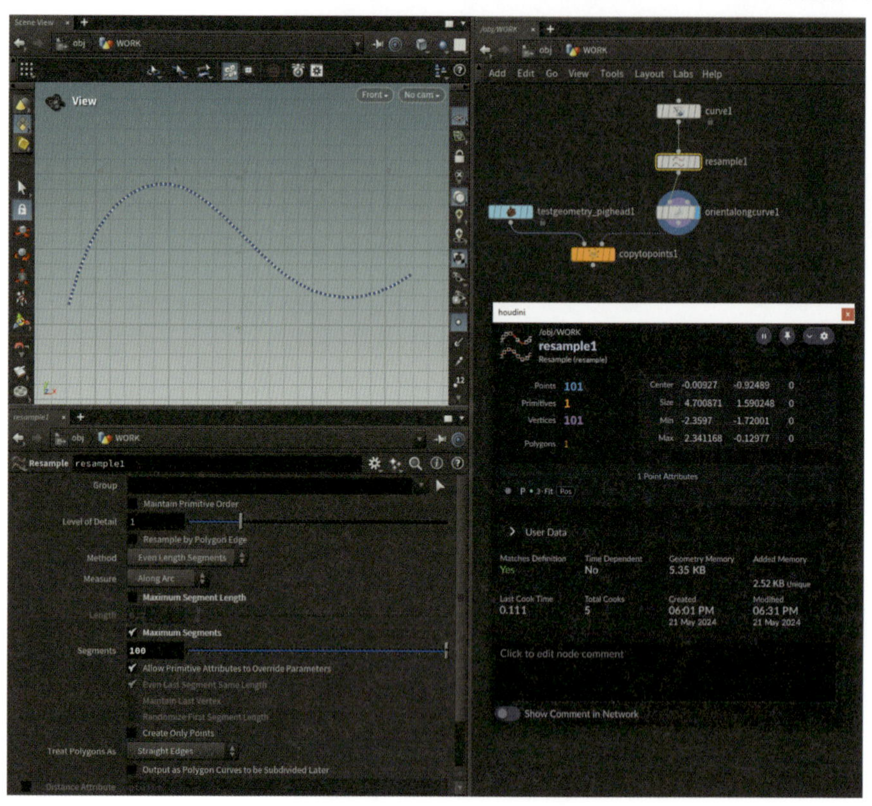

図02-134 Resampleノード：Segmentsの値を増やしなめらかな曲線に

Orientation Along Curveノードに続けて「Carve」ノードを接続します（ややこしいですがCurveノードとは別物です）。

Carveノードはプリミティブからポイントや断面をスライス、カット、抽出してくれるノードなのですが、こちらも動作を見ていただいたほうがわかりやすいでしょう。

デフォルトではカットしてくれるモードになっており、`First U`の値でカーブを切り取ります。`0.25`であれば先頭から25%の位置まで切ってくれます。`Second U`は末端からのパーセントで切り取るというかたちです。

`First U`の値を`0`～`1`の間で動かしてみると理解しやすいでしょう。`0`ではまったく切り取らず、`1`ですべて消えると言った具合です。スライダを動かす場合はジオメトリスプレッドシートも忘れずに確認しましょう。

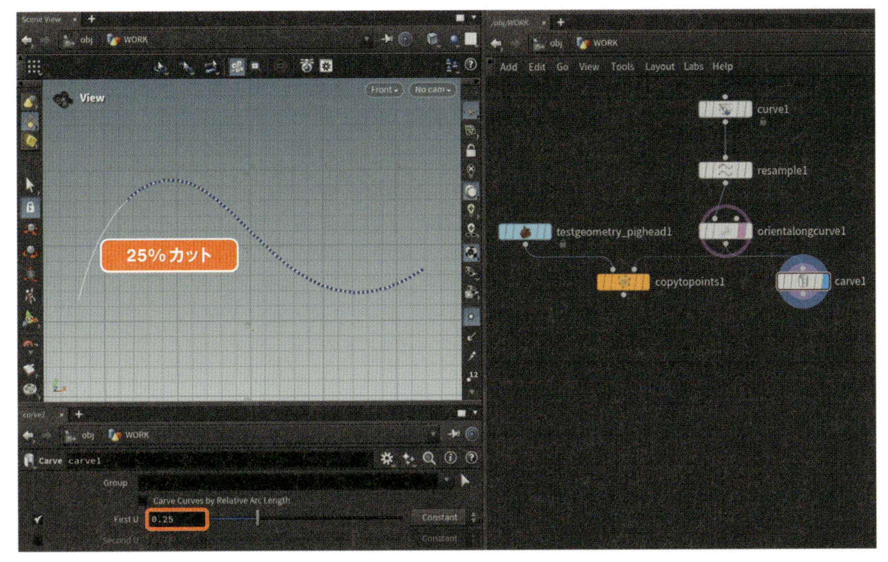

図02-135　Carveノード：カーブの先端から25%カット

今回使うのは別のモードです。

`Cut`モードから`Extract`(抽出)モードに切り替えましょう。このモードはカットされた部分にのみポイントを生成するモードです。そしてこの機能の素晴らしいところは、**事前にOrientation Along Curveノードで計算しておいたNアトリビュートやupアトリビュートを補完してくれる**点です。`Display normals`ボタンをオンにして`First U`の値を動かしてみるとわかりやすいです。

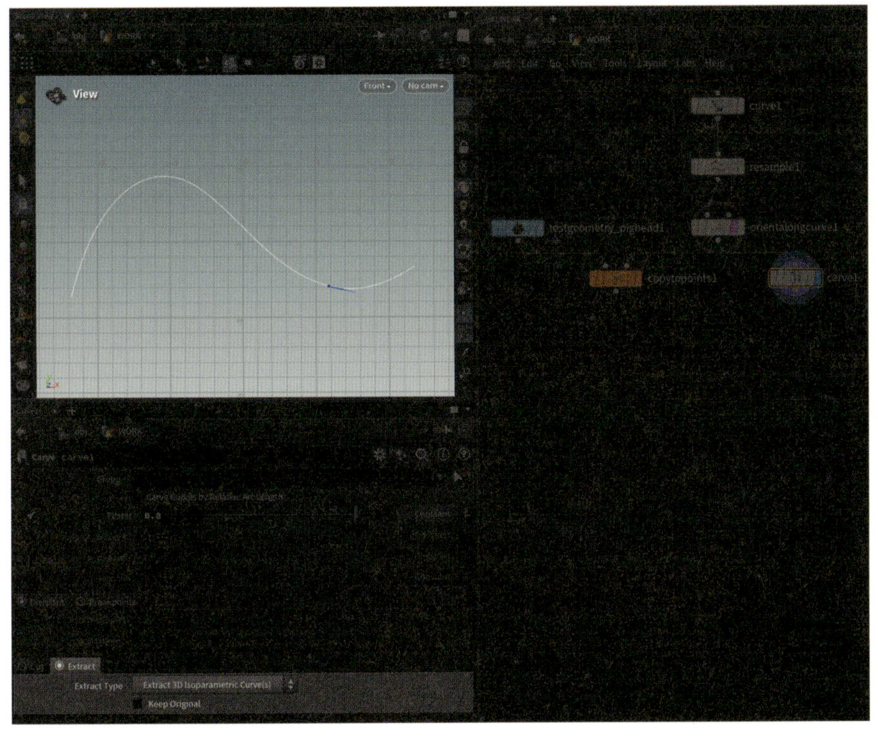

図02-136　Carveノード：Extractモード

この機能をCopy to Pointsに利用するとどうなるでしょうか？　答えを想像してから繋ぎ直してみてください。

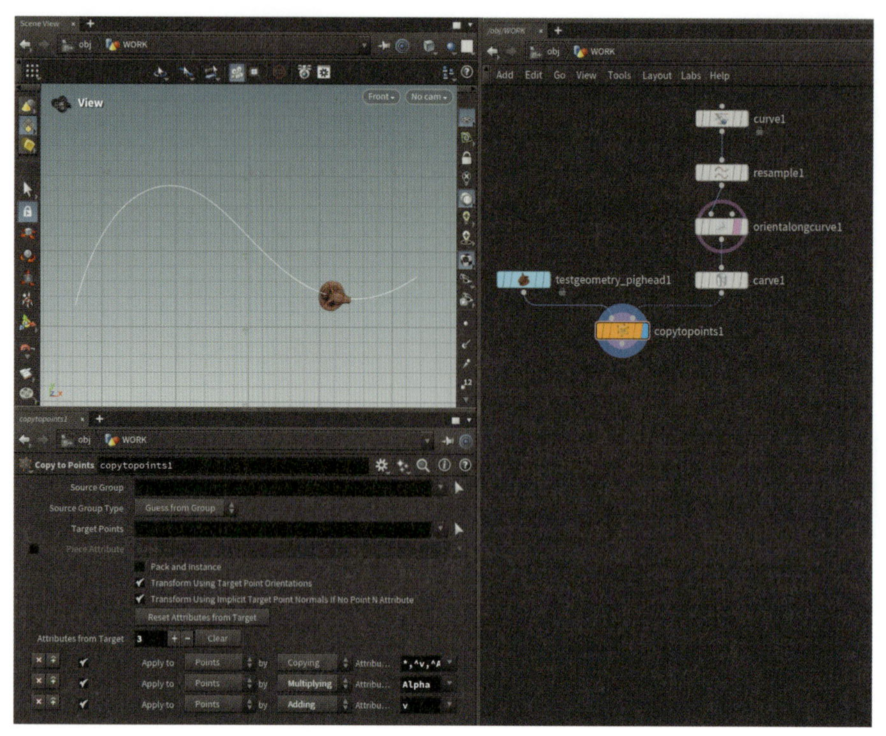

図02-137　CarveノードのExtractモードで生成した1つのポイントにブタさんをコピー

コラムでお話した「1つだけのポイントにコピーする」という手法がこんなところで役に立ちましたね。

徐々に新しいノードも登場してきましたが、作例を丸覚えするのではなく「そのノードがどんな役割を持っていて、その役割を成立するためにどんなパラメータを持っているのか？」という点を意識して覚えていくと、より忘れにくく応用が効くようになっていきます。

》Attribute Wrangleについて

ここからはVEX（ベックス）というプログラム言語を学んでいきましょう。プログラムと言うとアレルギーがあるアーティストも多いかと思いますが、その強力さをきっと気に入っていただけると思います。

その前段階として初学者の方で○○WrangleノードとVEXの違いについてよくわからないという話を見聞きすることがあるので先に補足しておきます。○○Wrangleというノードはアイコンを見てみるとカウボーイハットがモチーフとなっています。Wrangler（ラングラー）というジーンズブランドがありますが、こちらもカウボーイを語源としています。このように、○○WrangleノードはPointやPrimitiveなどのコンポーネントを家畜と見立て、それらを世話をする（コントロールする）ノード、ということです。

そして、そのコントロールをする際に必要となるプログラム言語の名前がVEXというわけです。プログラム言語には多くの種類があり、Python（パイソン）やC#（シーシャープ）、Java（ジャバ）などが各々得意な分野で使われています。VEXは数多くある言語の中の1つで、Houdiniの内部で使われる言語なんだなということだけおさえておけば十分です。

▶VEX入門

ここではVEXについて学んでいきますが、いきなりVEX独特の機能から紹介していくとVEXのクセが分からないのかプログラミングそのものが分からないのか判断が難しくなってしまいます。よって最初に一般的なプログラミングの基礎の基礎を説明し、その後VEXの特徴的な機能・書き方について解説を行っていきます。

■プログラム基礎

VEX独自の解説の前に、プログラムの基本的な作法について解説していきます。プログラム言語によって異なるものもありますが、多くの言語で採用されている仕組みのご紹介です。

代入について

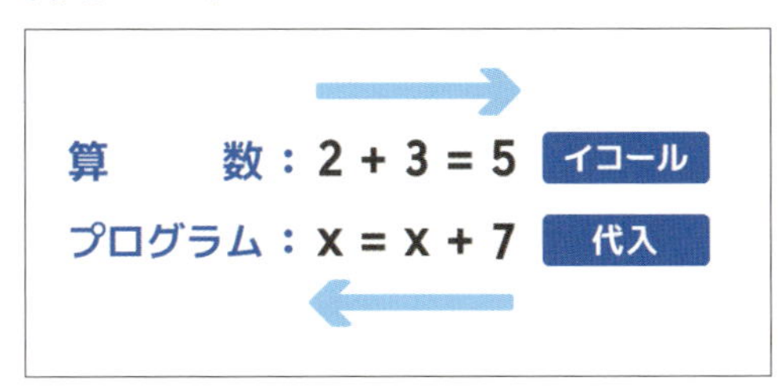

図02-138　代入について

上の図のように算数では左から右に計算を行っていきました。そしてイコールを挟んだ左辺と右辺は同じ値になっています。`2 + 3 = 5`を例にすると左辺の`2 + 3`と右辺の`5`は等しいですね。

中学に入ると方程式を勉強します。`x + 3 = 9`。こんなやつです。左辺の`x + 3`と右辺の`9`は等しいので、`x = 6`ということがわかります(計算方法などを思い出す必要はないのでご安心ください)。

さて思い出話はこれくらいにしてプログラムの話に進みましょう。先程の図を見るとこんな式が書いてありますね。

```
x = x + 7
```

算数・数学の知識でこの式を考えてみても答えは出ません。「7を足した状態と何も足さない状態が同じ」なんていう数はありませんね。しかしプログラムでは正しい書き方になります。

プログラムの世界では「イコール」は等しいという意味ではなく、「代入」と呼ばれ**左辺に右辺を入れる**という意味になります。なので算数では左から右に計算が進んでいたけれど、プログラムでは右の計算結果を左に入れる(左に計算が進む)んだなと思ってください。`x = x + 7`は少し難しいので、Houdiniのプログラムを通して順に理解していきましょう。

文について

プログラムは基本的に上から下に向かって処理が進みます。その処理する1ステップのことを「文」と呼びます。VEXでは、条件文を除き文の末尾にセミコロン(;)を置くことで文と文に区切りをつけます。セミコロンを書き忘れるとエラーが出てしまい正しく処理されないので注意しましょう。プログラミングに慣れてきても意外と忘れてしまうことがあります。後ほど解説しますが、文と式の区分はこのような書き方で行います。

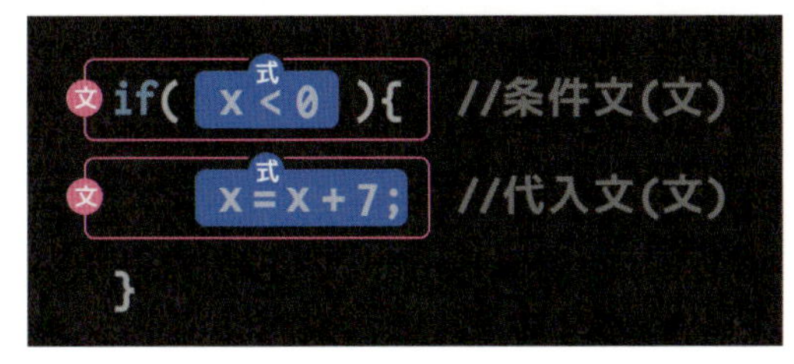

図02-139　文と式について

コメントについて

プログラムを書いていると「この文の処理、あやしいなあ」とか「ここから先は明日作業する」など実際のプログラムとは関係がない注釈を入れたいときがあります。またちゃんとしたプログラムでも一時的にこの文は処理させたくないなどという場合もあるでしょう。そんなときは**コメント**という機能がおすすめです。特に学びの過程で自分の意見や疑問などを残しておくと、後々成長したときに振り返りの資料としたり、誰かに質問するときにも便利でしょう。

コメントは文の先頭に//をつけることでその後ろの処理を無視させることができる仕組みです。またコメント文にすることを**コメントアウト**と言います。実際に例を見てみると良いでしょう（ちなみにプログラムの中身に関しては後ほど学んでいくので今は意味が分からなくても大丈夫です）。

```
// 右から来たポイントアトリビュートをnoise_pointsに代入してる
vector noise_points = point(1, "P", @ptnum);
float bias = sin(radians(@Frame*10)); //radiansがよくわからないので後で調べる
bias = fit11(bias, 0, 1); //fit11なんていう関数もあるのか
// @bias = bias; //データ確認用
@P = lerp(@P, noise_points, bias);
```

これは実際にHoudiniで動くプログラムで、動きとしては下の図のようになります（再生させると動きますのでVEXに慣れてきたらサンプルファイルともにプログラムを読むと内容がわかりやすいかと思います）。

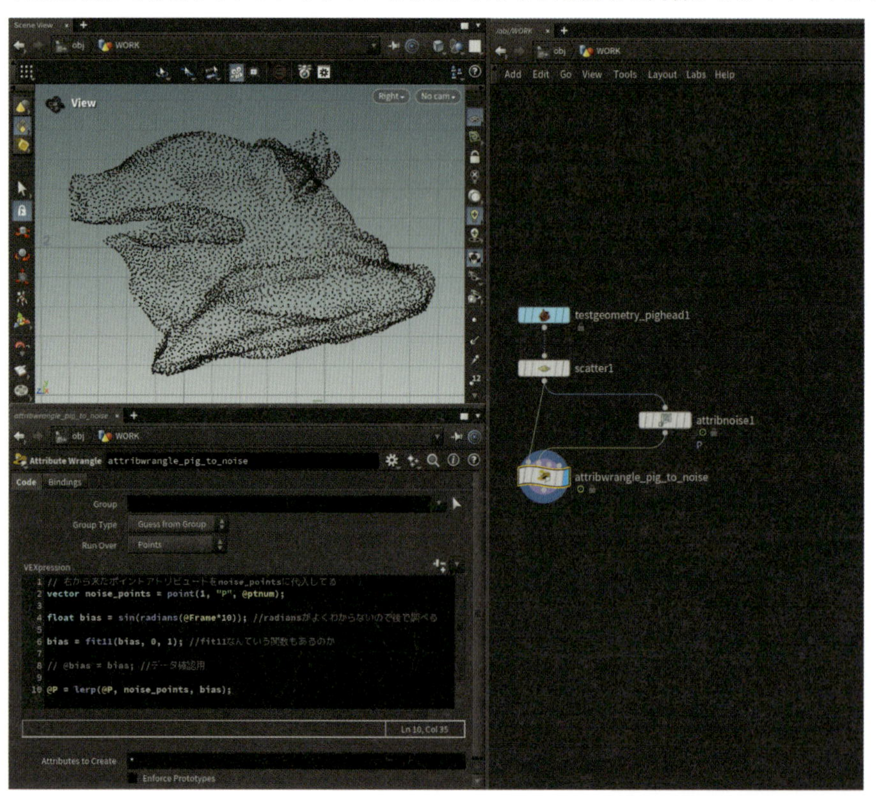

図02-140　コメント

サンプルファイル：vex_comment_sample.hip

文頭だけでなく文末にコメントを入れてもわかりやすいですね。またコメントはプログラム実行時に無視されるものですから、次のプログラムとまったく同じ意味です。

```
vector noise_points = point(1, "P", @ptnum);
float bias = sin(radians(@Frame*10));
bias = fit11(bias, 0, 1);
@P = lerp(@P, noise_points, bias);
```

コメント機能は非常によく使うのでホットキーが用意されておりCtrl+/キーを押すたびにコメントの切り替えを行うことができます。また次のように、プログラムの一部分を`/* */`で囲むブロックコメントという一括でコメントする機能もあります。最初のうちは書き方が難しいかもしれないので、慣れてきたら使うようにしても良いでしょう。

```
vector noise_points = point(1, "P", @ptnum);
float bias = sin(radians(@Frame*10));
/*
@bias = bias;
bias = fit11(bias, 0, 1);
*/
@P = lerp(@P, noise_points, bias);
```

汎用的なプログラムの基礎だけお勉強していてもあまり面白くないと思いますのでこれくらいで切り上げて、実際にHoudini上で一緒にプログラムを書いていきましょう！

数行のプログラムで驚くほどの表現力を発揮するVEXの扉を叩くときが来たのです。

VEX基礎

ここから実際にプログラムを書いていただきますが、本書を眺めるだけでなく、皆さんも必ず手を動かして入力・実行してください。完成ファイルのコピー＆ペーストだけでは今後必ずつまづきますし、手入力して間違えを修正するのも大切な学習の一環です。

Attribute CreateとAttribute Wrangle

1 新規ファイルからGeometryノードを作成、名前をWORKにします。

2 中に入りBoxノードを作成します。

ここではAttribute Createノードと同じ処理をAttribute Wrangleノードで行っていただきます。「Attribute Createと同じことができるならAttribute Createを使えば良いのでは？」と思う方もおられると思いますが、Attribute Wrangleを用いるとより柔軟にコントロールができるので必ずどちらも使えるようになっておきましょう。

ではBoxノードにAttribute Createノードを接続し、次の表のようにパラメータを設定してください。設定し終わったら**どんなアトリビュートがついたか想像してから**確認してみましょう。当然確認の方法は覚えていますよね。ジオメトリスプレッドシートを見ればOKです。

パラメータ	値
Name	my_float_attrib
Value	10

※その他のパラメータはデフォルト値です

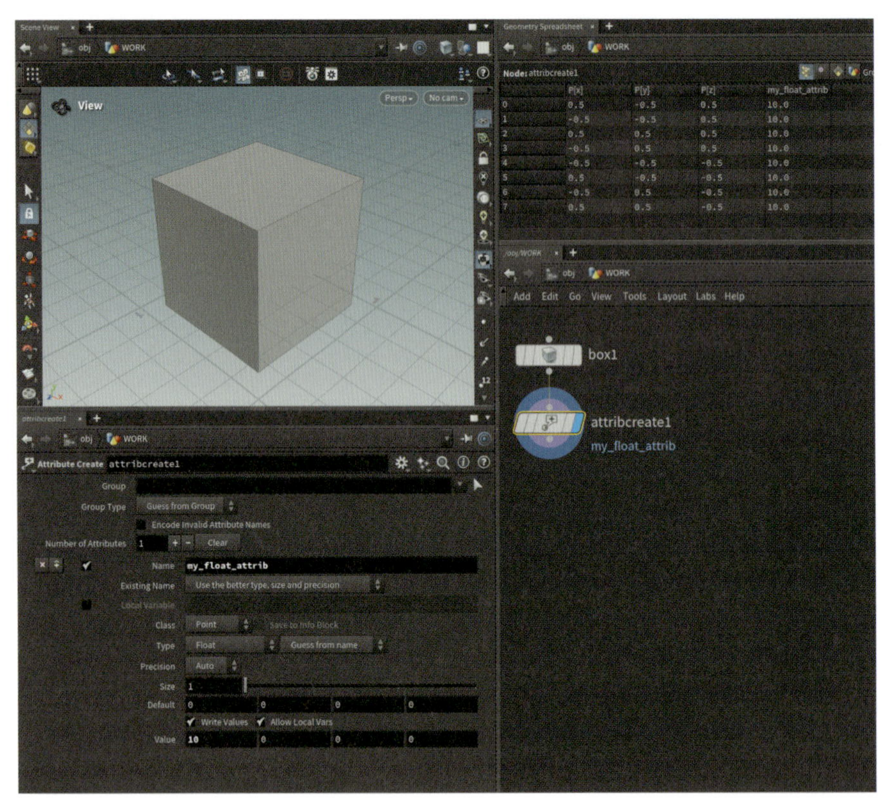

図02-141　Attribute Createノード：ポイントアトリビュートとしてmy_float_attribを作成

確認してみましたか？　重要な点はValueを10と設定したのにジオメトリスプレッドシートでは10.0となっていたところです。理由はおわかりでしょうか。それはTypeパラメータをFloatにしているからですね。データ型を決めてから値をセットする。この流れは必ずおさえておきましょう。

それではおまちかね、Attribute Wrangleでアトリビュートを作ってみましょう。

```
f@my_float_attrib = 10;
```

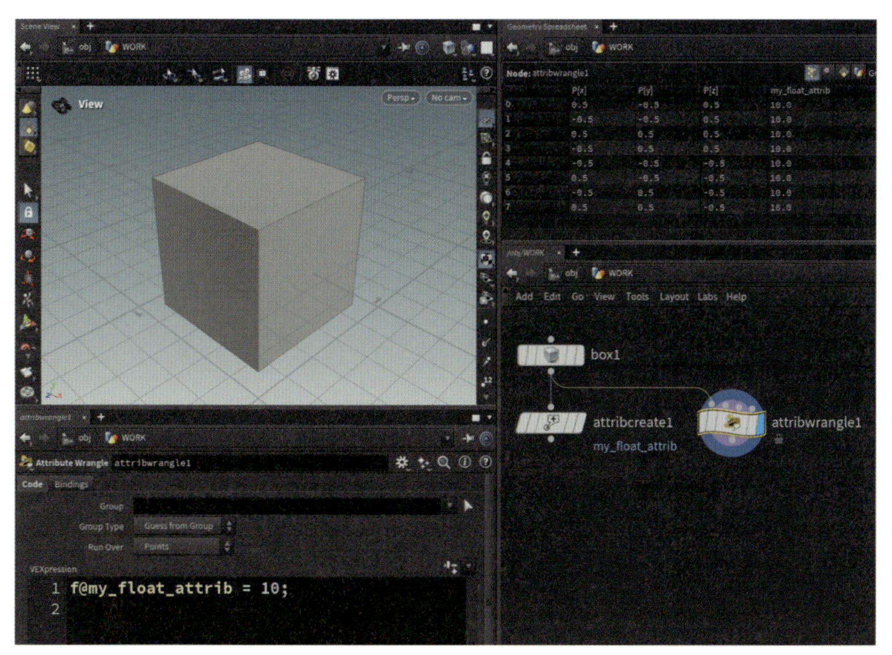

図02-142 Attribute Wrangleノード：ポイントアトリビュートとしてmy_float_attribを作成

ジオメトリスプレッドシートを見てみると、Attribute Createと同じ結果になっていますね。ここでプログラムの解説をしましょう。

アトリビュート
f@my_float_attrib = 10;
データ型
値

図02-143 プログラム解説

ちょっと順番が前後しますが、このように考えるとわかりやすいでしょう。

1 @が示すのはこの後に続くのが「アトリビュート名」だよという意味です。ここで後に続いているのはもちろんmy_float_attribですね。

2 先頭のfというのはアトリビュートの「データ型」を示します。「float型」の頭文字fということですね（ということはstring型やint型は…と想像しながら読み進めてください）。

3 =（イコール）はプログラムの世界では等しいという意味ではなく「代入」という概念でしたね。

まとめるとこのプログラムは、左で定義した「my_float_attrib」という「float型」の「アトリビュート」に「10」という値を代入しているという内容になります。代入した値は10でしたが、アトリビュート定義時（左辺）で「float型」と宣言しているのでセットされる値は10.0（小数値）になるというのもAttribute Createとまったく同じ仕組みです。

そして補足するとここで作成したアトリビュートがポイントアトリビュートになるのはAttribute CreateノードのRun OverパラメータがPointに指定されているからです。このRun Overパラメータは今回のプログラムの主人公を決めるものと捉えてください。今回はPointが主人公なので、プログラムでアトリビュートを作ったらポイントアトリビュートになる、といった具合です。

ここまで理解できましたでしょうか。少し例外的ですがちょっとだけ特殊な書き方を説明しておきます。

実は先程のプログラムは下記のように書いてもOKです。

```
@my_float_attrib = 10;
```

データ型を示すfが省略されていますね。Houdiniでカスタムアトリビュート(ユーザーが独自に作るアトリビュート)はfloat型のことが多いので、float型のときだけは省略してもいいよという決まりがあります。本書でもこの表記を積極的に使っていきますが、慣れないうちは省略形を使用しない書き方を採用されても良いでしょう。

さて、ここからは訓練です。きっとこう書くんだろうな、と想像しながら読み進め、ご自身でも手を動かしてみてください。

Attribute Createノードのパラメータを設定し直すか、新規に作成して次のパラメータでアトリビュートを作成しましょう。

パラメータ	値
Name	my_string_attrib
Class	Primitive
Type	String
String	hello

※その他のパラメータはデフォルト値です

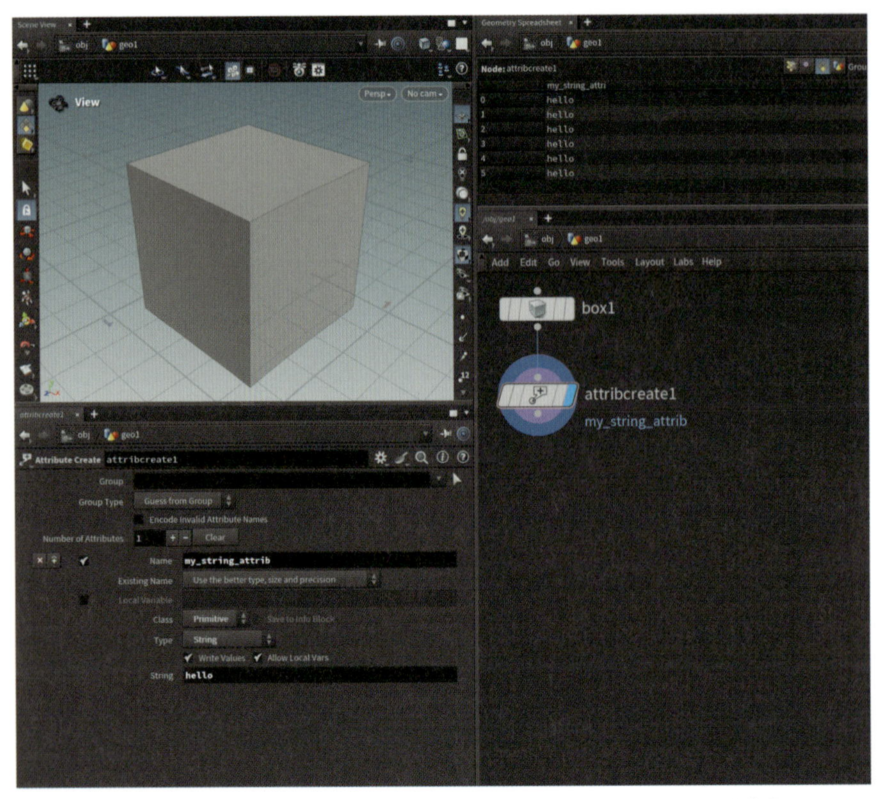

図02-144　Attribute Createノード：プリミティブアトリビュートとしてmy_string_attribを作成

上の図のように、string型のプリミティブアトリビュートmy_string_attribを作り、文字列helloをセットしました。ジオメトリスプレッドシートを確認しましょう。これと同じものをAttribute Wrangleで実現してみましょう。

```
s@my_string_attrib = "hello";
```

このプログラムを見てもだいぶ読めるようになったんじゃないでしょうか。文字列型を示すsを先頭に、続けて@を書いてこれから続く文字はアトリビュートですよと宣言、アトリビュート名はmy_string_attribときて、右辺の"hello"を代入しています。文字列だということを明確にHoudiniに教えるためにダブルコーテーションでhelloの両側につけます。

もちろん次のようにシングルコーテーションでも問題ありません。

```
s@my_string_attrib = 'hello';
```

今回はプリミティブアトリビュートにしたかったので、Run Overパラメータをprimitiveにすることを忘れずに！

続けて色を表すCdアトリビュートもAttribute Wrangleで実装してみます。

Cdアトリビュートを作るのはAttribute Createノードでももちろん可能ですが、ここではシンプルにColorノードを使用しましょう。Colorノードを作成し、緑色({0, 1, 0})を指定しましょう。その他のパラメータはデフォルト値のままです。ジオメトリスプレッドシートの確認を忘れずに。

```
@Cd = {0,1,0};
```

VEXでのプログラムは上記のようになります。「あれ？　おかしいな」と思ったあなたは勘が鋭いです。先程@**の前にはデータ型の頭文字が必要で、省略するとfloat型の扱いになる**と説明したばかりですよね。

しかし、前提を思い出してください。

カスタムアトリビュート(ユーザーが独自に作るアトリビュート)はfloat型のときだけは省略してもいい。

という決まりでしたね。Cdはユーザーが独自に作るアトリビュートではなく、Houdiniが元々用意してくれている**組み込みアトリビュート**というものでしたね(前述の組み込みアトリビュートの項目をご参考のこと)。この組み込みアトリビュートを利用する際はデータ型の省略をすると「Houdiniが元々認識しているデータ型」として定義されます。

もちろん、次のようにvector型を示すvを記述してもOKですが、組み込みアトリビュートをプログラミングで定義するときはデータ型の省略を行うことが多いということは覚えておきましょう。

```
v@Cd = {0,1,0};
```

そしてvector型の個々の要素へのアクセス方法と、特殊な代入方法について学びましょう。先程の1行で表したプログラムは、次のように書き換えることが可能です。

```
@Cd = 0;
@Cd.y = 1;
```

一行ずつ見ていきましょう。

```
@Cd = 0;
```

こちらのプログラムは、次と同じ意味合いです。

```
@Cd = {0, 0, 0};
```

プログラムの構造を順に考えると理解しやすいでしょう。まず左辺ですが、@Cdと書いた段階でCdアトリビュートを作るよということがHoudiniに伝わります。そしてCdというアトリビュートを見たHoudiniは、「添字はないけど色を表すアトリビュートだからvector型だな」と理解します。そして左辺の0を代入すると、Houdiniはvector型として{0, 0, 0}として扱います。

float型と定義したmy_float_attribアトリビュートに10を代入したとき、値としては10.0が入っていましたね。それと同じです。ここまでも重要ですが、2行目がより大切です。

```
@Cd.y = 1;
```

vector型という3つのfloat型の数値の集まりを先頭からx、y、zと表し、@Cd.yつまり

@Cdの2番目の値に1を代入した。

というのが重要なポイントです。この書き方は今後頻繁に出てくるので必ずおさえておきましょう。

vector型の各要素へのアクセスについて理解したところで、VEXを使用したジオメトリの平行移動について簡単にご紹介しましょう。Transformノードを使っても当然同じことができますが、Attribute Wrangle内で移動させたいときも多くあるのでその仕組みを見ていきましょう。

前の項目で、プログラムではx = x + 7というのは正しい書き方ですよ。というのをお伝えしました。このプログラムの考え方と実例を通してジオメトリの平行移動を実現していきます。

1 新規ファイルからGeometryノードを作成、名前をWORKにします。

2 中に入りBoxノードを作成します。

3 Attribute Wrangleノードを接続します。

続けてRun OverはデフォルトのPointのまま、下記プログラムを記述しましょう。ボックスが上方向に2移動しましたね。

```
@P.y = @P.y + 2;
```

プログラムの説明の前に「上方向に2移動しました」ということをアトリビュートの観点から復習しましょう。しつこいようですが、「上方向に2移動した」という現象を「すべてのポイントのPアトリビュートのY座標要素が2増加した」ととらえることがHoudini攻略の鍵です。そしてこの考え方は続く並列処理の内容にも密接に関わってくるので飛ばさずに読み進めてください。

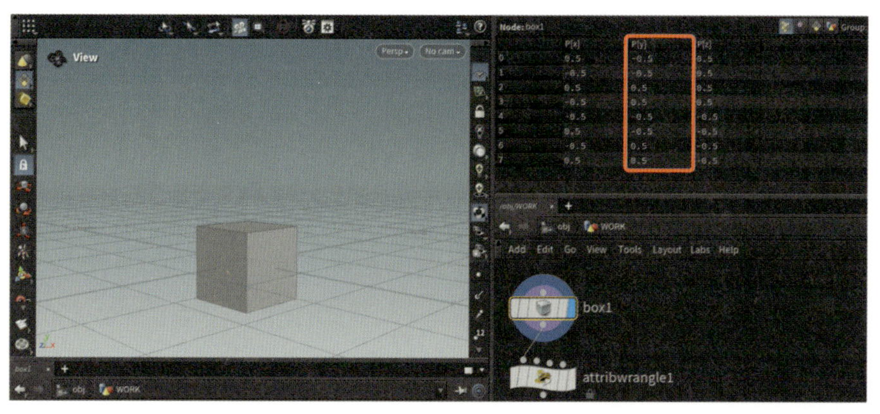

図02-145　Boxノード：移動前

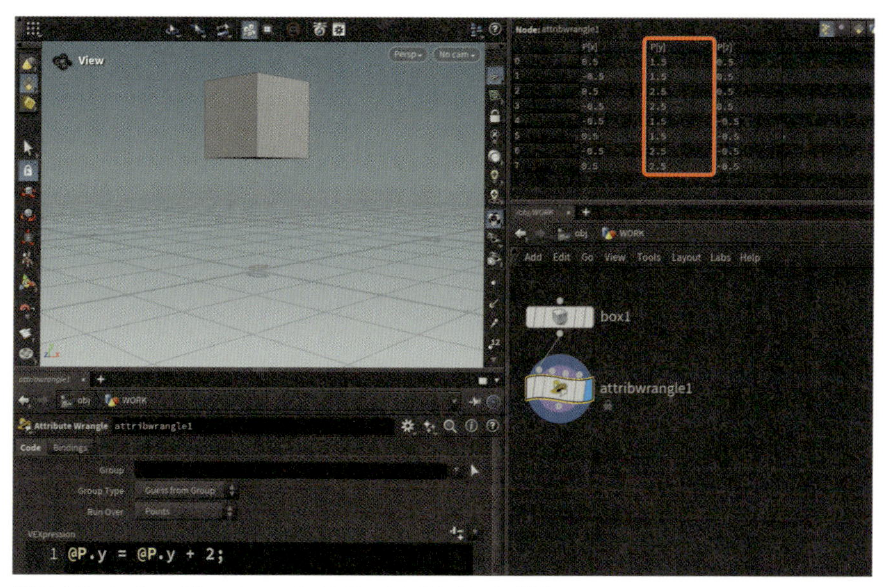

図02-146　Attribute Wrangleノード：VEXによるジオメトリの移動

Attribute Wrangle実行前と実行後のアトリビュートについて、表にして確認してみましょう。今回はY軸方向にしか移動していないのでPアトリビュートのXとZ要素に関しては省略します。

ポイントナンバ	P[y]（前）	P[y]（後）
0	-0.5	1.5
1	-0.5	1.5
2	0.5	2.5
3	0.5	2.5
4	-0.5	1.5
5	-0.5	1.5
6	0.5	2.5
7	0.5	2.5

こんな感じになりました。Attribute Wrangle実行後には「**すべてのポイント**のPアトリビュートのY座標要素

が2増加した」ということが分かります。

これからプログラムの解説を進めますが、上述のアトリビュートの変化とそのイメージがとても大切になってきます。

```
@P.y = @P.y + 2;
```

@P.y =の部分は今までの解説どおり、Pアトリビュートのy要素に右辺を代入してね、という意味です。

大切なのは右辺、@P.y + 2;の部分です。これはどういうことかというと「現在の@P.yに2を足したもの」という意味です。これらをまとめると下記のようになります。

それぞれのポイントに対して「現在の@P.yに2を足したもの」を@P.yに代入してください。

このようになります。「右辺に出てくる@Pは現在の位置、左辺に出てくる@Pは計算後の位置」と言えばわかりやすいでしょうか。はじめのうちは「？？？」となりやすいところですが、仕組みさえわかっていれば、後は実際に使っていくと手に馴染んでくると思います。学習を進めていくうちに「よくわからなくなってきたな」と思ったら本項目を見直してみてください。発見があるかもしれません。

そしてこの「自分自身の値を利用して計算結果に代入する」という処理はとても良く使うので、短く書く方法がVEXには用意されています。

```
@P.y += 2;
```

このような書き方になります。同じ記述が減りだいぶスッキリしましたね。この書き方も頻出するので覚えておくと良いでしょう。もちろんこれは足し算だけではなく、他の演算でも使用することができます。

■VEXと並列処理とそのイメージ

ここでは少し難しい話をしますが、初級から中級の階段を上るときには避けて通れない話題なので今乗り越えてしまいましょう。

VEXは並列処理だから高速だ。

Houdini使いの人は、VEXに対してよく「高速だ！」という話をします。この並列処理での動きのイメージ、特に並列処理と逐次処理の違いを理解していると、これから先のVEXプログラミングが非常に見通しが良くなりますよ。

並列処理とは、複数の処理を同時に進めていく方法のことです。一方、逐次処理とは、1つずつ順番に処理していく方法です。この違いを、ラーメン屋さんと家庭でのラーメン作りを例に詳しく説明していきましょう。

皆さんは「一蘭」というラーメン屋さんをご存知でしょうか。一蘭には味集中カウンターというユニークなシステムがあります。お客さんは個別のブースに座り、隣の人に気を使わずラーメンを食べられるというものです。各人自分のペースで食事を楽しみ、どんな大盛りにしていても、大量にトッピングをしていても、ゆっくり食べてもはやく食べてもOKです。ではここで、注文してからラーメンが提供されるまでの過程を見てみましょう。

1　チケットを買ったお客さんはブースに座り、オーダー用紙に自分の好みのラーメンの味を記入します。

> 並列処理のラーメン店

味の濃さ	うす味		基本	こい味
こってり度	なし	あっさり	基本	こってり
にんにく	なし	少々	基本	1片分
ねぎ	なし		白ねぎ	青ねぎ

オーダー用紙。※ 簡単にするため実際のオーダー用紙とは異なる表記としています。

2　オーダー用紙を店員さんに渡すと、複数の店員さんが随時各ブースのラーメンを作り始めます。

3　ラーメンができあがったら、他のお客さんを待たずにすぐに提供されます。注文したトッピングが多かったり（調理時間が長い）、オーダー用紙を書く時間に手間取ったりすると、他のお客さんに先にラーメンが提供されるかもしれません。

各ブースごとの複数の注文に対して、なるべく早くお客さんにラーメンを提供できるラーメン店の体制にするにはワンオペだと難しいですよね。注文を聞くスタッフも調理するスタッフも充分な人数が必要です。

仮にお客さん全員が同じタイミングで「ヨーイドン！」で注文したとしても、お店側は全員分のラーメンができるまで提供を待ったりしませんよね。できるだけ複数人が同時に調理して、ラーメンができたら後に提供する人を待たずに即提供する。これが並列処理のイメージです。

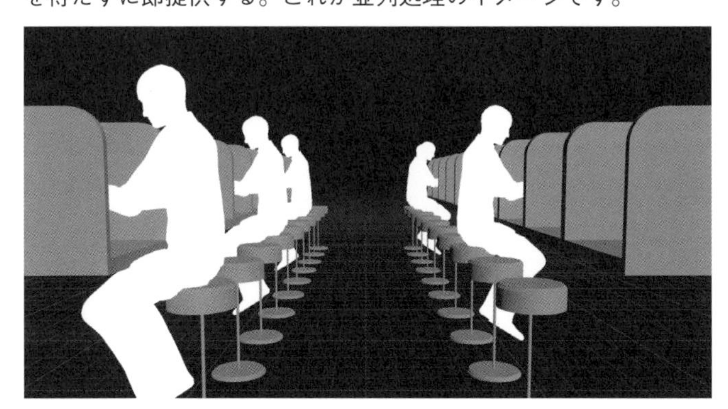

図02-147　味集中カウンター

> 逐次処理の家庭でラーメン作り

一方、家庭でラーメンを作る場合は、1つの鍋で順番に家族分のラーメンを作ります。例えば、4人家族の場合、調理の流れはこのようになります。

1　兄のラーメンを作ります。

2　兄のラーメンができあがったら、妹のラーメンを作ります。

3　妹のラーメンができあがったら、母のラーメンを作ります。

4　母のラーメンができあがったら、父のラーメンを作ります。

5　全員分のラーメンが完成してから、みんなで一緒に「いただきます！」をします。

場合によっては先に兄がラーメンを食べてしまうかもしれませんが、兄のラーメンができるまでは妹はラーメンを食べることはできません。また、兄が味噌ラーメンの袋めんを、妹が塩ラーメンの袋めんを同時に注文しても、同じ鍋で同時に調理はできませんね。

このように、家庭でのラーメン作りは、1つずつ順番に処理していく逐次処理のイメージだと言えます（大きな鍋に麺を4人分入れたらいい？　その場合はラーメン店と同じ並列処理です）。

ここで例として出した1人のお客さんは、VEX上では各コンポーネント1ポイントや1プリミティブに対応しています。つまり100ポイントのジオメトリの処理のイメージは100人収容可能なラーメン店です。これが逐次処理だと、100人家族のラーメンを1つの鍋で順番に作ることになります。

逐次処理と並列処理はお客さんの数が多ければ多いほど差が開きます。逐次処理の100人家族が一緒に「いただきます」ができるころには、最初のラーメンの麺は伸びきってしまうでしょう。逆に並列処理の場合はいつでもおいしいラーメンが食べられそうです。

■ VEXと並列処理とその詳細

それでは、これらの例とVEXプログラミングとの関連性を見ていきましょう。

VEXは並列処理で動きます。しかし高速に何の処理をしているのかはまだイメージしきれていないかもしれません。ここでは並列処理の詳細について説明していきます。

> VEXと味集中カウンター

先ほど1人のお客さんは、VEX上では各コンポーネントの1ポイントや1プリミティブに対応していると説明しました。お客さんをポイントにするかプリミティブにするかの切り替えは`Run Over`で行います。`Run Over`が`Points`であれば1つひとつのポイントに、`Run Over`が`Primitives`であれば1つひとつのプリミティブが処理を行います。

先ほどの並列処理ラーメン店の味集中カウンターを思い出してください。1人のお客さんが通されたテーブルに個別にオーダー用紙があり、それを書き上げたらすぐ注文という流れでしたね。普通は隣の席の人たちがどんな味にしているかなどはまったくわかりません。VEXも同様に、自分自身（1人のお客さん）のプログラム処理が終わったらそれで終了するので、他の人のことは基本的に知る必要がないのです。

これは言い換えると、1人のお客さんが次のような情報を知ることは基本的にできないということになります。

・すべてのお客さんの中で一番濃いラーメンの味を頼んだのは誰だろう
・提供されたラーメンのトッピングで一番選ばれていない選択肢は何だろう

なんとかこの情報を知る手段を考えてみます。例えば、お客さん一人がお店にいる全員のオーダー用紙に何を書いたかを一人ひとり聞いて回ればどうでしょう。しかしプログラムの処理中は時間が経過しています。聞いて回っている間、お客さんはラーメンを食べ終わって出て行ったり、まだオーダー用紙に注文を書いていなかったりしているかもしれません。これでは集計はできません。

唯一、全員が食べ終わった後（つまりすべてのプログラムが処理された後、つまりAttribute Wrangleの次に接続されるノード）で、お店が回収したオーダー用紙を見れば上記の情報を知ることができます。結論としてAttribute Wrangleの中で席に着いたお客さんが他のお客さんのオーダー用紙の情報を見ることはできません。

この説明は少々難しく、どんなケースで有用なのかもいつ使う考え方なのかわかりにくいかもしれません。しかし、後々必ず役に立つイメージなのでぜひおさえておいてください。

> VEXとオーダー用紙

一蘭との比較シリーズの最後の項目です。VEXでいうオーダー用紙は、VEXのプログラムそのものを指します。

今まで書いてきたものの例だと下記のようなやつですね。

```
@Cd = {0,1,0};
```

Run Over がPoint の場合、このプログラムがすべてのポイントで実行されます。そしてすべてのポイントにCd アトリビュートに{0, 1, 0}という値がセットされますね。しかし、これではたとえがしっくり来ません。一蘭ではお客さんごとに違った味を注文できたのに、本例ではすべてのポイントにまったく同じ値のアトリビュートができています。

実はここからがVEXのそしてAttribute Wrangleの素晴らしいところなのです。今までAttribute Createと「同じこと」をやってきましたが、VEXを使うとコンポーネントそれぞれに別の値を与えることができるのです！これが一蘭のオーダー用紙と似ているところになります。では解説を進めていきましょう！

1　新規ファイルからGeometryノードを作成、名前をWORKにします。

2　中に入りBoxノードを作成します。

3　Attribute Wrangleを作成し、次のようなプログラムを書いてみましょう(Run Over はPoint です)。

```
i@id = @ptnum;
```

左辺でidというint型のアトリビュートを作ったところまではいままでと同じですね。ただしここでptnumという少し特殊なアトリビュートが登場します。これは風変わりなアトリビュートで、慣れるまではとっつきにくいですが頻出するのでここでしっかりおさえておきましょう。

ptnumはノード中クリックのNode infoにも、ジオメトリスプレッドシートにも表示されませんが、**ジオメトリのポイントナンバにアクセスすることができます。**

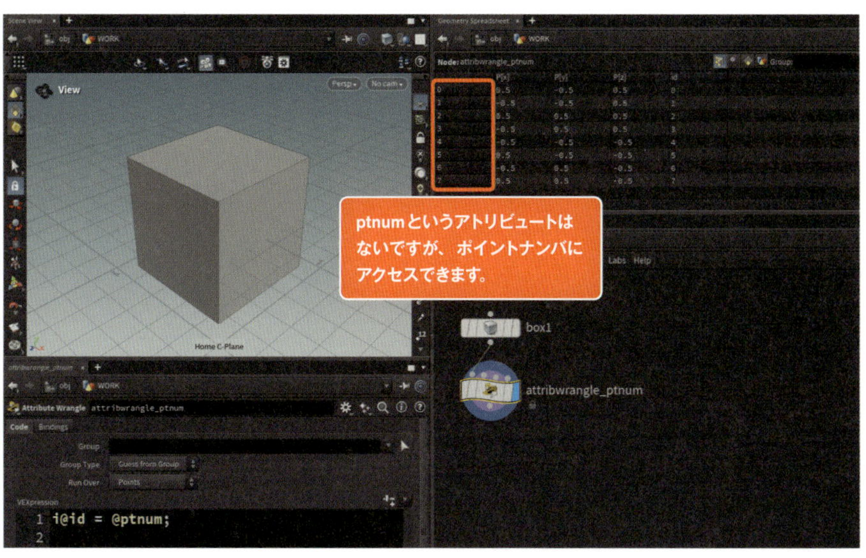

図02-148　ジオメトリスプレッドシートに表示されないアトリビュート、ptnum

ポイントナンバはポイントの増減などの要因によりHoudiniが勝手に振り直す数値なので、正式なアトリビュートとして固定したいときは今回のように自分で作ったアトリビュートに入れて使います。もちろんアトリビュート名はidでもpidでもpoint_numberでもかまいません。データ型はint型でもfloat型でもよいですが、int型として定義することが一般的です。「番号」が小数点になることはありませんからね。

ポイントナンバを用いた便利な仕組みは登場次第解説するとして、ジオメトリスプレッドシートでidを見てみましょう。ご覧のとおりポイントごとに違う値をもたせることができました！

Attribute Createノードではすべてのポイントに決まった値がセットされていましたが、**ポイントナンバを表すptnumを用いることで別々の値をセットできた**ということになります。そして一蘭のオーダー用紙を思い返すとオーダー用紙に書いてあることは全員一緒ですが、それぞれのラーメンの味は個別になっていましたね。i@id = @ptnum;という同じプログラムでも、それぞれのお客さん(ここではそれぞれのポイント)に個別のアトリビュートをつけることができたという、このイメージを大切にしてください。「ポイントナンバをうまく使うと個別のアトリビュートをセットすることができる」というわけです。

最初はこれが役に立つかわからないと思いますが、この仕組みはとても大切なので覚えておきましょう。

> アトリビュートの変化と初めての関数

ここではもう一歩進んでポイントアトリビュートを作り、1つひとつに「バラバラな値」をセットするということをやってみましょう。「バラバラ」は英語でいうと「random(ランダム)」になります。ランダムな値は今後ずっとお世話になる超重要項目なのでしっかり学びましょう。

ランダムな数値を作る前に「関数」そのものの説明を簡単にしておきましょう。例えば次の料理レシピを見てください。

1 牛肉を炒める

2 にんじん、玉ねぎを加える

3 水を入れ煮立たせたら30分煮込む

4 火を止め、ルーを入れる

誰かにこの料理をお願いする際、この4つの工程を毎回順に伝えるのは骨が折れます。そこでこの一連の工程をまとめて「カレーを作る」と呼ぶようにすれば、「カレーを作って」と頼むだけでよくなりますね。

プログラムの世界ではこの一連の処理をまとめたものを「関数(かんすう)」と呼びます。

続けてカレーに話を戻すと、隠し味を変えて毎回味変をしたくなりますね。そんなときは4を少し書き換えて、

4 火を止め、ルーと隠し味の◯◯◯を入れる

こんな感じにレシピを作っておけば毎回◯◯◯の部分をチョコレートやヨーグルトに置き換えて変化をつけることができます。これを実現する機能が関数にもあり、関数を実行する際に変化を加えるため「引数(ひきすう)」というものを渡してあげると実行結果が変化します。

関数も引数も使ってみるとわかりやすいので、VEXのプログラムを見ていきましょう。

ランダムな数値を作る関数はいくつかありますが、ここではrand関数を使用します。このrand関数を使うと0から1の間の乱数を得ることができます。まずは実際の使い方を見てみます。

先程のAttribute Wrangleのプログラムを次のように書き換えてみましょう。Run OverはPointのままです。

```
f@random_number = rand(0);
```

左辺はわかりやすいですね。random_numberというアトリビュートをfloat型で作っています。そして代入する値がrand(0)で作られた値です。ジオメトリスプレッドシートを見てみると、すべてのポイントに0.417232という値がセットされているのがわかります。

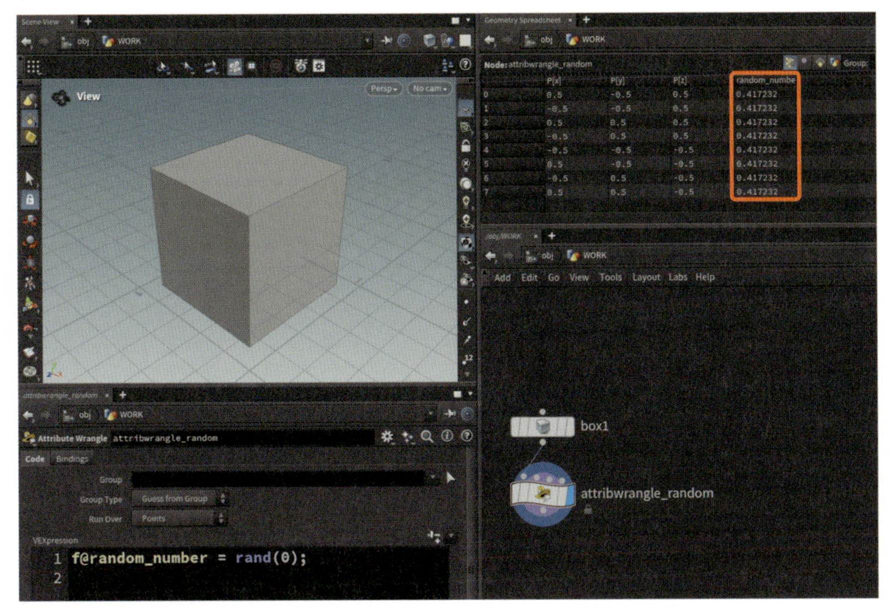

図02-149　rand関数：引数を0に

説明は少しだけ後回しにして、次のようにプログラムを書き換えてみましょう。0を5に変更すればOKです。

```
f@random_number = rand(5);
```

アトリビュートの値は0.189494に変わりました。

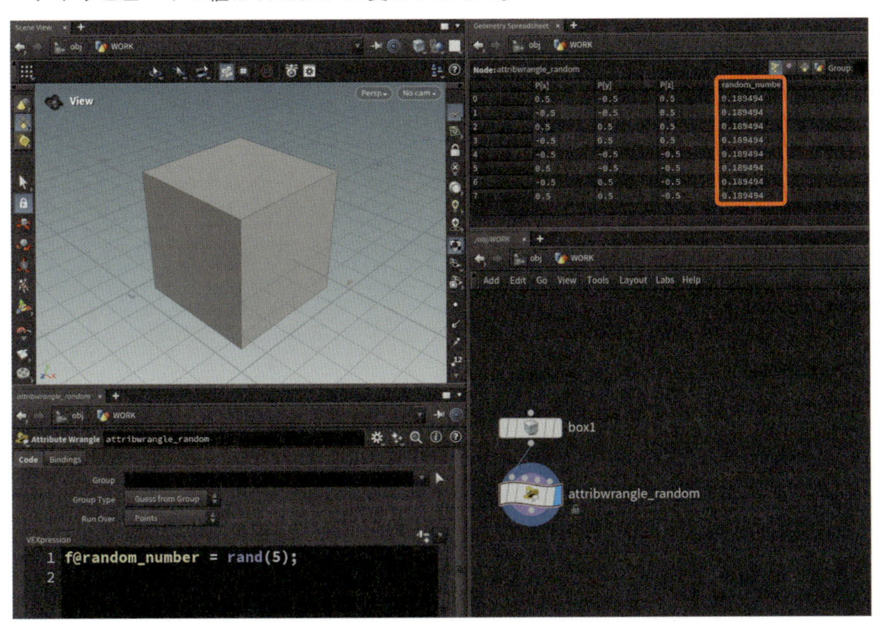

図02-150　rand関数：引数を5に

この2つの例を見ると分かるとおり、rand関数にはカッコの中に数値を入れ替えるとランダムな値を生成してくれるということになります。この「カッコの中に入れるもの」のことを引数と言います。カレー作りでいうところの隠し味ですね。これを変えると味が変わるというわけです。

そして、このrand関数の重要なポイントとして、「引数が変われば必ず違う乱数が生成される」「引数が同じであれば必ず同じ乱数が生成される」という点です。rand関数の引数のことを特に「シード値」と呼ぶのですが、Seed（シード）は和訳すると「種」という意味です。種が違えば必ず違う花が咲く、同じ種からは同じ花が咲くということですね。

図02-151　rand関数：シード値のイメージ

ここまでくれば後少しで初めての関数の勉強は終了です。

ジオメトリスプレッドシートを見てみると、どのポイントも同じ値になっていますね。せっかくランダムな値を作ることができるのですから、**ポイントアトリビュートに別々の乱数をセットしたい**と考えるのは自然でしょう。

「引数が変われば必ず違う乱数が生成される」という特性を利用すればうまくいきそうですが、ポイントごとに違う値はどう用意すればよいでしょうか。

そうです。**ポイントナンバを利用すればよいのです!**

ポイントナンバはHoudiniが勝手に振ってくれる番号で、同じ数値になったり、番号が飛んだりすることはありません。シード値に入れるのにぴったりですね。さっそくプログラムを下記のように書き換えてみましょう。

```
f@random_number = rand(@ptnum);
```

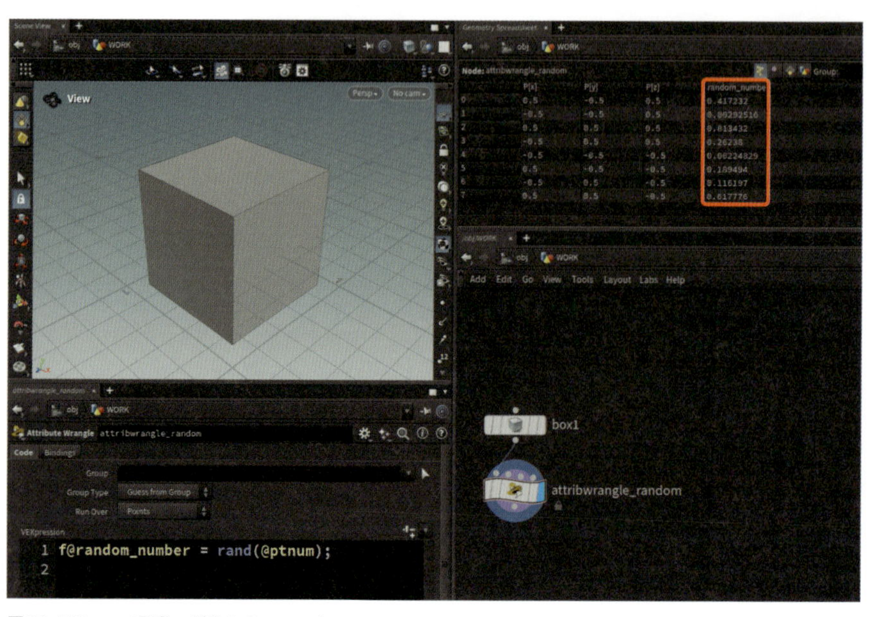

図02-152　rand関数：引数を@ptnumに

ご覧のとおりすべてのポイントにランダムな値がセットされており、**同じ値は1つとしてありません**。このptnumとrand関数のコンビネーションは頻出するテクニックなので、必ず理解しておきましょう。
最後にrand関数を参考に関数が作る値について面白い仕組みをご紹介しましょう。

```
f@random_number = rand(@ptnum);
```

このプログラムを日本語で説明すると下記のとおりです。

> random_numberというアトリビュートをfloat型で定義し、rand関数にポイントそれぞれのptnum(ポイントナンバ)を引数として渡している。

ここまでは復習です。では、次のプログラムの場合はどうなるでしょうか。

```
@Cd = rand(@ptnum);
```

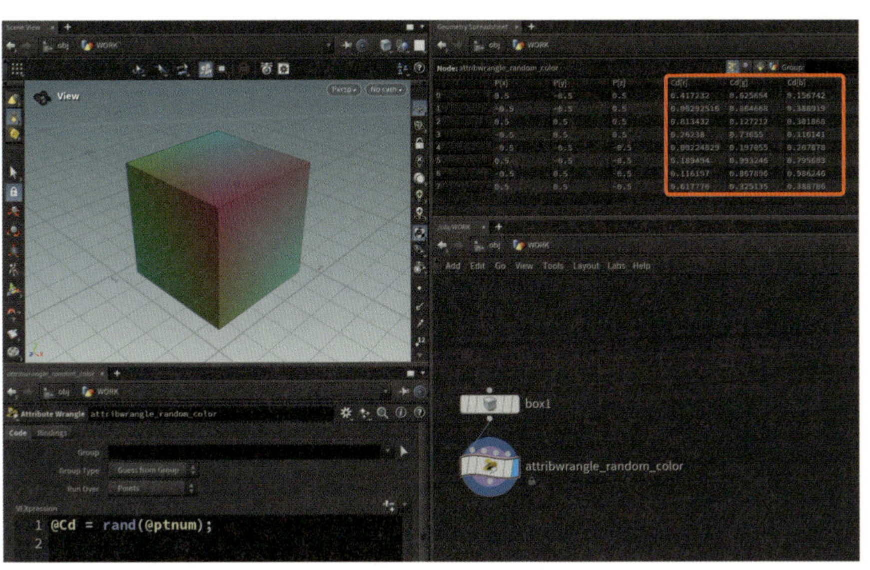

図02-153 rand関数:Cdアトリビュート生成に使用した場合

> Cdというvector型のアトリビュートを定義し、rand関数にポイントそれぞれのptnum(ポイントナンバ)を引数として渡している。

このように言えます。Cdにはデータ型の添字を省略していますが、これは組み込みアトリビュートなのでHoudiniが勝手にvector型なんだなと理解しています。ここで注目してほしいのが、「左辺がvector型を期待していたら、rand関数もfloat型の値を3つのセットで乱数を生成してくれる」という点です。
この仕組みは今後もよく使うので覚えておきましょう。

> Attribute Wrangleの便利機能とif文

Attribute WrangleにはCreates spare parameters for each unique call of ch()ボタンという便利な機能があり、これからご紹介するのですが「まずは手作業でその機能を組み上げてから便利機能を覚える」という順番で解説を行います。どんな学習においてもそうですが、まずは泥臭くともちゃんと仕組みを理解した上でオペレーションを簡略化してくれる機能を使うほうが、様々な場面で応用が効きます。

まず第一にchエクスプレッションを思い出してください。下の図のようにチャンネルの値を参照する仕組みでしたね。

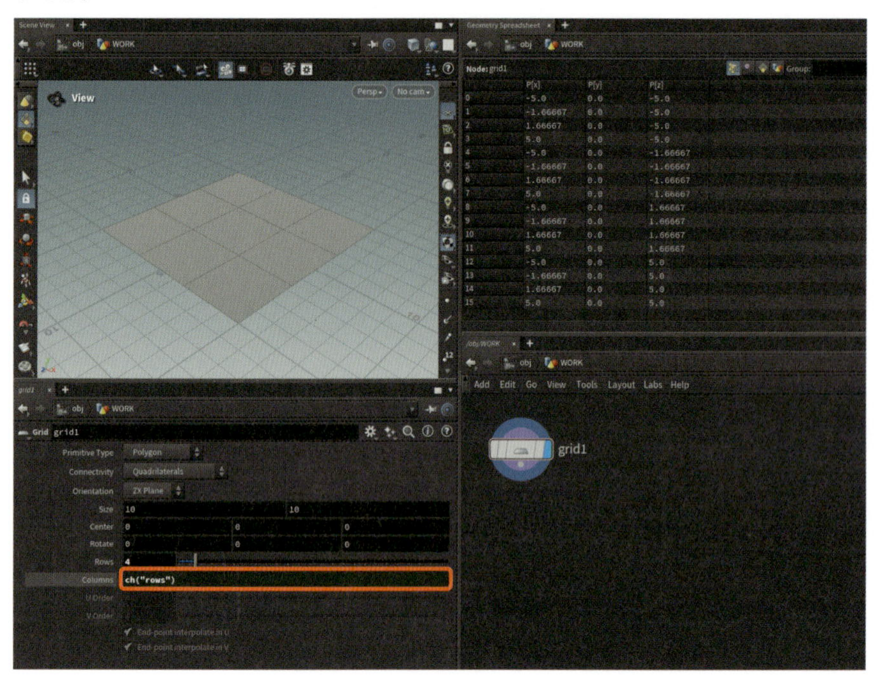

図02-154 chエクスプレッションの復習

Columnsにch("rows")というエクスプレッションを書くと、Rowsチャンネルの値を参照してくれるという便利な機能でした。Columnsのラベルをクリックすると、本例では4という数値を確認することができました。ここまでは復習です。

ここからはVEXのお話になります。実はVEXにも同様の機能のch関数というものがあり、それを使う「理由」とその「使い方」をご説明しましょう。合わせてここでプログラムの重要な構文であるif文についても学びましょう。

先程のGridノードに続きAttribute Wrangleを接続、次のようにプログラムを記述しましょう。

```
if(@P.x < 0) {
    @Cd = {1, 0, 0};
}
```

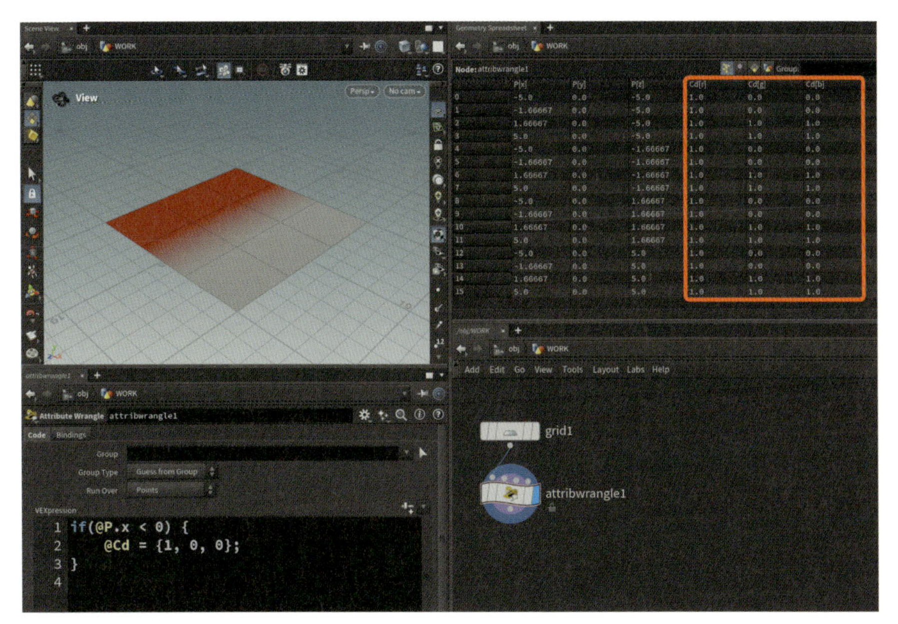

図02-155　VEX if文

ちょっと見慣れないプログラムですね。こんなときは「わかるところだけまずは見てみる」という姿勢が大切です。「困難は分割せよ」という名言もあることですし。

```
@Cd = {1, 0, 0};
```

この部分はもう大丈夫ですね。Cdアトリビュートに{1, 0, 0}をセットした、つまり赤い色をつけたということです。Run Overパラメータは Pointに指定されているので、ポイントアトリビュートとして生成されています。問題は下記の部分です。

```
if(@P.x < 0) {
    }
```

ここがif文と呼ばれる構文で、「○○だったら△△する」を実現する仕組みです。

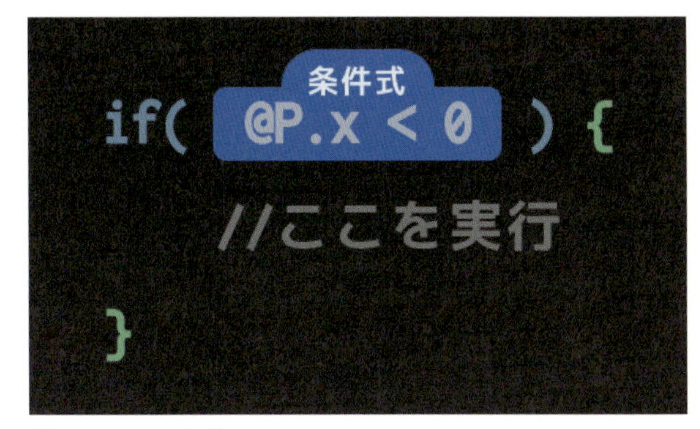

図02-156　VEX条件文

大切なのはif()のカッコの中の@P.x < 0の部分と{}（中カッコ）で括られた中身の部分です。

if()のカッコの中に入るプログラムのことを「条件式」と呼びます。ここには「YES」か「NO」で答えられるものだけを入れます。日本語で例えるなら「夕飯がカレーかどうか」や「今日は雪が降ったかどうか」などがそれに当たります。どちらも「YES」か「NO」で答えられますね。そして**条件式が「YES」のときのみ{}の中身が実行されます**。これらを意識して今回のプログラムをもう一度見てみましょう。

```
if(@P.x < 0) {
    @Cd = {1, 0, 0};
}
```

条件式は@P.x < 0で、これは「位置アトリビュートPのX座標の値がゼロより小さければ」という意味です。VEXというのは並列処理の言語でしたから、それぞれのポイント(一蘭で言うところのお客さん)1つひとつに対して、「あなたの位置アトリビュートPのX座標の値はゼロより小さいですか?」とたずねるイメージです。そして「僕はゼロより小さい」と答えたポイントには{}の中身である@Cd = {1, 0, 0};が実行されるという内容になります。

全員のポイントに同じプログラムを実行してもらいますが、各々自分の位置が異なるので条件式が「YES」になるものと「NO」になるものがいるという感覚を大切にしてください。

またここでは説明のため条件式の答えを「YES/NO」でお伝えしましたが、プログラムの用語では「true/false」と呼びます。

ちなみにプログラムの書き方として、今回のケースでは次のように短く記述することが可能です。

```
if(@P.x < 0) @Cd = {1, 0, 0};
```

「{}の中身が1行のときは{}を省略して良いよ」というルールがあるので、この書き方も覚えておくと良いでしょう。自身が書くときは好みのスタイルで、学習の際はどちらも読めるようにしておくと良いですね。

さて、すこしif文の解説が長くなりましたが、ここからが本題です。

先程のプログラムを下記のように変えてみましょう。

```
if(@P.x < 2) @Cd = {1, 0, 0}
```

これの意味はわかりますね。条件式が@P.x < 2になったので、位置アトリビュートPのX座標の値が2より小さければポイントを赤くするということです。ここでやりたいことは「@P.x < 2の2の部分をスライダで調整したい」というものです。

Houdiniを学んでいくと数学やプログラムなどが多く出てくるので忘れがちですが、基本はCGツールなので**感覚的に値を調整したい**というケースも多々あります。そこでVEXのプログラムとスライダなどのUIを連動させて直感的な操作をできるようにしようというのがゴールとなります。

機能を説明するためにわかりやすくするようにAttribute Wrangleノードの名前をattribwrangle_parm_testとしておきます。

そしてAttribute Wrangleノードの歯車マークをクリックし、Edit Parameter Interface...を実行します。するとEdit Parameter Interface for 'attribwrangle_parm_test' Nodeというウィンドウが出てきます。先程変更したノード名がウィンドウの'attribwrangle_parm_test'の部分に入っています。このウィンドウを和訳すると、「attribwrangle_parm_testノードのパラメータを編集するよ」と言った意味です。

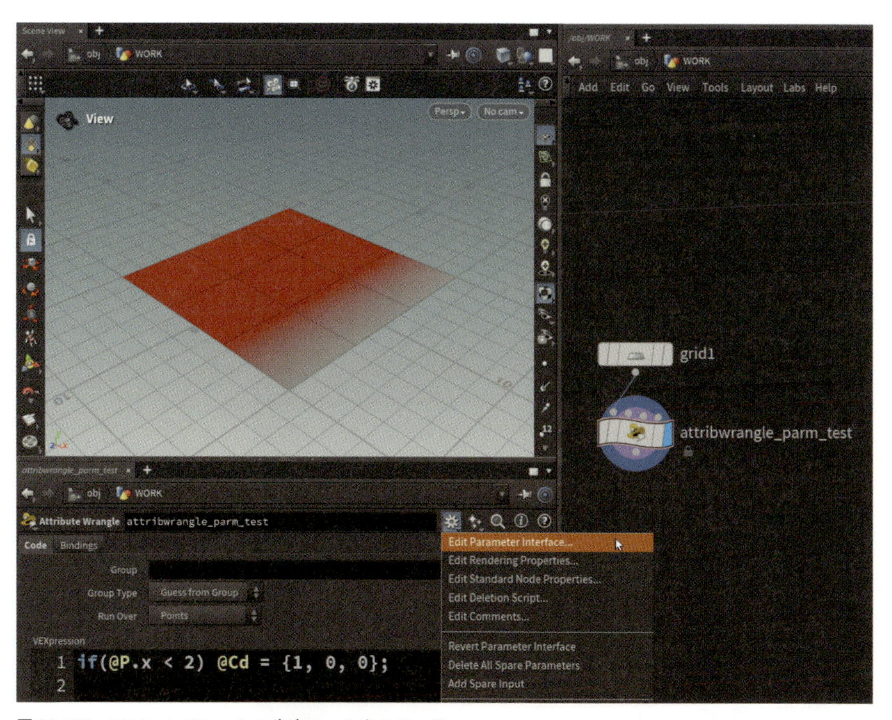

図02-157　Attribute Wrangle：歯車マークをクリック

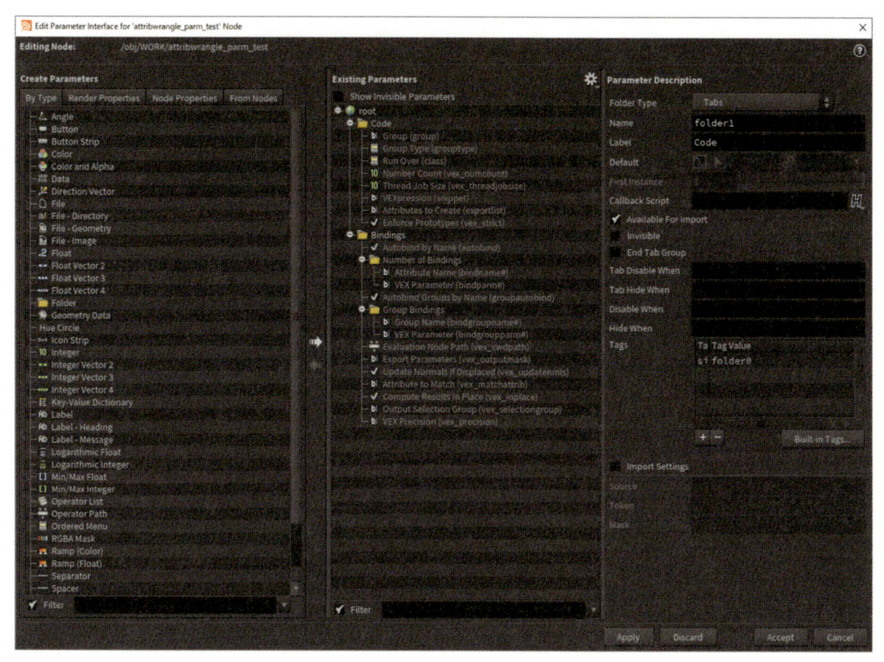

図02-158　Attribute Wrangle：Edit Parameter Interface

このウィンドウを利用するとノードにパラメータを追加することができます。

それでは実際に操作してみましょう。手順は下記のとおりです。

1　左側の`Create Parameters`で追加したいパラメータのデータ型を選択します。今回は`float`型にしたかったので`Float`をクリックします。

2　Create Parameters とExisting Parametersの間にある→（右矢印）ボタンを押します。

3　Existing ParametersにLabel(newparameter)というパラメータが追加されました。

操作としてはそれほど難しくありません。Create Parametersは追加したいパラメータの指定を、Existing Parametersは今存在しているパラメータを示しているわけですね。

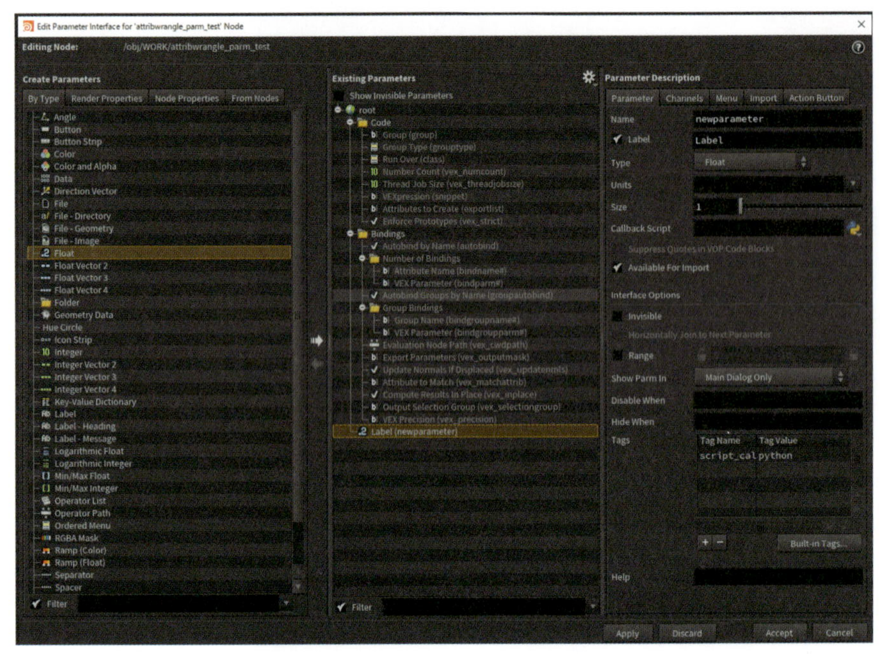

図02-159　新しいパラメータを追加

パラメータが作成できたら、後は設定を進めましょう。

パラメータ	値
Name	limit
Label	Position Limit (X Axis)
Range	-20/20

この設定について説明をしましょう。Nameはパラメータ名、Labelはラベルを示します。自作のパラメータも他のパラメータも同じ扱いです。Rangeに関してはチェックを入れて最小値・最大値を入力します。これはスライダの最小値（一番左）・最大値（一番右）を指定しています。パラメータによっては0から1000までのスライダにしたいなど使い勝手の良い値を設定してください。

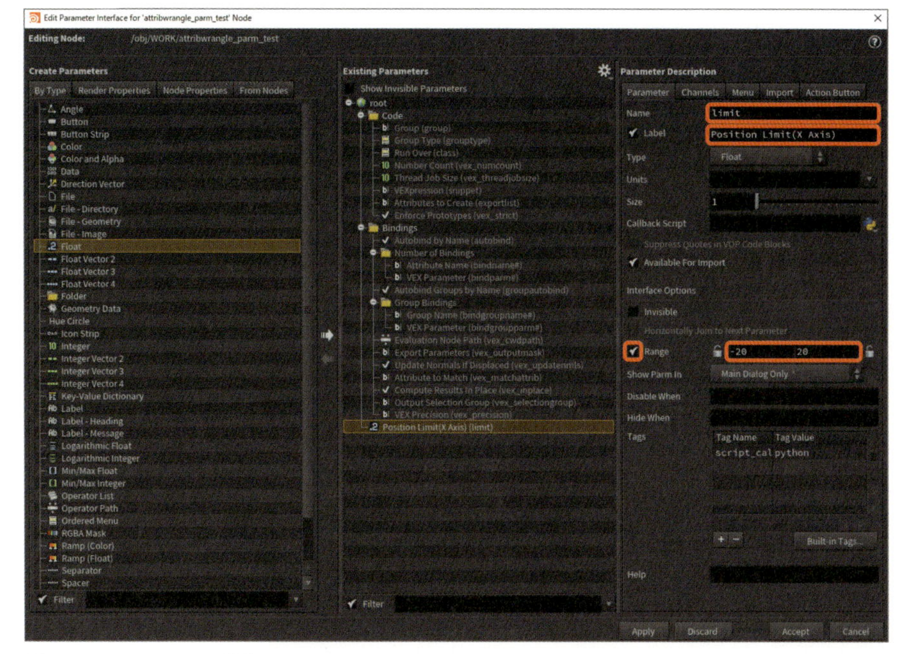

図02-160　パラメータの設定

すべての設定を行ったらAcceptボタンを押してください。

図02-161　Attribute Wrangle：設定したパラメータが追加された

パラメータエディタに新しく「Position Limit (X Axis)」というラベルのパラメータが追加されました。設定したとおりスライダは-20から20まで動かすことができます。ただしこのままではスライダを左右に動かしても何も変化は起こりません。最後にVEX側にこの新しいパラメータを参照する仕組みが必要になります。

プログラムを次のように書き換えてみましょう。

```
if(@P.x < ch("limit")) @Cd = {1, 0, 0};
```

変更があったところはch("limit")の部分ですね。これはchエクスプレッションとまったく同じ書き方で、「自分自身のノードにあるlimitパラメータを参照している」という意味です。難しいなと思った方は「エクスプレッションについて」の項目にある絶対パス・相対パスを復習してみてください。

これでVEXのプログラムがlimitパラメータを参照できるようになりました。スライダを動かしてみると、赤く色がつくポイントが変化するのがわかるかと思います。このように自作のパラメータを利用すると毎回数値を手入力することなくUIで直感的に値を決定することができる、という訳ですね。

このEdit Parameter Interface機能はAttribute Wrangleだけでなくどのノードでも使うことが可能です。「このノードに自作のパラメータがあったら便利だな」と思ったら恐れることなくパラメータ追加をしてみましょう。

だいぶ前準備に時間がかかりましたが、ここからがAttribute Wrangleの便利機能の紹介です。

attribwrangle_parm_testというノード名のAttribute Wrangleを削除して、もう一度Attribute Wrangleを作成してください。そして次のようなプログラムを入力します。

```
if(@P.x < ch("limit")) @Cd = {1, 0, 0};
```

新しくAttribute Wrangleノードを作ったので、当然ながらlimitパラメータはまだ存在していません*1。

本来ならばEdit Parameter Interface機能を使ってlimitパラメータを手作業で作る必要がありますが、この作業はよくやるので、Houdiniが便利なボタンを用意してくれています。

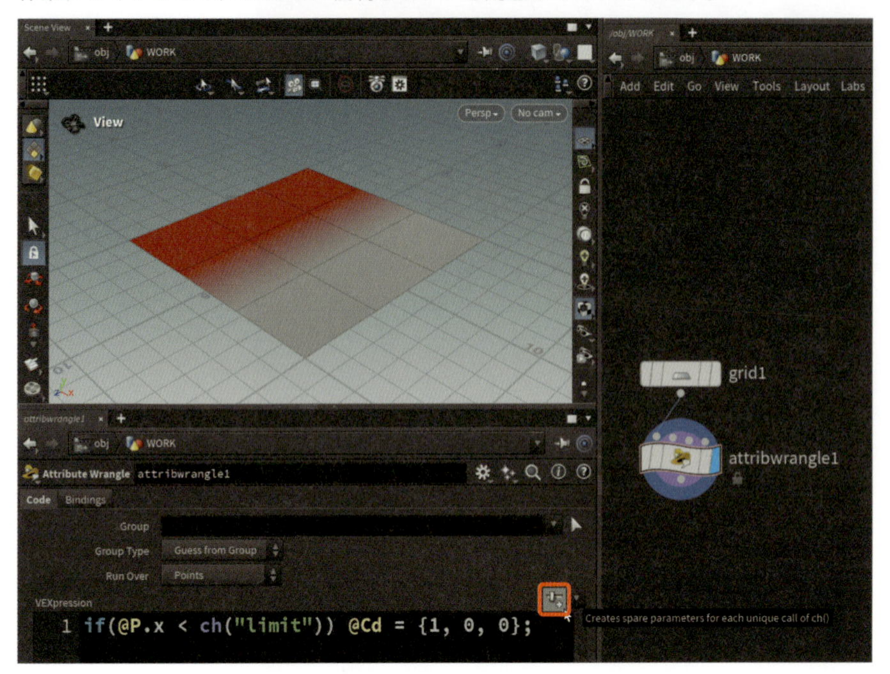

図02-162　パラメータ追加ボタン

Creates spare parameters for each unique call of ch()という「スライダに＋記号がついているアイコン」のボタンを押してみましょう。

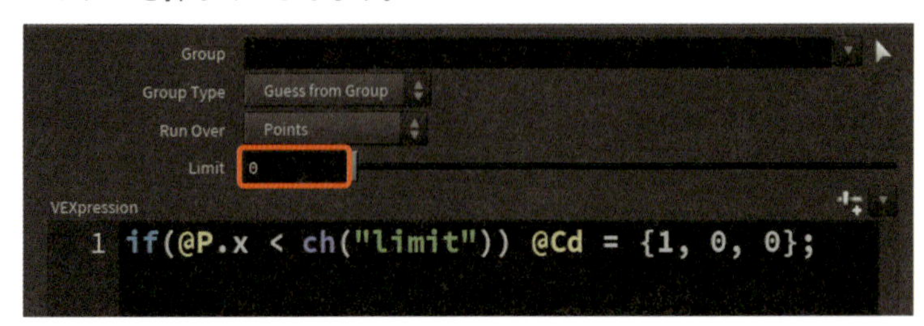

図02-163　半自動でパラメータを追加

すると、上の図のようにlimitパラメータを半自動で追加してくれます。半自動なのでラベルはパラメータの頭を大文字にしたもの（Limit）になり、rangeも0から1までに設定されますが、手作業で新規パラメータを作るよりは効率的に作業ができます。もちろん、パラメータ設定を修正したい場合はEdit Parameter Interface機能を使って修正することが可能です。

＞アトリビュートの正規化

Attribute Wrangleの項目ではVEXのプログラムが登場してきて、プログラミングに馴染みのない方は頭から湯気が出ている頃かもしれませんが、最後にデータの「正規化」というものを説明して次の項目に移っていきましょう。

＊1　ch("limit")を実行した段階ではまだlimitというパラメータは存在していませんが、エラーは出ません。これはlimitパラメータを見に行った際、存在しなかったので0という値が返ってきたという処理になっています。

正規化の技術的な方法は後ほど説明するとして、まずは「正規化とは何か」と「正規化をするとどんな嬉しいことがあるのか」について説明しましょう。

正規化とは何か

正規化とは「一定のルールに基づいて、データを整えること」のことです。この説明は正しいのですが、抽象的すぎてよくわかりませんね。なのでここでは2つほど具体的な正規化の例をご紹介しましょう。

1つ目はベクトルの正規化です。ベクトルには「向き」と「大きさ」があり、**その2つの要素がぴったり同じ時のみ同じベクトルと言える**というのは前述のとおりです。

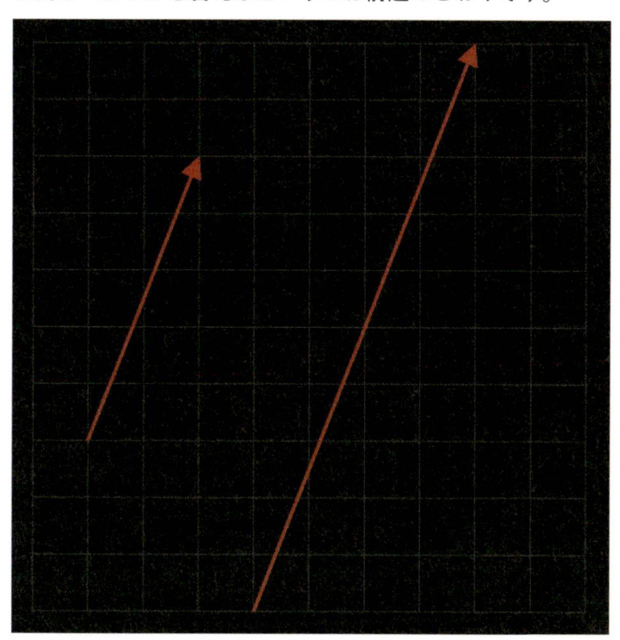

図02-164　ベクトル比較

この2つのベクトルは「向き」は同じですが「大きさ」が違うので同じベクトルとは言えないということでした。

しかし、CGをやる上で大きさは気にせず向きだけに注目したいというケースは非常に多くあります。そこで**ベクトルの大きさ（長さ）を全部1に揃えてしまえば向きだけに注目できるよね**という考え方が生まれました。この「ベクトルの大きさ（長さ）を1に揃える」というのが正規化の一例です。

ここでは深く触れませんが、VEXには`normalize`関数というものがあり、引数にベクトルを渡すと大きさを1にして返してくれるという便利なものがあります。今後お世話になることが多いので、頭の片隅に置いておきましょう。

もう1つの例として「データを`0`から`1`に収める」というものがあります。これがどんなメリットがあるのか、自宅から学校への道のりを例に考えてみましょう。

図02-165　正規化前

上の図のように、自宅から学校までの距離が8kmだったとします。ここで質問です。自宅から学校に向かって

1km進んだとしたら、全体の道のりに対しどれくらい進んだことになるのでしょうか。

家と学校の距離が2kmだったら、1km進めば半分になりますね。しかし今は8kmの長い道のりですから、半分までは全然足りないでしょう。このように全体の道のりが変わると、1kmという距離では話を進めにくくなります。ここで、スタート地点（自宅）を`0`、ゴール地点（学校）を`1`とした割合で考えれば、道のりがどれだけ変化しても変わりません。`0.5`の地点といえば道のりの半分ですし、`0.25`といえば4分の1の地点になります。

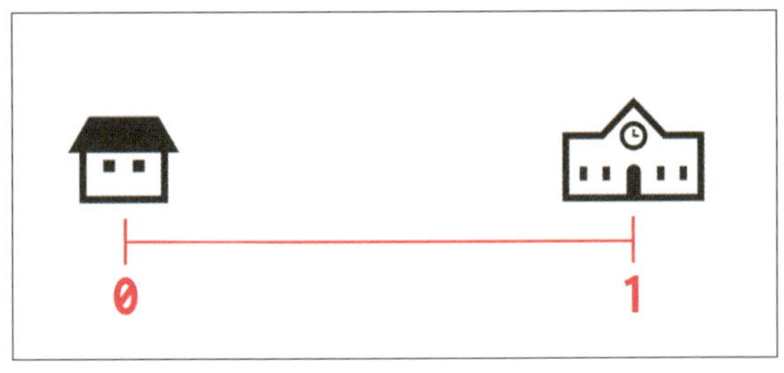

図02-166　正規化後

このように実際の数値の幅で話を進めるのではなく、その割合で話を進めることを「最小値0、最大値1で正規化する」といいます。

正規化の手法

正規化の手法にはいくつかあり、ここでは「非常にHoudiniらしい手法」と「多くのケースで扱いやすい手法」の2つをご紹介します。ここでの目標は次のようになります。

> ジオメトリのポイント番号順に`0`から`1`までの正規化されたデータを作成する。

今後幾度となくお世話になるテクニックなので、ここでぜひモノにしてください。

まずは次の手順で下準備をしましょう。書籍と同じ見た目で進めたい方は次のサンプルファイルをご利用ください。

> サンプルファイル：`attribute_normalize.hip`

1. 新規ファイルからGeometryノードを作成、名前を`WORK`にします。
2. 中に入りCurveノードを作成します。
3. ビューポート上でカーブを描きます。
4. Resampleノードを接続し、スムーズな曲線を維持しながら分割数が多すぎないよう`Length`パラメータを調整しましょう。

以前も説明しましたが、ご自身でカーブを描いたときはその大きさが各々異なるので、Resampleノードの`Length`パラメータは適宜設定する必要があります。`Display points`ボタンを押してポイントを表示し、ポイントの間隔を確認しながら調整してください。筆者の環境では下の図のようになりました。ノードを中クリックすると、Node infoからジオメトリのサイズを見ることもできるので参考にしても良いでしょう。

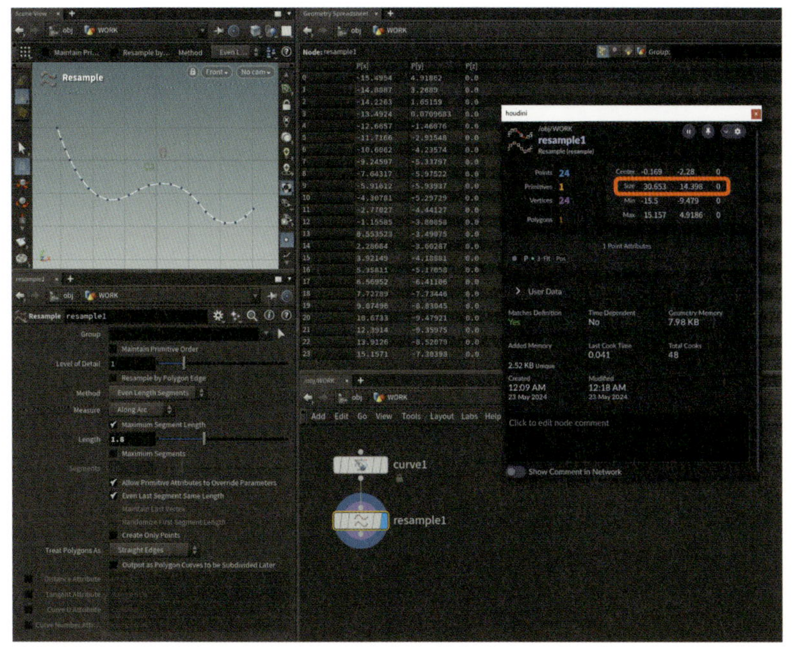

図02-167　カーブとリサンプル

Node infoを見ても分かるとおり、現在ポイント数は24個となっています(もちろんカーブをご自身で描いた皆さんの環境では異なる数値になっていると思いますが、そのまま読み進められるのでご安心ください)。

5　そして続いてAttribute Wrangleを作成し、次のようなプログラムを書いてみましょう(`Run Over`は`Point`です)。

```
i@id = @ptnum;
```

このプログラムは大丈夫ですね？　`int`型のポイントアトリビュート`id`を定義し、各々のポイントナンバをセットしたということです。下の図のようにジオメトリスプレッドシートを見るとわかりやすいでしょう。

Geometry Spreadsheet　obj　WORK

Node: attribwrangle_id

	P[x]	P[y]	P[z]	id
0	-15.4954	4.91862	0.0	0
1	-14.8887	3.2689	0.0	1
2	-14.2263	1.65159	0.0	2
3	-13.4924	0.0709683	0.0	3
4	-12.6657	-1.46076	0.0	4
5	-11.7166	-2.91548	0.0	5
6	-10.6062	-4.23574	0.0	6
7	-9.24597	-5.33797	0.0	7
8	-7.64317	-5.97522	0.0	8
9	-5.91612	-5.93937	0.0	9
10	-4.30781	-5.29729	0.0	10
11	-2.77027	-4.44127	0.0	11
12	-1.15585	-3.80858	0.0	12
13	0.553523	-3.49075	0.0	13
14	2.28684	-3.60287	0.0	14
15	3.92149	-4.18881	0.0	15
16	5.35811	-5.17058	0.0	16
17	6.56952	-6.41106	0.0	17
18	7.72789	-7.73446	0.0	18
19	9.07496	-8.83045	0.0	19
20	10.6733	-9.47921	0.0	20
21	12.3914	-9.35975	0.0	21
22	13.9126	-8.52079	0.0	22
23	15.1571	-7.30398	0.0	23

図02-168　ポイントアトリビュートidを作成

idアトリビュートは0から23の値になっています。ポイント数が24で、ポイントナンバは0から始まっているから当然の結果ですね。この0から23の値を0から1の値に置き換えたアトリビュートを作成するのが今回の目標です。アトリビュートの名前は何でも良いのですが、ここではrangeというfloat型のアトリビュートを作ることとしましょう。

まずは「非常にHoudiniらしい手法」を使ってみましょう。これは「置き換える」というより「新たに作成する」という方法です。

ではAttribute Wrangleの後ろにUV Textureノードを追加しましょう。「なぜいきなりUV？」と思う方もおられるかと思いますが、まずは読み進めてください。UV Textureノードのパラメータは次のように設定します。

パラメータ	値
Texture Type	Arc Length Spline
Attribute Class	Point

Attribute Classパラメータはもうわかるでしょう。アトリビュートをつけるコンポーネントを示します。今回はPointを指定しているので、uvがポイントアトリビュートとして作成されるということです。

続いてTexture Typeパラメータですが、これはどんな方法で投影するかを決めるものです。今回設定したArc Length Splineはポリゴンカーブと NURBS/Bezierのカーブ/サーフェスのみに使用できる投影方法で、カーブ/サーフェスの長さをもとにUV展開してくれます。**事前準備としてResampleノードでセグメントの長さを均等にしているのがここで効いてきます。**

Houdiniにとってはuvも単なるアトリビュートなので、もちろんジオメトリスプレッドシートで確認することができます*1。

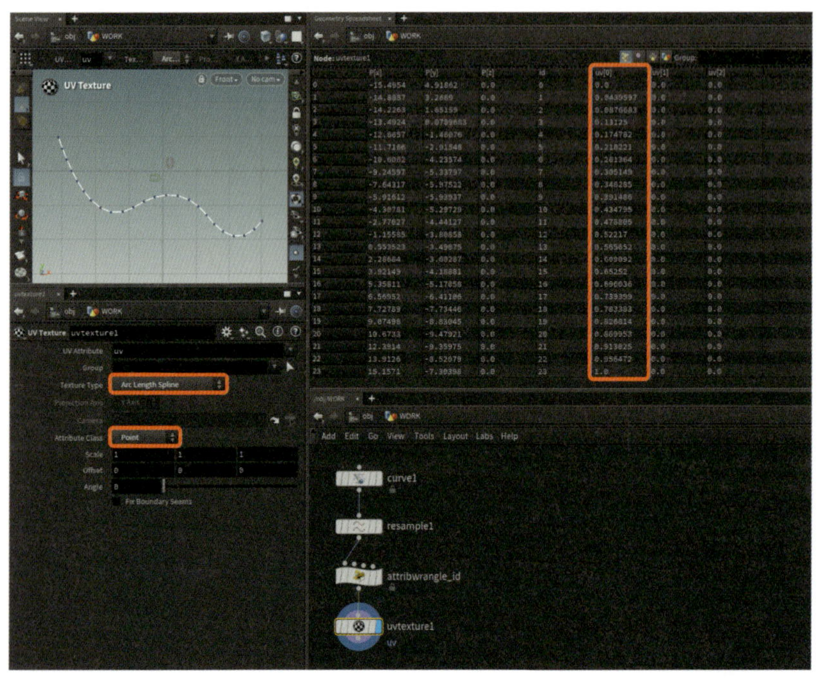

図02-169　UV Textureノード：生成されたUVアトリビュートの確認

ジオメトリスプレッドシート上でuv[0]とuv[1]、uv[2]というデータが確認できますね。このuv[0]がU、uv[1]がV、uv[2]がWを表します。

＊1　多くのDCCツールではUVは2次元のデータとして扱うことが多いと思いますが、Houdiniではvector型のデータとして扱うので明示的に3つの要素を持ちます。なので正確にはUV（要素2）ではなくUVW（要素3）と呼ぶのが正しいのですが、通例上UVと呼ぶことが多いです。

図02-170　UVビューの確認

UVビューを見てみると、均等な長さでポイントが横方向（U方向）に並んでいますね。そして「UV空間は0〜1に収まって」います。つまりこのU座標の値を利用すれば、`0`から`1`の値を作ることができるというわけです！

最後に`range`アトリビュートを作って今回の手法は完了です。UVのデータを見ると`uv[0]`の値を利用すればよさそうですね。Attribute Wrangleノードを作って次のようなプログラムを記述しましょう。

```
@range = @uv.x;
```

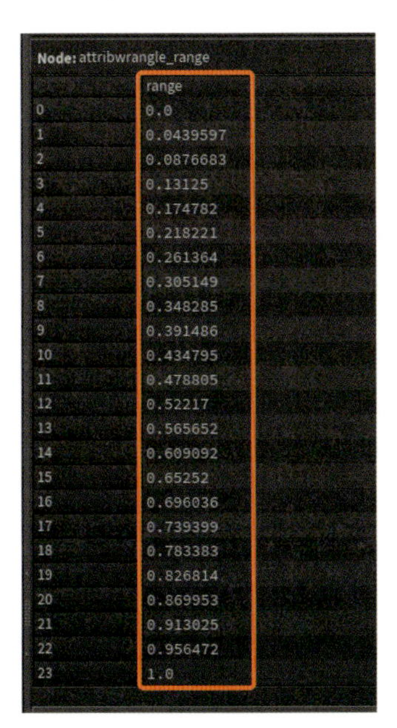

Node: attribwrangle_range

	range
0	0.0
1	0.0439597
2	0.0876683
3	0.13125
4	0.174782
5	0.218221
6	0.261364
7	0.305149
8	0.348285
9	0.391486
10	0.434795
11	0.478805
12	0.52217
13	0.565652
14	0.609092
15	0.65252
16	0.696036
17	0.739399
18	0.783383
19	0.826814
20	0.869953
21	0.913025
22	0.956472
23	1.0

図02-171　Attribute Wrangle：UVを利用したrangeアトリビュートの作成

前ページの図のとおり、ジオメトリスプレッドシートを見れば`0`から`1`の値を持つ`range`アトリビュートが生成されましたね。ここで今回はじめて使ったジオメトリスプレッドシートの便利機能をご紹介しましょう。ジオメトリスプレッドシートの右上にある`Attributes:`の入力欄にアトリビュート名を入れるとフィルタ（絞り込み）を行うことができます。ネットワークが複雑になり、そしてアトリビュートが多くなって確認しにくいときも出てくるので、フィルタ機能を利用してみてください。ただし、ここに値を入れっぱなしで「アトリビュートが見当たらない！？」と焦ることもあるのでお気をつけてください。

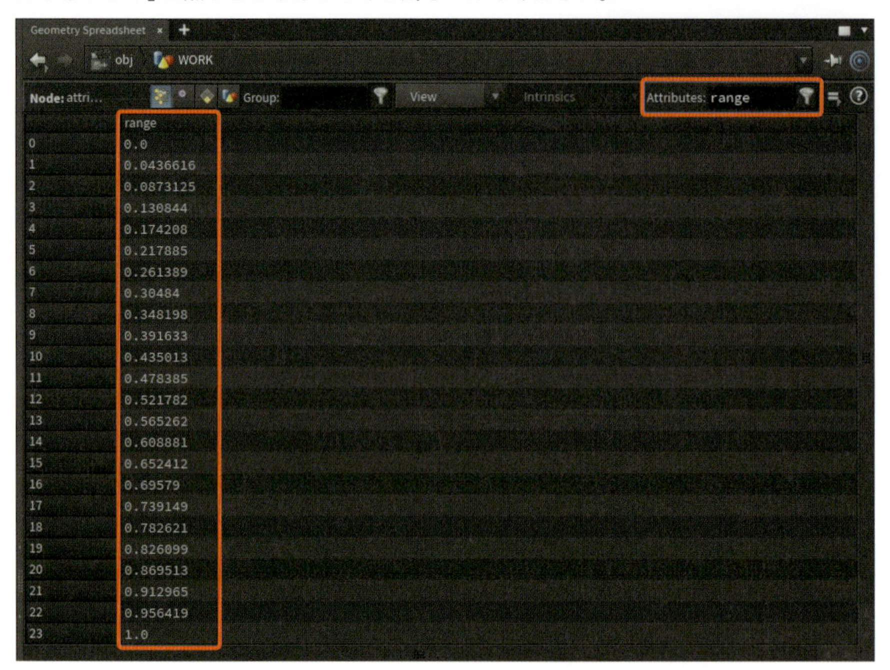

図02-171　ジオメトリスプレッドシート：アトリビュートのフィルタ

まとめると今回はUVを利用して正規化された`range`というアトリビュートを作成しました。UVはテクスチャマッピングに紐づいたデータですが、それと同時にHoudiniでは「ただのベクターデータ」です。様々なデータを利用しながら作業を進めていくのはHoudiniの真骨頂とも言えます。「このデータ、何かに使えないかな？」と考え続けることが良きHoudinistへの王道ですので、普段から意識していきましょう。

続いて「多くのケースで扱いやすい手法」について解説を行います。UV展開の`Arc Length Spline`を用いた正規化は賢い方法の1つですがカーブ/サーフェスにしか使えないという難点がありました。ここでは「ポイントナンバ」と「ポイント総数」を利用した手法をお伝えします。プログラムとしては少し難しいところもありますが、こちらの方法は多くの場面で使用することができます。内容をきちんと理解できたら本手法を道具箱に入れておくと良いでしょう。

先程のネットワークを再利用しましょう。カーブノードとリサンプルノードだけを残して、後に続くノードは削除しましょう。続けてAttribute Wrangleを接続し、次のようなプログラムを記述しましょう。

```
@range = @ptnum/(@numpt - 1.0);
```

下の図のようにジオメトリスプレッドシートを見てみれば、正規化された`range`アトリビュートが作成されていることがわかりますね。今回はUVを生成したりせず、いきなり`range`アトリビュートを作っているので無駄なデータもなく、見通しも良くなっています。

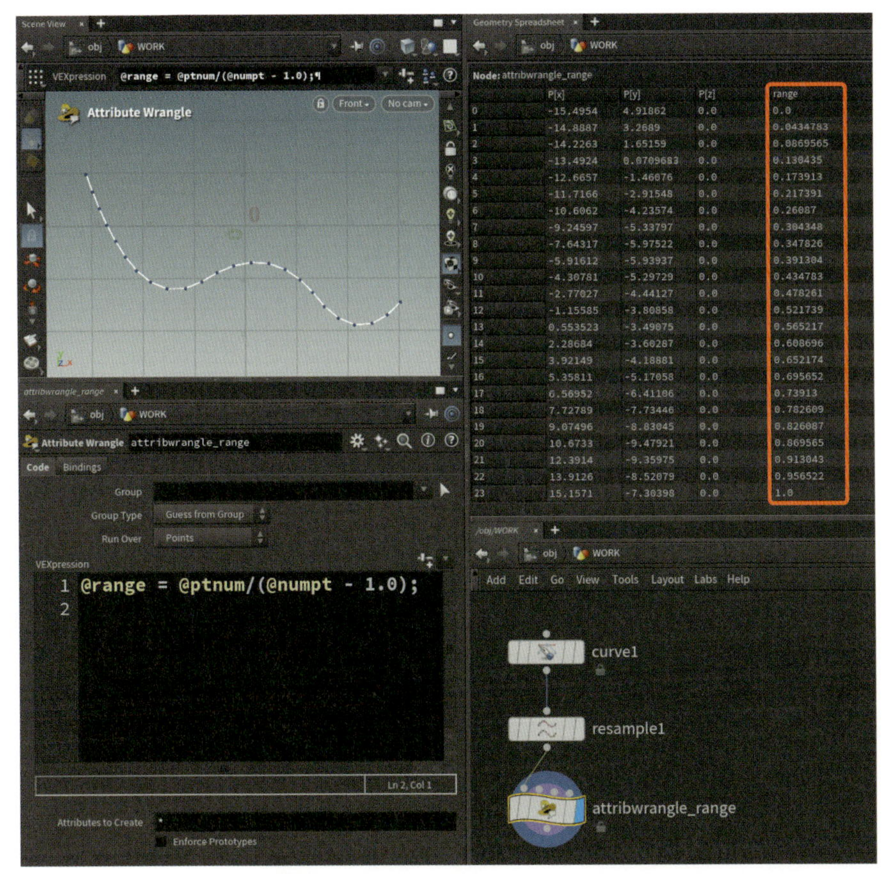

図02-172　VEXプログラムでの正規化

ただし、このプログラムをただ「こういうもの」として使うのではなく、意味をちゃんと理解して使うことが大切です。今後自身で応用できるようになるためにも、気合を入れてのぞみましょう。

左辺はもう大丈夫だと思うので割愛するとして、難しいのは右辺です。じっくり見ていきましょう。まずは初めてご説明する`@numpt`についてです。これはポイントナンバを示す`@ptnum`と同様、Node Infoにもジオメトリスプレッドシートにも表示されませんが、**ポイントの総数**にアクセスすることができます。

続けてこのプログラムの仕組みを理解するために、単純化した図で整理してみましょう。

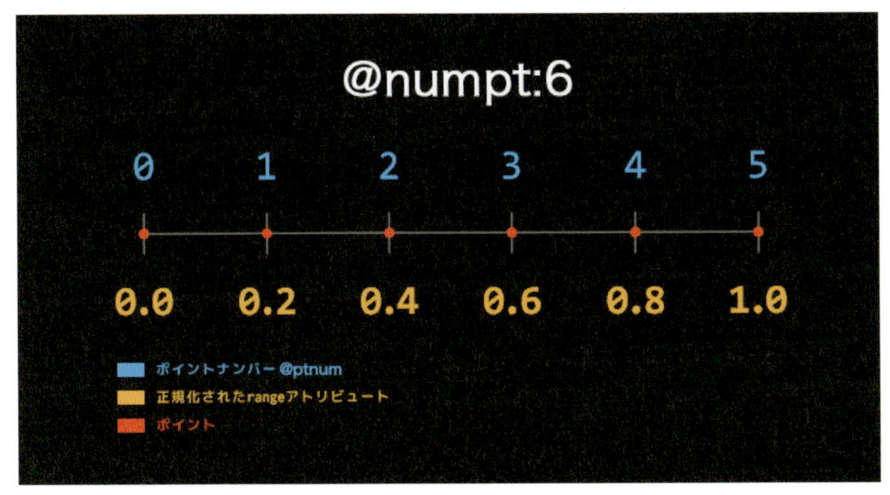

図02-173　正規化のロジック：その1

2章 基本操作編

6個のポイントがあったとします。このときポイントナンバ(ptnum)は0から5までの番号が振られています。前ページの図の水色の文字です。そしてポイントの総数、つまりnumptは6となります。ここまではOKですね。

これを正規化したい。つまり0から1の数値に変更したい場合、それぞれのポイントナンバに対してどんな計算をすればよいでしょうか。

「ポイントの総数 - 1」でそれぞれのポイントナンバを割ってあげる。

実はこんな算数(数学ではなく算数です)で計算できるんですね。理屈は簡単で、次のような考え方となります。

1. ポイントナンバの一番大きい数は必ず「ポイントの総数 - 1」になる(ポイントナンバは0から始まっているので)。

2. ポイントナンバをそれぞれ「ポイントの総数 - 1」で割る。イメージしやすいのは一番小さいポイントナンバと一番大きいポイントナンバです。0を5で割ると0、5を5で割ると1ということですね。

下の図を見ていただくと仕組みがわかりやすいかと思います。

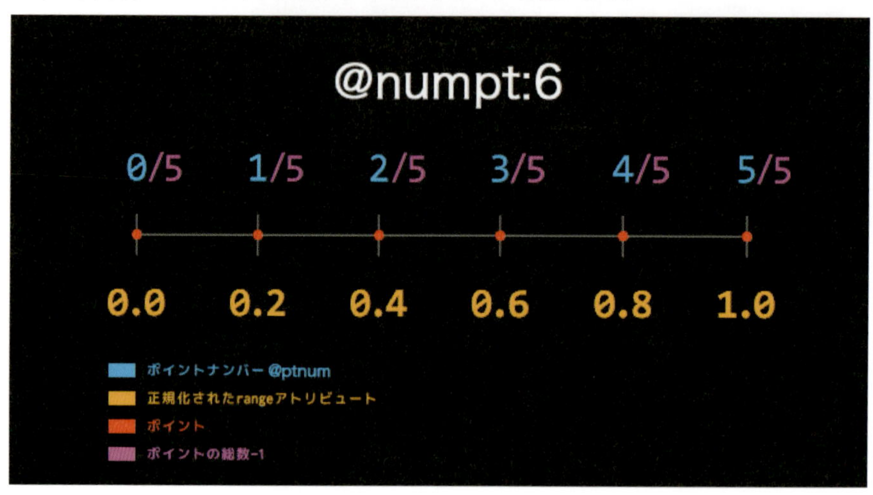

図02-174　正規化のロジック：その2

そして、最後はプログラム上の挙動を理解すればOKです。先程のVEXをためしに次のように書き換え、ジオメトリスプレッドシートを見てみましょう。

```
@range = @ptnum/(@numpt - 1);
```

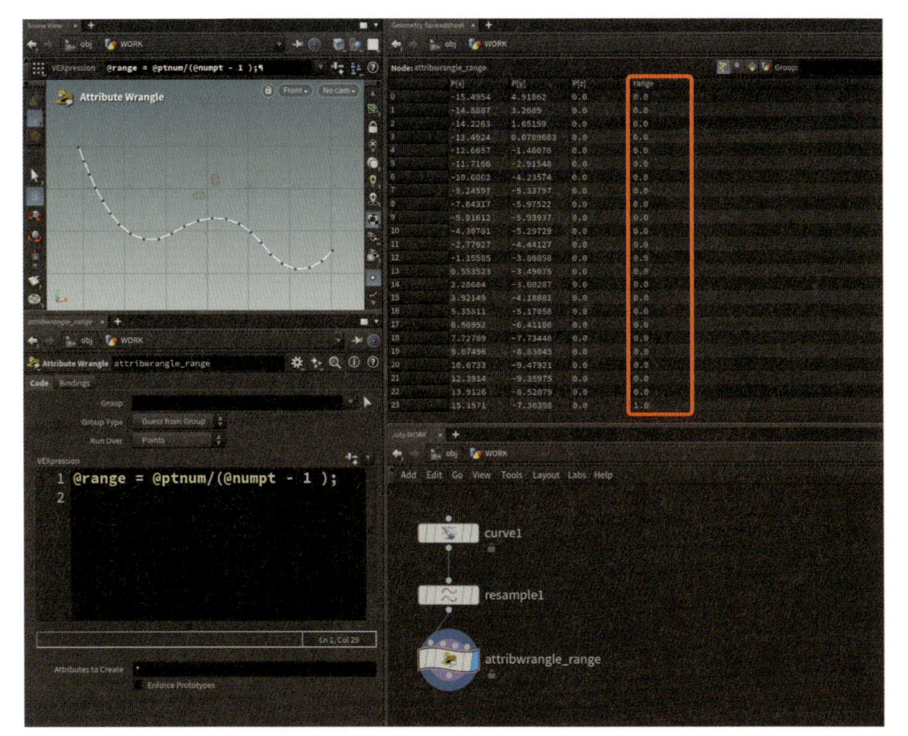

図02-175　VEXにおける小数と整数の扱い

1.0を1に変えただけなのに、アトリビュートがおかしなことになってしまいました。ポイントナンバ0～22までのrangeアトリビュートがすべて0.0に、最後のポイントナンバ23のときだけ1.0という結果になっています。この原因がわからないと今後思わぬところで足をすくわれるので、ここで理解しておきましょう。

データ型のときに説明したとおり、「番号」や「総数」はint型になります。1.7番目や総数5.1個なんてことにはなりませんね。なのでHoudiniはptnumもnumptもint型だなと理解します。すると@numpt - 1の部分も当然int型としてHoudiniに伝わります。そうすると、右辺の計算はint型 ÷ int型となります。

ここでまだ小数点を習う前、小学校低学年の算数を思い出してください。5 ÷ 3を計算すると1になりましたね。また7 ÷ 9の答えは0でした。つまり、整数同士の計算において「小さい数 ÷ 大きい数」を計算すると常に計算結果が0になってしまうのです。

1つ前のプログラムではそれを防ぐために、一箇所だけ1.0というfloat型の数値を入れておいたのです。小数と整数では小数のほうが表現できる幅が広いため、計算中に小数と整数が混在した場合はHoudiniは「これは表現のより広い小数で計算したほうがいいな」と理解し、計算を小数で行ってくれるのです。

これはVEXプログラムの仕様なので、必ずおさえるようにしましょう。

Column

データを確認するクセをつけよう。

今回numptというポイントの総数にアクセスできる特殊なアトリビュートが出てきました。しかしジオメトリスプレッドシートやNode infoを見渡してもnumptやptnumという表記はありませんね。こうしたインデックスや要素数の取得に使用する変数は疑似アトリビュートのインデックス変数と呼ばれ、Wrangle上で使用することができます。Houdiniのユーザーがポイントの総数を参照したいなと思ったときにすぐに利用できるように、Houdiniが先に変数に入れて用意してくれているのです。とはいえHoudiniやVEXに慣れるまでは何にどんな値が入っているのかイメージが難しいかもしれません。今回のインデックス変数だけに関わらず、その値に何が入っているのかを知ることは非常に重要です。わからない値があれば自分で作成したアトリビュートに値をすぐに代入して、どんな値が入っているのかをジオメトリスプレッドシートで確認するクセをつけると良いでしょう。

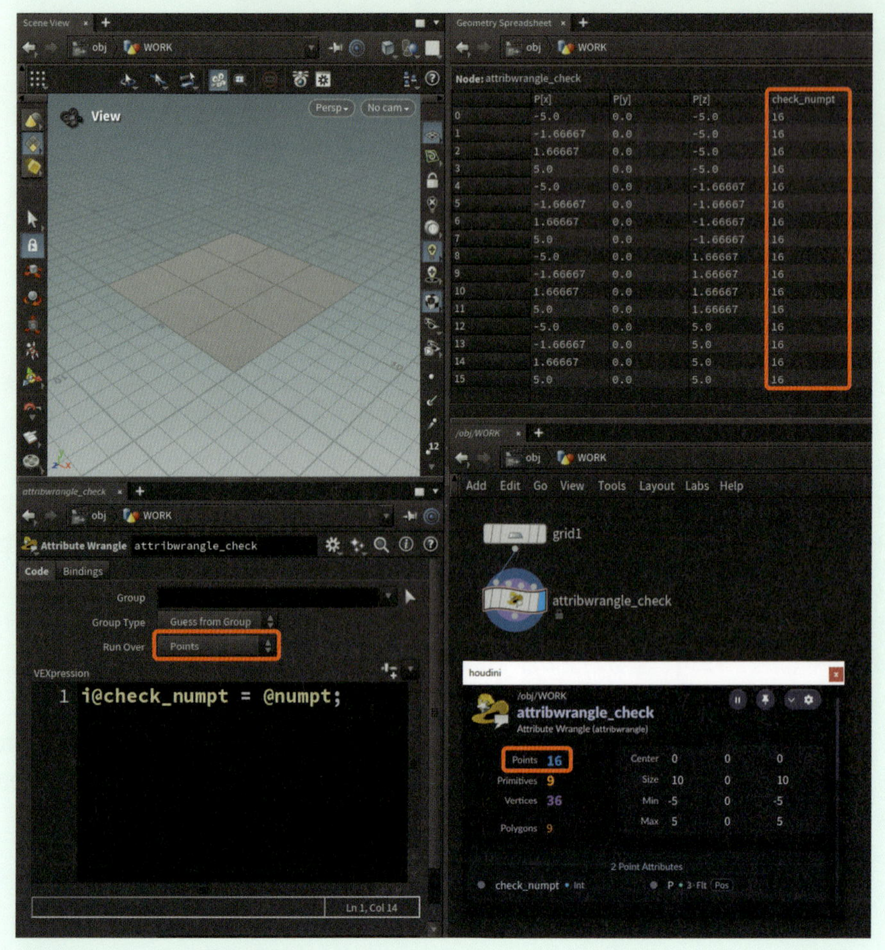

図02-176　インデックス変数numptを確認

Attribute Wrangleで確認用のアトリビュートcheck_numptにnumptを代入し、ジオメトリスプレッドシートで確認できるようにしました。Node infoのPointsと同じ値が入っているのも確認できますね。

この確認方法でも間違いではないのですが、「ポイントの総数」をすべてのポイントアトリビュートに格納してもあまり意味はありません(すべてのポイントに同じ値が入るので)。よって、こういうときはRun OverをDetailにするとデータ確認もスッキリと行うことができます。

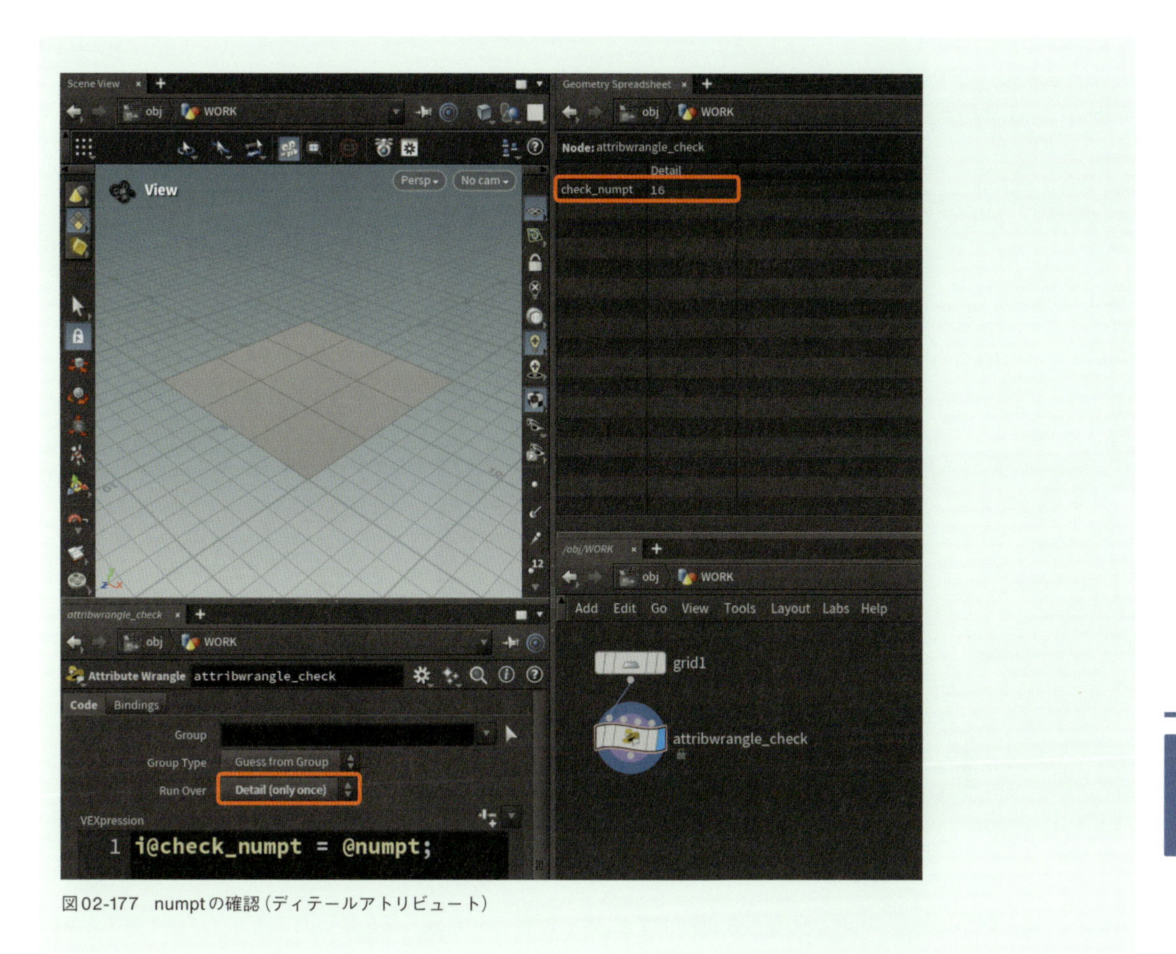

図02-177　numptの確認（ディテールアトリビュート）

＞アトリビュートのリマップ

正規化の基本に関するトピックスはあと1つで終わりです。難しいお話が続いていますが、もう少しなので乗り切りましょう。データの正規化のメリットについて、今までお話したものをまとめると次のとおりです。

・ベクトルの正規化：ベクトルの長さを1に揃えることによって「方向」のみに注目することができる。
・最小値0、最大値1で正規化：データの取りうる範囲を意識する必要がなくなり、割合で話を進めることができる。

ここでは「最小値0、最大値1で正規化」されたデータを別の値に置き換える作業についてご説明します。

1　新規ファイルからGeometryノードを作成、名前をWORKにします。

2　中に入りCurveノードを作成します。

3　ビューポート上でSPACE＋2キーを押し、トップビューでカーブを描きます。

4　Resampleノードを接続し、スムーズな曲線を維持しながら分割数が多すぎないようLengthパラメータを調整しましょう。

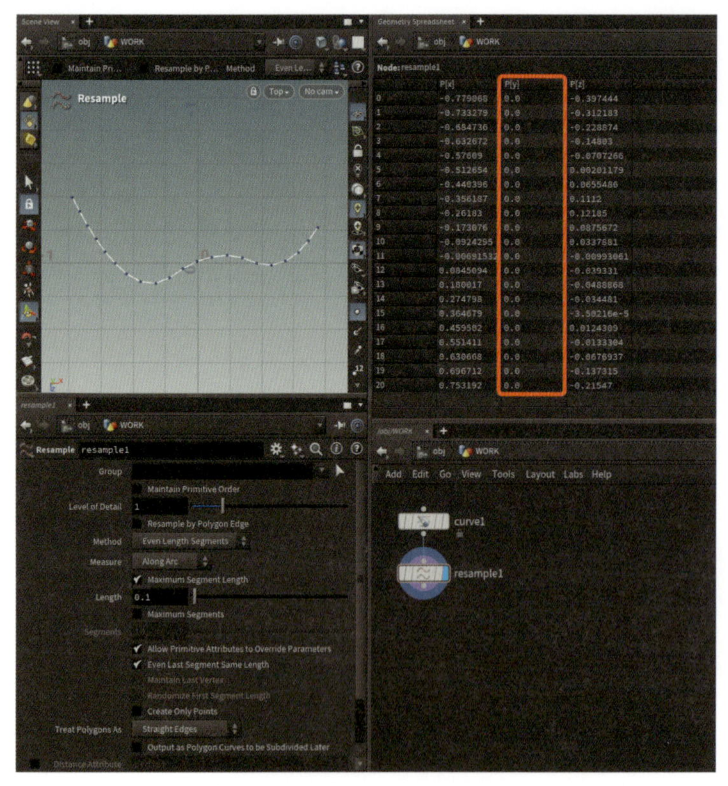

図02-178　リマップ下準備

　ジオメトリスプレッドシートを見ると分かりますが、トップビューでカーブを描いたので`@P[y]`がすべて`0.0`になっています。続けてAttribute Wrangleを接続し、次のようなプログラムを記述します。

```
@range = @ptnum/(@numpt - 1.0);
@P.y = @range;
```

　このプログラムは分かりますでしょうか。トップビューのまま見ているとわかりにくいのでフロントビューも併用してみてみましょう。

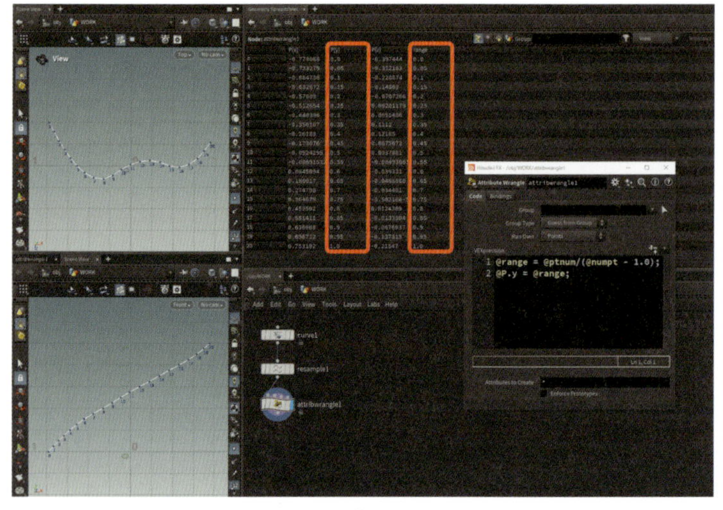

図02-179　@P.yにrangeアトリビュートを代入

処理の内容としては下記のとおりです。

1　ポイントナンバを利用し、正規化されたポイントアトリビュートrangeを作ります。

2　rangeアトリビュートを@P.yに代入します。

ポイントナンバ順に0から1まで@P.yが変化しているのがわかるかと思います。またrangeをP.yに代入しているので当然その2つは常に同じ値になります。

ここでrangeアトリビュートの値の範囲を違う値の範囲に置き換えます。この作業を**リマップ**と呼ぶので覚えておきましょう。まずは非常に簡単なリマップから見ていきましょう。

```
@range = @ptnum/(@numpt - 1.0);
@range = @range * 0.5 + 1; //1.0〜1.5にリマップ
@P.y = @range;
```

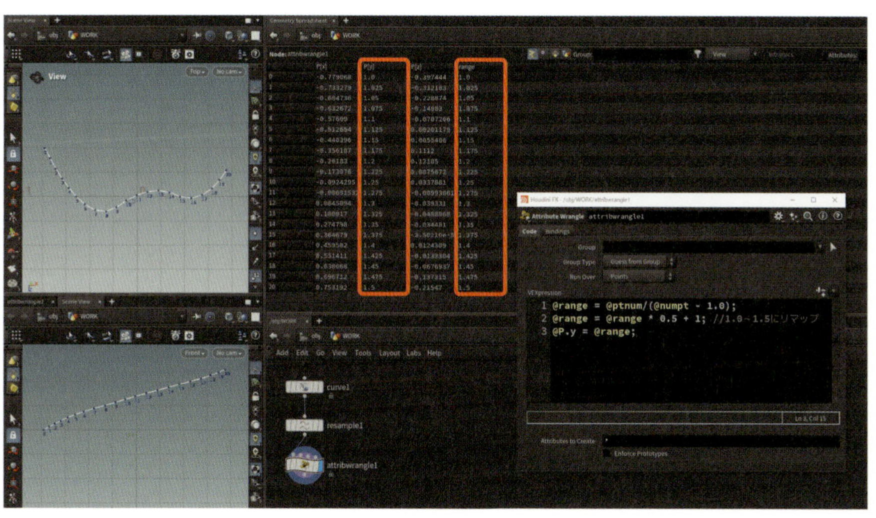

図02-180　簡単なリマップ

リマップしている部分は2行目です。2行目の処理を詳しく見てみると次のとおりです。

1　右辺：現在のrangeアトリビュートに0.5を掛ける（値は0〜0.5になる）。

2　右辺：**1**の結果に1を足す（値は1.0〜1.5になる）。

3　左辺：rangeアトリビュートに右辺の結果を代入する。

このように四則演算を使用してリマップを行うことも多々あるのでおさえておきましょう。そしてここではリマップによく使うchramp関数をご紹介しましょう。

まず、プログラムを次のように編集します。

```
@range = @ptnum/(@numpt - 1.0);
@P.y = chramp("shape", @range); //最初はすべて0
```

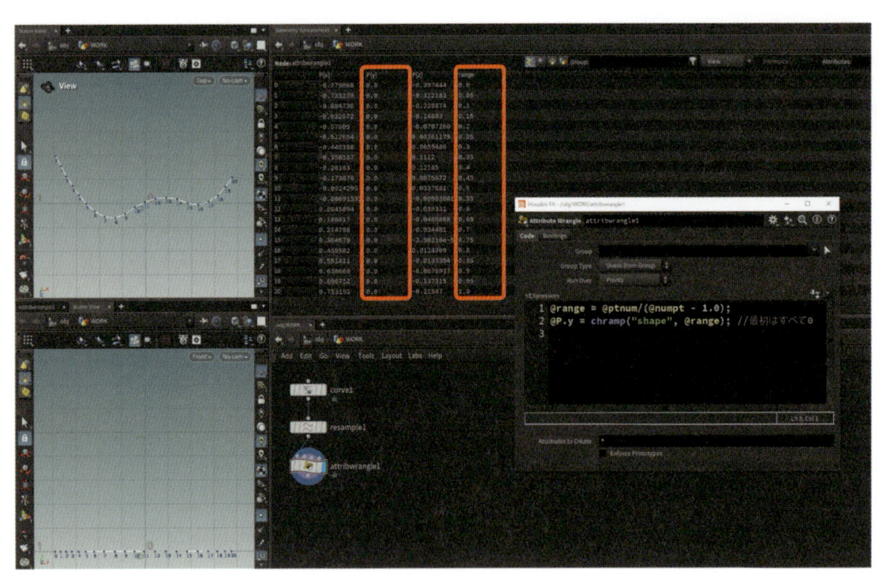

図02-181　chramp関数の利用：その1

コメントに書いたとおり、最初はrangeのすべての値が0.0になってしまうので、カーブの高さ（Y軸方向）はすべて0.0のペタッとした形状になってしまいます。しかしそこは気にせず、以前説明したCreates spare parameters for each unique call of ch()ボタンを押しましょう。何やらグラフがUIに追加されました。

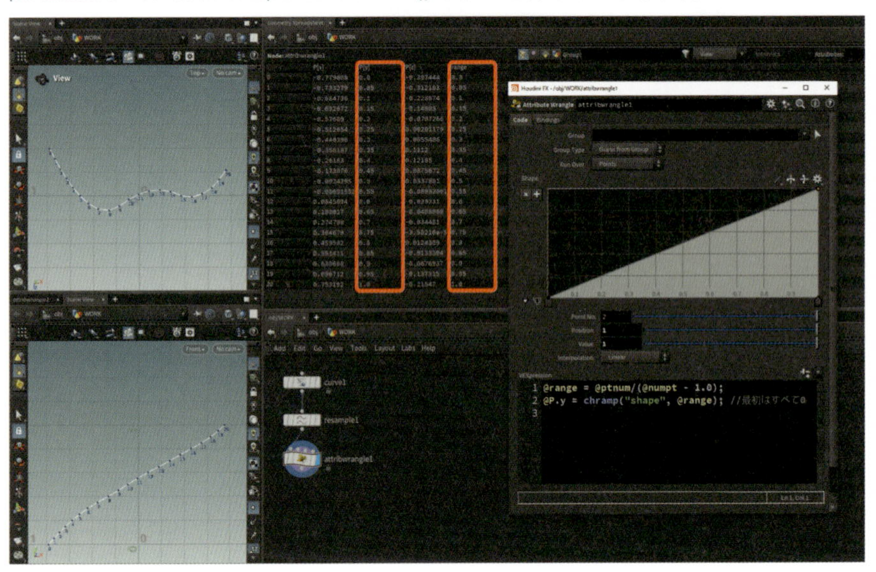

図02-182　chramp関数の利用：その2

プログラムの意味を解説後、このグラフの使い方を見ていきましょう。

```
@P.y = chramp("shape", @range);
```

chramp関数は名前の頭にchがつくとおり、ch関数の仲間です。Creates spare parameters for each unique call of ch()ボタンでUIが生成されることからも分かりますね。そして今まで習ってきたch関数やrand関数などは引数が1つでしたが、今回のchramp関数は引数を2つ必要とする関数です。引数はカッコの中に入る値のことでしたね。引数の説明は次の表のとおりです。

引数	説明
第1引数	参照するパラメータ名
第2引数	リマップするオリジナルのデータ

これらをまとめるとこれまでのプログラムは次のようになります。

現在のrangeアトリビュートをshapeパラメータを用いてリマップし、Pアトリビュートのy要素に代入する。

こんな感じです。言葉だけで理解するのは難しいので、実際に手を動かして意味合いを補足していきましょう。

chramp関数

chramp.mp4

データをグラフを用いてリマップする方法についてご紹介します

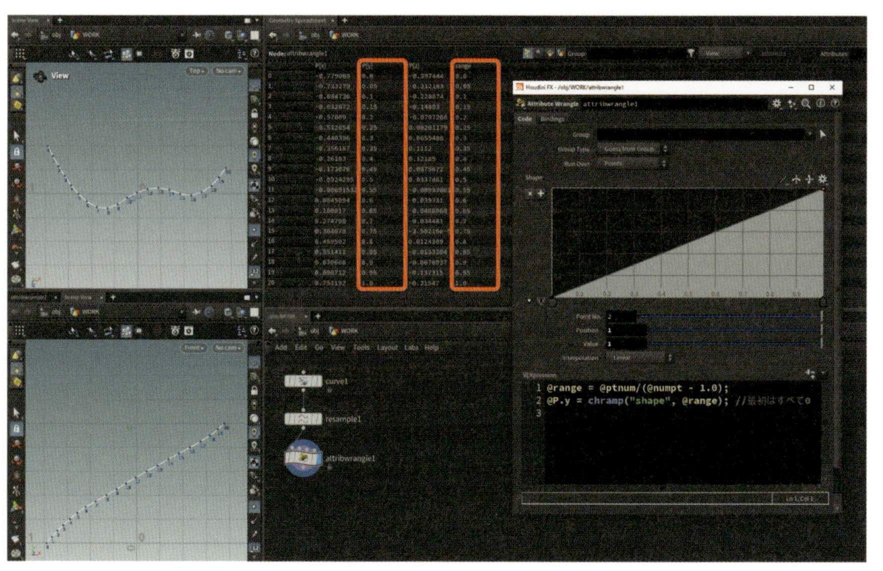

図02-183　chramp関数の利用：その3

グラフの見方は、横軸がリマップするオリジナルのデータ、縦軸がリマップ後のデータになります。グラフの変更とリマップの関係は慣れるまで混乱することもあるかと思いますが、何度も訓練して自分のものとしてください。

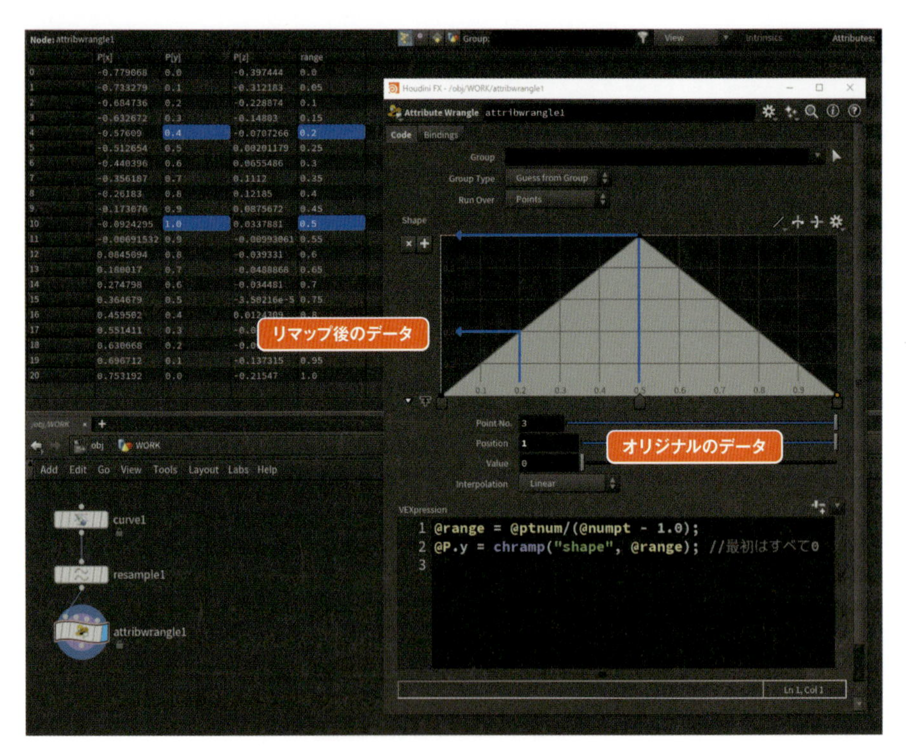

図02-184　chramp関数の利用：その4

本項目ではchramp関数をご紹介しました。これと密接な関係があるfit関数というものもあるのですが、正規化の項目はボリュームが多かったので後ほど解説することとしましょう。

》様々なノード

多そうに見えますが今までの項目をクリアした読者には問題なく理解できるでしょう。いきなり複雑なネットワークを組むのではなく、小さなサンプルを通してそれぞれのノードの機能をきっちりとおさえることが重要です。

解説するネットワークは、次のサンプルファイルにまとめましたので、読了後もリファレンスとしてご活用ください。

サンプルファイル：/sop_samples.hip

ちなみに今まで○○ノードと読んできましたが、本項目からSOP（ソップ）と呼んでいきます。もちろん「ノード」でも正しいのですが、モデリング領域（**S**urface **OP**erator）のノードだよという意味を明示する際はよく使う呼び方ですし、ノードの機能を覚える役にも立つので慣れておきましょう。

MergeSOP

Merge（マージ）SOPは上流の複数のストリームを合流させるノードです。簡単に言うと、上流のそれぞれのストリームで作られてきたモデルを1つのモデルとしてまとめるというノードになります[*1]。

MergeSOPは多用するノードなのでホットキーも用意されています。

1. マージしたいノードを複数選択します。

2. Altキーを押しながら出力コネクタをドラッグします。

3. 左マウスボタンを離すとMergeSOPが接続された状態で生成されます。

動画も用意したのでこのホットキーは覚えておきましょう。

MergeSOP
merge.mp4
MergeSOPを作成するホットキーの紹介

またAttribute CreateSOPの説明の際、アトリビュートのデフォルト値について解説を後回しにしていたのでここで説明しておきましょう。

＊1　Mergeノードは SOP以外のコンテキストでも存在し、DOPなどでは意味合いが変わります。本書はプロシージャルモデリングに特化した内容なのでMergeSOPしか扱いませんが、その他のコンテキストで使用する際は機能を調べてから使用するようにしましょう。

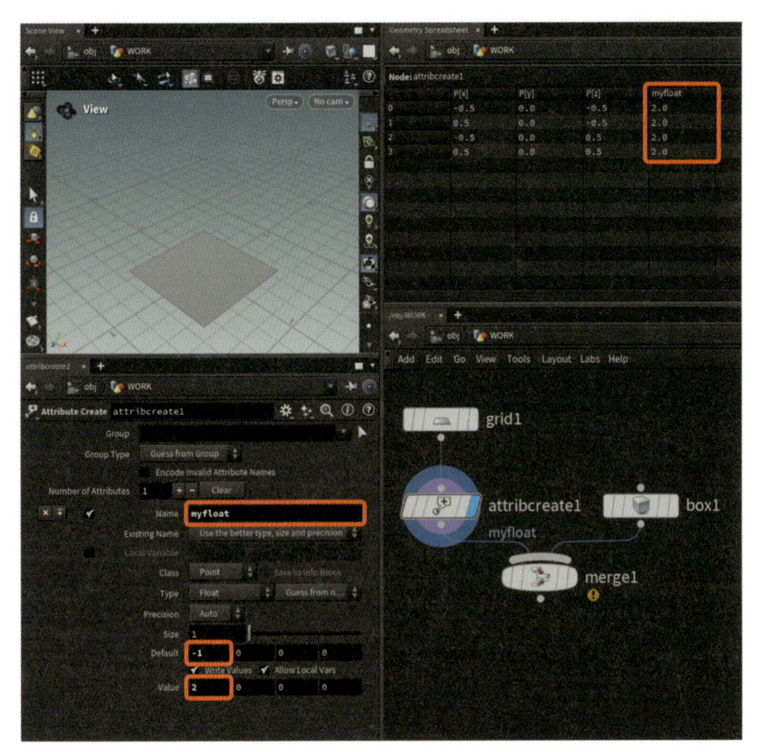

図02-185 アトリビュートのデフォルト値を設定

上の図はポイントアトリビュートmyfloatに2をセットした状態です。ジオメトリスプレッドシートを見ると2.0となっていますが、これはデータ型をfloatとしているためです。

ここで追加の設定としてDefaultパラメータに-1をセットしました。しかしここではまだその効果を発揮していません。別のストリームのBoxをマージしたときにその影響を見ることができます。

Node: merge1

	P[x]	P[y]	P[z]	myfloat
0	-0.5	0.0	-0.5	2.0
1	0.5	0.0	-0.5	2.0
2	-0.5	0.0	0.5	2.0
3	0.5	0.0	0.5	2.0
4	0.25	0.75	0.25	-1.0
5	-0.25	0.75	0.25	-1.0
6	0.25	1.25	0.25	-1.0
7	-0.25	1.25	0.25	-1.0
8	-0.25	0.75	-0.25	-1.0
9	0.25	0.75	-0.25	-1.0
10	-0.25	1.25	-0.25	-1.0
11	0.25	1.25	-0.25	-1.0

図02-186 アトリビュートが存在しないコンポーネントにはデフォルト値が設定される

アトリビュートの流れを考えてみると分かりますが、マージされたときにBoxはmyfloatアトリビュートをもっていませんね。マージされたときにアトリビュートが生成されるのですが、そのときにアトリビュートのデフォルト値が利用されます。今回はfloat型のデフォルト値-1.0がBoxのポイントにセットされたということになります。

このようにデフォルト値を意識的に設定しておく（特に今回のようにマイナスの値にしておく）と、以降のネットワークで分岐をしたい際スマートに処理することができます。

アトリビュートの扱いに慣れてきたらデフォルト値にも気を配るとよいでしょう。

SwitchSOP

MergeSOP同様、様々なネットワークでお世話になるSwitch（スイッチ）SOPです。**このノードは上流のストリームを切り替えることができます。**

選択された上流のストリームは実線で、選択されていないストリームは破線で表示されます。`Select Input`パラメータの数値を変更することで`0`なら1番左、`1`なら左から2番目、`2`なら左から2番目…と上流のストリームを切り替えることができます。入力番号はゼロから始まるので気をつけましょう。

動画を用意したので動作を確認してください。

SwitchSOP
switch.mp4
SwitchSOPの挙動を確認しましょう

MountainSOP

機能としては「メッシュを山のように変形する」というものですが、今まで学習したとおり「`P`アトリビュートを法線方向に変異させることにより山のように変形する」という仕組みが大切だというお話をしましたね。

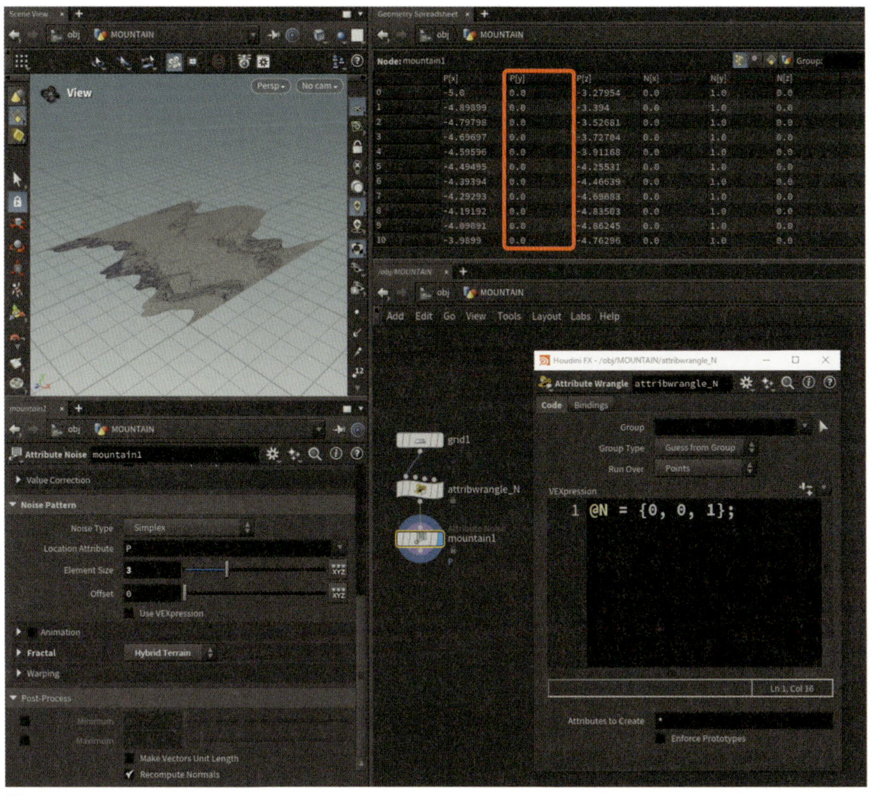

図02-187　MountainSOP

復習になりますが、もう一度内容を確認しましょう。

1　Attribute WrangleSOPで法線`N`アトリビュートを`{0, 0, 1}`に設定します。

2　法線方向に位置アトリビュート`P`が変異するため、Z方向のみにポイントは移動します。

3　そのためPのY座標は移動せずすべて0.0のまま移動しません。

ということです。Mountain（マウンテン）SOPのパラメータはノイズの特徴を決定するもので、使いながら覚えていけばよいでしょう。

補足ですがMountainSOPで計算した後、元々設定されていたNアトリビュートが{0, 1, 0}に変更されています。これはMountainSOPのオプションで、Post-Process > Recompute Normalsにチェックを入れているためです。形状を変更した後に、シェーディングを正しく計算し直してくれるというオプションですね。ここをオフにしておくと法線の再計算はされないため{0, 0, 1}のままとなります。

▶RaySOP

Ray（レイ）SOPはその名のとおりRay（光線）を飛ばしてぶつかった場所にポイントの位置を移動させるノードです。簡単に言うとシールのように対象のメッシュにペタっと貼り付ける（変形する）、そんなイメージです。ちなみに筆者はこのノードを通してHoudiniの魅力に触れた、思い入れ深いノードとなります。

RaySOPは第1入力に変形させたいジオメトリを、第2入力に貼り付け先のジオメトリをとります。デフォルト値ではMethodパラメータがProject Raysになっており、Direction fromパラメータはNormalになっています。この2つのパラメータを組み合わせることで、「法線方向に光線を飛ばす」という意味になります。

ちなみにMethodパラメータはMinimum Distanceを選ぶこともでき、こちらは最も近いジオメトリに張り付きます。このモードもよく使うので用途によって使い分けましょう。

RaySOPもMountainSOP同様、法線をコントロールすることで移動させる方向を自由に選ぶことができます。attribwrangle_Nノードのテンプレート表示をオン・オフすることで貼り付ける方向が変わることを確認してください。

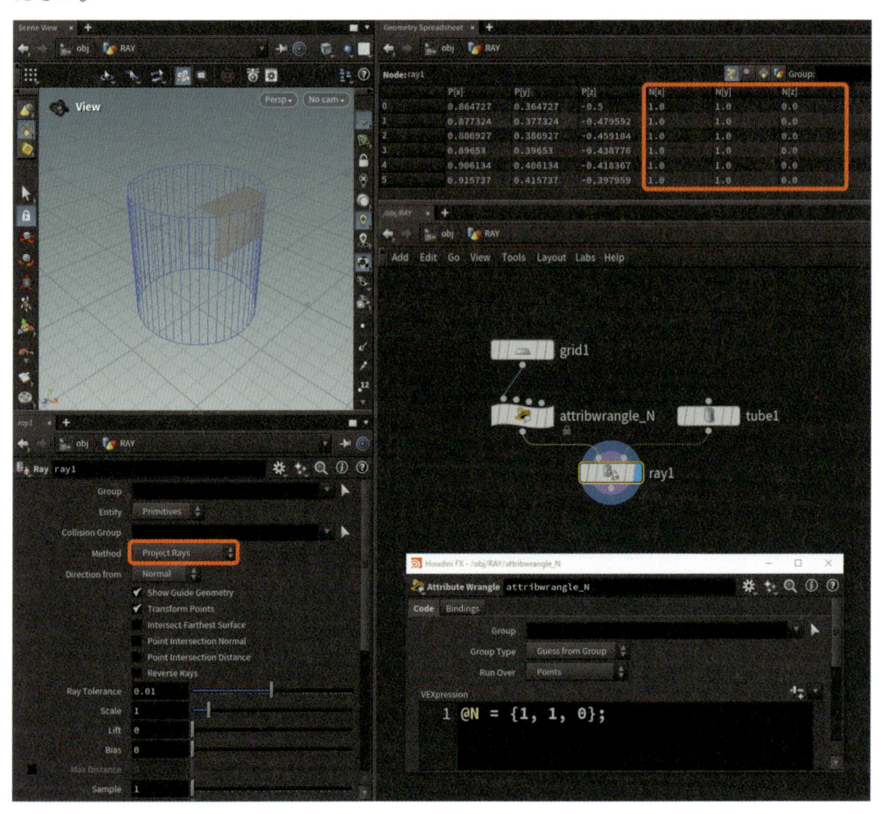

図02-188　RaySOP：Project RaysをNormalに設定

RaySOPの前処理で法線をコントロールするするのも良い手法ですが、`Direction from`パラメータで直接ベクトルを指定することも可能です。

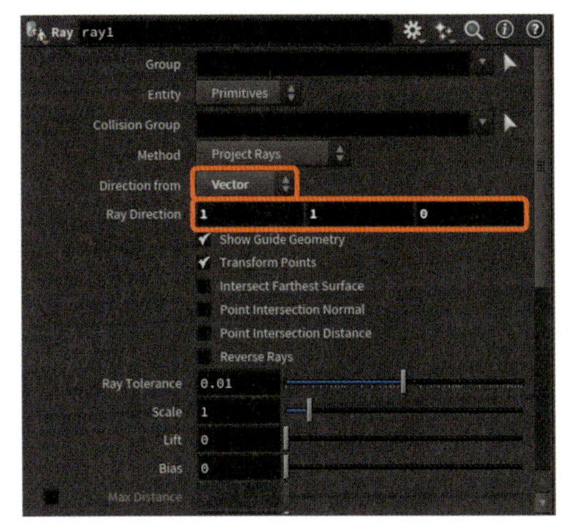

図02-189　RaySOP：Project RaysをVectorに設定

ここまでがRaySOPの基本的なパラメータです。他のオプションにも重要なものが多くありますが、より応用的なケースで今後出会うことでしょう。

PeakSOP

Peak（ピーク）SOPはポイントを法線方向に移動させるノードです。「法線方向に移動させる」というのが正確な表現ですが、イメージとしては「太らせる」ととらえるとよいでしょう。ピークという言葉よりもアイコンの方が覚えやすいですね。

主に使用するのは`Distance`パラメータで、法線方向にどれだけ移動させるかを決定させます。

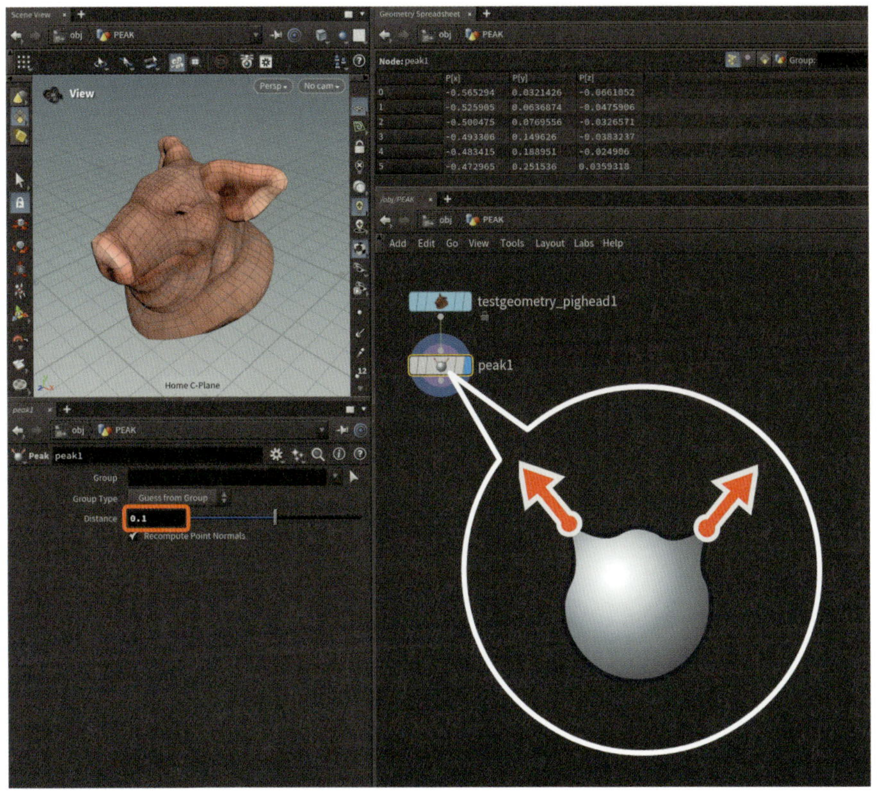

図02-190　PeakSOP

TrailSOP

Trail（トレイル）SOPは複数の機能をあわせ持つノードです。次のようなネットワークを組み、その挙動を見ていきましょう。

1　BoxSOPを作成します。

2　続けてTransformSOPを作成し、キーフレームアニメーションをつけます。

本書ではプロシージャルモデリングを主体としており、キーフレームアニメーションについては扱いません。なので、ノードの機能を確認するだけなら、サンプルファイルで十分です。ご自身で手付のキーフレームアニメーションを作成してみたいという方は次のURLを参考にしてください。

アニメーションの基本：`https://www.sidefx.com/ja/docs/houdini/anim/basics.html`

3　TrailSOPを接続します。`Result Type`はデフォルト値の`Preserve Original`から見ていきましょう。Preserve Originalは日本語訳をすると「オリジナルを保持する」という意味ですが、**フレームごとにジオメトリをコピーする**と考えるほうがわかりやすいと思います。`Trail Length`パラメータがコピーする個数です。下の図だと`5`がセットされているのでジオメトリが5個コピーされているのがわかります。

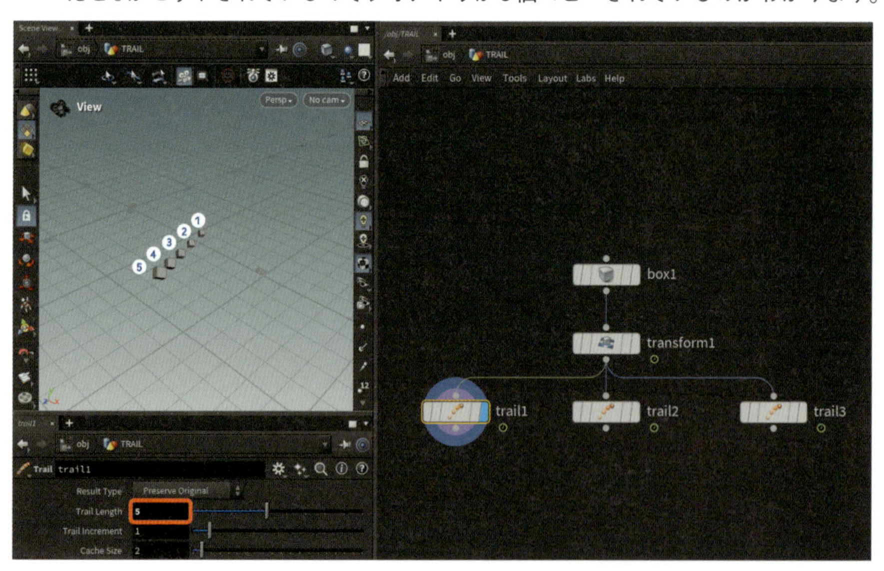

図02-191　TrailSOP：Preserve Original

続いて同じ`Preserve Original`モードのよく使用する簡単なTipsをお伝えしておきましょう。設定は簡単で、`Trail Length`パラメータに`$F`をセットするだけです。

`$F`は覚えていますか？　これはグローバル変数と呼ばれるもので、「現在のフレーム数」を参照するものです。つまり下の図のように最終フレーム（本例では`48`フレーム）に再生ヘッドがある時、`Trail Length`には`48`が入ります。つまり「再生されたすべてのフレームでジオメトリをコピーする」ということを実現できます。

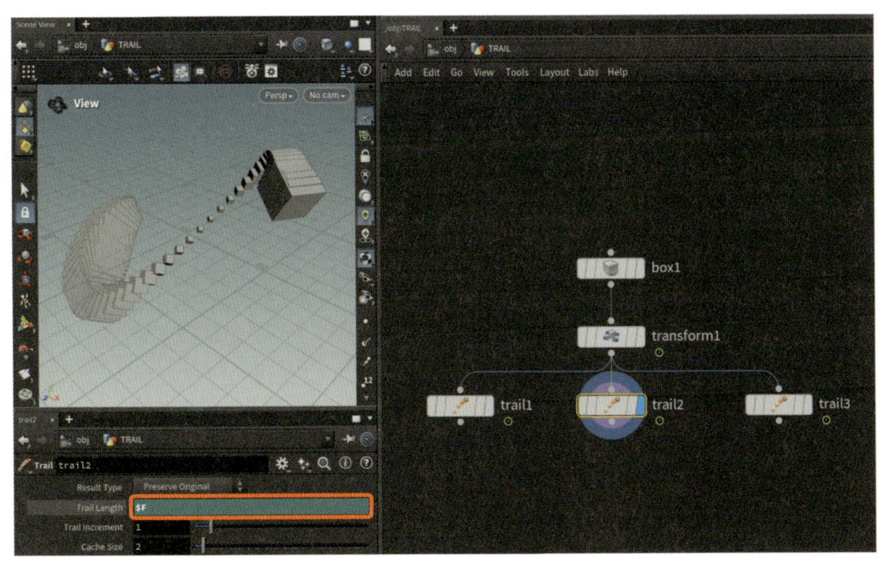

図02-192 TrailSOP：Trail Length に $F を設定

アニメーションの途中の変化を確認したいときは多くあるので、この手法は理解しておきましょう。

Result Type には4種類設定がありますが、Connect as Mesh と Connect as Polygons はその名のとおり「メッシュとして接続」するか「ポリゴンとして接続」するかのモードなのでご自身で確かめてください。直感的に理解できる機能かと思います。

ここでは Compute Velocity モードについて解説を行います。これはジオメトリをコピーするのではなく「ジオメトリの速度を計算する」機能を提供します。ビューポートの右側の Display point trails をオンにすれば移動方向を視覚化することができます。「ジオメトリの速度を計算する」ということは、計算結果として当然アトリビュートも生成されます。ジオメトリスプレッドシートを見てみれば、ポイントアトリビュートに速度を示す v アトリビュートが作られていることが分かります。

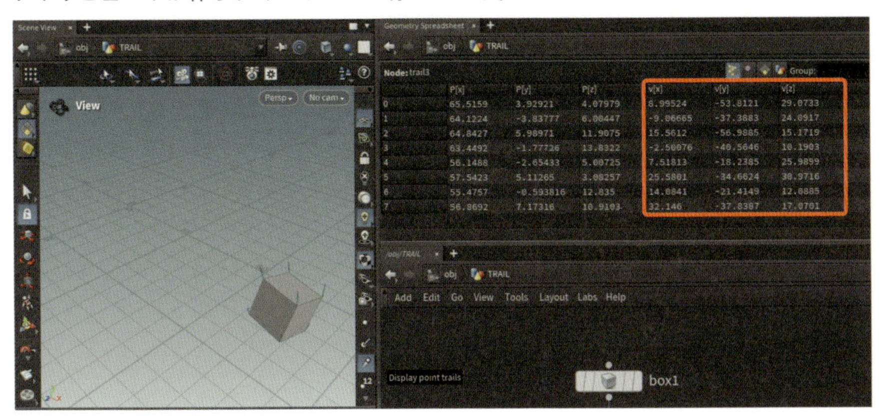

図02-193 TrailSOP：Compute Velocity

自身の移動から速度アトリビュート v を作り出すこの機能は、エフェクト作成時には必須な機能と言えます。ぜひ自分のものとしてください。

RestPositionSOP

RestPosition（レストポジション）SOP は「現在の位置 P を記録しておく」という機能を持ったノードです。「現在の位置 P を記録しておく」ことの何が便利なんだ？　と思う方もおられるかと思いますが、非常に有用なノードです。

主に**元のカタチに戻す**ときに非常に重宝します。では作例を見ていきましょう。今回は特にネットワークの流れが重要なため、頭からノードを説明するスタイルでは進めません。サンプルファイルをご覧いただき「どこで何をしているか」を意識して見ていきましょう。

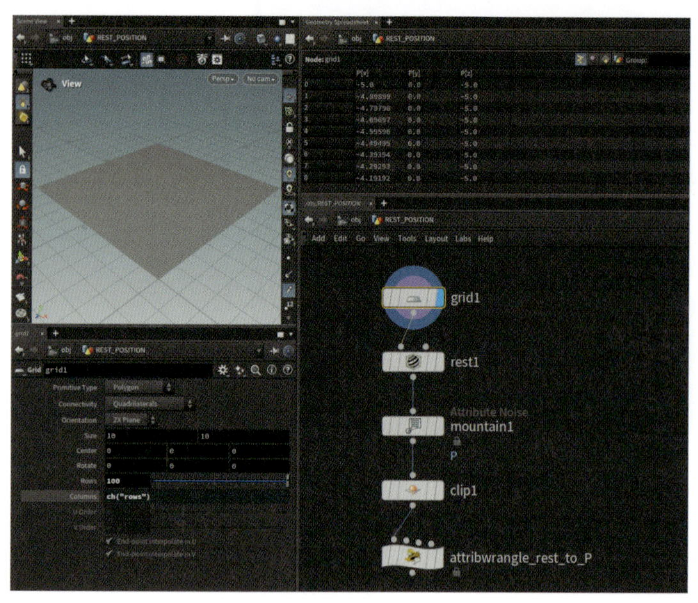

図02-194　GridSOP：分割数を増やす

ここは大丈夫ですね。Gridを細かく割っているだけです。

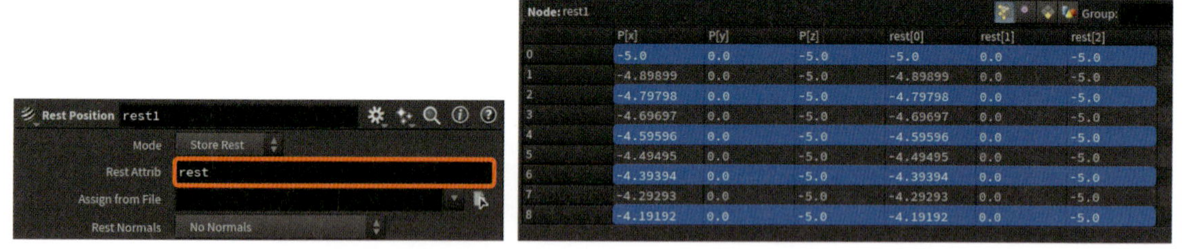

Node: rest1

	P[x]	P[y]	P[z]	rest[0]	rest[1]	rest[2]
0	-5.0	0.0	-5.0	-5.0	0.0	-5.0
1	-4.89899	0.0	-5.0	-4.89899	0.0	-5.0
2	-4.79798	0.0	-5.0	-4.79798	0.0	-5.0
3	-4.69697	0.0	-5.0	-4.69697	0.0	-5.0
4	-4.59596	0.0	-5.0	-4.59596	0.0	-5.0
5	-4.49495	0.0	-5.0	-4.49495	0.0	-5.0
6	-4.39394	0.0	-5.0	-4.39394	0.0	-5.0
7	-4.29293	0.0	-5.0	-4.29293	0.0	-5.0
8	-4.19192	0.0	-5.0	-4.19192	0.0	-5.0

図02-195　RestPositionSOP：Pアトリビュートとrestアトリビュート

ここが今回のキモ、RestPositionSOPです。Pアトリビュートとrestアトリビュートを見比べやすいようジオメトリスプレッドシートに色をつけてみましたが、**そのポイントの位置アトリビュートPをrestアトリビュートに記録しているだけ**ですね。

これがなぜ便利なのかについては次の図をご覧になればわかるかと思います。

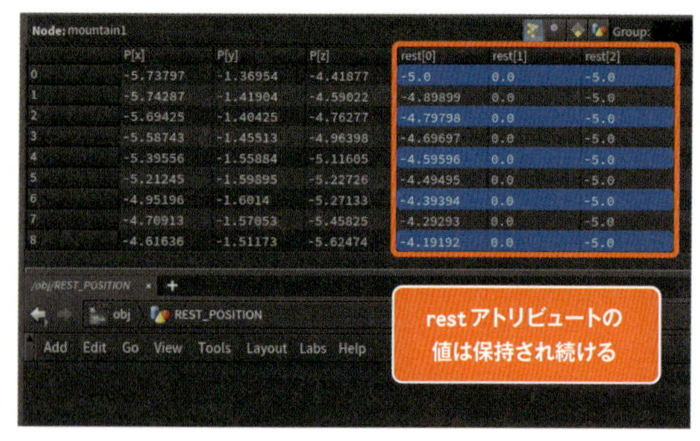

Node: mountain1

	P[x]	P[y]	P[z]	rest[0]	rest[1]	rest[2]
0	-5.73797	-1.36954	-4.41877	-5.0	0.0	-5.0
1	-5.74287	-1.41904	-4.59022	-4.89899	0.0	-5.0
2	-5.69425	-1.40425	-4.76277	-4.79798	0.0	-5.0
3	-5.58743	-1.45513	-4.96398	-4.69697	0.0	-5.0
4	-5.39556	-1.55884	-5.11605	-4.59596	0.0	-5.0
5	-5.21245	-1.59895	-5.22726	-4.49495	0.0	-5.0
6	-4.95196	-1.6014	-5.27133	-4.39394	0.0	-5.0
7	-4.70913	-1.57053	-5.45825	-4.29293	0.0	-5.0
8	-4.61636	-1.51173	-5.62474	-4.19192	0.0	-5.0

図02-196　Attribute NoiseSOP：変形後のrestアトリビュートの確認

ちなみに`Rest Attrib`パラメータにはデフォルトで`rest`という文字列が入っていますが、これが位置アトリビュートを保存するためのアトリビュート名になっています。慣れないうちはここはデフォルト値で使用するとよいでしょう。その理由としてrestは組み込みアトリビュートなのでHoudiniが「restということは位置アトリビュートPを保存するもののはずだから、vector型なんだな」とデータ型を勝手に認識してくれるためスムーズに物事が進むためです。

ここでAttribute NoiseSOPを使ってGridをグチャッと変形させています。このノードは今回の解説と離れてしまうので簡単な説明にとどめますが、ノイズを利用して様々な結果を得ることができます。ここでは位置アトリビュートPにノイズを与えているのでジオメトリの形状をノイズで歪ませています。

ちなみに今までも登場していたMountainSOPもこのAttribute NoiseSOPの仲間なので、実は馴染み深いノードと言えます。ここで重要なのは、形状は大きく変形している（つまりポイントアトリビュートPは変化している）のですが、restアトリビュートは記録したときの値を保持し続けているということなんですね。

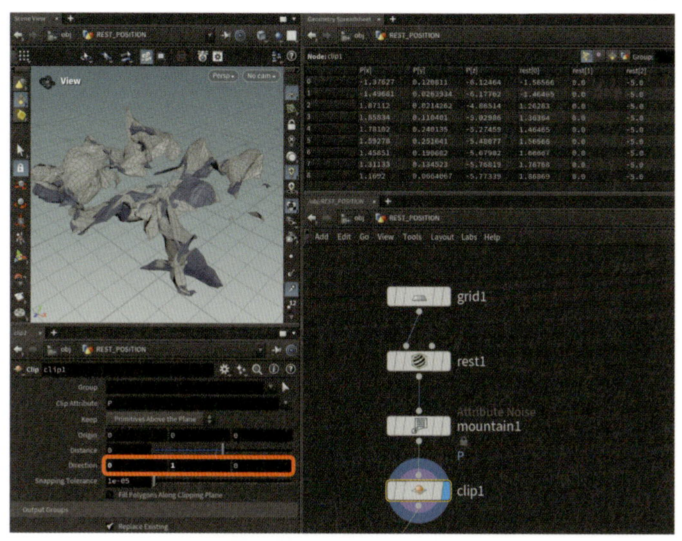

図02-197　ClipSOP：水平方向にカット

ここまで理解できれば、後はそれほど難しくありません。ClipSOPでグチャグチャになったGridをスパッと水平に切っています。

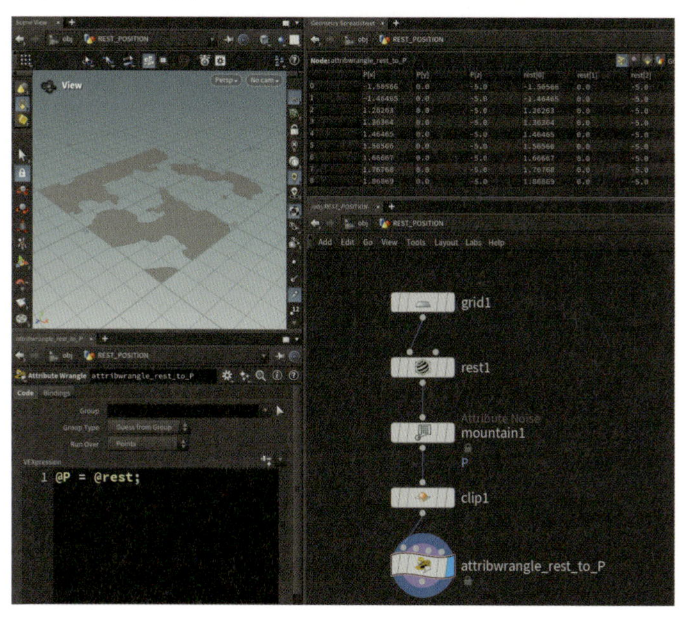

図02-198　Attribute WrangleSOP：restアトリビュートによる形状の復元

最後にGridを元の形に戻すのですが、ここではAttribute WrangleSOPを使っています。プログラムは次のように一行だけです。

```
@P = @rest;
```

このプログラムを見てみましょう。前述のとおりrestは組み込みアトリビュートなので添字のvが不要です。なので、「元々の位置を保持しておいたrestというアトリビュートの値を位置アトリビュートPに代入してね」という意味になります。

これはまさに「元の形状に戻す」という処理ですね。

この一連の動作は最初のうちは理解が難しいと思いますが、現実世界でティッシュペーパーをハサミで切るのにとても似ています。写真とともに見てみましょう。

図02-199　GridSOPとRestPositionSOPのイメージ

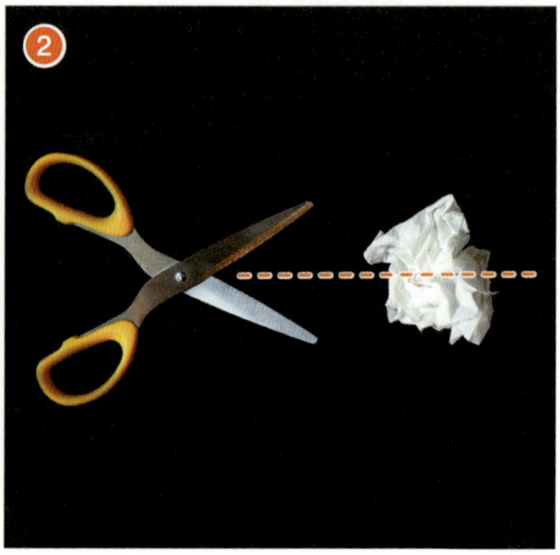

図02-200　Attribute NoiseSOPのイメージ

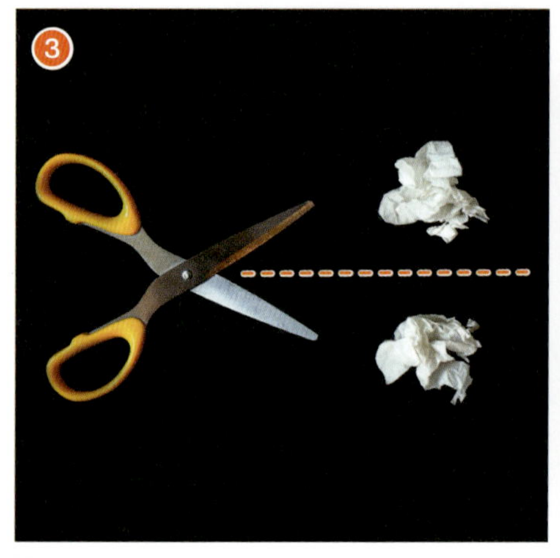

図02-201　ClipSOPのイメージ

図02-202　Attribute WrangleSOPで元の形状に復元したイメージ

1. テーブルの上にティッシュペーパーを置く。そしてそのテッシュペーパーの位置を記憶しておく。

2. ティッシュペーパーをグチャグチャに丸める。

3 ティッシュペーパーをハサミでスパッと真横に切る。

4 ティッシュペーパーを広げ、元のテーブルの位置に戻す。

どうでしょうか？　現実世界でもティッシュペーパーはところどころに穴が空いた状態になっていますね。このRestPositionSOPを用いた位置を戻す作業はよく使うので、ティッシュペーパーのイメージとともに覚えておきましょう。

ScatterSOP

以前もご紹介したScatter（スキャッター）SOPについて、よく使用する組み合わせをお伝えします。頻出のネットワークなので、理解ができたらまるごと覚えてしまってもよいでしょう。

ScatterSOPとよく併用するノードとして、Voronoi Fracture（ボロノイ フラクチャー）SOPというものがあります。本項目ではこの2つの組み合わせから各ノードの特徴をつかんでいきましょう。

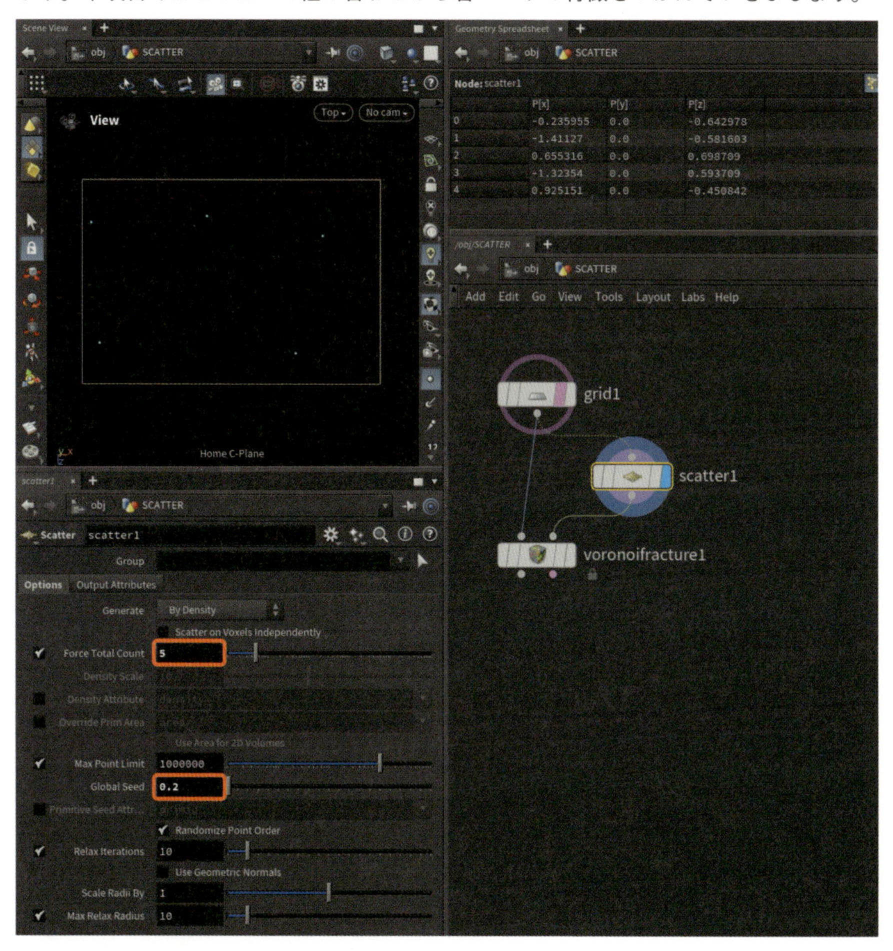

図02-203 ScatterSOP

まずはScatterSOPの復習からいきましょう。ScatterSOPはジオメトリの表面にポイントを散布するノードでした。この「表面」というのがキモで、後ほどコントロールの仕方についてお伝えします。`Force Total Count`パラメータは読んで字のごとく「散布するポイントの個数」を表します。ジオメトリスプレッドシートを見てもちゃんと同じ個数（本例では5個）散布されていますね。そして`Global Seed`は乱数を調整するパラメータです。この値を変更してみるとポイントの場所が変わります。

続けてVoronoi FractureSOPについて説明を行います。和訳すると「ボロノイ分割を用いてジオメトリを粉砕するノード」といった意味になります。ボロノイ分割については一度ちゃんと理解しておきましょう（一度理解したら後は結果をイメージしておけば十分です）。

隣り合うポイントを結ぶ直線に垂直二等分線を引き、それぞれの領域に分割するというのがその仕組みになります。少し難しく感じますので、まずは結果を見た上で、その仕組みを図解していきます。

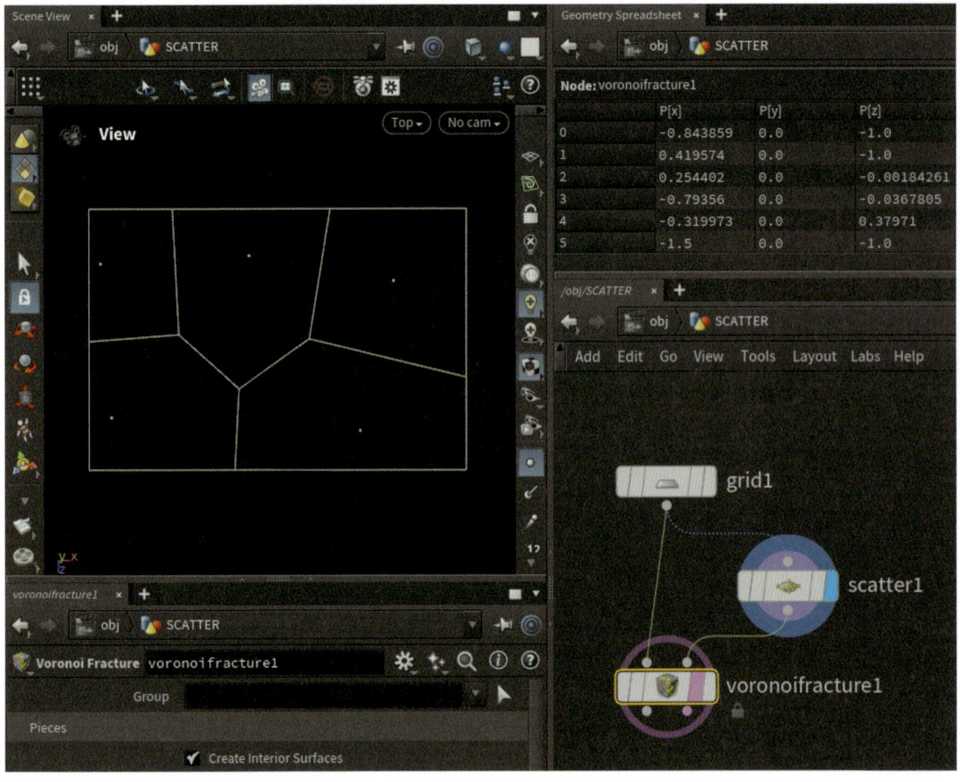

図02-204 Voronoi FractureSOP

この「特徴的な割れ方」をイメージできるようにしましょう。続けて仕組みの説明です。接続方法としては、左側の入力に分割したいジオメトリを、右側の入力に分割に利用するポイントをとります（Voronoi FractureSOPのパラメータについては今回は割愛します）。

1 まずは2つの近場のポイントを選びます。

2 2点をつなぐ直線を描きます（図の赤い実線）。

3 先程の直線の中間点からその直線に垂直方向へ直線を描きます（図の赤い破線）。

これを他のポイントに対しても繰り返していき、垂直二等分線がぶつかった部分で分割の領域が決定されていきます。

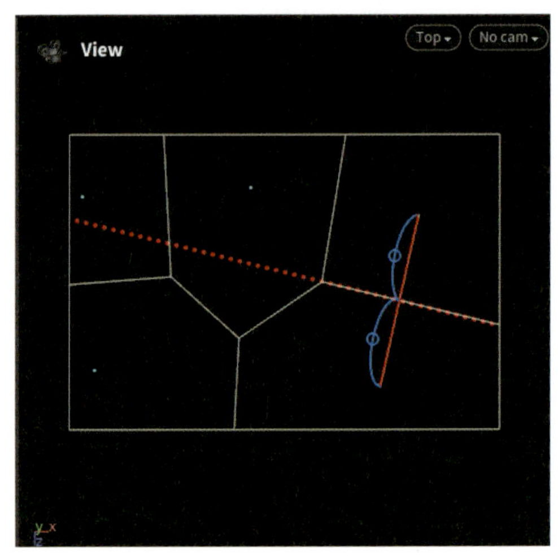

図02-205 ボロノイ分割の仕組み その1

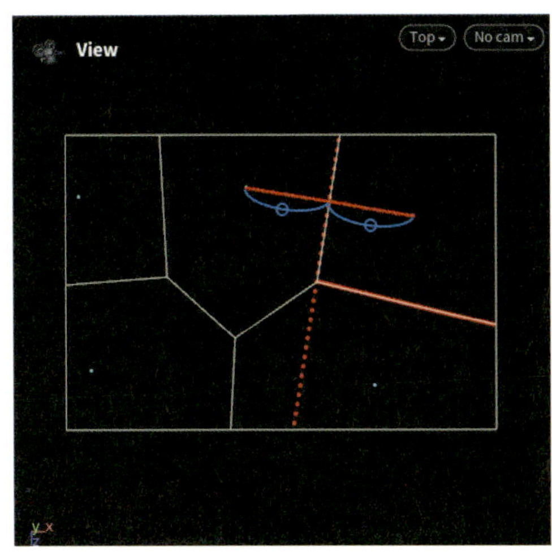

図02-206 ボロノイ分割の仕組み その2

最後にこれは必須ではありませんが、Exproded View（エクスプローデッド ビュー）SOPを繋いでみましょう。このノードは分割されているジオメトリをバラバラに引き離し、どのように分割しているか確認するためのノードです。このノードを直接表現に使うことは稀ですが、デバッグに便利なノードが豊富に用意されているのもHoudiniの魅力の1つです。

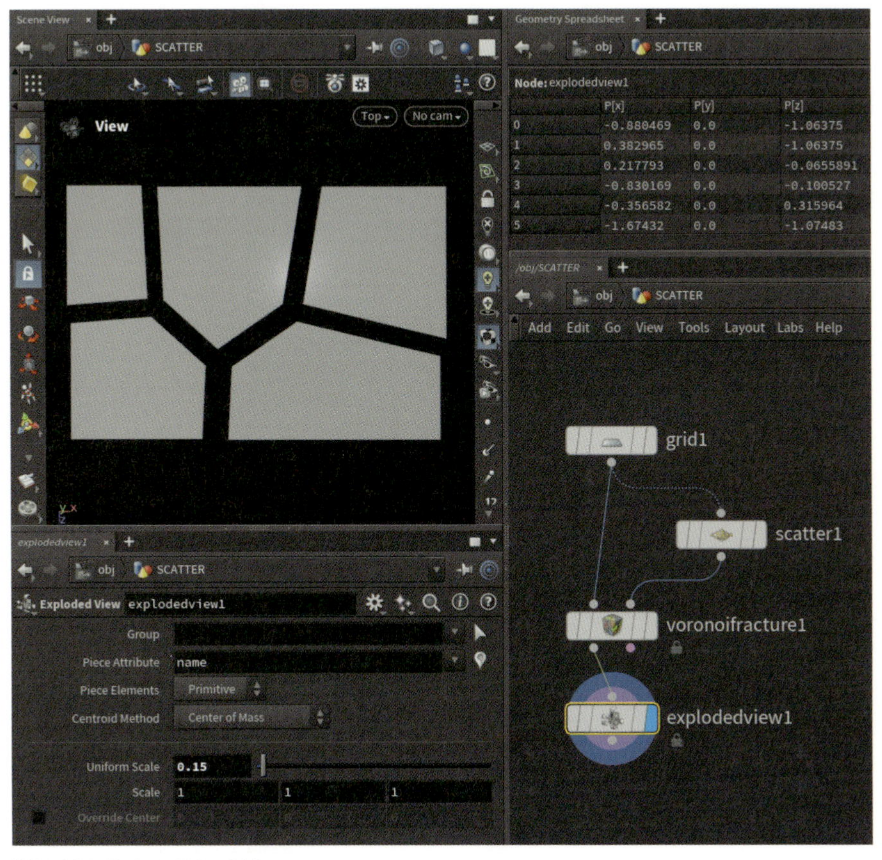

図02-207 Exploded ViewSOP

さてVoronoi FractureSOPですが、2Dだけではなく3Dにもまったく同じ仕組みで利用できます。

図02-208　Voronoi FractureSOPを3Dオブジェクトに適用

いかがでしょう？　2Dと3Dでまったく同じイメージで扱えると思います。ただし、実は2Dでは気にならなかったこのネットワークですが、3Dだと少し微妙な結果になっています。その説明と（多くの場合）より良い方法をご紹介しましょう。

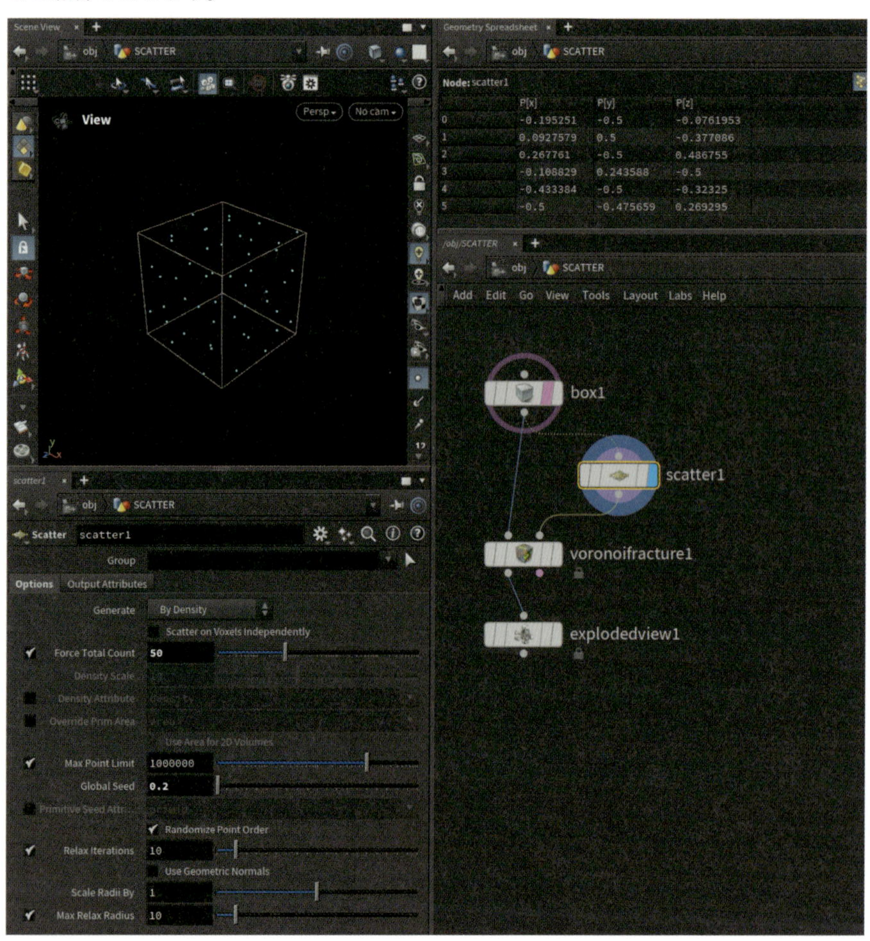

図02-209　ScatterSOPの特徴

ScatterSOPにディスプレイフラグを移し、上流のBOXにテンプレートフラグをつけましょう。またわかりやすいように散布するポイントを増やしています。ScatterSOPの性質上、**BOXの表面にポイントが散布されていますね**。これ自体は特に問題はありません。しかし、このままだとBOXの表面にポイントを散布し、それを基準にボロノイ分割を行うと立体の中心に向かって尖っていくような分割方法に偏ってしまいます。

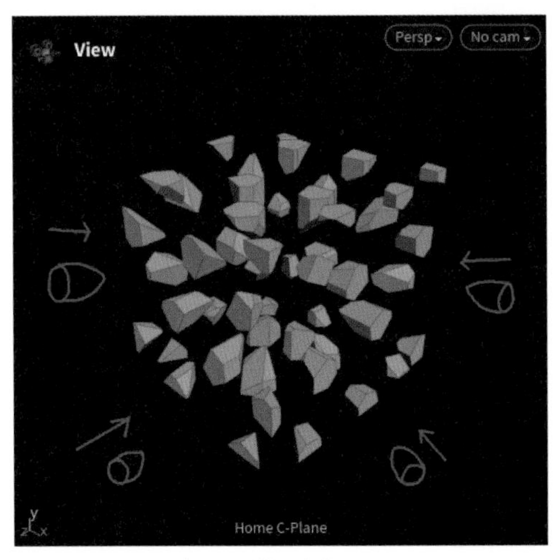

図02-210　少々不自然な形状が生成される

この形状が良い場合には問題はないのですが、自然物の小石の形状などを作成する際には少々不自然です。こんな時はScatterSOPの前にVDB from Polygons（ブイディービー フロム ポリゴンズ）SOPを接続し、デフォルト値から次のようにパラメータを変更します。

- Distance VDBのチェックを外す。
- Fog VDBのチェックを入れる。

VDB from PolygonsSOPは「ジオメトリからボリュームを作成する」ノードです。Houdiniで扱えるボリュームは複数あり、その中でもVDBは高速な処理が可能なボリュームです。基本的にボリュームフォーマットはVDBを選択するとよいでしょう。そしてVDBボリュームにはDistance VDBとFog VDBの2種類があります。それぞれ取得できるデータの内容が異なります。

VDBボリュームの種類	作り方	取得できるデータ
Distance VDB	対象の形状をジオメトリ表面からの距離情報として表現できるSDFという方法でボリューム作ります	ジオメトリ表面付近の値
Fog VDB	濃淡を持つボクセルでボリュームを作ります	ジオメトリ内側の値

ここでは**BOXの内側にもポイントを作りたかったのでFog VDBを選択しています。**

下の図のようにBOXの内側にもポイントが散布されているのがわかりますね。

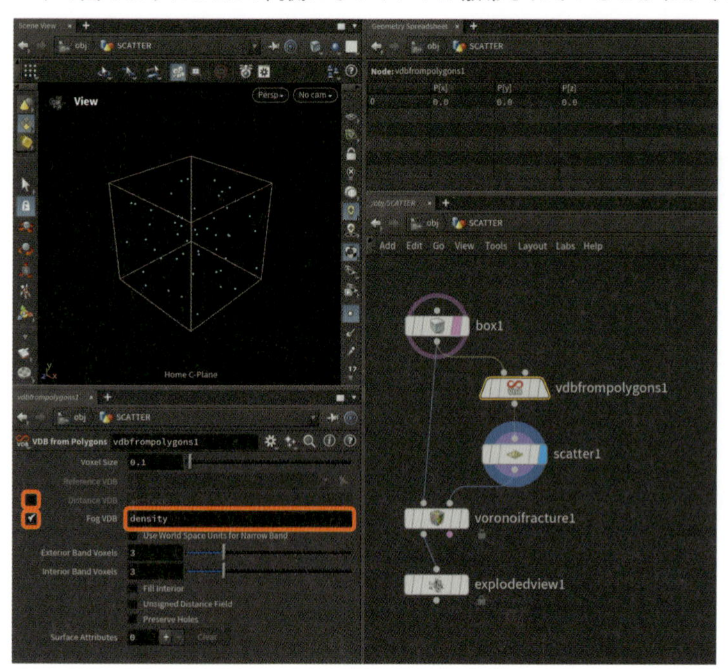

図02-211　VDB from PolygonsSOPで生成したボリュームにポイントを散布

再びExproded ViewSOPにディスプレイフラグを立てましょう。先程の分割形状より自然に分割されているように思いませんか？

このように、3DでVoronoi FractureSOPを利用する際はポイントの散布方法にひと手間かけ、立体の内側にもポイントを入れてあげるとより自然に分割になることが多いと覚えておいてください。

図02-212　より自然な形状を得ることができる

続いて、1つ前の課題を再利用して銃弾によって破壊されたガラスを表現してみましょう。ここでいう「銃弾によって破壊されたガラス」というのは、ある一点の周辺に破片が集中し、そこから遠ざかると破片が大きくなるようなイメージを指します。

複雑な破壊を行うにはRBD Material Fracture（アールビディー マテリアル フラクチャー）SOPというノードがありますが、目的を達成するノードを知ることと同様、自前でコントロールできるネットワークを作れるようになることも非常に重要な経験になります。

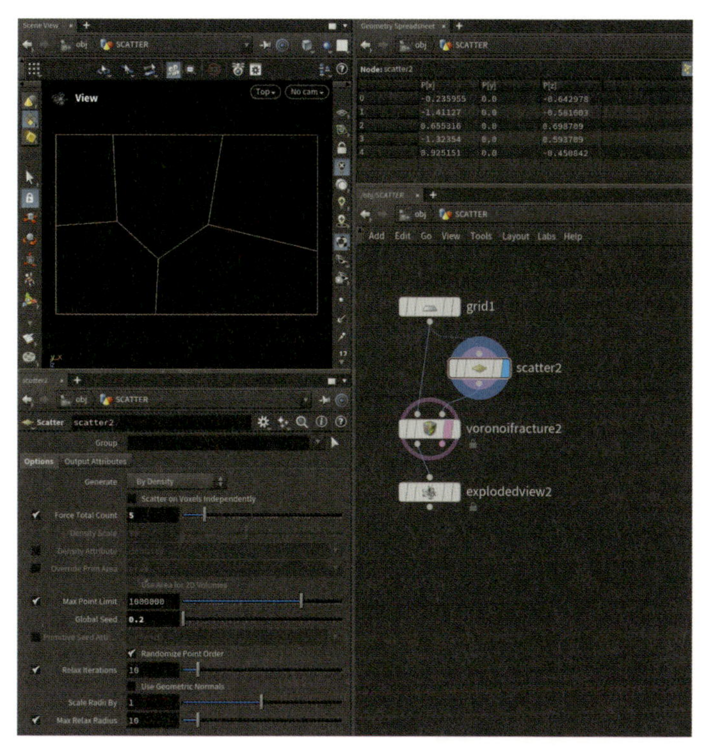

図02-213　前回の作例

ネットワークはまったく変更していません。ScatterSOPの`Force Total Count`は5なのでGridは5個に分割されていますね。このままではちょっとガラスが割れた表現には見えません。続いてScatterSOPをもう1つ作りましょう。新しくScatterSOPを作成してもよいですし、既存のScatterSOPを[Alt]キーを押しながらドラッグしてもOKです。

新しく作成もしくはコピーしたScatterSOPのパラメータを次のように設定します。

パラメータ	値
Forece Total Count	1
Global Seed	2.8

`Global Seed`で散布される場所を変更でき、`Force Total Count`で銃弾が当たった部分の個数をコントロールできます。ここまでのネットワークは次の図のとおりです。

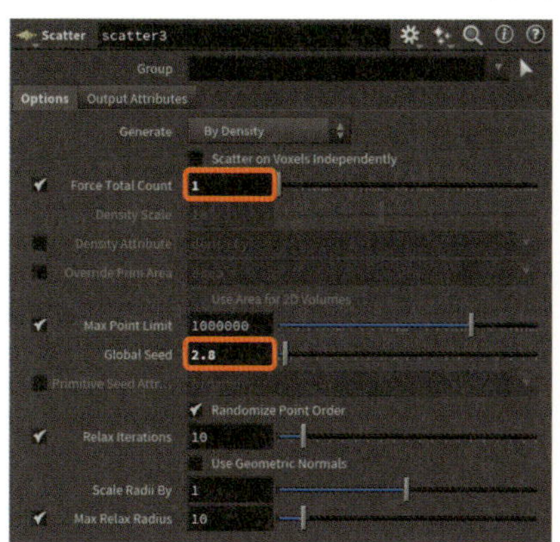

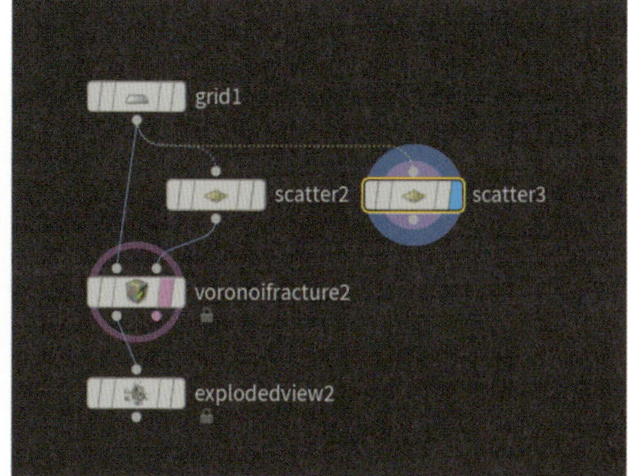

図02-214　2つ目のScatterSOP

続けてPoint GenerateSOPを作成・接続します。Point Generate（ポイント ジェネレート）SOPは以前登場しましたが、その名のとおり「ポイントを生成するノード」です。`Number Of Points`パラメータが生成するポイント数となります。Node infoでもポイント数を確認することができます。

そして重要な特性として、入力があればそのポイントの位置にポイントを生成してくれる点です。本例では見た目では1つのポイントがあるように見えますが、同じ位置に100個重なっています。

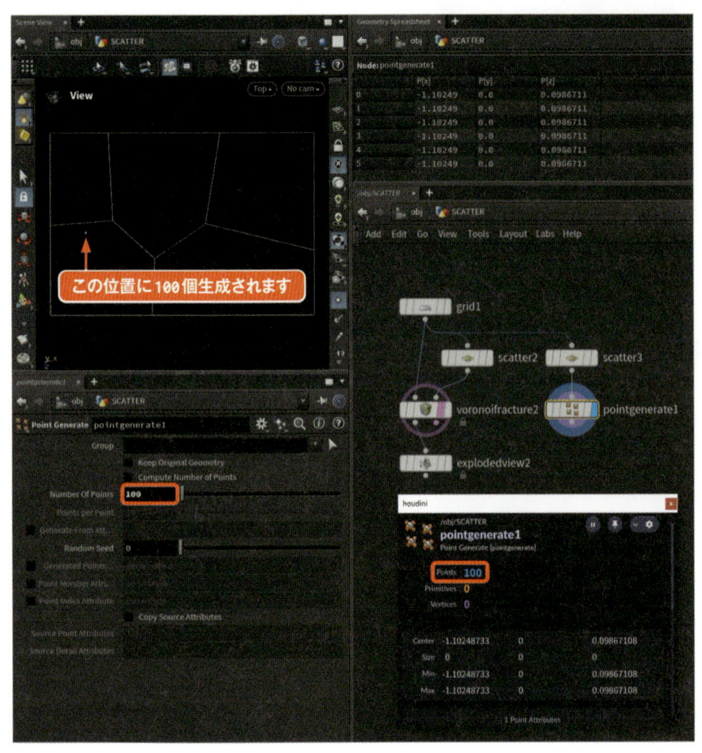

図02-215　Point GenerateSOP

次にPoint Jitter（ポイント ジッター）SOPを繋ぎ、`Scale`パラメータを`0.3`に設定しましょう。Point JitterSOPはポイントをバラけさせるノードです。そしてのそのバラけ具合を`Scale`パラメータで調整します。

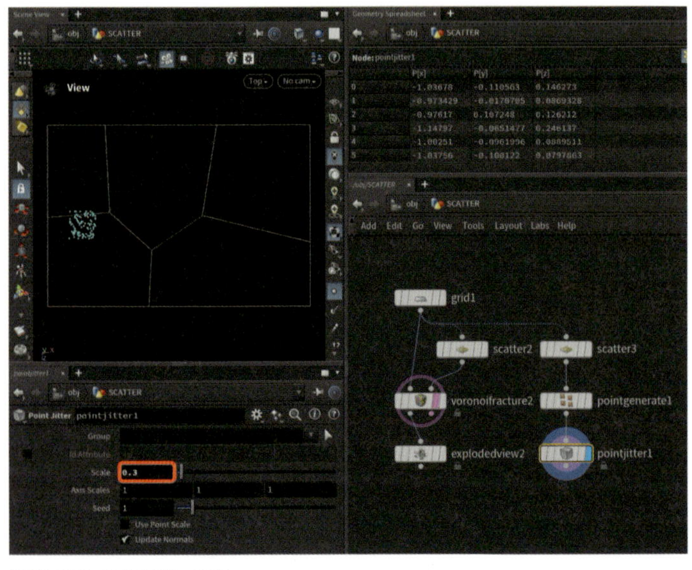

図02-216　Point JitterSOP

最後に2つ続けて操作を行います。

1 scatter2ノードとpointjitter1ノードをMergeSOPで接続します。

2 merge1ノードをVoronoi FractureSOPの右側に接続し直します。

これが済んだらノードを見やすくするためネットワークをキレイにしておきましょう。ノードが増えてきたら、その都度整理するのは、難しいロジックを組むのと同じかそれ以上に大切な作業です。チームメンバーのため、もしくは未来の自分のためにきれいなネットワークを心がけましょう。

さて、次の図を見ながら解説をしましょう。ポイントをわかりやすくするためにDisplay Pointsボタンをオンにしています。

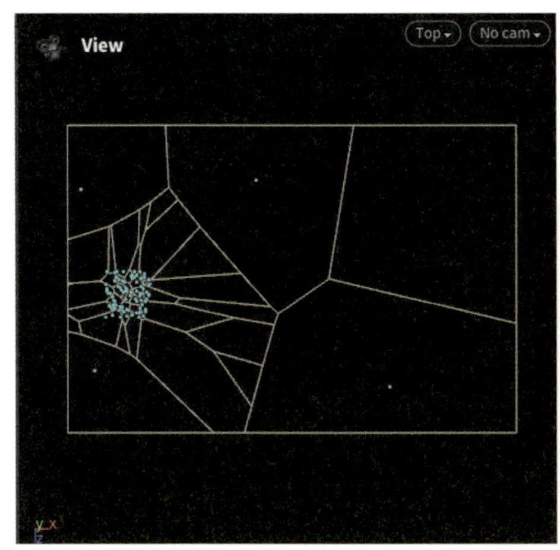

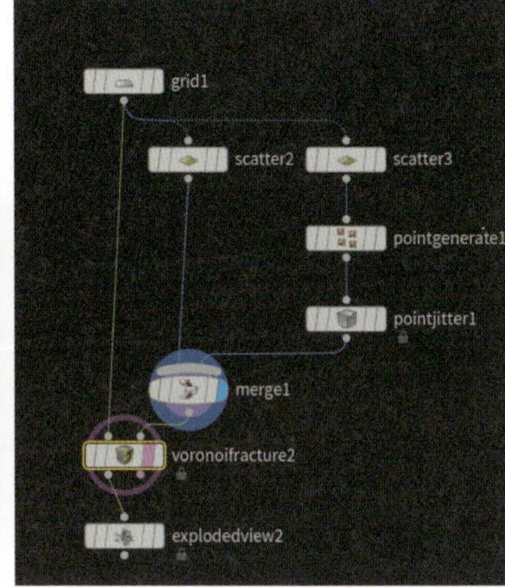

図02-217　複雑な分割のロジック確認

ポイントが密集しているところに分割が集中していますね。そしてその細かい分割(弾丸が通った部分)を作成しているのはscatter3、pointgenerate1、pointjitter1のストリームが担っています。

scatter3のGlobal Seedの値を変更すれば弾丸の位置が変わりますし、Force Total Countを増やせば弾丸の個数が増えます。その際pointgenerate1とpointjitter1のパラメータも調整しましょう。

Exproded ViewSOPのディスプレイフラグをオンにしてみると単純なボロノイ分割より一段深い表現ができていますね。

図02-218　Exploded ViewSOPで割れ方を最終確認

ただノードの繋ぎ方だけを覚えるのではなく、自身のイメージを実現させるためにはどんなノードが必要か？ということを意識しながら学習を進めていきましょう。

DivideSOP

Divide（ディバイド）SOPはジオメトリの分割に関する機能を持ったノードです。多くの機能を持ったノードですが、よく使うケースをご紹介しましょう。

パラメータ	機能
Convex Polygons	凹ポリゴンを凸ポリゴンに分割します
Maximum Edges	各ポリゴンのエッジ数を指定します
Triangulate Non-Planar	非平面プリミティブを三角形にします

`Convex Polygons`をオンにするとデフォルトで`Maximum Edges`と`Triangulate Non-Planar`がオンになるため、この3つはセットで使用することが多いです。3つセットのデフォルト値で使用する場合、できる限り三角形ポリゴンにするよう動作します。ジオメトリを出力する前に三角形化したい場合などに使用するとよいでしょう。

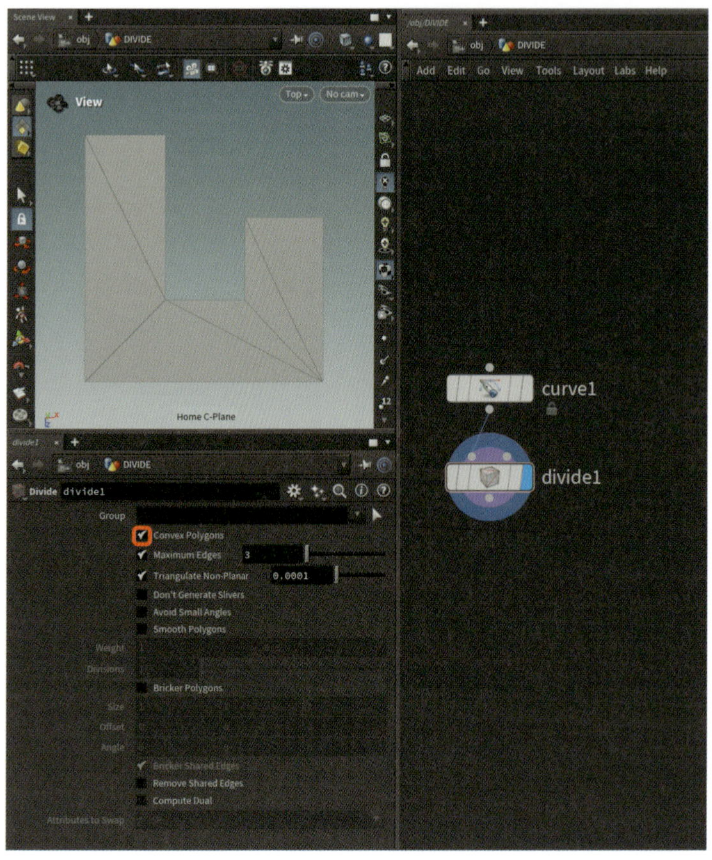

図02-219　DivideSOP：Convex Polygonsオプションでポリゴンを三角ポリゴン化

`Bricker Polygons`はワールド座標の空間ベースでジオメトリをカットします。豆腐をX、Y、Z軸方向から切るようなイメージを持つとよいでしょう。

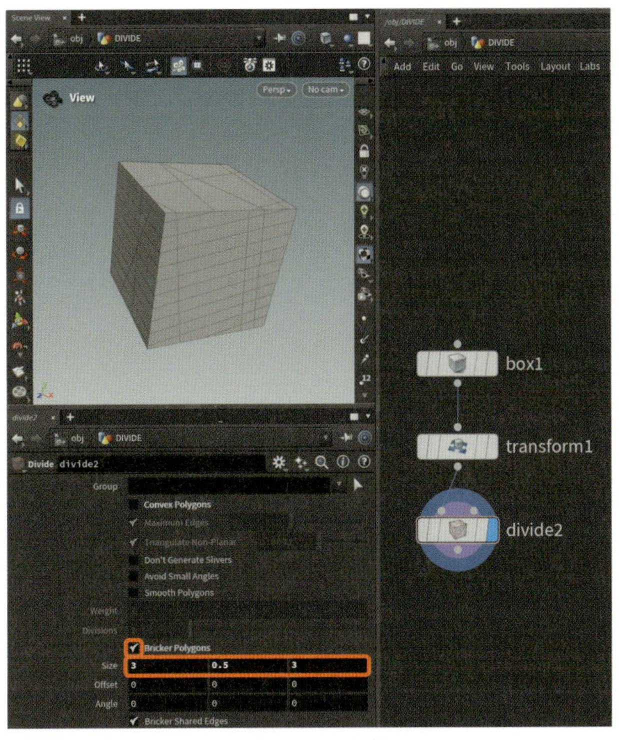

図02-220 DivideSOP：Bricker Polygonsオプション

この機能が有用なケースとして、Font（フォント）SOPなどのように複雑なNゴンを持った形状に対して使用すると良い結果を得られることが多くあります。本例では下の図のようにdivide3をテンプレート表示または削除するとジオメトリにエラー表示がでてしまいます。実際に試してみてください。

ちなみにFontSOPはその名のとおりフォント、つまり文字のメッシュを作成してくれるノードです。

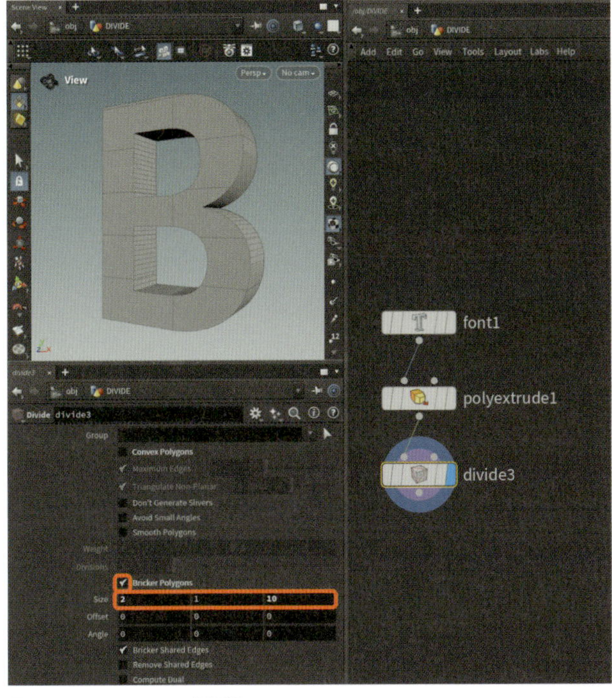

図02-221 DivideSOP使用例

最後にRemove Shared Edgesパラメータですが、これをオンにすると共有エッジを削除します。共有エッジとは、右の図のようにポリゴン表面を分割している部分のエッジのことです。

このエッジは見た目上は1つだけのエッジに見えますが、ポリゴンごとのエッジの情報（**ハーフエッジ**と言います）が重なり合って存在しています。しかしポリゴン分割部分にエッジを2本引くわけにもいかないのでエッジを共有して1つに見立てているわけです。

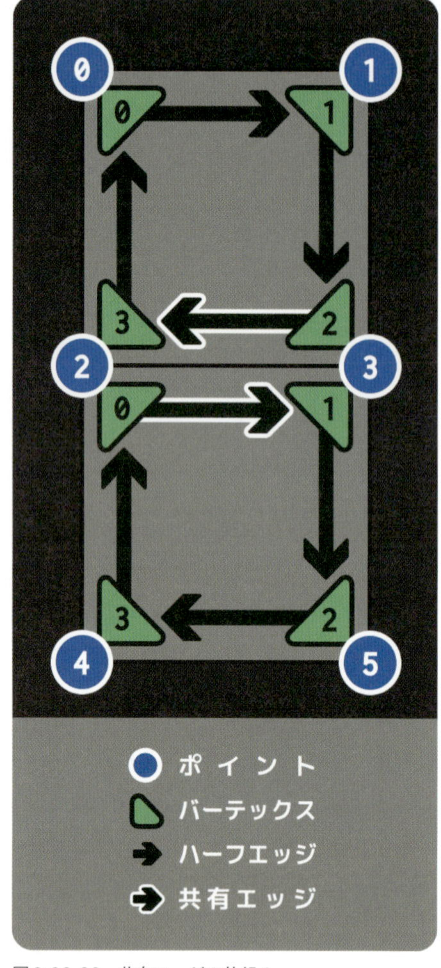

図2-00-00　共有エッジの仕組み

先程のFontSOPでは最初からNゴンを持った形状で出力されることがあります。例えば文字のシルエットをPolyWire（ポリワイヤ）として出力したい場合はこの共有エッジが邪魔になることがあります。その場合はこのパラメータを利用して共有エッジを削除します。

図02-222 DivideSOP：Remove Shared Edegesの使用例 その1

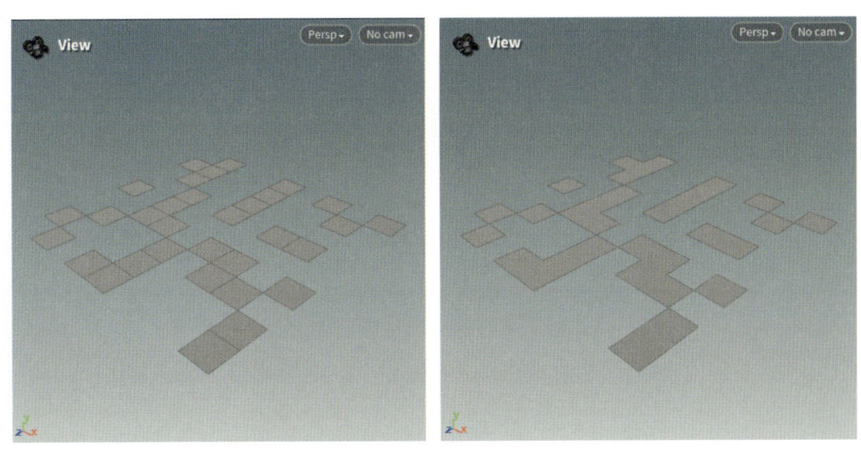

図02-223 DivideSOP：Remove Shared Edegesの使用例 その2

AddSOP

Add（アッド）SOPについて解説をしましょう。

まずは最もその名にふさわしいポイントを追加する機能についてです。Number of Pointsの+ボタンを押すことでその都度、ポイントを生成することができます。ジオメトリスプレッドシートを確認するとわかるように、生成したポイントは位置も指定することができます。

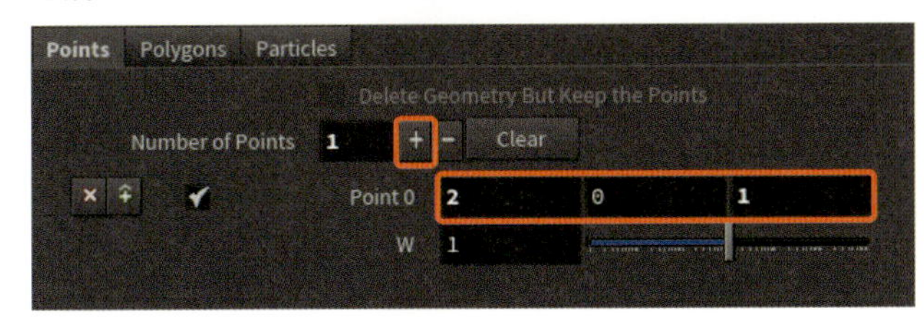

図02-224 AddSOP：ポイントを作成

筆者は破壊処理になるため手入力で位置を指定してポイントを生成することはほとんどしないのですが、Python Viewer Stateという機能を用いてビューポートをクリックすることでそのマウス座標にポイントを生成する際にはこのポイント生成機能にお世話になります。本機能は本書のレベルを超えるため扱いませんが、今後使うことがあるということは覚えておくとよいでしょう。

続けてDelete Geometry But Keep the Pointsについてですが、これは和訳すると「ジオメトリは削除するが、ポイントは保持する」という意味になります。ジオメトリスプレッドシートを見ると分かりますが、PrimitivesもVerticesもゼロになっていますね。この機能、実は割と面白い使い方があるのですが、初学者のうちはなかなか想像がしにくいかもしれません。本書では後半の実践編で1つのアイデアをご紹介しましょう。

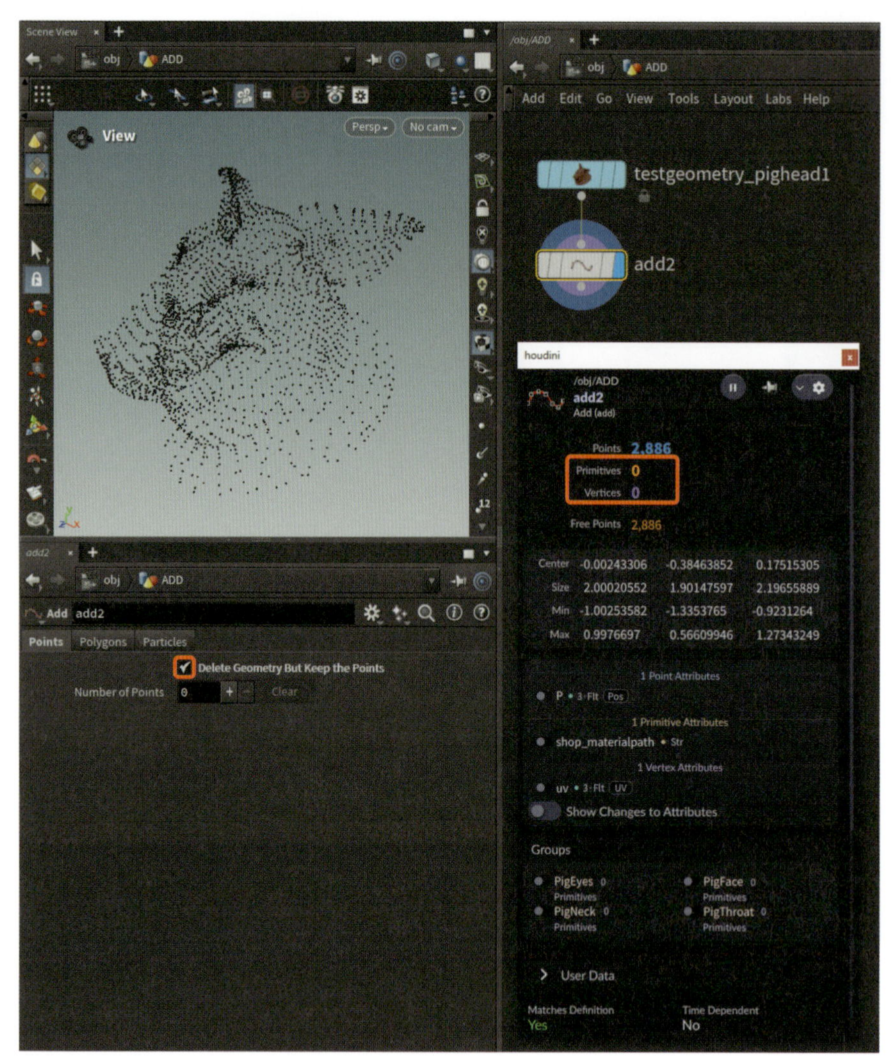

図02-225 AddSOP：Delete Geometry But Keep the Points

続いて`Remove Unused Points`について解説します。直訳すると「使用されていないポイントを削除する」という意味なのですが、ここでいう「使用されていない」とは「どことも接続されていないポイント」のことです。

この「どことも接続されていないポイント」を作るために図のようなネットワークを組みましたが、少々難しいので現段階では理解しなくてOKです。本書の後半で、Attribute Wrangle応用をクリアした後で解説しましょう。流れだけ簡単にお伝えすると

1 Boxを作成します。

2 Boxのエッジをライン（正確にはポリラインと呼びます）に変換します。

3 ランダム（ここでは30%の確率）にラインを削除し、そのタイミングでポイントは残します。

こんな処理の流れです。3の処理に該当するプログラムが次のようなVEXになりますが、今は分からなくて大丈夫なので安心して下さい。

```
if(rand(@primnum) < ch("limit")){
    removeprim(0, @primnum, 0);
}
```

今回重要なのは、ポイントナンバ5が「どことも接続されていないポイント」というところです。

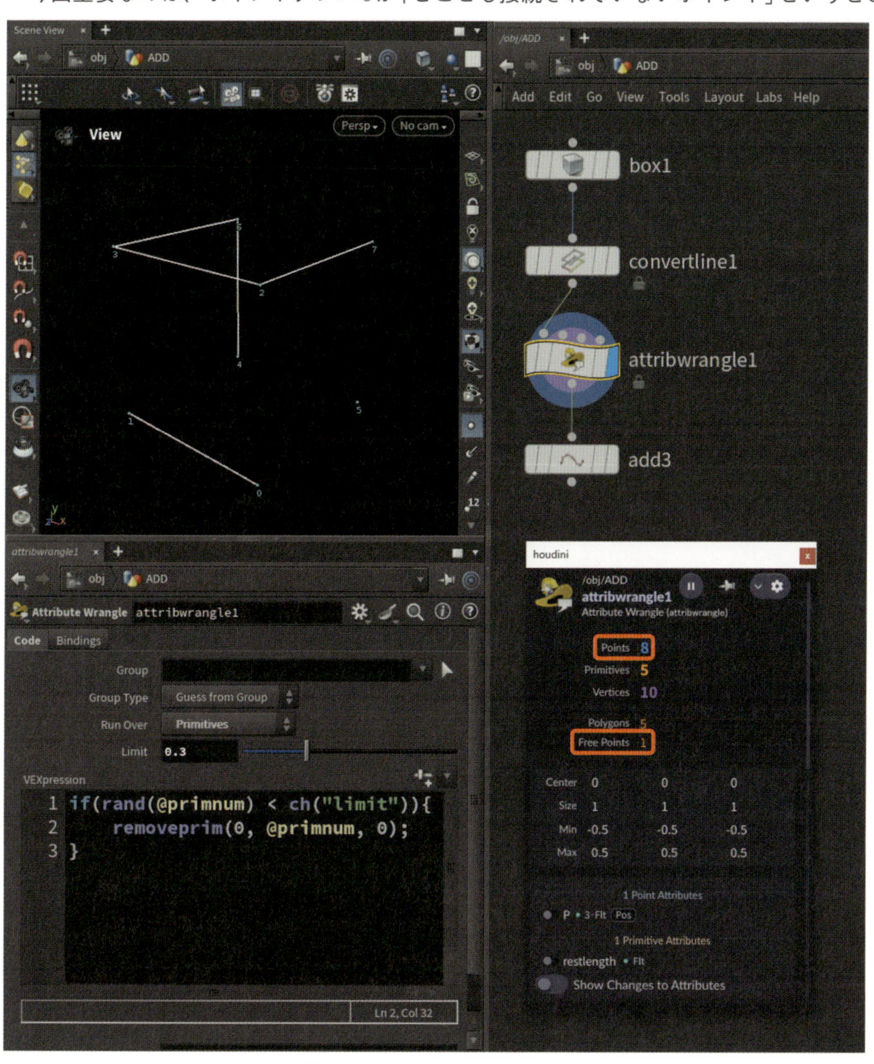

図02-226 Attribute WrangleSOPを利用して接続されていないポイントを意図的に作成

ここでAddSOPのRemove Unused Pointsを使用すると「どことも接続されていないポイント」が削除されるということですね。今回は説明のためにあえてどことも接続されていないポイントを作りましたが、本来の使い方としては意図しない「どことも接続されていないポイント」が発生した際にそれを削除するという、バグ対応の機能ということになります。

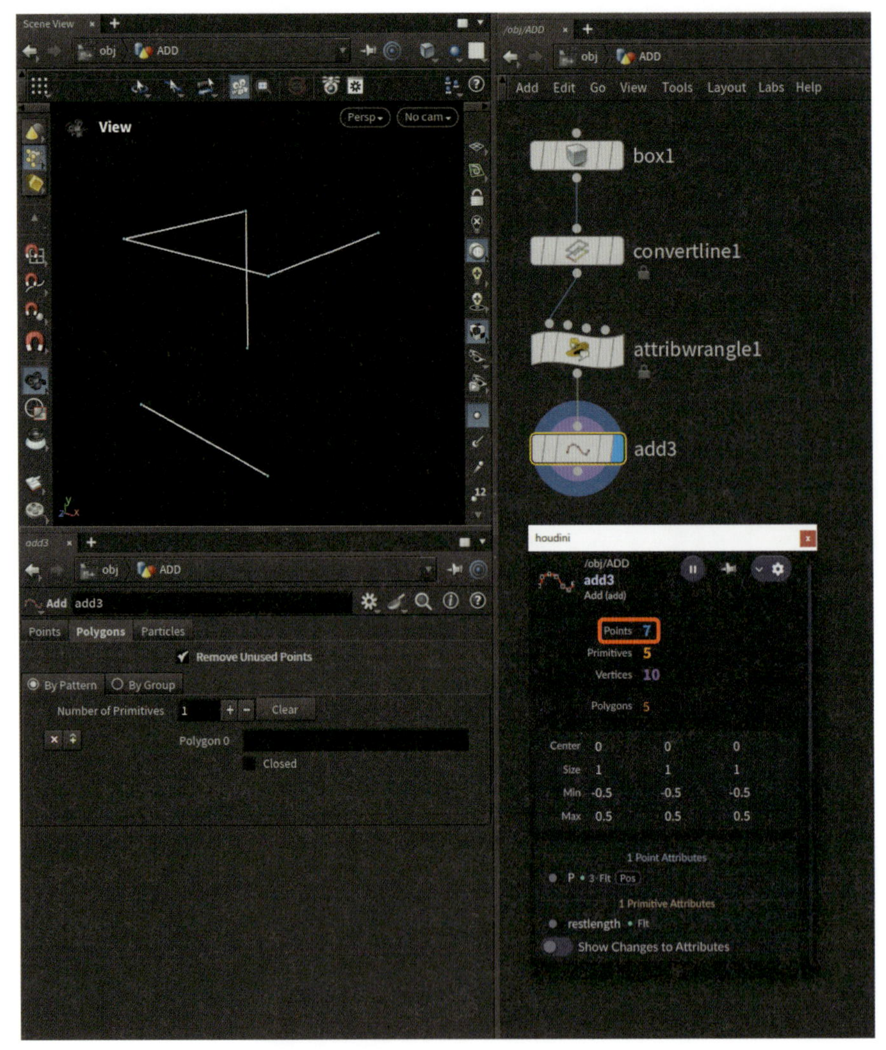

図02-227　AddSOP：Remove Unused Points

次に各ポイントをポリラインで接続する機能について解説します。接続方法はいくつかのオプションによって挙動が変わるのですが、ここではまず最も簡単な方法についてご説明します。

1　Point GenerateSOPで5つのポイントを作成します。

2　Point JitterSOPで各ポイントをバラけさせます。

ここまでは大丈夫ですね。バラバラのポイントが5個散らばっている状態になります。Node infoを見ると`Unconnected Points: 5`となっています。わかりやすいですね。

続いてAddSOPを接続します。パラメータは`Polygons`タブの`By Group`を指定、`Add`には`All Points`をセットします。これでポイントナンバ順にポリラインで接続されます。この方法でポリラインを生成すると1つのプリミティブとして作成されることも確認しておきましょう。

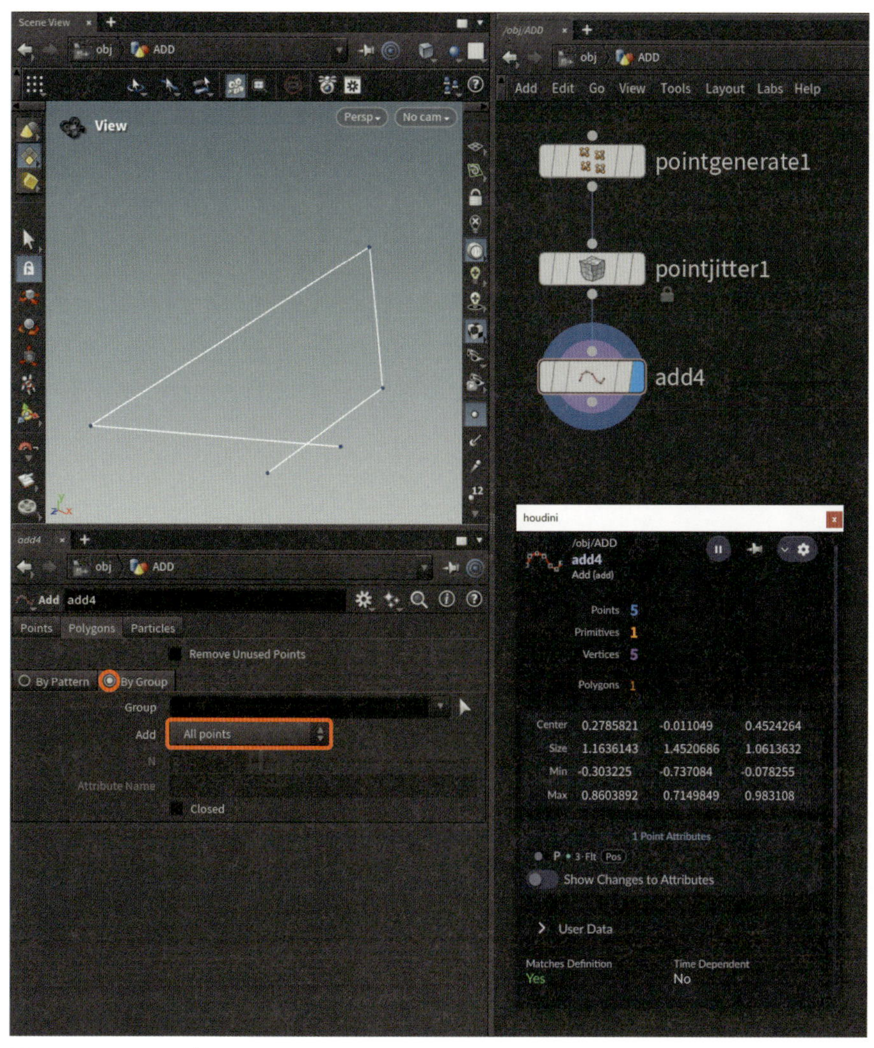

図02-228 AddSOP：各ポイントをつなぐポリラインの作成

最後にアトリビュートを使ったポリラインの制御方法を解説します。少し設定することがありますが、エクスプレッションを用いた非破壊アニメーションの方法も覚えておきましょう。

Boxを作成し、`Primitive Type`を`Points`に設定します。そして`Center`、`Rotate`、`Uniform Scale`にそれぞれエクスプレッションを記述します。記載している場所は多いですが、内容は簡単です。グローバル変数`$T`にいくつか掛け算をして移動させたり、回転させたり、拡大したりしているだけですね。

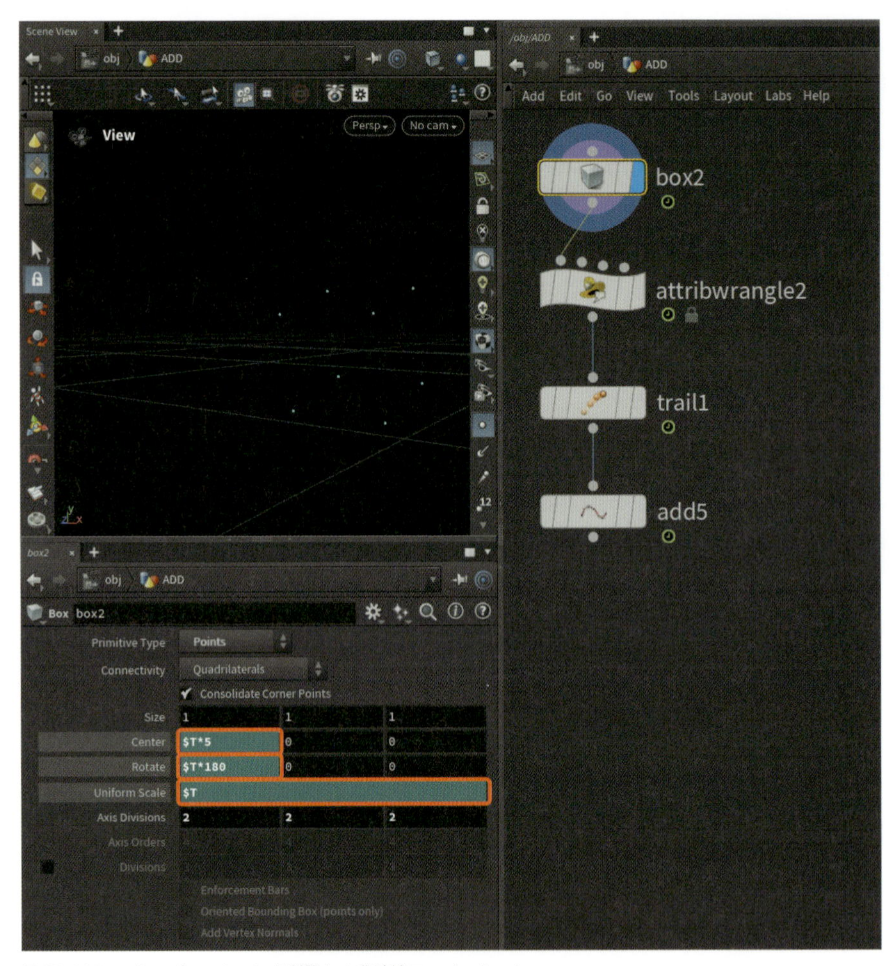

図02-229 エクスプレッションを利用した非破壊アニメーション

続いてAttribute Wrangleに次のようなプログラムを記載します。

```
@id = @ptnum;
@Cd = rand(@ptnum);
```

Boxは移動・回転・拡大はしていますが、トポロジーは変化せず、ポイントナンバはコロコロ変わったりしません。ここが後ほど重要になってきます。

続いてTrailSOPを接続し、`Trail Length`に`$F`をセットしています。以前も説明したとおりすべてのフレームでジオメトリをコピーします。この「コピー」が大切で、Attribute WrangleSOPでセットした`Cd`アトリビュートも`id`アトリビュートもちゃんとコピーされているのが見て取れます。

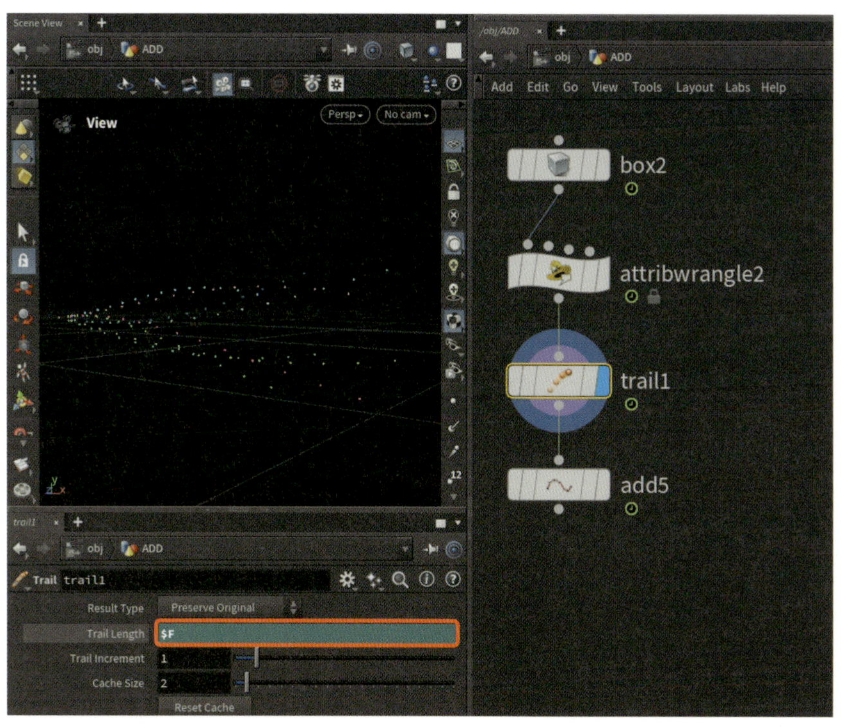

図02-230 TrailSOPでジオメトリをフレームごとにコピー

最後にAddSOPを接続し、PolygonsタブのBy Groupを指定、AddにはBy Attributeをセットします。そしてAttribute Nameにidを記述します。この設定をすることでidアトリビュートが同じ者同士だけをポリラインとしてつなぐということが実現できます。

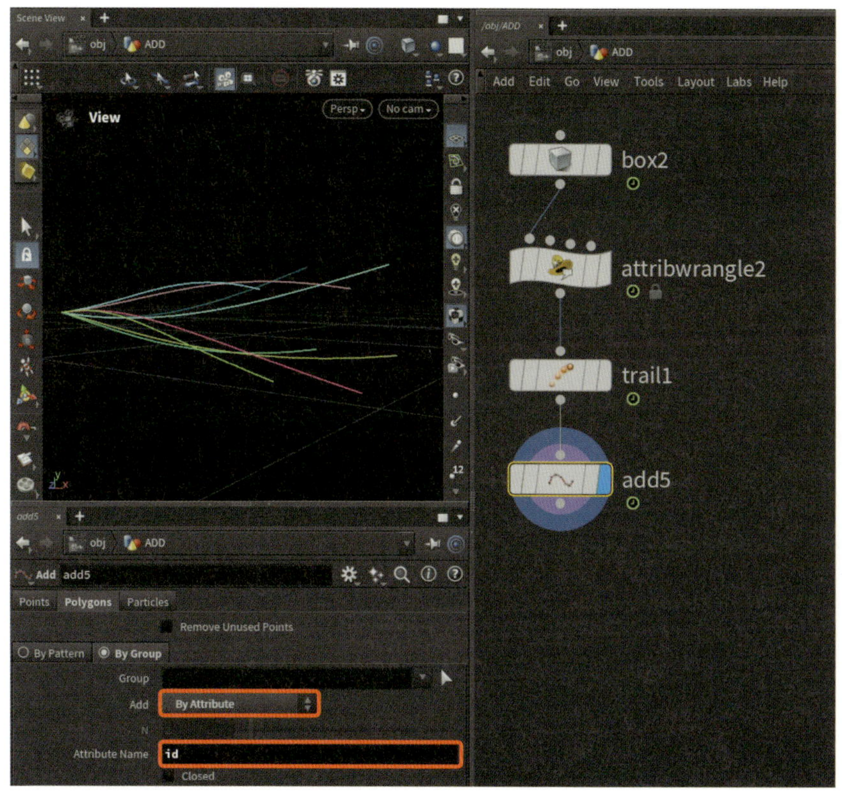

図02-231 AddSOPでidをキーとしてポリラインを作成

事前準備をしっかりしておけば、ポリラインを接続するところを自由にコントロールできるのが本手法の便利なところです。

PolyFrameSOP

曲線の向きを判定してくれるノードとしてOrientation Along Curve（オリエンテーション アロング カーブ）SOPを先にご紹介しましたが、PolyFrame（ポリフレーム）SOPも同様の機能を持ったノードになります。なぜ同じような機能のノードがあるのかという疑問にお答えしておくと、Orientation Along CurveSOPの方が後発で出てきたノードとなり、「閉じたポリゴンでも曲線として扱い、向きを計算することができる」という機能を持っています。

Orientation Along CurveSOPで事足りることが多いですが、PolyFrameSOPを用いた作例も多くあるのでここで紹介しておきます。

計算された向きをイメージどおりのアトリビュートに当てはめられるよう、パラメータの意味を理解しておきましょう。

パラメータ	意味
Normal Name	法線方向のアトリビュート
Tangent Name	接線方向のアトリビュート
Bitangent Name	従法線方向のアトリビュート

今回は曲線の向きを理解しやすいように、X軸（赤）・Y軸（緑）・Z軸（青）マニピュレータのようなジオメトリを作成し、ブタさんとマージしたものを曲線上のポイントにコピーしました。

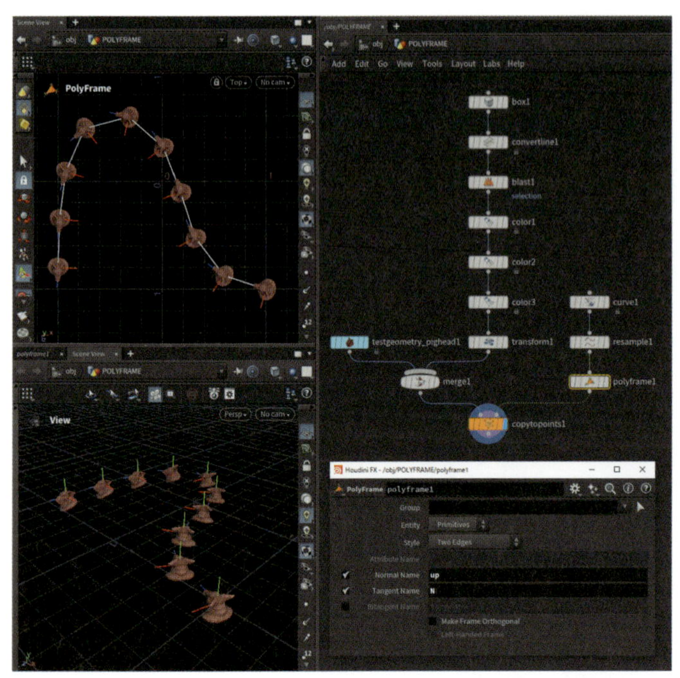

図02-232 PolyFrameSOP：Nベクトルとupベクトルを取得

曲線の法線・接線・従法線を数学的に考え始めると混乱しがちなので、ここはシンプルにブタさんの鼻方向が曲線の法線N方向、ブタさんの頭上方向が曲線のup方向と認識するとCGとしてコントロールしやすいでしょう。

求める形状にもよりますが、筆者は`Tangent Name`、つまり曲線の接線方向にNアトリビュートを与え、その後でupベクトルを表現に合わせつけるといった運用をすることが多いです。

▶FuseSOP

Fuse（フューズ）SOPはアイコンのとおり、近くにあるポイントをまとめてくっつけるノードです。サンプルファイルを見れば一目瞭然なので確認していきましょう。

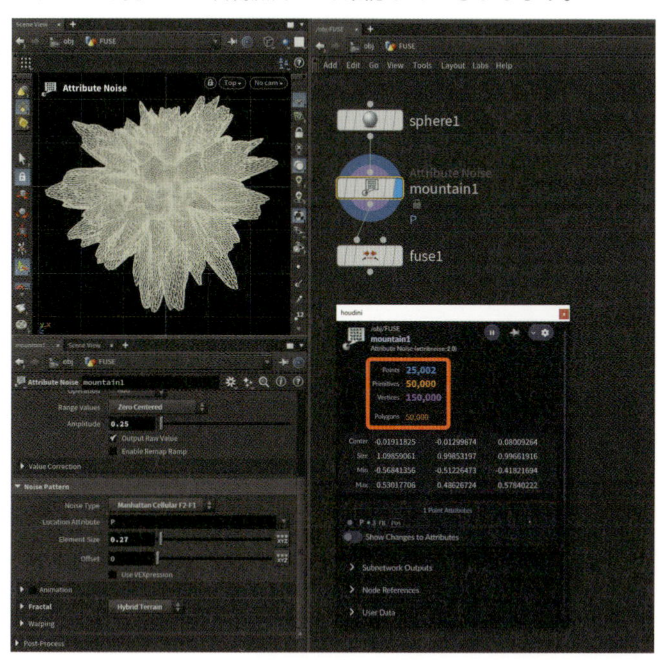

図02-233 FuseSOP その1

上の図は細かく分割したSphereにMountainSOPを接続しただけです。ノイズのパラメータはお好きに設定してください。

そしてFuseSOPを接続したのが下の図です。

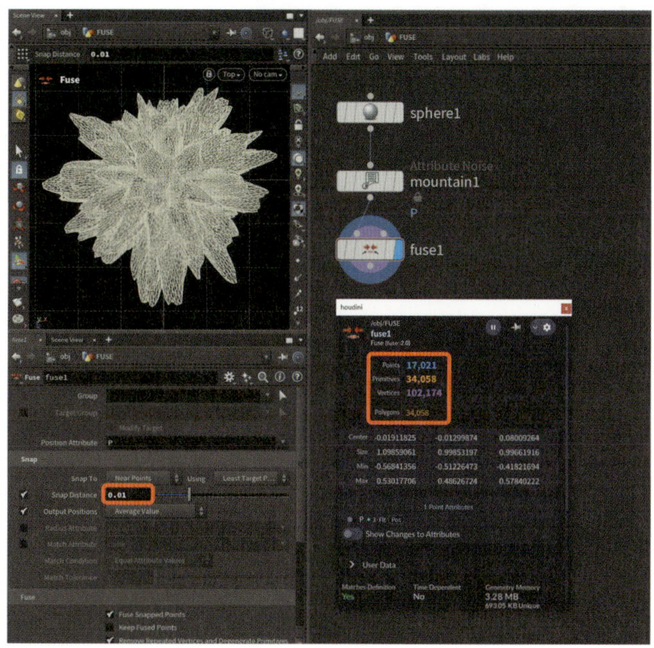

図02-234 FuseSOP その2

Node infoを見てください。ポイントの総数が減っているのが分かりますね。FuseSOPのパラメータで最も重要なのはSnap Distanceです。このパラメータの値より小さい(つまり近い)ところにあるポイントはまとめられます。まとめた後の位置設定はOutput Positionsパラメータで決定され、デフォルトではAverage Valueになっています。つまりお互いの中心位置ということですね。

このようにFuseSOPはポイントを削減するときにも使用できますし、ほぼ同ポジションにある無駄なポイントをまとめるという使い方もできます。プロシージャルモデリングでは仕組みベースでモデリングすることになるので、このようなノードにはよくお世話になります。

AttributeRandomizeSOP

ここではAttributeRandomize(アトリビュート ランダマイズ)SOPについて学びます。ブタさんをランダムな大きさでコピーするとき、今までは次の方法で実現していましたね。

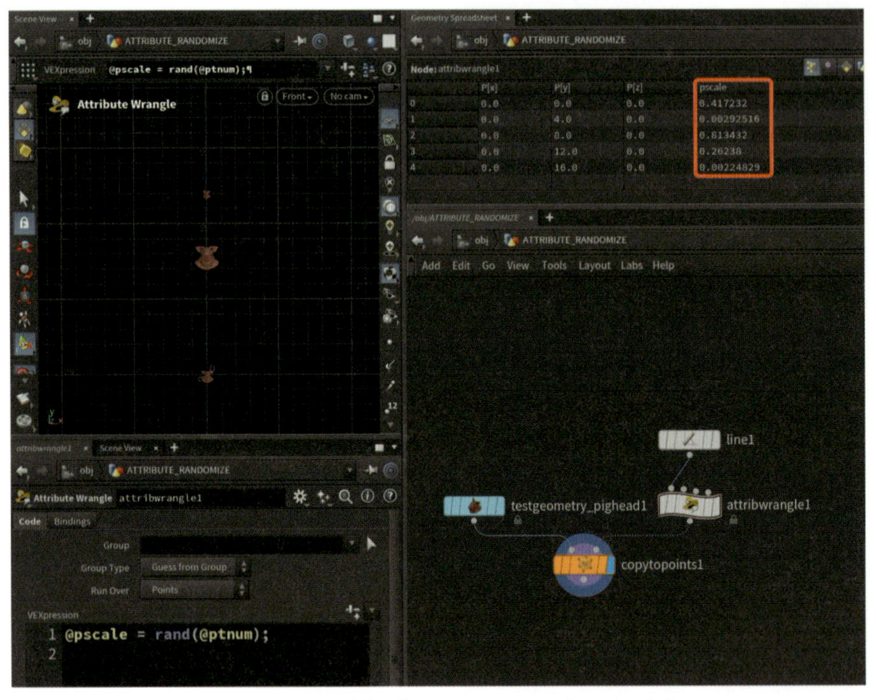

図02-235 Attribute WrangleSOP：rand関数を用いたpscaleアトリビュートの作成

そろそろネットワークの構築も慣れてきたと思うので上の図で説明していきますが、もし難しいようでしたらサンプルファイルのネットワークの隣に自分でネットワークを作ってみると理解が進むでしょう。

1. LineSOPのLengthは16、Pointsは5に設定します。

2. Attribute Wrangleには次のプログラムでpscaleアトリビュートに0〜1のランダムな数値をセットしています。

```
@pscale = rand(@ptnum);
```

3. Pig HeadSOPとCopy to PointsSOPのパラメータはデフォルトのままです。

ブタさんが3つしかコピーされていないように見えますが、これはpscaleがとても小さく、コピー後のブタさんがよく見えないだけです。これを回避するため、pscaleの値を1~3の間でランダムにしたい場合は次のようにプログラムを書き換えればよいでしょう。

```
@pscale = rand(@ptnum)*2 + 1;
```

rand(@ptnum)*2の部分で0~2の間のランダムな数値になり、それに1を足しているので1~3になる、という理屈です。しかし簡単な計算とは言えこれを毎回考えるのも面倒ですね。そんなときはAttribute RandomizeSOPを利用しましょう。

Node: attribwrangle1

	P[x]	P[y]	P[z]	pscale
0	0.0	0.0	0.0	1.83446
1	0.0	4.0	0.0	1.00585
2	0.0	8.0	0.0	2.62686
3	0.0	12.0	0.0	1.52476
4	0.0	16.0	0.0	1.0045

図02-236 Attribute WrangleSOP：pscaleアトリビュートの範囲調整

このノードで最も大切なパラメータはDimensionsです。この値は1～4までをとるのですが、多くの場合1か3を指定します。このパラメータはアトリビュートの「次元」を指します。「次元」というとちょっと難しそうな響きですが、実は簡単で作成するアトリビュートがfloat型だったら1を、vector型だったら3を指定します。

2を指定すると数値が2つのセットでアトリビュートを作成します（データ型としてはVector2型と言います）が、float型とvector型を作ることが多いので1か3を指定することが多いのも納得できるでしょう。

そしてDimensionsでセットした数値のセット分だけMin ValueとMax Valueを指定してあげるとその間でランダムな値を作ってくれます。

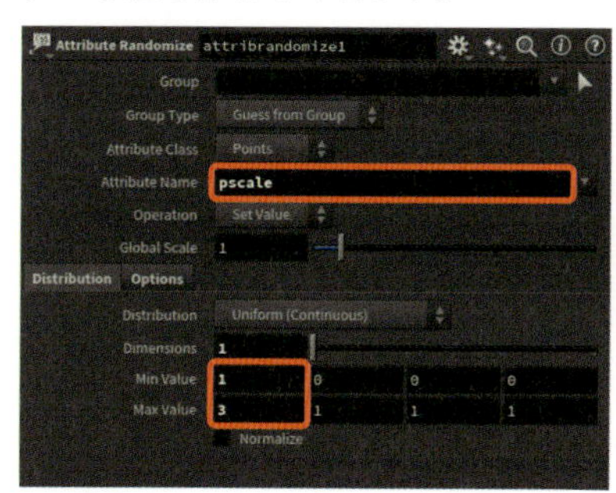

Node: attribrandomize1

	P[x]	P[y]	P[z]	pscale
0	0.0	0.0	0.0	1.91386
1	0.0	4.0	0.0	1.21751
2	0.0	8.0	0.0	1.8499
3	0.0	12.0	0.0	2.2689
4	0.0	16.0	0.0	1.00367

図02-237 Attribute RandomizeSOP

別の例でvector型のランダムなアトリビュートを作ってみました。少し複雑ですが、じっくり見れば理解できると思います。

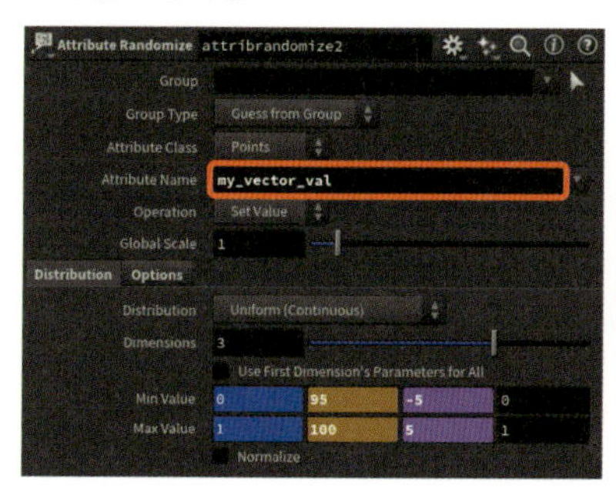

Node: attribrandomize2

	P[x]	P[y]	P[z]	my_vector_val[	my_vector_val[	my_vector_val[
0	-5.0	0.0	-5.0	0.342098	95.4806	1.38275
1	0.0	0.0	-5.0	0.197295	95.8412	-1.9954
2	5.0	0.0	-5.0	0.438035	98.3142	-2.14433
3	-5.0	0.0	0.0	0.336161	95.5739	2.03069
4	0.0	0.0	0.0	0.820684	97.5574	-2.76481
5	5.0	0.0	0.0	0.509297	98.6153	4.35222
6	-5.0	0.0	5.0	0.230549	98.2648	0.534329
7	0.0	0.0	5.0	0.00210714	95.3253	-1.01308
8	5.0	0.0	5.0	0.0431181	96.0168	-4.53079

図02-238 Attribute RandomizeSOP：vector型のランダムなアトリビュート

ちなみにDistributionを変更すると分布方法を指定することができます。慣れてきたらドキュメントを読みつつ色々な分布を試してみるとよいでしょう。

ループ系処理あれこれ

筆者がHoudini初学者だった頃、VEXの「並列処理」と「ループ処理」がうまく切り分けられず悩んだ過去があるのですが、結論から言うと両者はまったく違うものです。サンプルファイルも用意しているのでそちらを参考にしながら、ぜひ自身の手を動かしてみてください。

サンプルファイル：for_loop.hip

ループ処理には大きく「蓄積型」と「個別型」に分かれるのですが、それらの基本的な仕組みを眺めることで**ループ処理のコツを掴むことができる**でしょう。まずは蓄積型から見ていきます。

蓄積型（For-Loop）

これは非常に単純な欲求をカバーするためにある仕組みで、「何度も同じノードを繋ぐのはめんどくさいので回避したい」というものになります。まずは泥臭くノードを何度も繋ぐ方法を見てから蓄積型のループ処理を見ていきましょう。

図02-239 同一パラメータのMountainSOPを4回実行

こちらはGridSOPを作成した後、「まったく同じパラメータのMountainSOP」を4回実行した結果です。MountainSOPのパラメータウィンドウを3つ並べましたが、どの値も同じですね。同じパラメータのものを繰り返しコピペするのは馬鹿らしいですし、手が滑ってパラメータが途中で変わってしまうかもしれません。また重ねがけの個数も簡単に変更したいですね。そんなときに役に立つのがFor-Loop with Feedbackです。

Tabメニューで For-Loop with Feedback を実行するとrepeat_begin1とrepeat_end1の2つのノードが作成されます。これまでと少し違いますね。

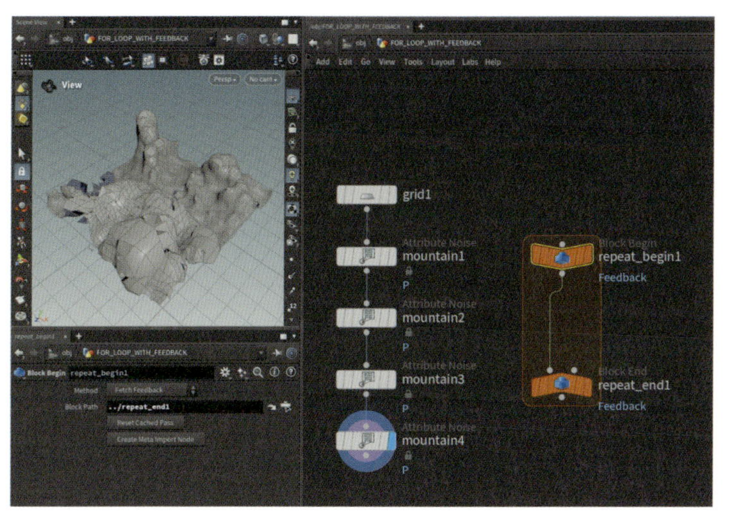

図02-240 For-Loop with Feedback：ループブロックの作成

続けて次の設定をします。

1 repeat_begin1に処理を行うジオメトリ（ここではGrid）を入力します。

2 繰り返したい処理をその2つのノードの間に挟みます。ここではmountain1とまったく同じパラメータで繰り返し処理したかったのでコピペして挟みました。

3 repeat_end1のIterationsパラメータを繰り返したい数値、ここでは4を入れます。

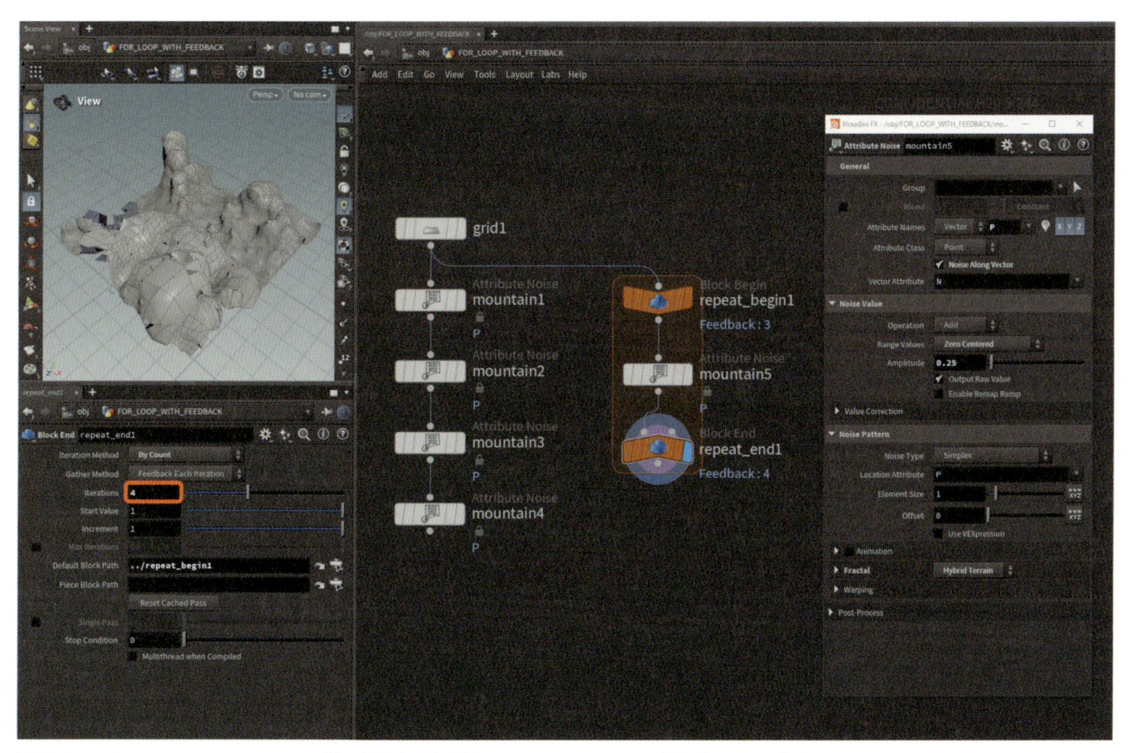

図02-241 For-Loop with Feedback：繰り返したい処理（ここではMountainSOP）をブロックに挟む

いかがでしょうか？　最初のネットワークのようにMountainSOPを連続で繋いだ結果と同じになりましたね。慣れないうちは`For-Loop`の処理はわかりにくいかと思いますが、**そこに挟まれた処理が繰り返される**と理解できればこちらの方がわかりやすいですし、繰り返し回数を`Iterations`という1つのパラメータで制御できるので処理の流れが一目瞭然になります。

そして「蓄積型」という名前の由来は**繰り返しの回数分だけ処理が重ねがけされる**という意味です。

この蓄積型の処理は「何度も同じノードを繋ぐのを簡略化するもの」なので、VEXの並列処理とはまったく違うものというのは伝わったかなと思います。

■個別型（For-Each）

続けて個別型について説明します。個別型にはいくつか派生があるのでそれらのパターンを見ていくのですが、そのどれもが「ユーザーが決定した分類ごとに個別に処理を行い、それらをまとめてマージする」という仕組みになっています。では解説をしていきましょう。

> For-Each Connected Pieces

`For-Each Connected Pieces`は日本語訳すると**接続されているパーツごと**という意味になります。

今回の例では接続されているパーツごとにボックスで囲まれているようなジオメトリを作ってみましょう。本例の全体のネットワークは下の図のとおりです。

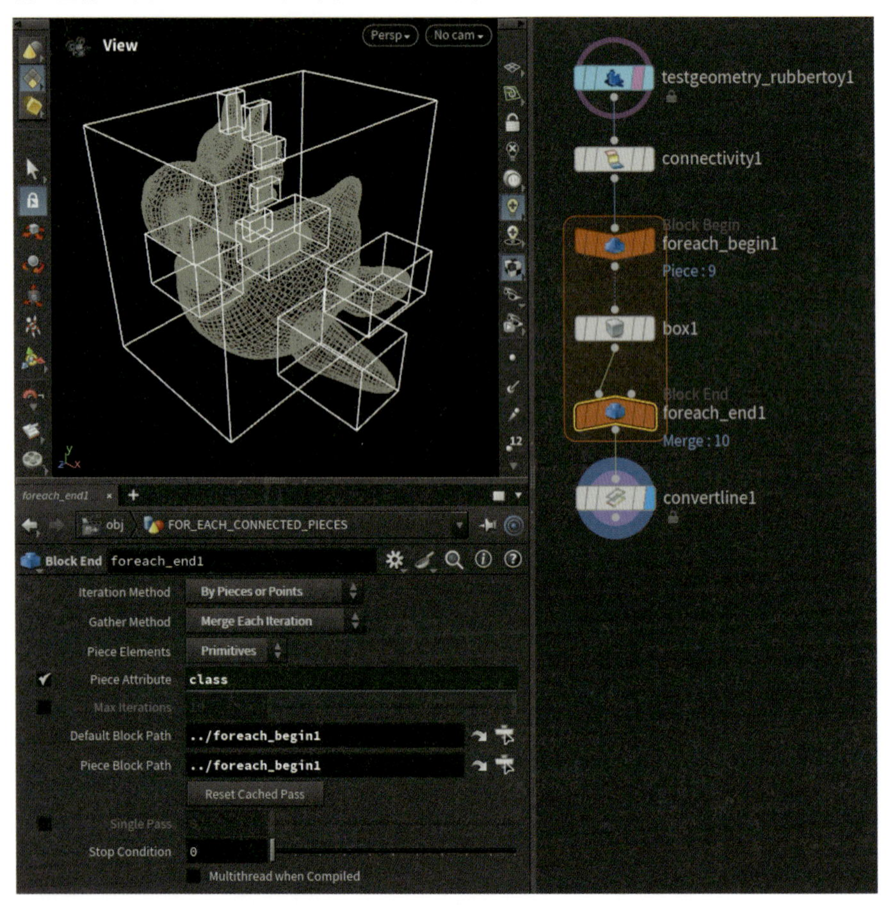

図02-242　For Each Connected Pieces：ネットワーク全体

1 Rubber Toyを作成します。
ラバートイは本作例に都合が良く、手足などのパーツがばらばらになっているジオメトリです。またここでは形状を見やすくするためAdd Shaderパラメータをオフにしておきました。

図02-248 Rubber ToySOP：Add Shaderパラメータをオフに

2 Rubber ToySOPの出力コネクタをクリックし、ワイヤーを表示してからTabメニューでFor-Each Connected Piecesを実行します。
下の図のように今度はconnectivity1、foreach_begin1、foreach_end1の3つが接続された状態で生成されました。
ここで重要なのはConnectivity（コネクティビティ）SOPです。ここでどのプリミティブが接続されているのかを判定するためのアトリビュートを作ってくれます。このノードにより作成されたclassアトリビュートをビジュアライズするとわかりやすいでしょう。
手足や体、トサカなどが別々の色に表示され、classアトリビュートに異なる値が入っているのが確認できます。

2章 基本操作編

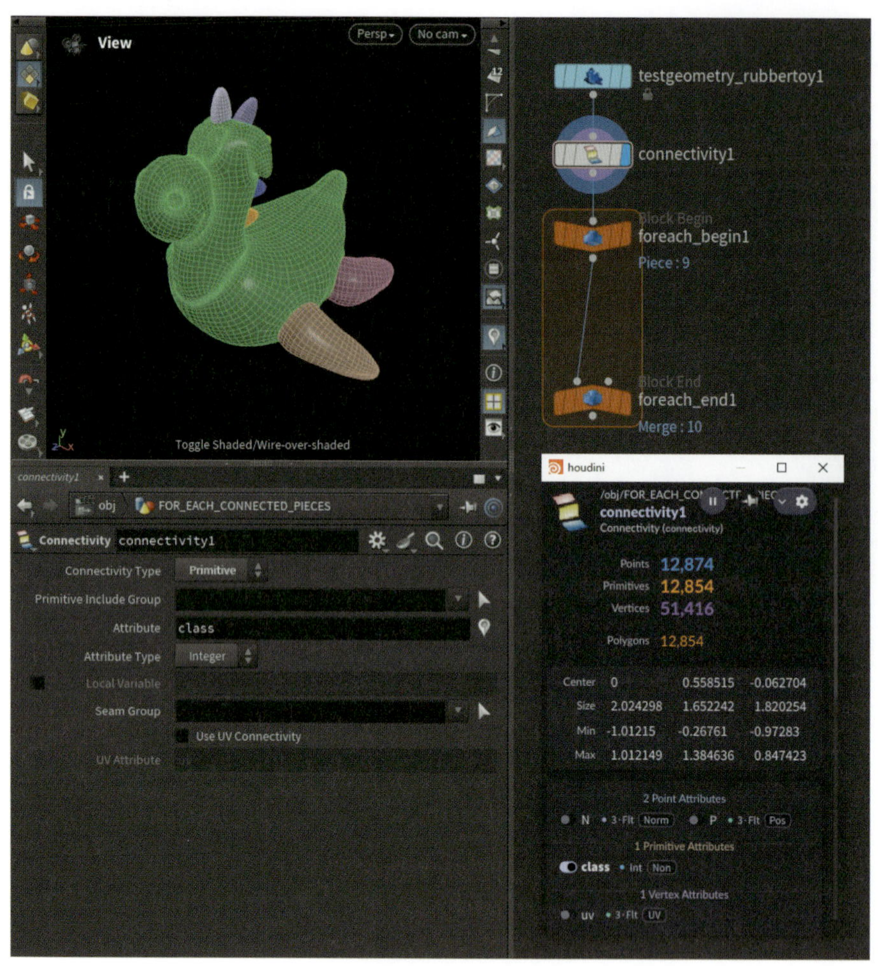

図02-248 ConnectivitySOP：classアトリビュートのビジュアライズ

ちなみにforeach_end1ノードを見てみるとPiece Attributeパラメータにチェックが付いており、そこにclassが指定されています。この組み合わせによって「classアトリビュートごと（つまり接続されているパーツごと）に処理するよ」ということをHoudiniに伝えているわけです。

3 foreach_begin1とforeach_end1の間にBoxSOPを挿入します。
BoxSOPはジオメトリを入力するとそのジオメトリのバウンディングボックスの大きさに自動的にリサイズしてくれます。

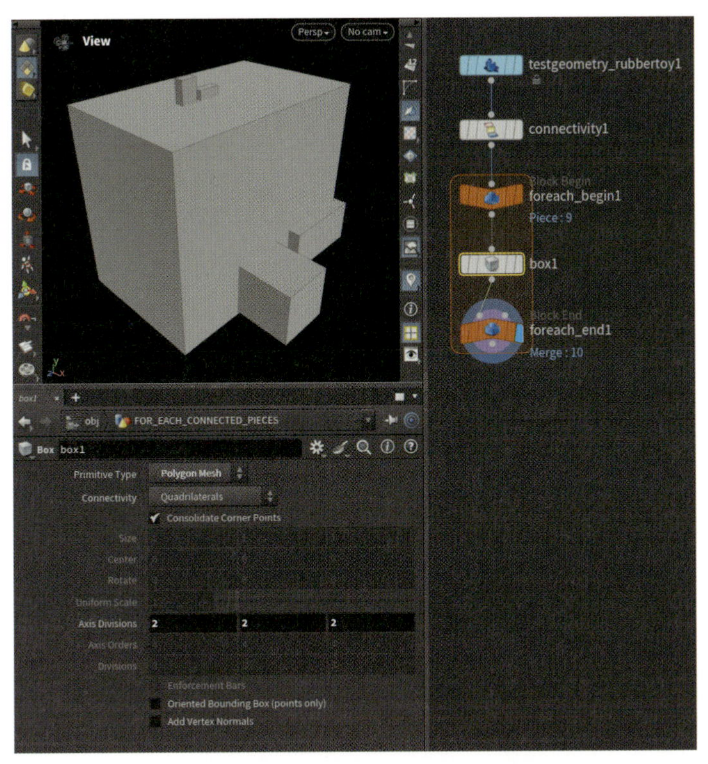

図02-248 BoxSOP：パーツごとにバウンディングボックスを生成

今回の個別型の処理では、**接続されているパーツごとにボックスを作成して、それらをマージする**という流れになっています。累積型は「処理が終わったら自分自身にまた処理をかける」という仕組みでしたのでまったく異なる仕組みになっています。

4 最後に見やすくするようConvert LineSOPを繋ぎます。
ラバートイをテンプレート表示にするとよりわかりやすいですね。

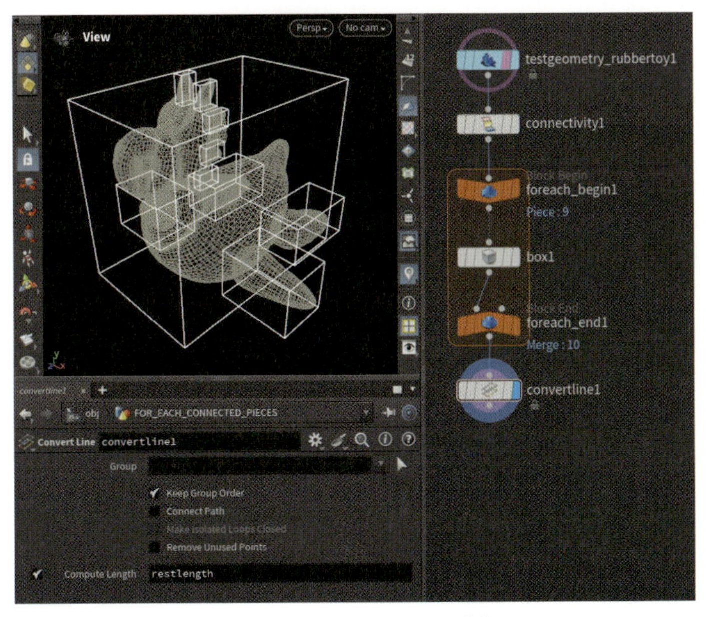

図02-248 Convert LineSOP：ボックスをポリラインに変換

> For-Each Number

For-Each Number は「指定した回数だけ処理を行う」という仕組みになっています。蓄積型のFor-Loop with Feedbackも回数指定で処理を重ねる仕組みでしたが、処理を行う対象が異なります。表にしたので見てみましょう。

ループ処理	内容
For-Loop with Feedback	「自分自身」に指定回数分処理を重ねがけする
For-Each Number	「ループ開始時のジオメトリ」に個別に処理を行ったものをマージする

言葉だけですとわかりにくいので2つを比較しながら解説していきます。

For-Loop with Feedbackの復習から行きましょう。Gridを1つ作成し、For-Loop with Feedbackで繰り返し処理にはTransformSOPを挿入します。Iterationsを5にしているので、TransformSOPが5回「重ねがけ」されています。TransformSOPには0.5上に移動させるパラメータを設定しているので、0.5×5で最終的にP[y]はすべてのポイントで2.5になっています。

「重ねがけ」なので1つのGridを繰り返し移動するため、Node infoを見るとPolygonsは1のままです。ここまではよいでしょうか。

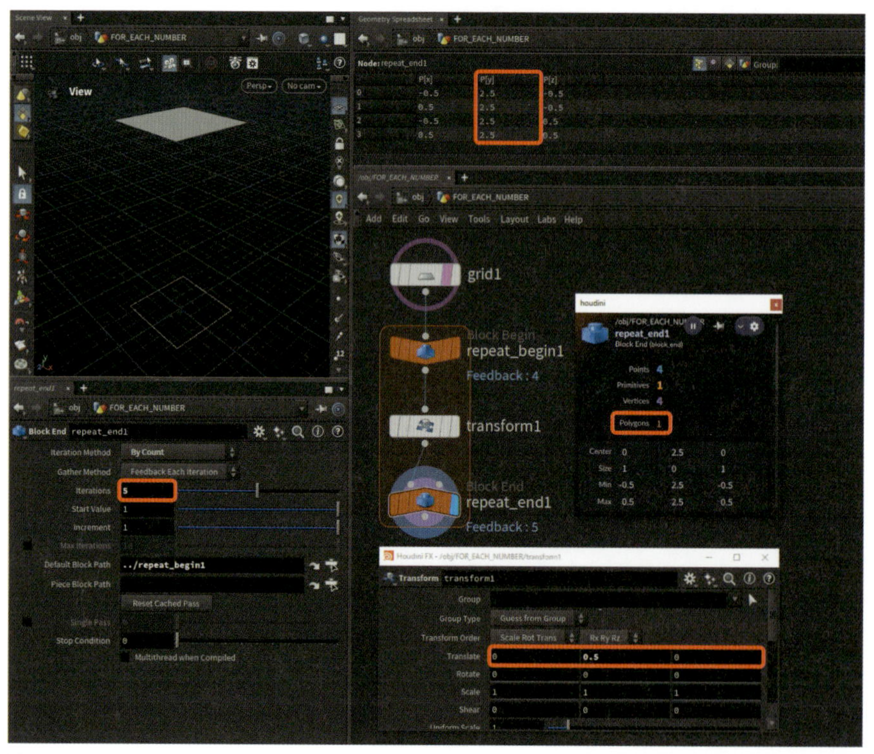

図02-248 For-Loop with Feedback復習

続けてTabメニューからFor-Each Numberを実行しましょう。今度はforeach_begin1、foreach_end1、foreach_count1の3つのノードが生成されました。なかなかやっかいですね。foreach_count1だけ少し特殊なので、まずはforeach_begin1とforeach_end1の間に先程のTransformSOPをコピペして挿入し、foreach_end1ノードのIterationsを5にしてみましょう。

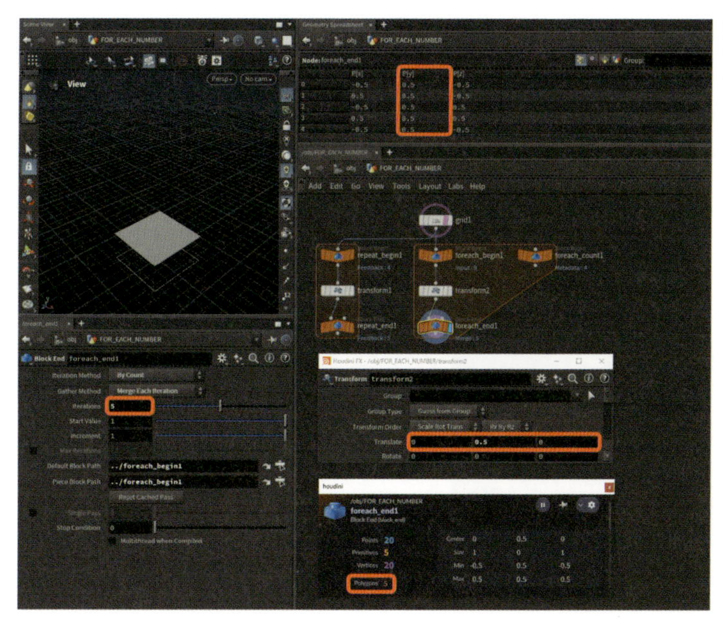

図02-249　For-Each Numberの挙動確認

何か様子が違いますね。

TransformSOPのパラメータはまったく同じですが、P[y]はすべてのポイントで0.5になっており、Polygonsが5になっています。これはどういうことかというと、先程の表のとおり、**「ループ開始時のジオメトリ」に個別に処理を行ったものをマージする**という処理を行った結果なのです。

つまりループ処理に入ってきた「grid1にtransform2ノードの処理を行ったもの」を5個作ってマージしたということになります。ここでtransform2ノードの処理はどのGridに対してもまったく同じ処理なので、同じ位置に5枚のGridが重なっているということになります。各Gridは1回しかTransformSOPの処理を行わないので、P[y]が0.5になっているわけですね。

この説明ではまだわかりにくいかと思うので、ループ処理を利用しないネットワークを見るとわかりやすいでしょう。

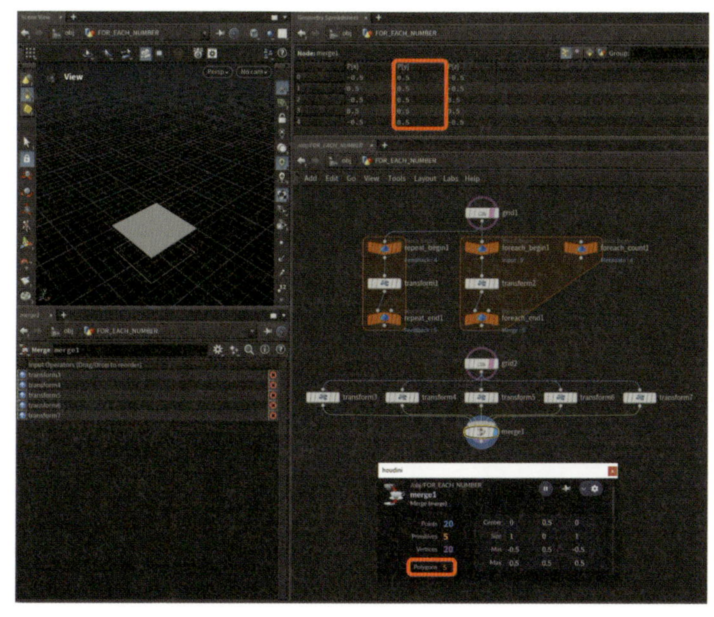

図02-250　For-Loop with Feedbackと同じ結果となるネットワーク

transform3〜transform7はすべて同じパラメータのため、マージすると同じ場所に5枚のGridが存在するという訳です。

仕組みについては説明しましたが、ループ処理の中身が常に同じ処理というのも応用が効きません。そこで役に立つのがforeach_count1ノードです。このノードは「今何回目のループなのか」や「トータルのループ数はいくつか」などの情報をディテールアトリビュートとして保持しています。このループ処理に関する情報を持っているノードのことをMeta Import（メタ・インポート）ノードと呼びます。

最初のうちは戸惑う部分ですが、まずはカタチとしてアクセス方法を覚えておき、後ほど応用編でデバッグ方法なども含めてより深く学んでいきましょう。

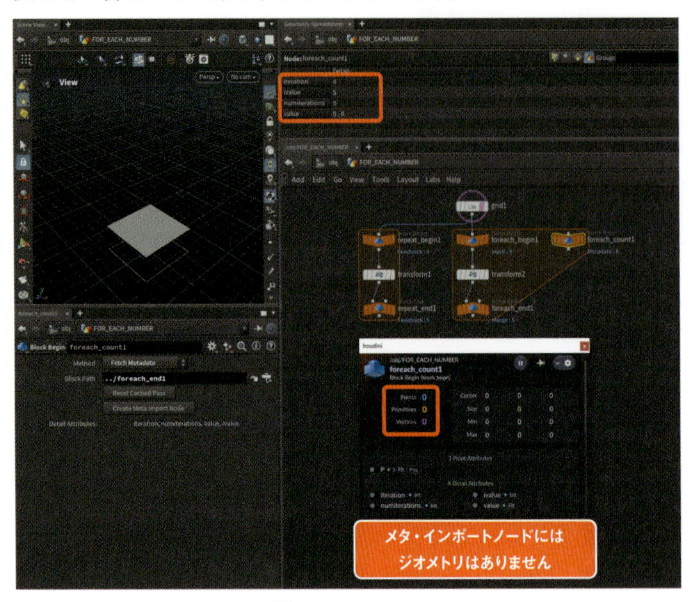

図02-251　Meta Importノードが持つアトリビュート

今回はループの回数分だけ0.5上に移動し、それらがマージされているという状況を作ってみましょう。方法としては、TransformSOPのTranslateパラメータ、Y座標に次のエクスプレッションを書きましょう。

```
0.5*detail("../foreach_count1/", "iteration", 0)
```

少し複雑なプログラムに見えますが、ゆっくり見ていきます。

このプログラムを紐解くと、0.5とdetail("../foreach_count1/", "iteration", 0)を掛け算しているという形になります。detail関数の部分に「何回目のループか」が入ります。そしてその関数は次の仕組みで記述します。

```
detail(データを参照するノードへのパス（文字列）, アトリビュートの名前（文字列）, アトリビュートのインデックス)
```

データを参照するノードへのパスはよいとして、アトリビュートの名前とアトリビュートのインデックスについて説明しましょう。

今回アトリビュートの名前としてiterationを指定していますが、このアトリビュートにループの回数が入っています。Houdiniではループの回数はゼロから始まる整数値なので、アクセスすると0、1、2…という値が取得できます。

アトリビュートのインデックスは初めて見る表記です。これは例えばベクター型のデータを参照する場合、xにアクセスしたいときは0を、yにアクセスしたいときは1を、zにアクセスしたいときは2を指定します。今回はループ回数というint型のデータですから、要素は1つだけしかないので0を指定します。

しかしこの説明だけでは少し難しいので、後の『Attribute Wrangle・エクスプレッション脱初心者編』で例題を用意します。ここではアクセスしたいデータがint型やfloat型のように1つしか要素がない場合はアトリビュートのインデックスに0を指定すればよいと理解してください。

つまり、0.5×「現在のループ数（0,1,2...）」になるので、ループごとに高さが変わりそれらがマージされるということになります。

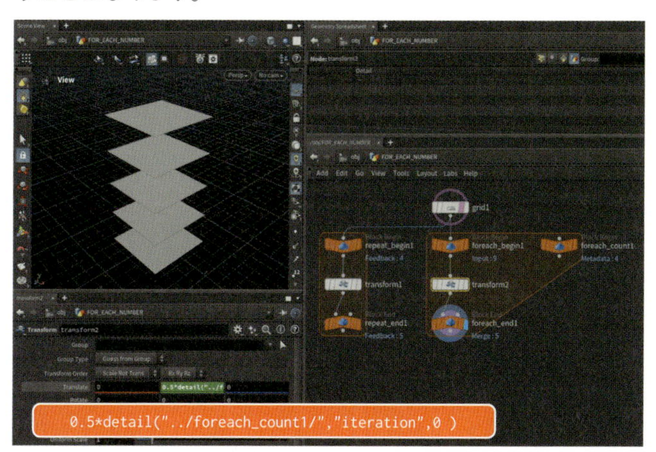

図02-252 Y軸方向の位置が異なるGridがそれぞれマージされました

> For-Each Named Primitive

続いて学ぶのはFor-Each Named Primitiveです。その名のとおり、**名前によるプリミティブごとにループ処理をして、それらをマージする**という仕組みになります。モチーフはサッカーボールです。ちなみにサッカーボールは初学者にうってつけの題材で、様々なアプローチができるのですが、今回は最もシンプルなやり方をご紹介します。

下の図のようなサッカーボールを作るのですが「押し出しとベベルを行うパーツをどうコントロールするか」が非常に重要な作例となります。

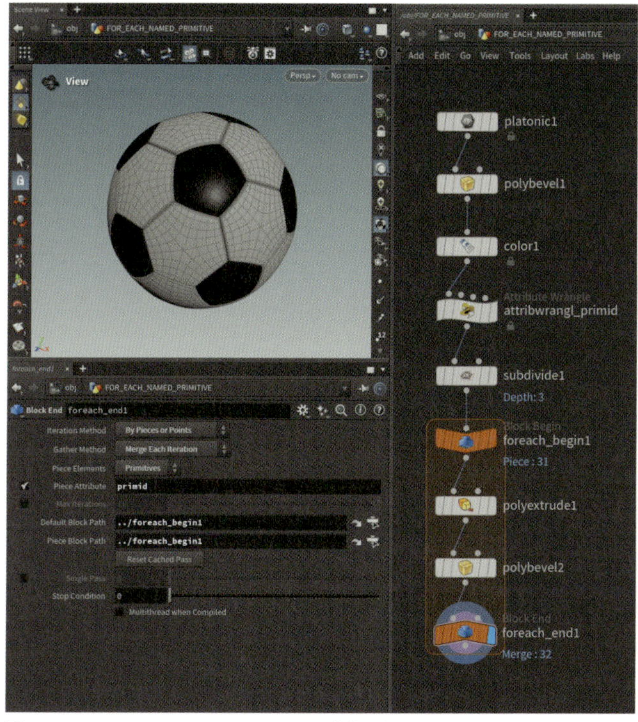

図02-253 For-Each Named Primitive：全体のネットワーク

まずはループ処理の下準備から行きましょう。

1　Platonic SolidSOPを作成します。
今回はサッカーボールの元となる形状をSphereではなくPlatonic Solid（プラトニック・ソリッド）SOPを用います。作成したらSolid TypeをIcosahedronに設定してください。Icosahedronは正二十面体を表します。正三角形が20個集まった形状ですね。

Platonic SolidSOPはその他の正多面体の他に、ティーポットやサッカーボールなども作ることができます。

2　PolyBevel（ポリベベル）SOPを接続し、パラメータを次のように設定します。

パラメータ	値
Group Type	Points
Distance	0.36
Point Fillet Polygons	on

PolyBevelはその名のとおり、ベベルを行うノードです。Group TypeをPointsにすると、頂点ベベルを行うモードを指定できます。この設定ではベベルによって新しく生成されたフェースにpointfilletpolysグループが割り当てられます。

3　ColorSOPを接続し、先程作成したpointfilletpolysグループに黒色をセットします（単純にサッカーボールの模様です）。

4　Attribute Wrangleを接続し、Run OverをPrimitiveにして次のようなプログラムを記述します。

```
@primid = @primnum;
```

プリミティブアトリビュートのprimidを作成し、プリミティブナンバを代入します。これは大丈夫だと思いますが、実はこの工程と次のSubdivide（サブディバイド）SOPの工程が非常に重要です。
処理の流れを理解しやすいよう、primidアトリビュートをビジュアライズしておきましょう。

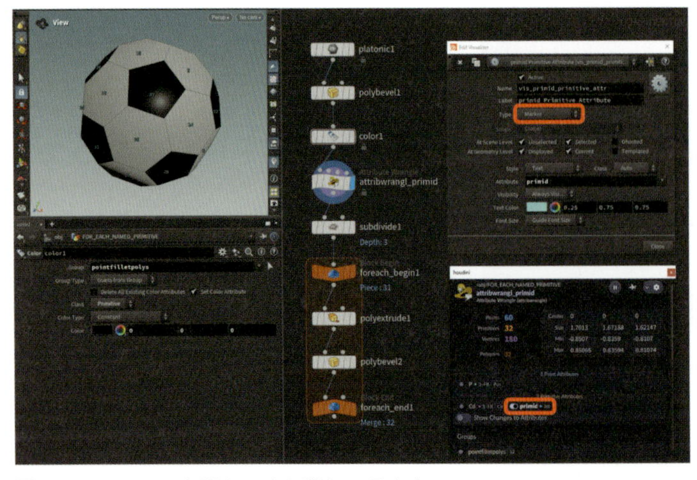

図02-254　primidアトリビュートのビジュアライズ

フェースごとにprimidがついています。ここを確認して次に進みます。

5 SubdivideSOPを接続してDepthパラメータを3に設定します。SubdivideSOPは皆さんおなじみのサブディバイド（メッシュの再分割）を行うノードです。

だいぶ細かく分割され、球体に近づいてきましたが、ここでビジュアライズされたprimidを見てみましょう。前の工程で作成したprimidのフェースが細かく分割されても引き継がれているのがわかりますね。

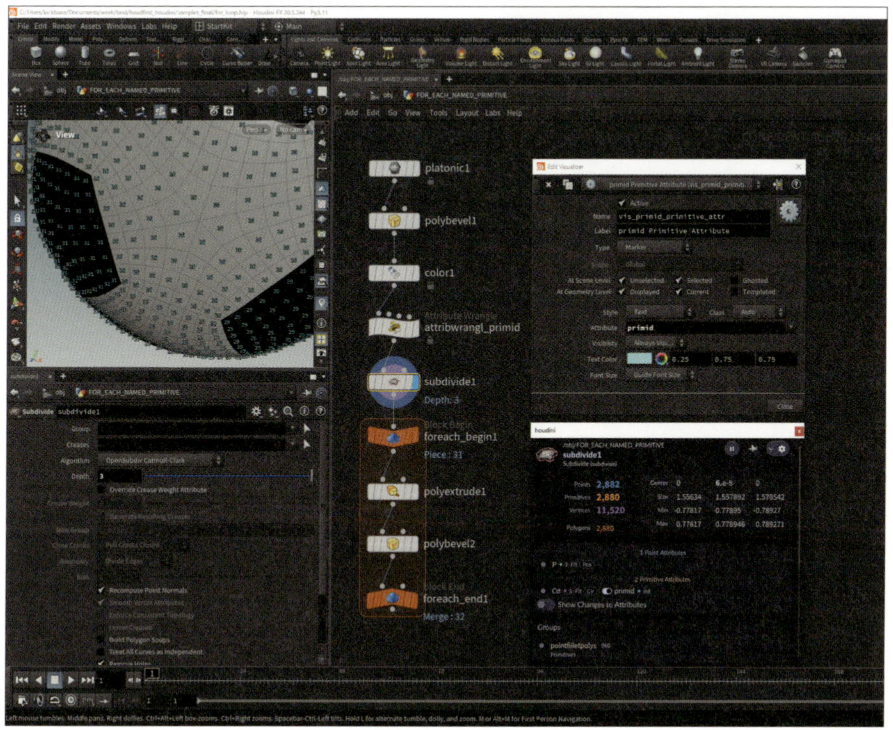

図02-255 SubdivideSOP：アトリビュートが維持されているところに注目

この下準備をすることでprimidごとを1つのパーツとしてループ処理を行うことができるようになるのです。

6 Tabメニューから For-Each Named Primitive を実行します。

foreach_begin1とforeach_end1の2つのノードが作成されますが、デフォルトの状態でforeach_end1にディスプレイフラグを立てると警告が出てしまいます。

```
Invalid attribute specification: "name".
```

このような警告ですね。これは「パーツを指定するnameというアトリビュートがないよ」という警告になります。今回はprimidごとにパーツ分けしたいので、nameをprimidに書き換えましょう。アラートが出なくなりましたね。

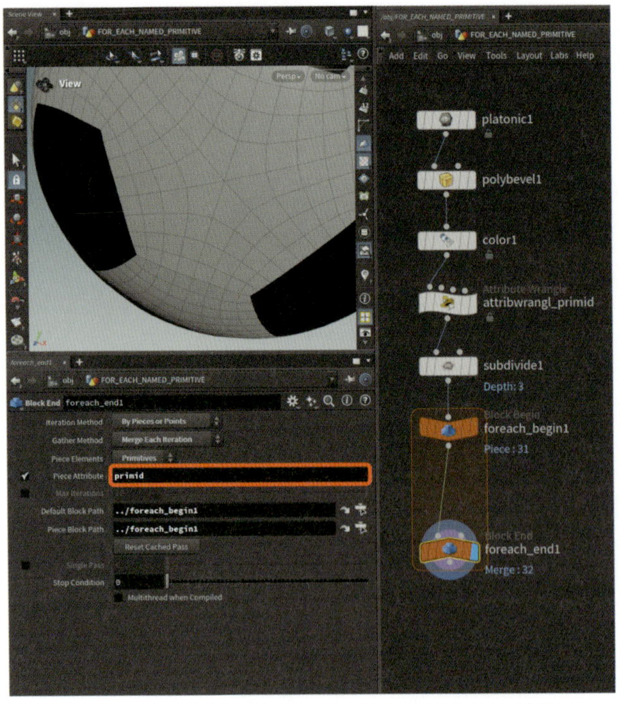

図02-256　primidアトリビュートをキーとしてループするように設定

7　デバッグをしながら形状を確認していきます。

ここでループ処理のデバッグ方法について説明しておきましょう。ループ処理では現在どのパーツが処理されているかを視覚的に確認したいことが多くあります。そんなときは、`Single Pass`にチェックを入れ、入力欄に数値を入れてみましょう。そうすると、ループ処理の途中を抜き出すことができます。

この状態でループ処理を挿入したり、パラメータを調整するとコントロールしやすくなります。

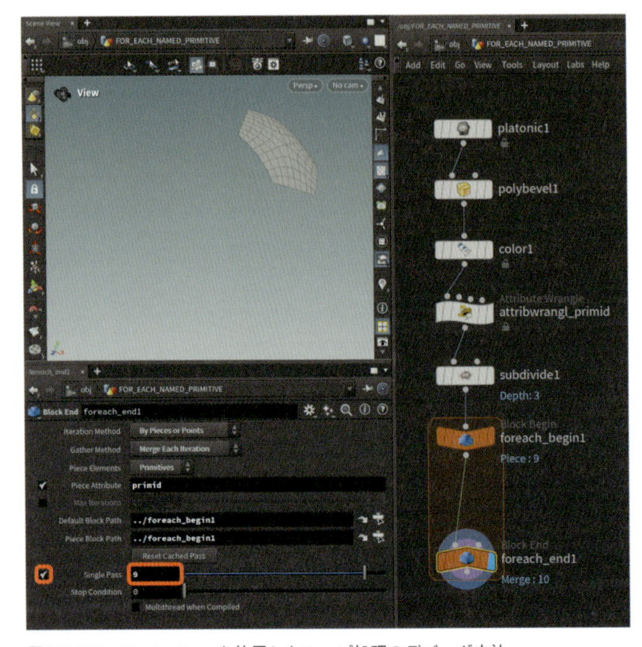

図02-257　Single Passを使用したループ処理のデバッグ方法

8 PolyExtrudeSOP、PolyBevelSOPを接続します。
ここでのパラメータは筆者が目合わせで設定しているため詳細説明は割愛します(PolyExtrudeSOPは面を押し出すノードです)。

しかし、PolyBevelSOPに一点解説すべき箇所があるのでここは解説します。`Exclusions`タブ内の`Ignore Flat Edges (Coplanar Incident Polygons)`パラメータにチェックを入れると、`Maximum Normal Angle`パラメータがアクティブになります。この2つのパラメータはセットで使用し、**`Maximum Normal Angle`パラメータで指定した角度未満の部分にはベベルをかけない**というモードになります。

簡単に言うと、急角度の部分にだけベベルをかけることができるということですね。

9 最後にデバッグで使用していた`Single Pass`のチェックを外します。
これですべてのパーツがマージされた状態を見ることができるようになりました。

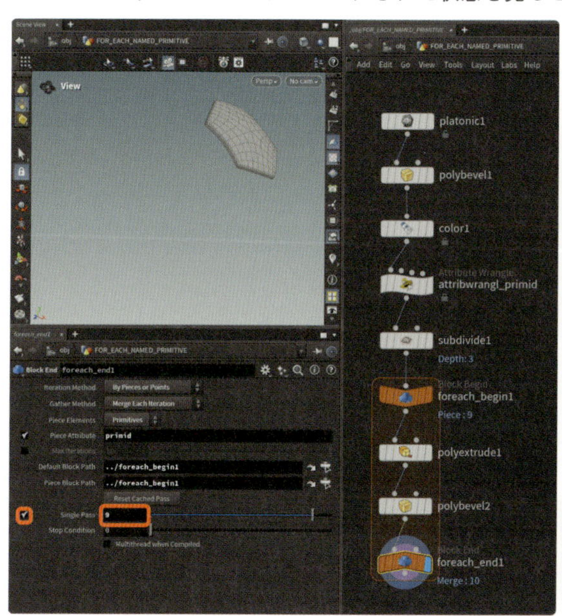

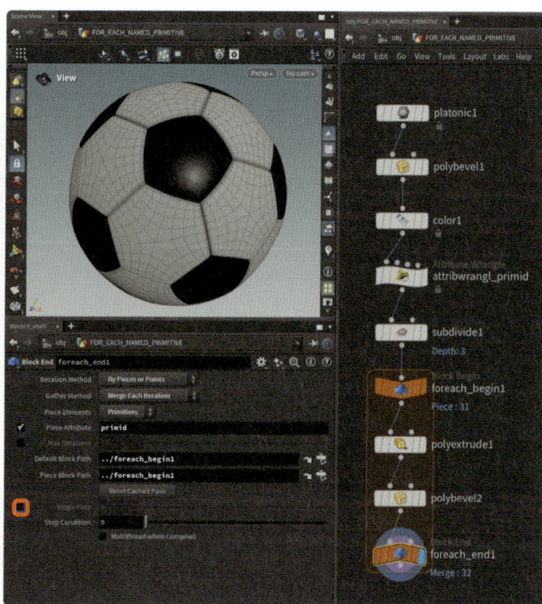

図02-258 Single Passのチェックを外し、最終結果を確認

まとめると、最も重要なのはパーツを指定するアトリビュートをどう作成するかという点にかかっています。本例では**4**と**5**の流れですね。ぜひ試していただきたいのが、SubdivideSOPでフェースが細かく分割された後に`primid`を作ってもこの処理はうまくいきません。

アトリビュートをコントロールすることこそHoudiniの真骨頂ということがわかる良い例と言えるでしょう。

> For-Each Primitive

続いて学ぶのは`For-Each Primitive`です。お気づきの方も多いと思いますが、`For-Each Named Primitive`のシンプル版です。**名前によるプリミティブごとの処理**から名前の指定を取り除き、**プリミティブごとの処理**のみにしたのがこのループ処理です。

応用版の`For-Each Named Primitive`が理解できれば、後は簡単ですね。まずは最終的なネットワークをご覧ください。

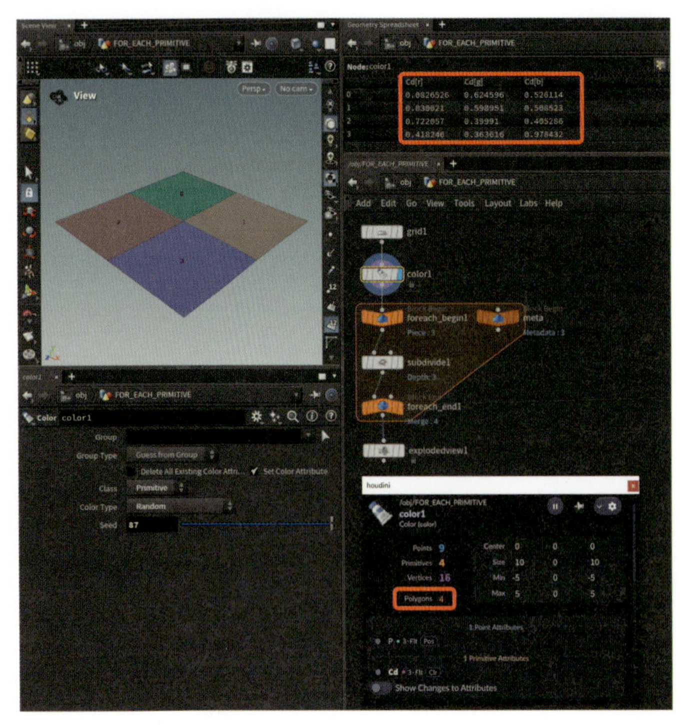

図02-259　For-Each Primitive：全体のネットワーク

これを目指して作っていきましょう。今回やりたいことは、プリミティブナンバごとにサブディバイドの分割数が増えていくようなイメージです。

ループに入る前の下準備は簡単で、4分割したGridにColorSOPを接続し、プリミティブアトリビュートにランダムなカラーをつけます。

続けてTabメニューで`For-Each Primitive`を実行します。

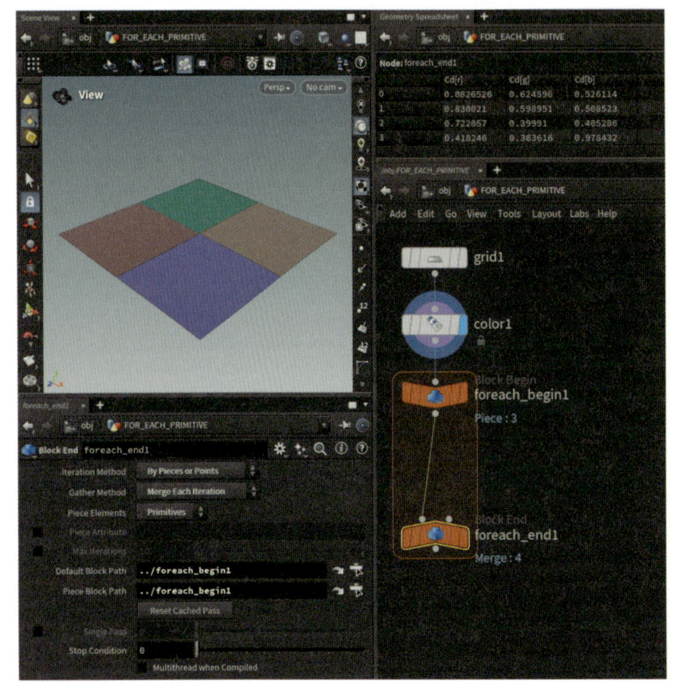

図02-260　For-Each Primitive：ループブロックの作成

foreach_begin1とforeach_end1ノードが作られました。これからループ内でSubdivideSOPを繋ぐのですが、**ループの回数ごとに分割数を増やしたい**ので以前説明したMeta Importノードを利用しましょう。For-Each Numberでは自動的に作られたこのノードですが、必要に応じて自分で作ることが可能なのでその作り方を覚えてください。

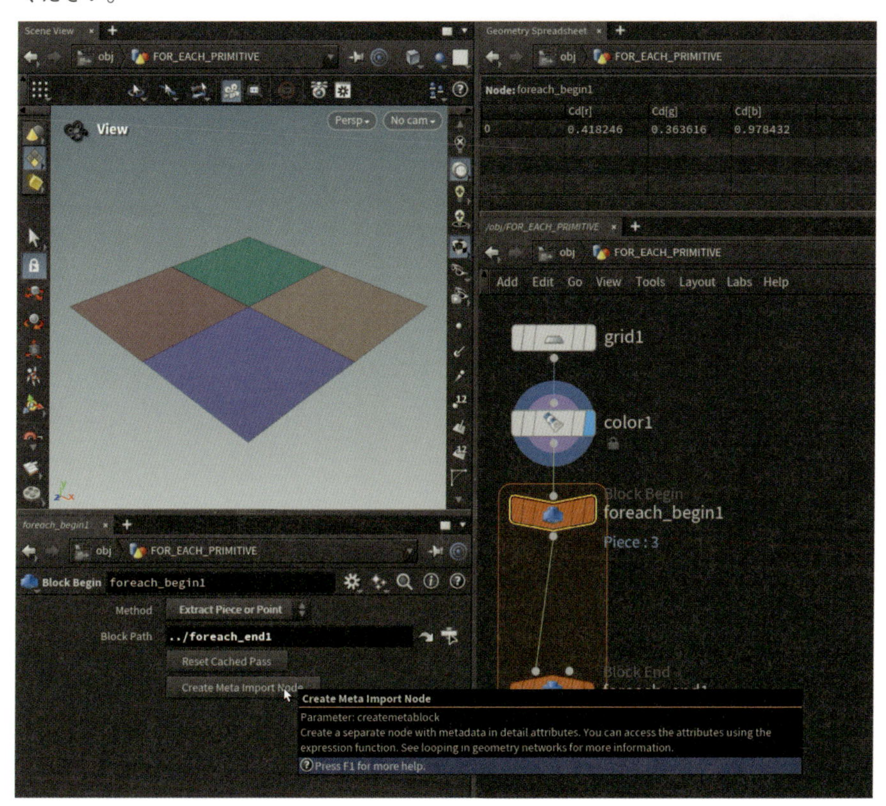

図02-261 For-Each Primitive：Meta Importノードの作成

foreach_begin1ノードを選択すると、Create Meta Import Nodeボタンがあるのでこれをクリックします。

クリックするとforeach_begin1_metadata1ノードが作成されますので、このノードのディテールアトリビュートを見てみるとiteration（現在のループ回数）やnumiterations（トータルのループ回数）がジオメトリスプレッドシートに表示されています。

またここではノード名を短くするためにmetaと変更しておきました。その理由は簡単で、エクスプレッションが少し短くなるからです。

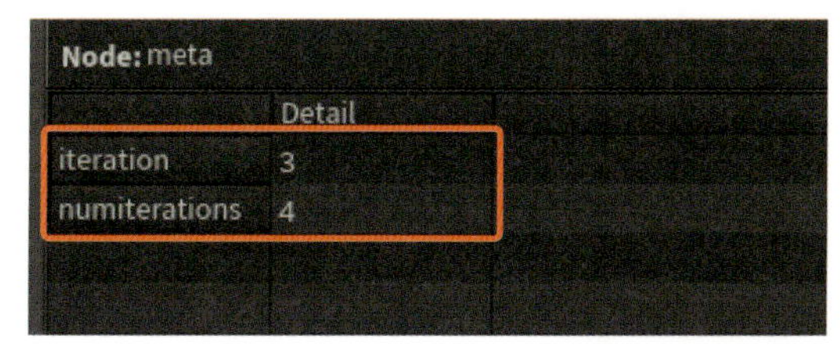
Node: meta

	Detail
iteration	3
numiterations	4

図02-262 For-Each Primitive：ノード名をわかりやすく変更

続けてループ処理にSubdivideSOPを挿入し、Depthパラメータに次のようなエクスプレッションを加えます。

```
detail("../meta", "iteration", 0)
```

以前説明したプログラムとまったく同じなので説明は割愛しますが、意味合いとしては「現在のループ回数分だけ分割数を増やす」ということです。Single Pass を利用してループ回数ごとの処理をデバッグしてもいいでしょう。

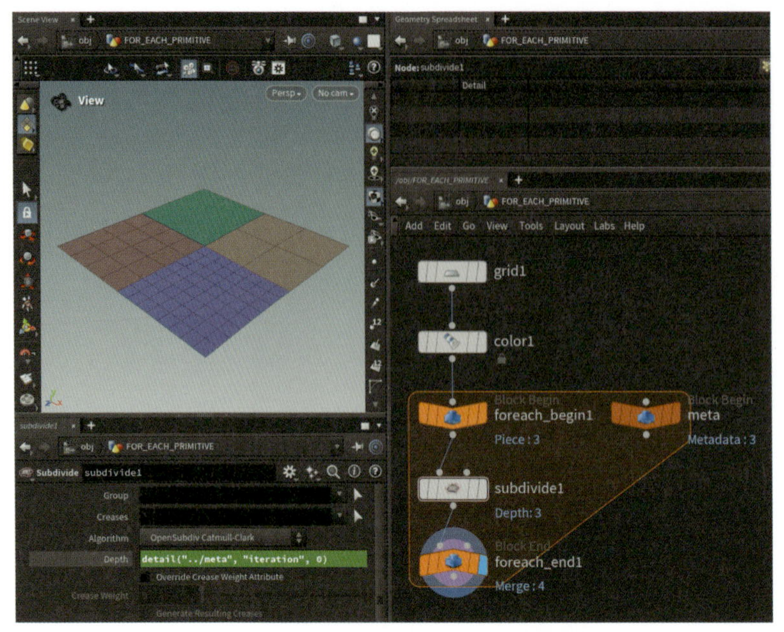

図02-263 SubdivideSOP：Depthパラメータにエクスプレッションを記述

For-Each Primitiveの特徴としてループ処理に入る前のPrimitiveごとにループ処理が行われるので、そこでフェースが分離されます。後々自分の作りたいものに取り組む際に頭の片隅においてください。

Exploded ViewSOPを繋げてみるとフェースの接続状況がわかりますね。

> For-Each Point

最後にFor-Each Pointについて学びます。ここでは下の図のような抽象的な図形を作成してみましょう。

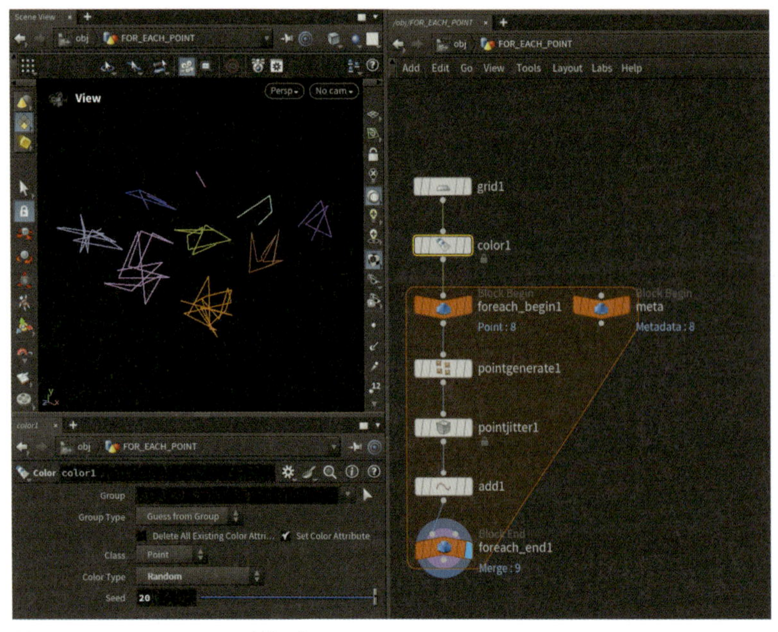

図02-264 For-Each Point：全体のネットワーク

下準備は非常に単純です。4分割したGridにColorSOPを接続し、ポイントアトリビュートにランダムなカラーをつけます。

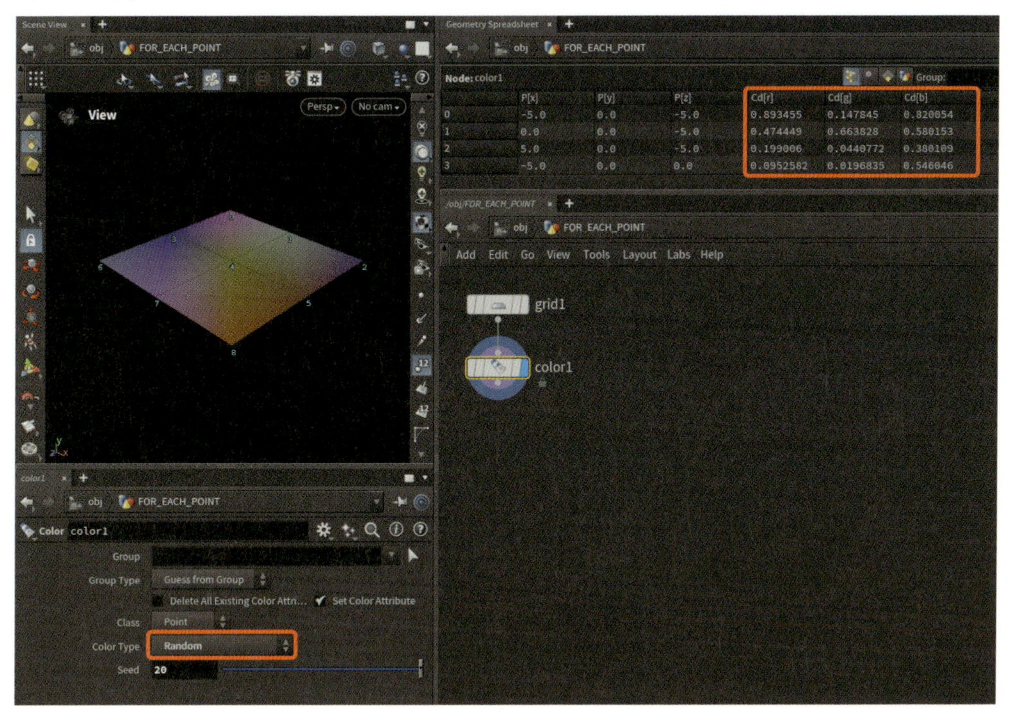

図02-265 ランダムな色をつける

Tabメニューから`For-Each Point`を実行します。`For-Each Primitive`のときと同様、`foreach_begin1`と`foreach_end1`が生成されます。例のごとくループ処理のメタデータを利用したいので、`foreach_begin1`ノードを選択、`Create Meta Import Node`ボタンをクリックして`foreach_begin1_metadata1`ノードを作成します。

前回同様、`foreach_begin1_metadata1`のノード名を`meta`に書き換えましょう。ネットワークは下の図のようになりました。

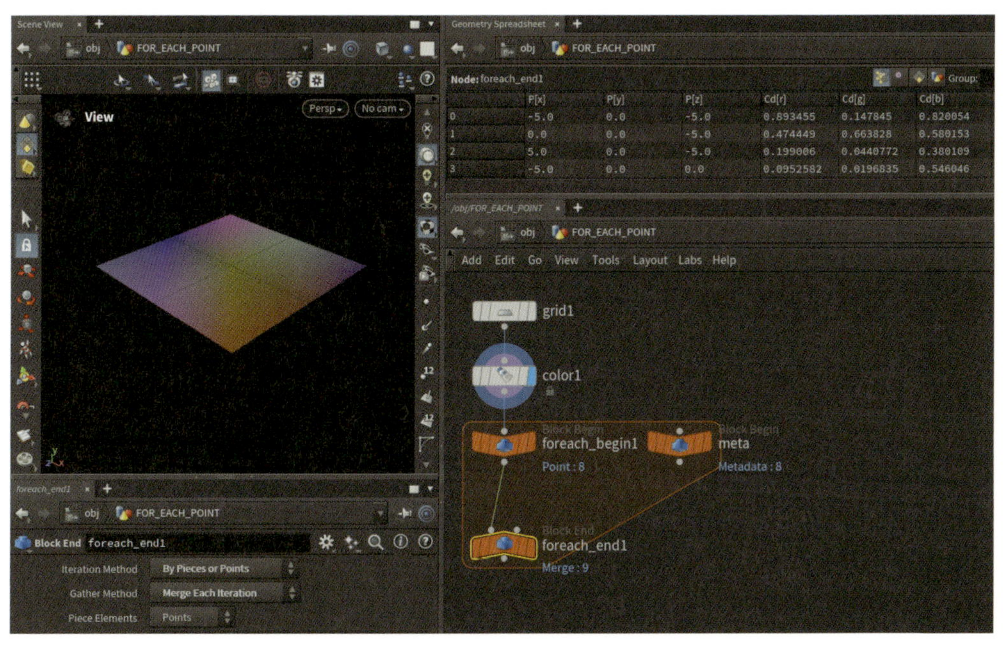

図02-266 For-Each Point：ループブロックとMeta Importノードの作成

ループ処理の中にPoint GenerateSOPを挿入し、エクスプレッションを記述しましょう。

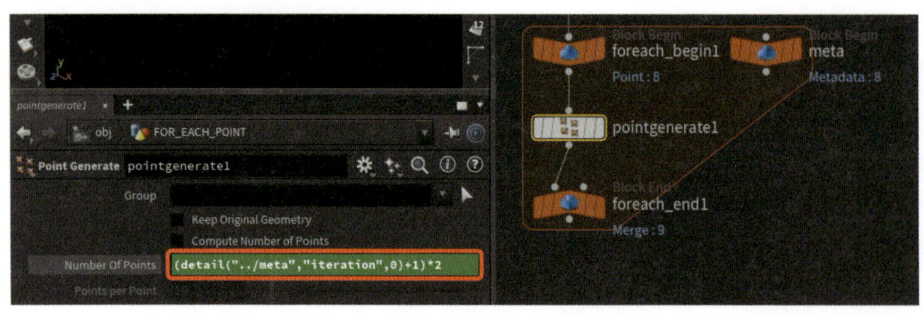

図02-267 Point GenerateSOP：Number Of Pointsパラメータにエクスプレッションを記述

```
(detail("../meta","iteration",0)+1)*2
```

エクスプレッションで四則演算をしていますが、難しいことはしていません。detail("../meta", "iteration", 0)が現在のループ回数で、それに1を足したものを2倍しているということですね。このエクスプレッション内で毎回「foreach_begin1_metadata1」と書くのはめんどうなので、短い名前の「meta」にしたという小技です。あまりに小さなTipsですが、For-Loop内でループ回数などのメタデータにアクセスすることは非常に多いので、ぜひ利用してください。

ここまでで「元々のGrid由来のポイント位置にループ回数が増えるごとにポイントが生成されていく」という処理が実装されたということになります。

続けてPoint JitterSOPを接続しましょう。scaleパラメータは目合わせでよいですが、今回は3にしました。Seedパラメータに次のようなエクスプレッションを記述します。

```
detail("../meta", "iteration", 0)
```

Seed値でもループ回数を参照することで、ポイントの散らばりが毎回変わることになります。これによって最終的にできる図形が違った形状になるというわけです。

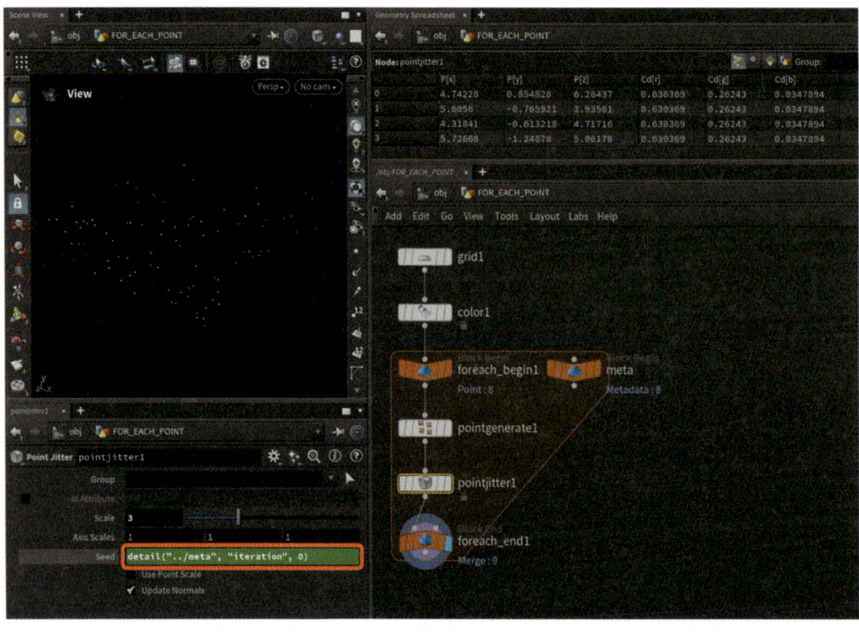

図02-268 Point JitterSOP：Seed値に現在のループ回数を与えることでポイントの散らばり方を変える

最後にAddSOPを接続しましょう。`By Group`タブにチェックを入れ、`Add`パラメータには`All Points`を指定します。これでポリラインを作成できます。

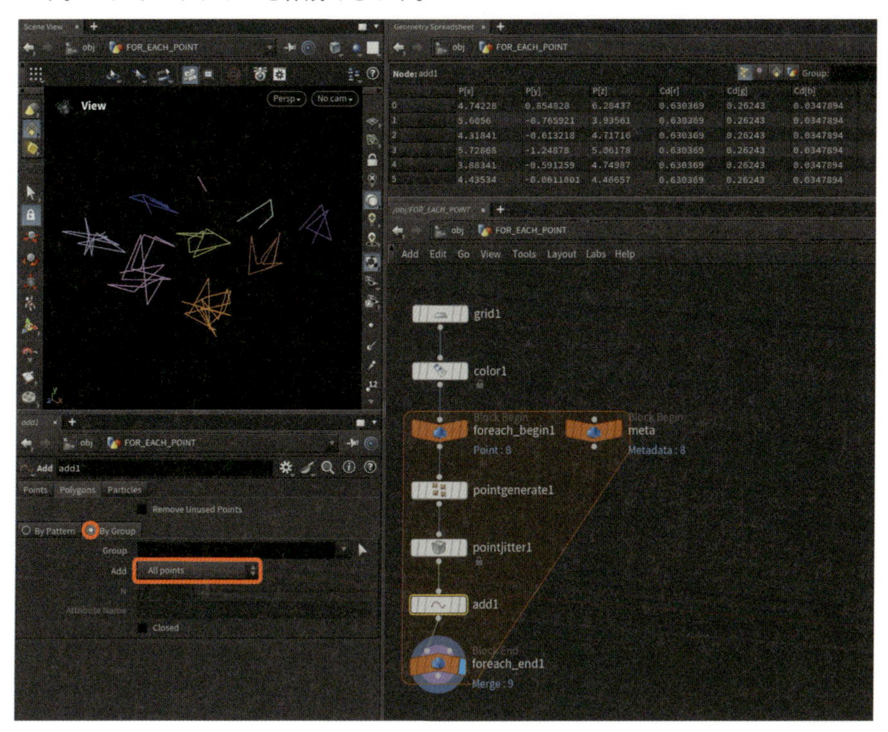

図02-269　AddSOP：ポリラインを作成

`For-Each Point`の特徴としてループ処理に入る前のPointごとにループ処理が行われるので、元々のフェース情報などはなくなりますのでご注意ください。

さて、これでループ処理の基本はすべてお伝えしました。

復習として「蓄積型」と「個別型」があり、そのどれもがVEXの並列処理とはまったく違うものだということを覚えておいてください。

PackSOPとAssembleSOP

今回はPack（パック）SOPとAssemble（アッセンブル）SOPについて解説をします。

まずはBoxを1つ作成しましょう。パラメータはすべてデフォルト値です。Node infoやジオメトリスプレッドシートを見ればジオメトリの状態はすぐに把握できますね。こんな感じになっているかと思います。

コンポーネント	個数
Points	8
Primitives	6
Vertices	24
Polygons	6

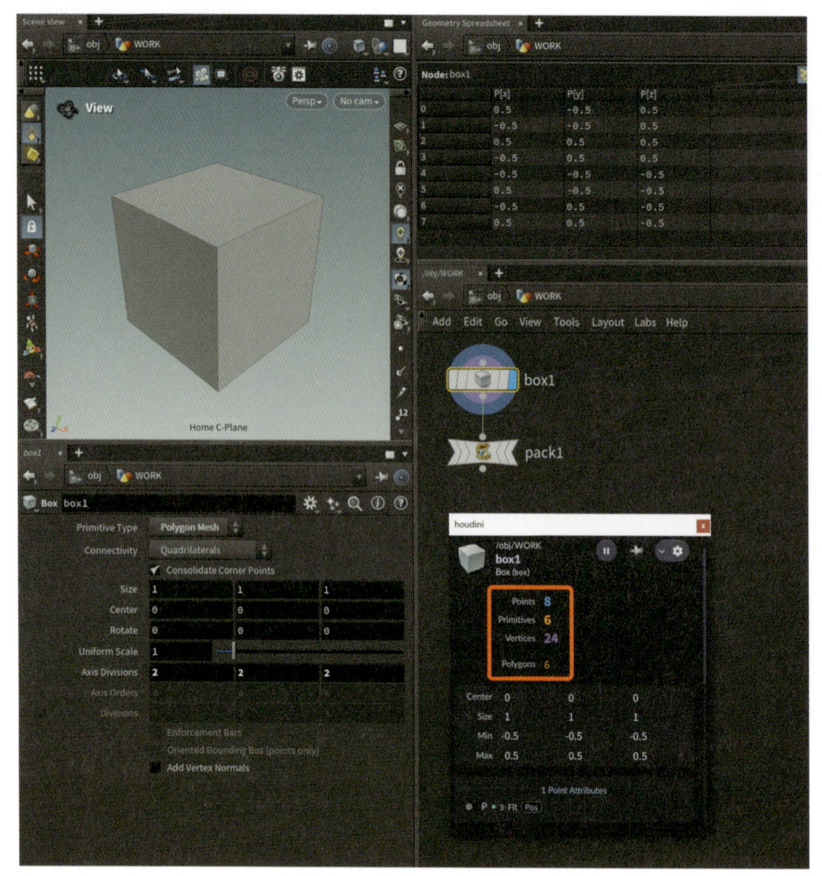

図02-270　BoxSOP：デフォルト値

ここまでは問題ないでしょう。続けてPackSOPを繋いでみます。パラメータはデフォルトです。

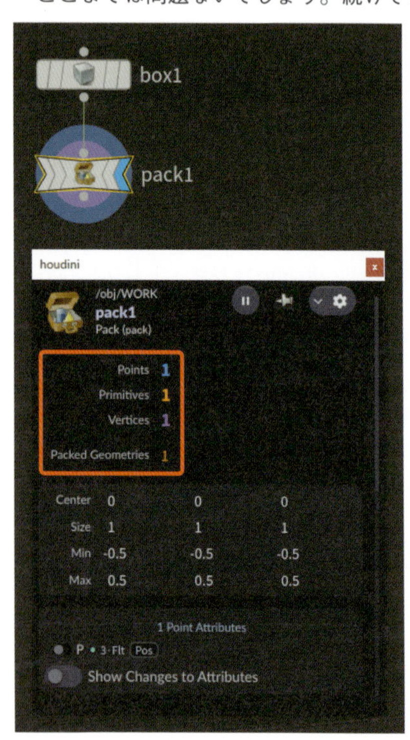

図02-271　PackSOPを接続

コンポーネント	個数
Points	1
Primitives	1
Vertices	1
Packed Geos	1

`Points`も`Primitives`も`Vertices`も1になってしまいました。そして`Polygons`が`Packed Geometries`に変わり、そしてこれも1になっています。このデータについて説明しましょう。

PackSOPによって一般的なポリゴンモデルがパックプリミティブというデータに変換されます。このデータは内部的に1つだけのポイント・プリミティブとして扱われ、メッシュ変形ができないデータになります。「メッシュ変形ができない、つまりモデリングできない」というデメリットはありますが、非常に高速・軽量なデータとして扱うことができます。

膨大な量のジオメトリを扱うときや、巨大なメッシュを扱う時、形状は変わらずシミュレーションだけ扱いたい時などに役に立つデータです。またレンダリング時にもメリットがありますが、本書ではプロシージャルモデリングに焦点を当てているため割愛します。

続けてAssembleSOPについても解説しましょう。

先程のPackSOPを削除して、Boxをボロノイ分割してみましょう。手法は、以前解説したものと同様です。

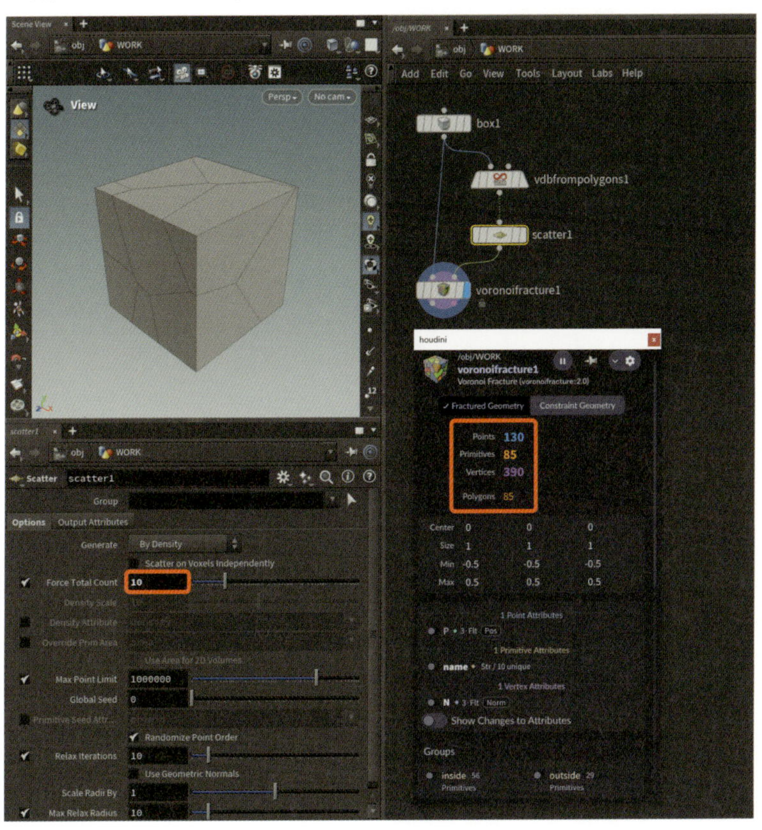

図02-272　ボロノイ分割によるBoxの粉砕

内部までキレイに分割できるようボリューム化してからScatterSOPでポイントを散布しています。また、今回は大きめの分割にしたかったため、`Force Total Count`は10と少なめな値にしています。

ボロノイ分割後のNode infoを見てみると、`Points`は130、`Polygons`は85となっています。

Voronoi FractureSOPに続けてAssembleSOPを接続、`Create Packed Primitives`にチェックを入れます。すると接続されたプリミティブごとにパックプリミティブ化されます。

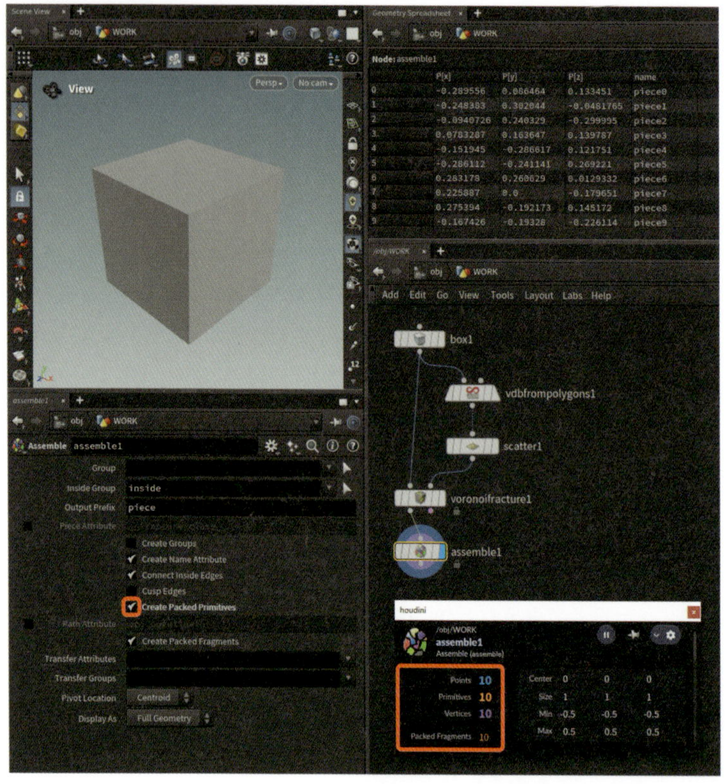

図02-273　AssembleSOP：接続されたプリミティブごとにパックプリミティブ化

パックプリミティブでも当然ながらExploded ViewSOPを接続すると分割形状を確認することができます。

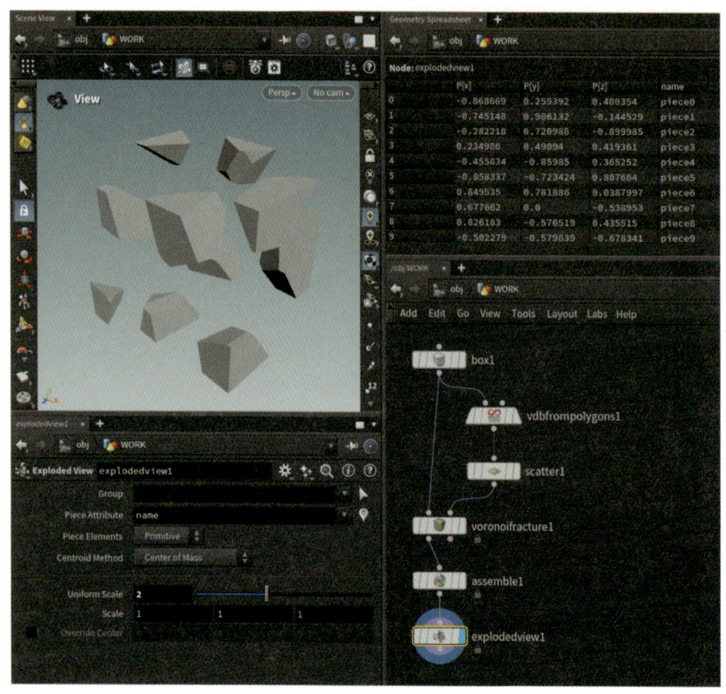

図02-274　Exploded ViewSOP：分割形状を確認

シミュレーションなどを行う際、フレームごとにメッシュ形状が変形しないケースではこれらの粉砕された形状が移動・回転を行えば良く、パックプリミティブを用いることで高速に結果を得ることができますので今後の学習にお役立てください。

最後にこのパックプリミティブを使った面白い機能をご紹介して本項目を終えたいと思います。

パックプリミティブはそれぞれ1つのポイントとして扱われるというお話を先程しましたが、そのポイントは元形状の重心位置に作られます。今回のボロノイ分割された破片の重心点をポイントとして取得したい場合、前の項目で習ったFor-Loopを使うことでも可能ですが、もっと直接的な方法があります。それはAddSOPを利用する方法です。

AddSOPにはDelete Geometry But Keep the Pointsという「ジオメトリは削除するが、ポイントは保持する」オプションがありました。これを利用すると一撃でそれぞれの破片の重心点を取得することができます。

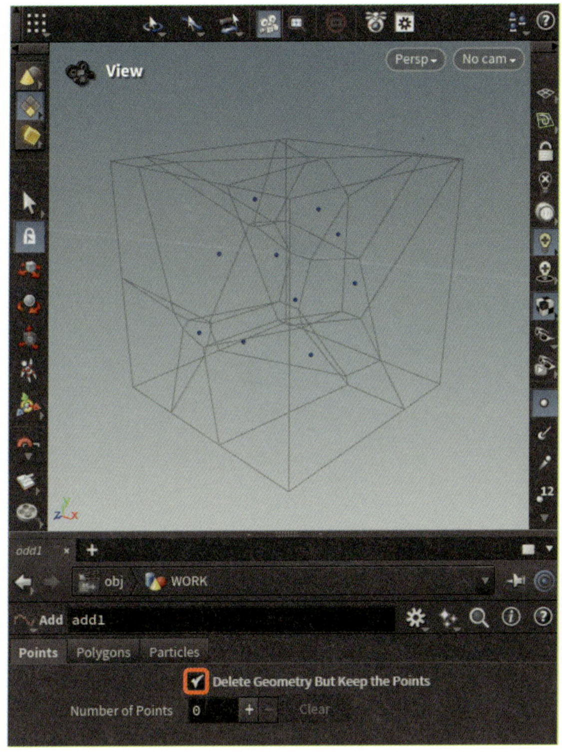

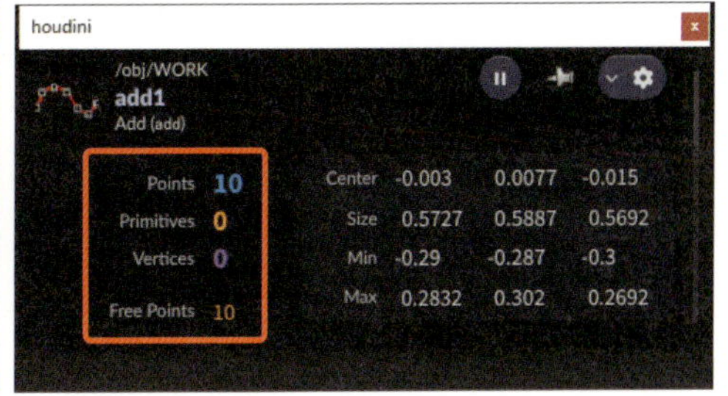

図02-275　AddSOP：パックプリミティブの重心点を取得

このように初めて出会ったときにはどんな使い方をすればいいか見当もつかない機能も、他の機能と組み合わせることでスマートに解決できるというのもHoudiniの魅力の1つですね。

›› Attribute Wrangle・エクスプレッション脱初心者編

これまで、Houdiniの基礎の基礎について解説を行ってきましたが、当然これらの知識だけでは思いどおりの形状やシステムが作れるわけではありません。地図にない街を探したければ始めに地図が必要なように、応用の前には必ず基礎が必要です。問題にぶつかったら、まずは第1章を読み返し、自分の弱い分野を克服することをおすすめします。

しかしながらステップアップのためにはより実践的な訓練も必要になります。ここではVEXの代表的な関数を学び、合わせてベクトルのコントロールも体験してみましょう。

ベクトルの演算

まずはベクトルについて復習しましょう。

・ベクトルとは大きさと向きがあるデータ。
・ベクトルの始点はどこに移動してもよい。

横文字なので難しそうな印象があるかもしれないですが、大切なのはこれだけです。そして以下に簡単なベクトルの計算を説明しますが、イメージしやすいので構えずに進めていきましょう。

和

まずは最も基本となる和、つまり足し算からいきましょう。

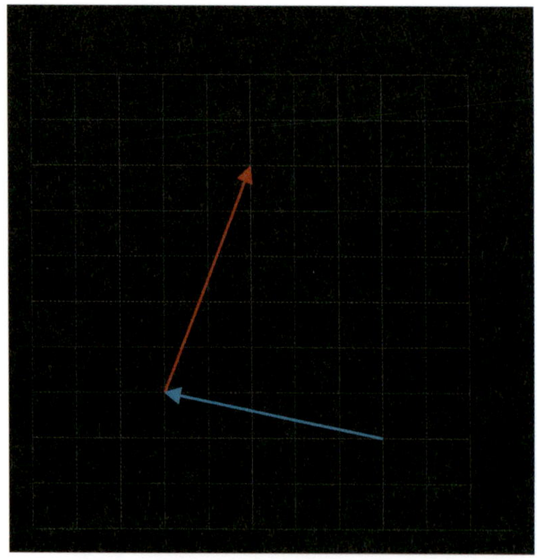

図02-276 ベクトルの和

図のように青い矢印と赤い矢印があったとします。まずはこの足し算の結果をご覧ください。

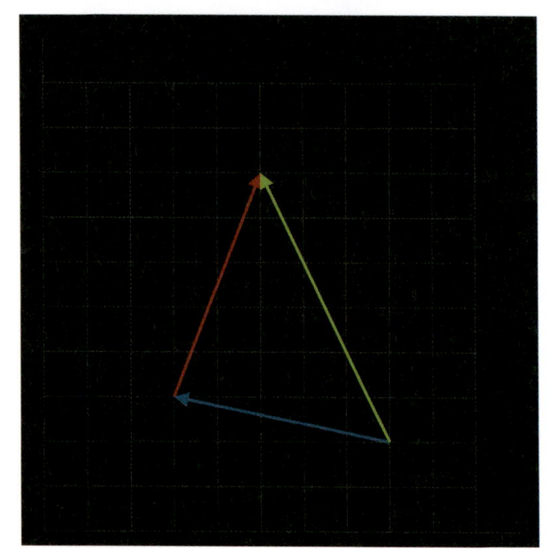

図02-277 ベクトルの和：結果

緑色の矢印がベクトルの足し算の結果です。このようにベクトルの足し算は2つ(3つ以上でもOKです)のベクトルを連続で繋げたものになります。このイメージが分かれば、後は簡単です。

次は差(引き算)を飛ばして積(掛け算)と商(わり算)に進みましょう。実はこの流れが大切です。

積と商

これも非常にイメージしやすいので見ていきましょう。

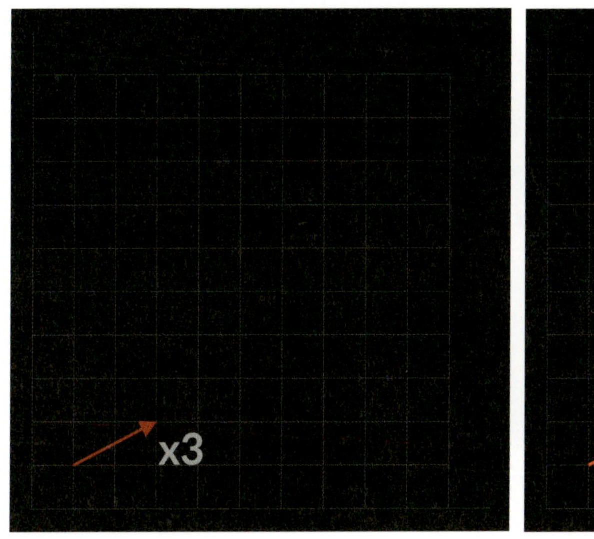

図02-278 ベクトルの積

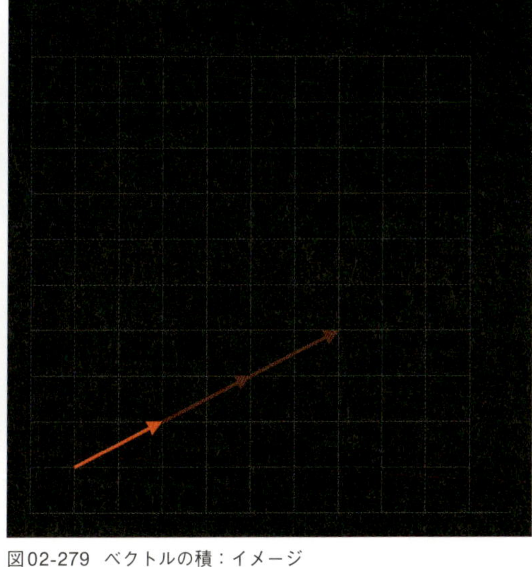
図02-279 ベクトルの積:イメージ

図02-278の赤いベクトルに3を掛けてみましょう。3を掛けるということは3倍にする、つまり赤いベクトルが3つ分ということですね。

3つのベクトルを足してみましょう。イメージ通りではないでしょうか。

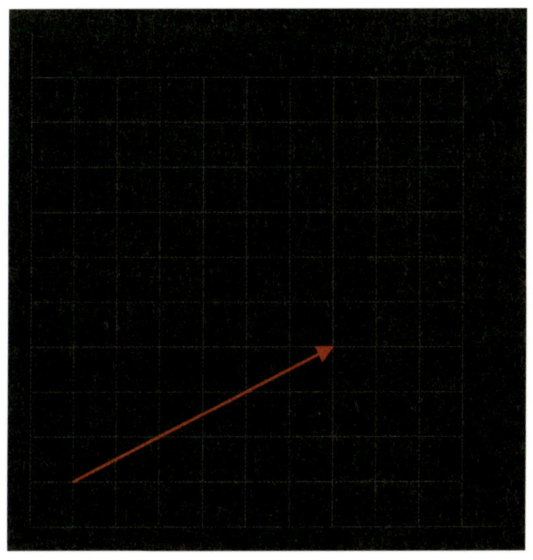
図02-280 ベクトルの積:結果

次は商、割り算です。

見てのとおり青いベクトルを2で割ってみようというわけです。「掛け算」と「割り算」を別々にとらえるのはコスパが悪いので、割り算は掛け算に直して考えましょう。そうすれば1つの考え方ですみますね。

「2で割る」というのは「0.5を掛ける」と同じです。

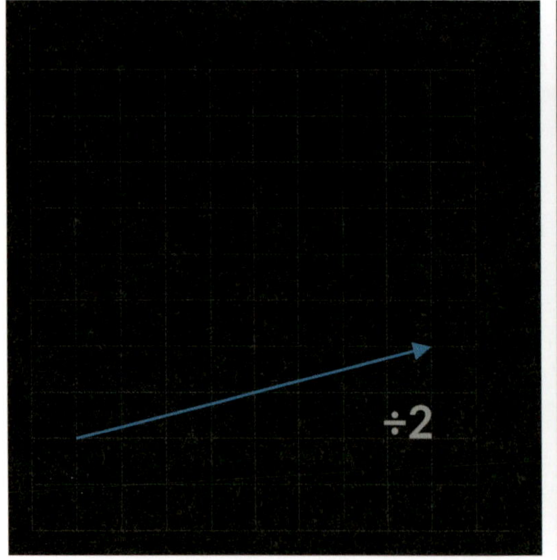

図02-281　ベクトルの商

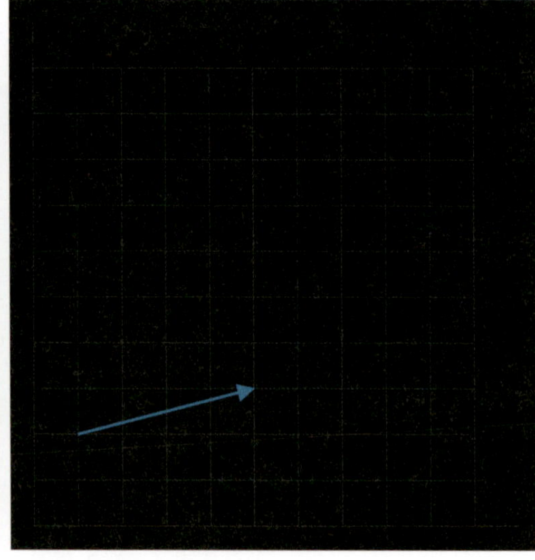

図02-282　ベクトルの商：結果

数学に苦手意識がある方にも、思ったより簡単だったのではないでしょうか。最後に差（引き算）について学びましょう。

差

下の図のように赤いベクトル❶から青いベクトル❷を引き算しましょう。

ここで割り算を掛け算に置き換えたように「❶と❷の引き算」を「❶と❷に-1を掛けたものを足し算する」と考え直してみましょう。

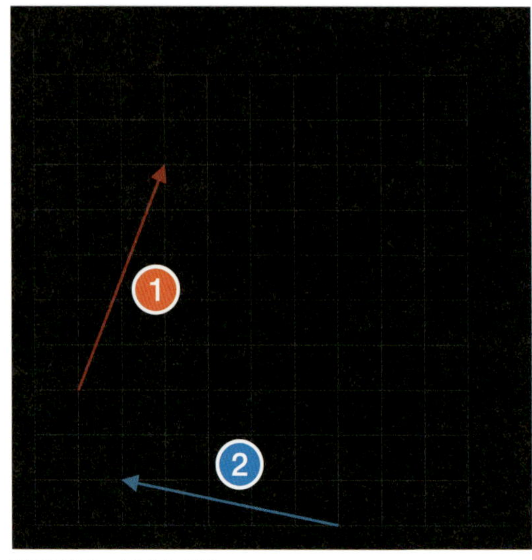

図02-283　ベクトルの差

❷に -1 を掛けました。ベクトルが反対方向を向くのはイメージどおりかと思います。

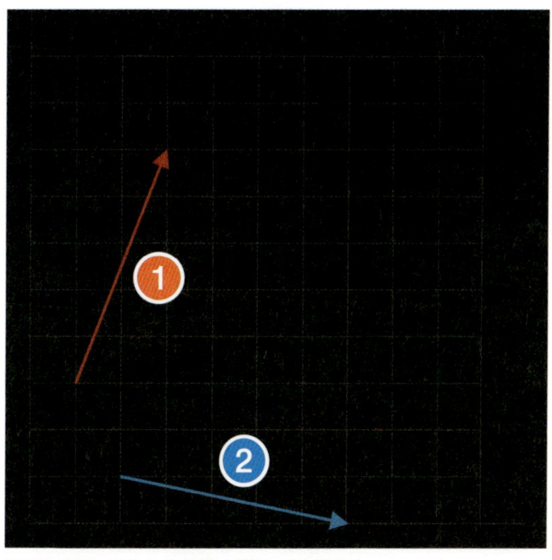

図02-284　ベクトルの積：②に -1 を掛けた

「ベクトルの始点はどこに移動してもよい」という特性を利用しましょう。

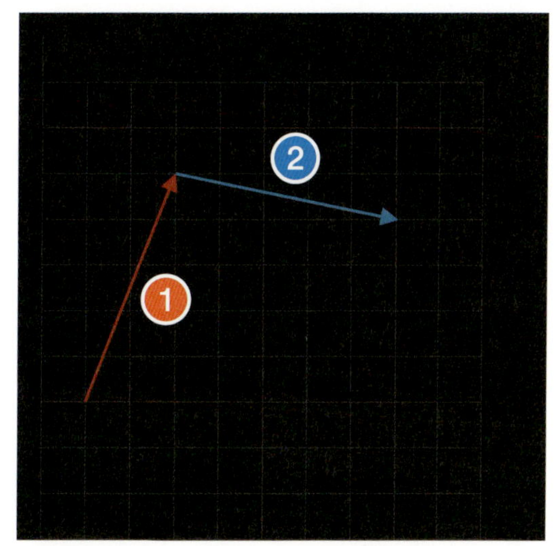

図02-285　ベクトルの積：②のベクトルを移動

最後は足し算とまったく同じです。どうでしょう。簡単ですね。

これにてベクトルの計算は皆さん理解できましたね。しかし大切なのはVEXにおいてベクトルを扱えるようになることです。次の項目から Attribute Wrangle を用いてベクトル計算を行っていきましょう。

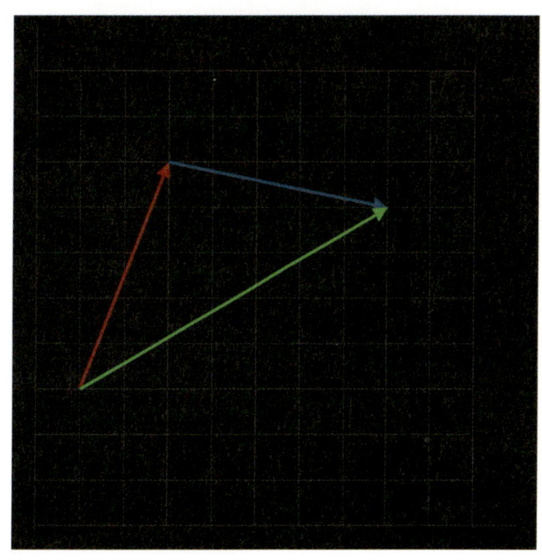

図02-286　ベクトルの差：結果

》VEX脱初心者編

今までVEXの基本的な書き方とその仕組み、特にアトリビュートの定義やアクセスについて学んできました。しかしここまで学んだのは基礎の基礎の領域で、VEXの素晴らしさは強力な関数や他のジオメトリ情報との連携にあります。

ここではVEXの関数の基本的なお作法と複数のジオメトリから計算を行う方法について学んでいきましょう。

なお、本項目は応用編ということもあり、今まで学んだノードのパラメータに関しては説明は割愛します。同じ形状で確認したい方はサンプルファイルを参考にパラメータを揃えてください。

サンプルファイル：vex_advanced.hip

》アトリビュート操作復習

まずは今までの知識を用いて図のような自然形状を作りましょう。新しい関数も登場するのでそちらの解説も行います。

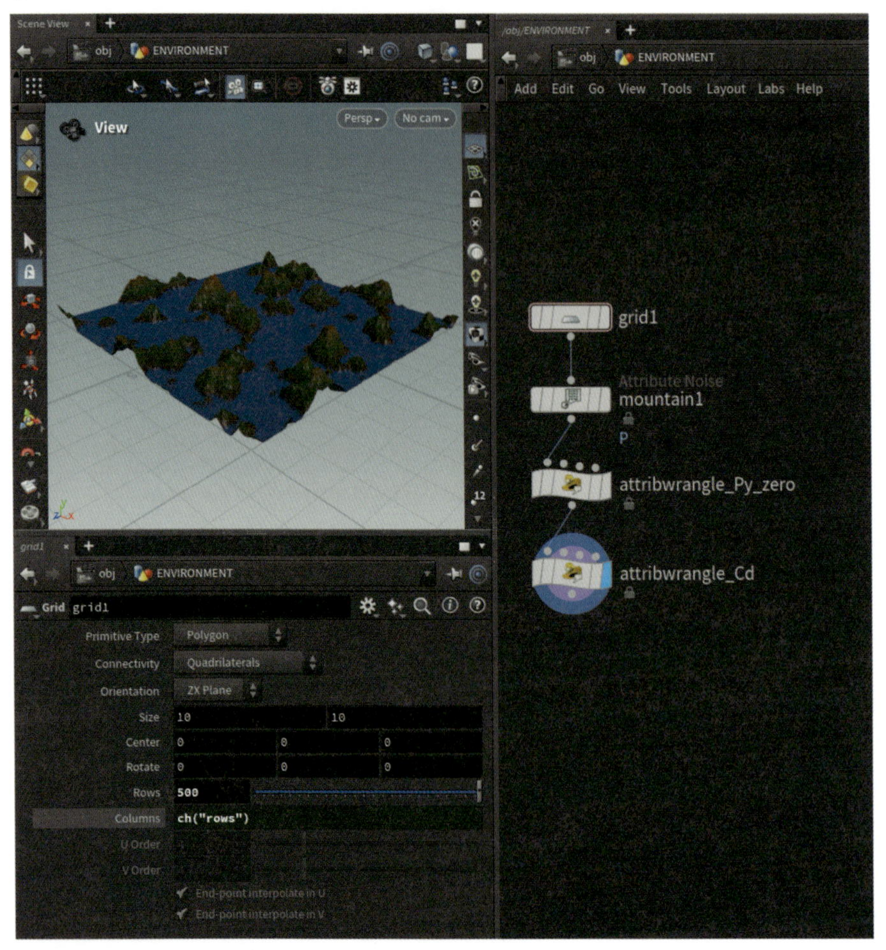

図02-287　自然形状の作成：ネットワーク全体

ネットワークを見ていただければわかるかと思いますが、分割数を細かくしてMountainSOPを繋いで山のような形状を作っています。

AttributeWrangleでは海面の形状を作るところと色をつけるところになります。

▶ attribwrangle_Py_zero

まず海面を作るところです。ここは1行のみで実現しています。見てみましょう。

```
if(@P.y<0) @P.y=0;
```

あまり難しくないですね。「位置アトリビュートPのY座標がゼロより小さいとき、位置アトリビュートPのY座標をゼロにする」というプログラムです。

▶ attribwrangle_Cd

次は色をつけるところですが、今度は2行です。2行という短いプログラムですが学びは多いのでしっかり見ていきましょう。

```
float height_ratio = relpointbbox(0, @P).y;
@Cd = vector(chramp("color", height_ratio));
```

まずはもっと簡単なサンプルを見ながら、新しくでてきたrelpointbbox関数について見ていきましょう。

下の図のようにCircleSOPにAttribute Wrangleを繋いだだけのシンプルなネットワークです。

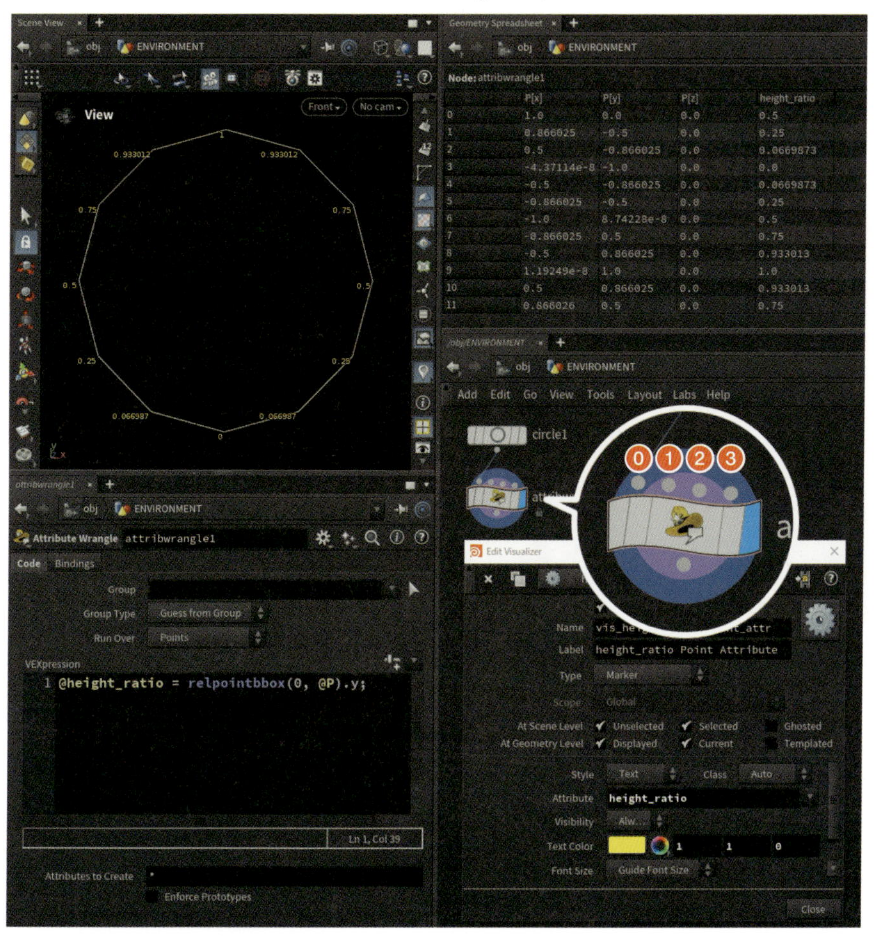

図02-288 relpointbbox関数の解説 その1

プログラムも1行だけですね。

```
@height_ratio = relpointbbox(0, @P).y;
```

左辺はheight_ratioというアトリビュートを作っているだけなので、重要になってくるのは右辺になります。

relpointbbox関数は引数を2つまたは3つとります。ポイントグループを使用する場合は引数が3つになり、今回はグループは関係なくジオメトリ全体で計算を行いたいので引数は2つの方を使います。

右辺のrelpointbbox(0, @P).yを見てみると、第1引数が0、第2引数が@Pになっています。これを順に解説します。

まず第1引数ですが、これはAttribute Wrangleの入力コネクタの番号を示しています。先程の図にオレンジの文字で数値を振っていますが、その番号をここに書くわけです。今回は一番左の入力コネクタの情報(自分自身のジオメトリの情報)を用いて計算をしたいので、0を書いています。**第1引数にどのジオメトリから情報を取ってくるか**を指定する関数は非常に多いので、この考え方は慣れておく必要があります。

しかし、本例では入力コネクタに1つしかワイヤが繋がっていないので少々わかりにくいので、次項のpoint関数で理解が進むでしょう。話をrelpointbbox関数に戻します。第2引数にはポイントの位置ベクトルを渡します。ジオメトリのポイント位置はPアトリビュートでOKでしたね。

relpointbbox関数は正しく引数を入れるとどんな計算がされるのでしょうか。それは**各々のポイントがバウンディングボックスのどの割合にいるか**を計算してくれます。返ってくる計算結果はベクター型であり、X座標の割合、Y座標の割合、Z座標の割合が入っています。そしてプログラム最後の.yの部分でY座標の割合を取得しているわけですね。

「各々のポイントがバウンディングボックスのどの割合にいるか」という説明だとイメージしにくいので、CircleSOPを用いたサンプルを見ながら確認していきましょう。

プログラムを翻訳してみると「height_ratioというポイントアトリビュートに、バウンディングボックスのY座標の割合をセットしている」ということになります。

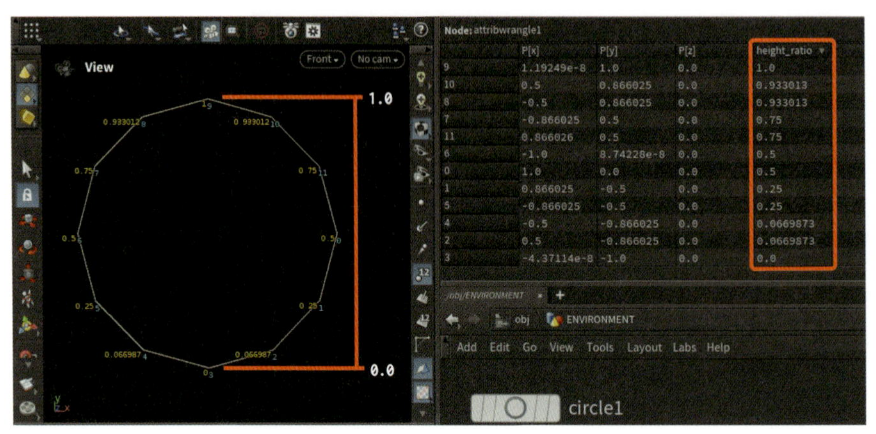

図02-289 relpointbbox関数の解説 その2

少し表示される情報を増やしました。

Display point numbersボタンを押してポイントナンバ(水色)、height_ratioアトリビュートを黄色で表示しています。この図を見てみると、ポイントナンバ9ではheight_ratioが1.0、ポイントナンバ0と6ではheight_ratioが0.5、ポイントナンバ3ではheight_ratioが0.0、となっていますね。

これらをまとめるとrelpointbbox関数を使うと「それぞれのポイントがバウンディングボックスのどこらへんにいるかがわかる」ということになります。0.0だとY座標一番下、0.5だとY座標真ん中、1.0だとY座標一番上という具合です。実際にサンプルを見るとそこまで難しくないのではないでしょうか。

relpointbbox関数の使い方がわかったところで、自然景観の着色に話を戻しましょう。
もう一度プログラムを確認してみましょう。

```
float height_ratio = relpointbbox(0, @P).y;
@Cd = vector(chramp("color", height_ratio));
```

1行目については先程学んだrelpointbbox関数を用いたものとなっていますが、左辺が変わっています。float height_ratioという見慣れないかたちになっていますね。これはVEX内で使用できる「ローカル変数」と呼ばれる書き方です。

少々ややこしいのですが、VEXのローカル変数は基礎編で学んだ$CEX、$CEY、$CEZなどとは別物で、**VEXの計算内だけで利用するだけで、アトリビュートは生成しない変数**となります。

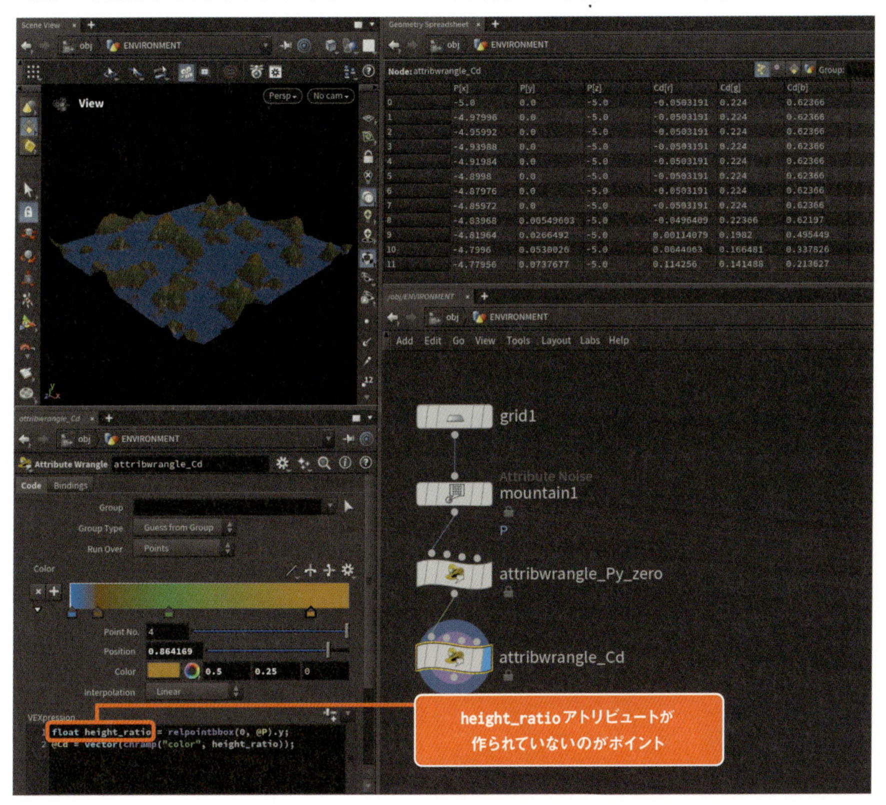

図02-290 VEXでのローカル変数

ジオメトリスプレッドシートを見ていただければわかるかと思いますが、height_ratioというアトリビュートは作られていません。後々計算やメッシュ変形で利用したい場合はアトリビュートを作成しておくべきですが、今回は「色をつける計算に使う際に定義したいだけ」というケースなので、ローカル変数として定義しています。

書き方としてはデータ型 変数名という書き方で、定義した後は変数名を使えば利用できます。

難しそうに聞こえそうですが、ここでは「それぞれのポイントがバウンディングボックスのY座標のどこらへんにいるか」を元に景観に色を付けることが目的であり、アトリビュートとして残しておきたいのは色を表すポイントアトリビュートCdのみ、ということですね。

続いて2行目です。

```
@Cd = vector(chramp("color", height_ratio));
```

見たことがないのは右辺のvector()の部分です。今まで学んできたchramp関数はこんな感じでしたね（rangeアトリビュートを元に位置アトリビュートPのY座標をリマップする場合）。

```
@P.y = chramp("shape", @range);
```

この書き方だとCreates spare parameters for each unique call of ch()ボタンを押した時、XY座標を持った関数グラフがUIとして生成されますが、それをvector()でくくってあげることによってHoudiniにvector型で計算してねと伝えることができ、UIとしてはカラー（3つのfloat値を与えることができる）帯グラフが生成されます。

これによって**それぞれのポイントがバウンディングボックスのY座標のどこらへんにいるかによって色を変更する**ことが可能になります。

短いプログラムでも、しっかりと理解して使いこなしていきましょう。続いて入力コネクタに複数のワイヤを接続する例を学んでいきましょう。

》point関数とベクトル計算

本作例では1点に向かって起伏がある山を作成します。ベクトルのコントロールとpoint関数という実務でも多用する技術を丁寧に解説していきます。

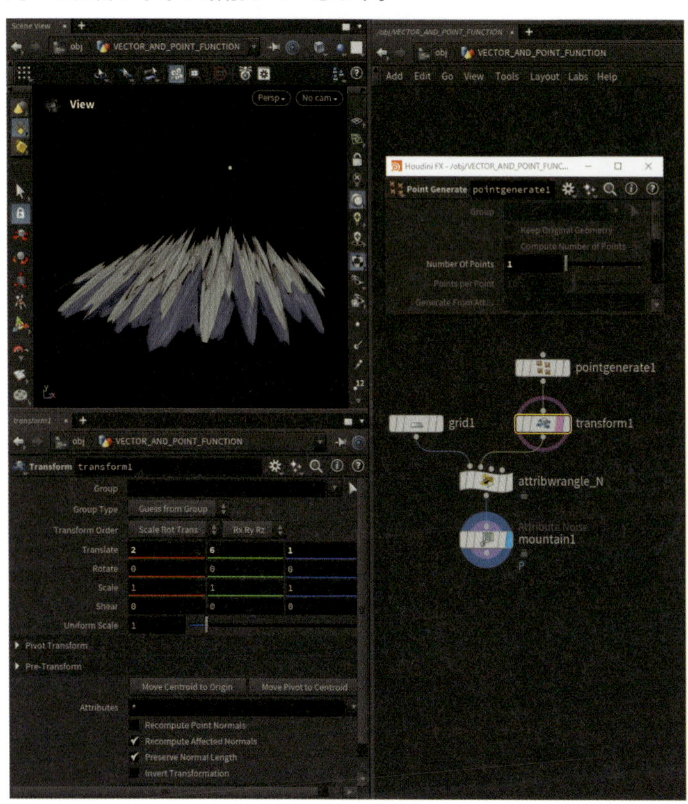

図02-291 point関数とベクトル計算：ネットワーク全体

山の形状を作っているノードはMountainSOPです。そしてすでに学んだ内容ですが、山の起伏は法線ベクトルを示すポイントアトリビュートNの方向を向くというのを思い出してください。つまりここでは**1点を向く法**

線ベクトルNを作ればよいということがわかります。

まずはシンプルなサンプルを見てステップアップしていきましょう。

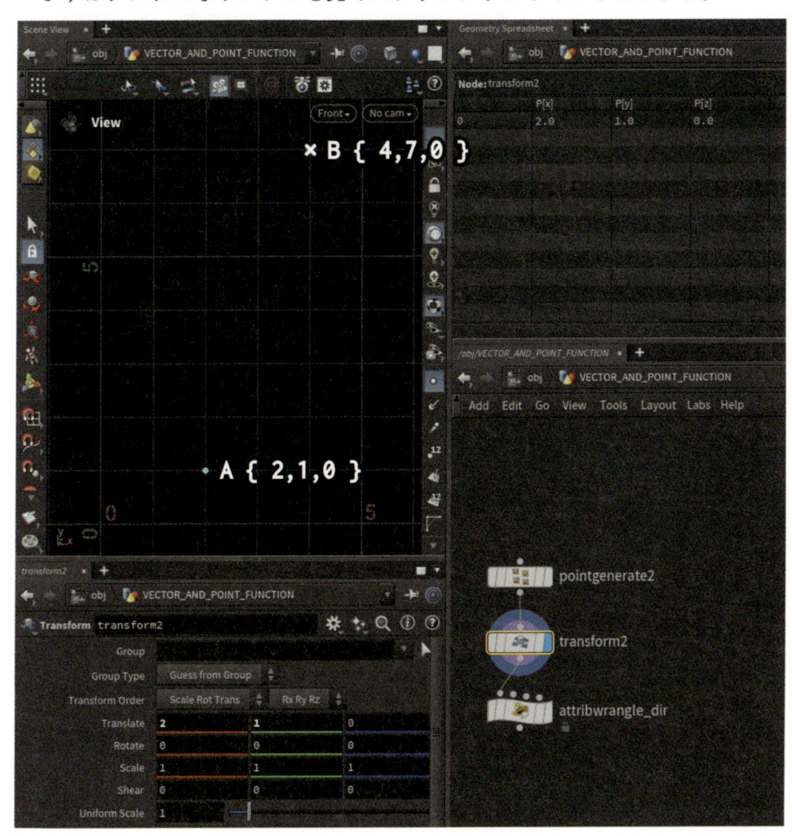

図02-292 ベクトル計算サンプル その1

現在、Point GenerateSOPで1つのポイントを作成し、TransformSOPで{2, 1, 0}に移動した状態となっています。このポイントからBの位置{4, 7, 0}にベクトルを作ってみましょう。つまりAからBへ向かうベクトルということですね。

スタート地点AとゴールB地点BのベクトルをBに図にすると、右の図の青いベクトル❶、オレンジ色のベクトル❷になります。ここでベクトルの和・差を思い出してください。AからBへ向かうベクトルを作るには、Aベクトルを反転したもの❶'を❷に足してあげれば良さそうです。**ベクトルの反転**ということは引き算でOKというのは以前学習しましたね。

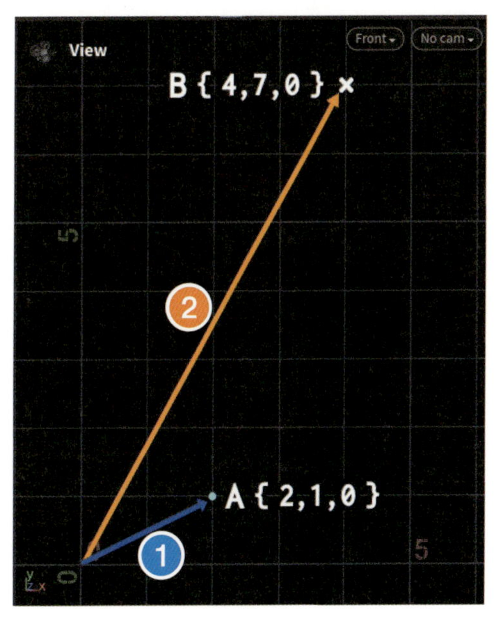

図02-294 ベクトル計算サンプル その2

スタート地点Aから❶'→❷となぞった位置へのベクトルが求めたい紫色のベクトルとなります。毎回ベクトルの計算について頭をひねるのも面倒ですので、一度仕組みを理解したら計算方法だけ覚えてしまいましょう。

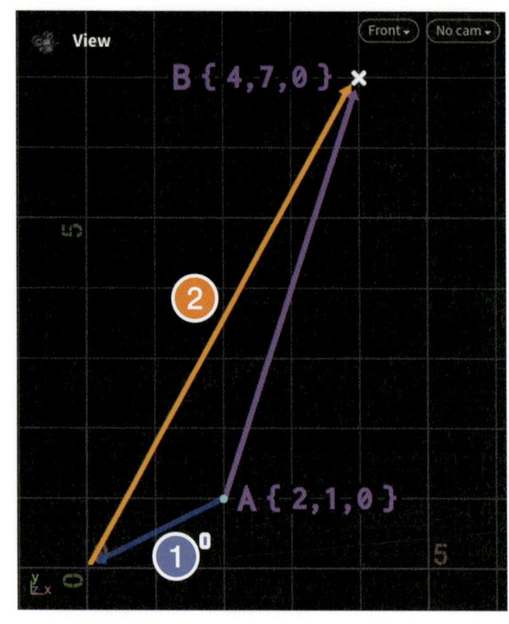

図02-295 ベクトル計算サンプル その3

ゴール地点のベクトル − スタート地点のベクトル

この計算でスタート地点からゴール地点へのベクトルを作ることができます。これをVEXで表現してみましょう。

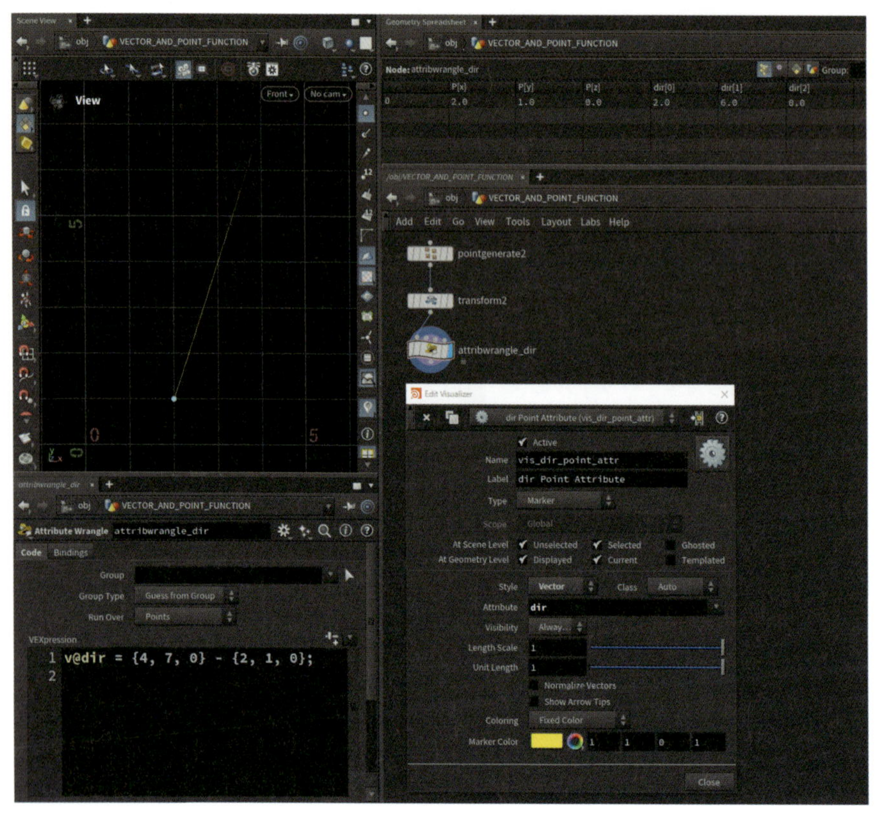

図02-296 ベクトル計算とVEX その1

```
v@dir = {4, 7, 0} - {2, 1, 0};
```

このプログラムではvector型のポイントアトリビュートdirを作成してビジュアライズしています。正しいベクトルが作成されていますね。そしてこのプログラムはもう少し汎用的に書き直すことができます。

スタート地点の{2, 1, 0}は自身の位置アトリビュートPですね。これを利用すると次のようなプログラムになります。

```
v@dir = {4, 7, 0} - @P;
```

いままではわかりやすくするため2次元のベクトルを使ってきましたが、もう少し実践的なサンプルを用意しました。見てみましょう。

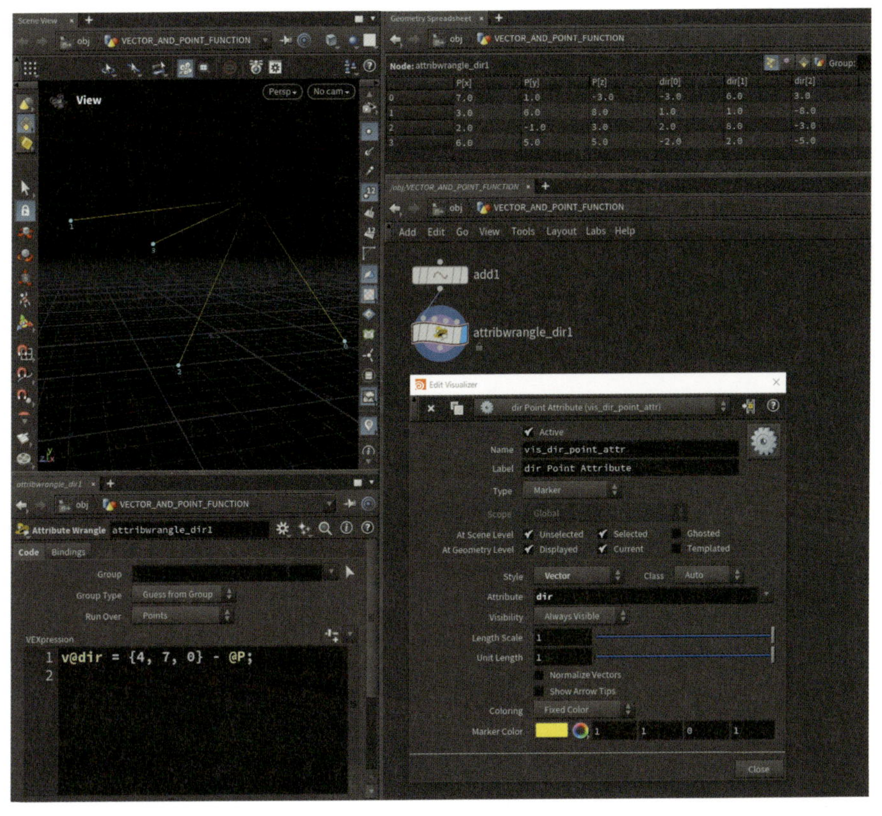

図02-297 ベクトル計算とVEX その2

プログラムは先程とまったく同じです。自分自身の位置からゴール地点{4, 7, 0}に向かうベクトルができました。

```
v@dir = {4, 7, 0} - @P;
```

ここまで理解できたら最初の作例に戻りましょう。重点となるのは「ゴール地点」をジオメトリとして扱うところです。この方法を使うとゴール地点を自由自在に動かすことが可能になります。

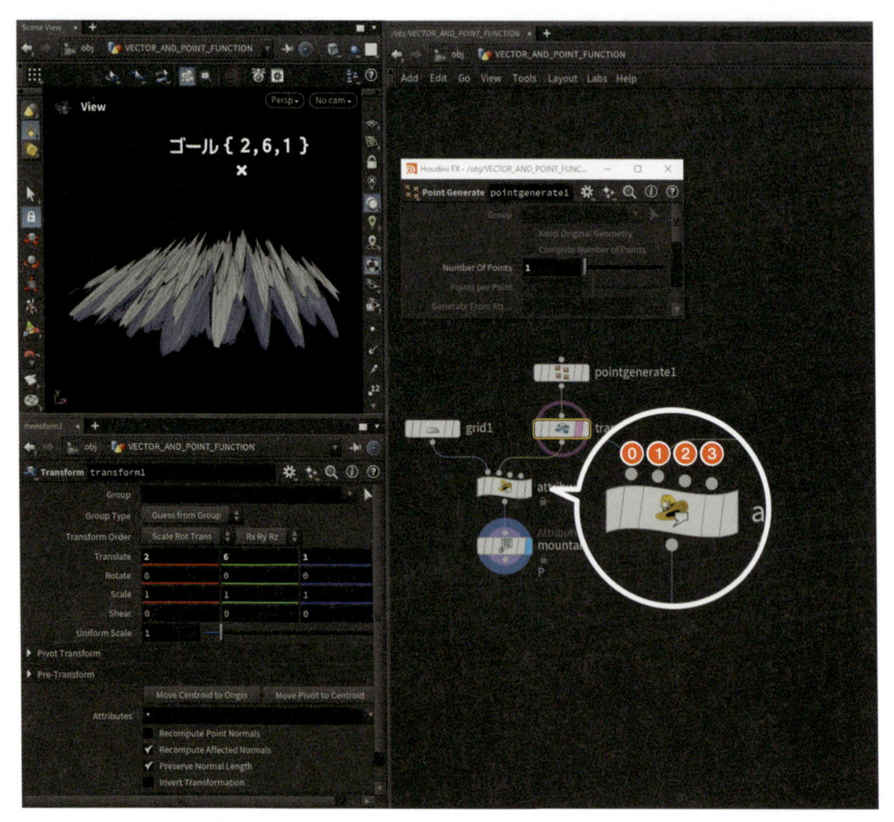

図02-298 point関数解説

Point GenerateSOPで1つのポイントを作成し、TransformSOPで{2, 6, 1}に移動した地点をゴールとしてVEXに利用しましょう。

プログラムは次のようになっています。

```
vector pos = point(1, "P", 0);
@N = pos - @P;
```

本プログラムのキモは1行目です。じっくり解説していきましょう。

左辺では、前項で学んだローカル変数が再度登場します。vector posの部分でvector型のposというローカル変数を定義しています。アトリビュートではなくローカル変数で定義した理由は、このAttribute Wrangle内のみで使用するデータだからです。

そして右辺に出てくるpoint関数は今後もずっとお世話になる超重要な関数なのでしっかりと理解していきましょう。この関数は引数を3つとり、その内容は次のとおりです。

引数	内容
第1引数	参照するジオメトリが入力されているコネクタの番号
第2引数	取得するアトリビュート名
第3引数	参照するジオメトリのポイントナンバ

これを踏まえて1つずつ引数を確認していきましょう。第1引数は1となっていますが、これは大丈夫ですね？ゴールの位置は左から2番目のコネクタに入力されているので、ゼロから数え始めると1になるということです。

次に第2引数ですが、今回はゴールの位置を取得したいので「位置アトリビュートを取得するよ」という意味で"P"を渡します。第2引数は「アトリビュート名」を記載する仕組みなので、文字列として渡すことに注意しましょう。

最後に第3引数ですが、参照するジオメトリのポイントナンバを記載します。今回はゴール地点となるポイントは1つしかないので0と記載することになります。ポイントナンバの扱いは最後に別のサンプルをみて補足します。

これでゴール位置となるローカル変数posが定義できました。2行目は今の読者の皆さんにはもう簡単です。

ゴール地点のベクトル（pos）ー スタート地点のベクトル（@P）

これでスタート地点からゴール地点へ向かうベクトルができるということでしたね。この計算がpos - @Pにあたり、それを法線ベクトルNに代入しているというわけです。

さて、お約束どおりpoint関数の第3引数について補足するサンプルを見て本項目を終わりにしましょう。

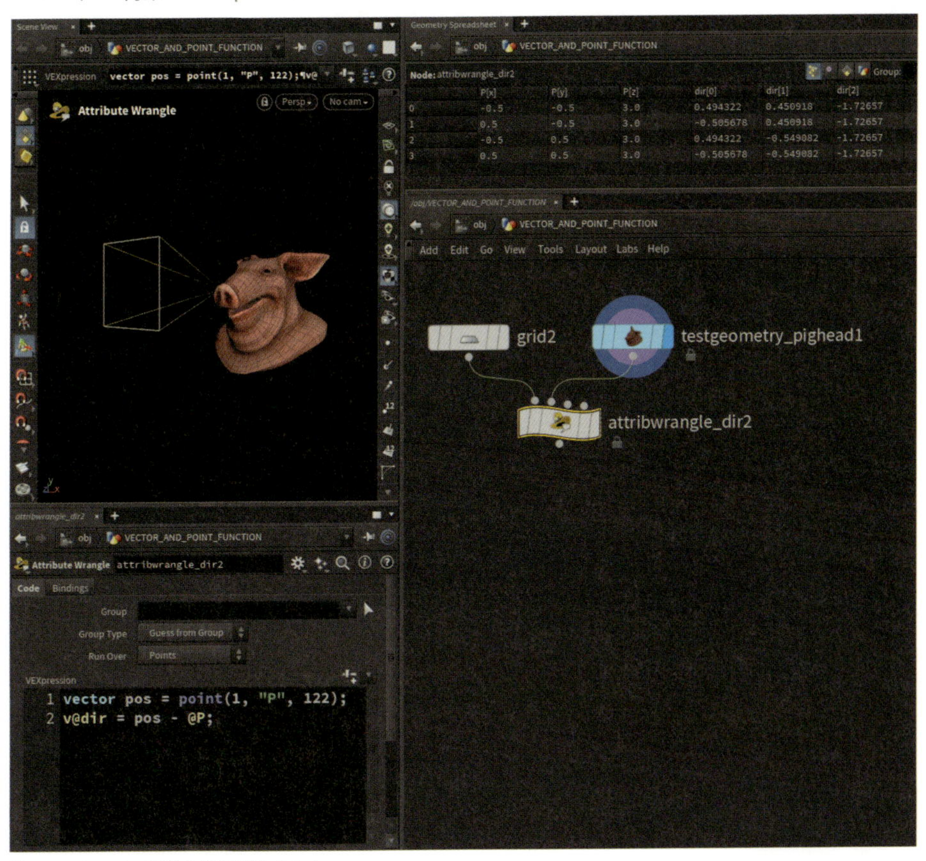

図02-299 point関数の第3引数 その1

今回はシンプルな板ポリゴン（ポイント4つ）からブタの鼻に向かうvector型のアトリビュートdirを作成するサンプルです。

```
vector pos = point(1, "P", 122);
v@dir = pos - @P;
```

第1引数と第2引数は前回と同じですが、第3引数は122となっています。これはブタさんの鼻の目的となるポイントナンバです。

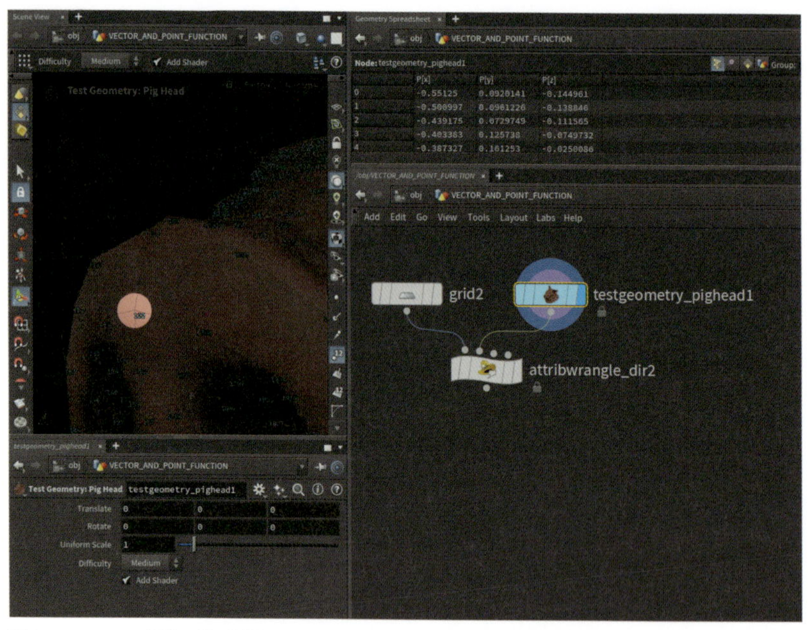

図02-300　point関数の第3引数 その2

これらの例をもってpoint関数の引数について理解ができましたでしょうか。第3引数は今回122と直接入力しましたが、実際には異なる書き方をすることが多いです。そちらに関しては次項のブレンドシェイプで解説を行います。

》point関数とブレンドシェイプ

続けてブレンドシェイプをモチーフにpoint関数を深掘りしていきましょう。まず、ブレンドシェイプについて簡単に説明すると「頂点数が同じ2つのモデルをブレンドする」というものです。ここではその仕組みをしっかりと理解した上で、VEXを用いて再現してみましょう。

下準備としてLineSOPを用意します。ポイント数は11です。Display Point Numbersボタンを押してポイントナンバを表示しておきます。

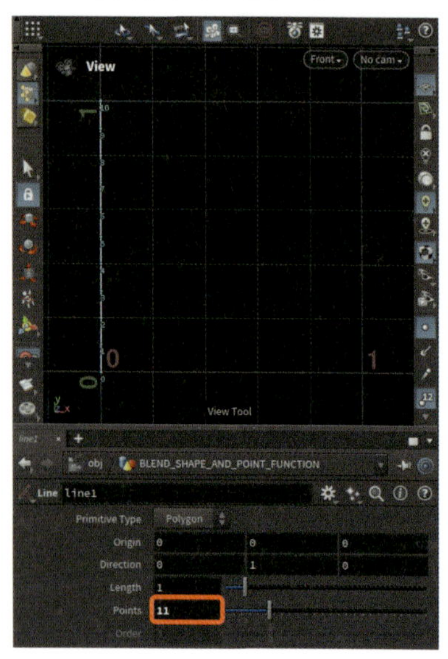

図02-301　LineSOP：ブレンドシェイプの事前準備

そして続けてEdit（エディット）SOPを繋ぎ、ラインを手動で変形させました。EditSOPは破壊編集のため、プロシージャルモデリングには向きません。そのため本書では詳しい解説は避けますが、一般的なDCCツールのようにポイントやポリゴンを選択・移動・変形してモデリングを行うことができるノードです。

また今回は説明のためZ座標は変更せずXY平面だけを使用していますが、当然ブレンドシェイプはXYZの3Dで使用できます。

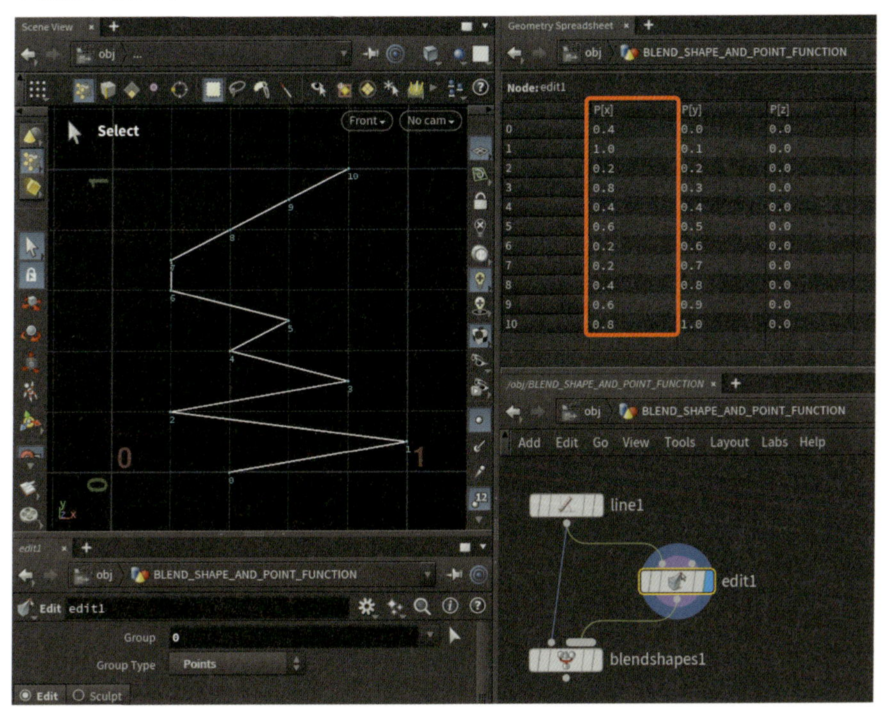

図02-302 EditSOP：ラインを手作業で編集

「元のLineSOPの状態」と「EditSOPで変形した後の状態」をBlend Shapes（ブレンド シェイプス）SOPに接続します。実際の使い方は簡単で、`blend1`パラメータを`0`から`1`の間で変更するとその割合でポイント位置を変更してくれます。

`0`のときは「元のLineSOPの状態」、`1`のときは「EditSOPで変形した後の状態」になります。使用する頻度は少ないですが、0より小さい値や1より大きい値を入れることもできます。

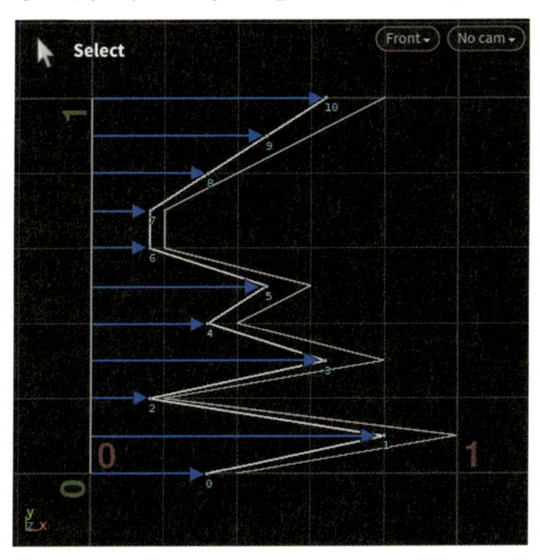

図02-303 Blend ShapesSOP

図ではblend1パラメータに0.8をセットしているので、「元のLineSOPの状態」と「EditSOPで変形した後の状態」の間の80%の位置に移動したということですね。

ここで重要なのは**各入力の同じポイントナンバの位置をブレンドしている**ということになります。

この仕組みを理解できたら、よりシンプルなサンプルを用いて新しい関数lerpについて学んでいきましょう。

lerp関数は2つの値を割合でブレンドする関数です。「割合でブレンドする」ことを「線形補間」と呼ぶこともあるので覚えておきましょう。引数は次のとおりです。

```
lerp( 値A , 値B , 割合 )
```

この仕組みをみると、まさにブレンドシェイプを再現するのに都合が良さそうですね。以下に実際の例を見ていきましょう。

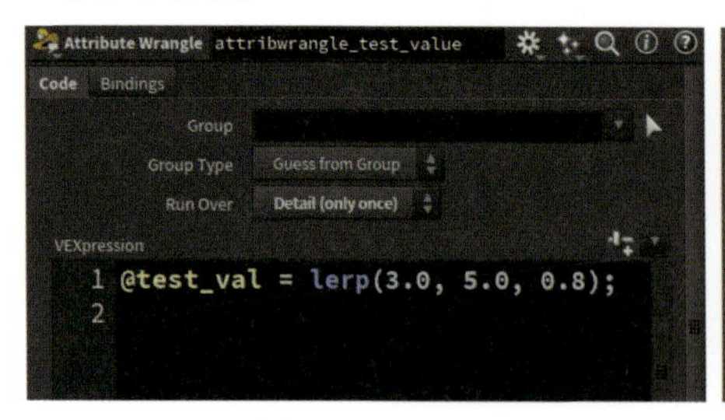

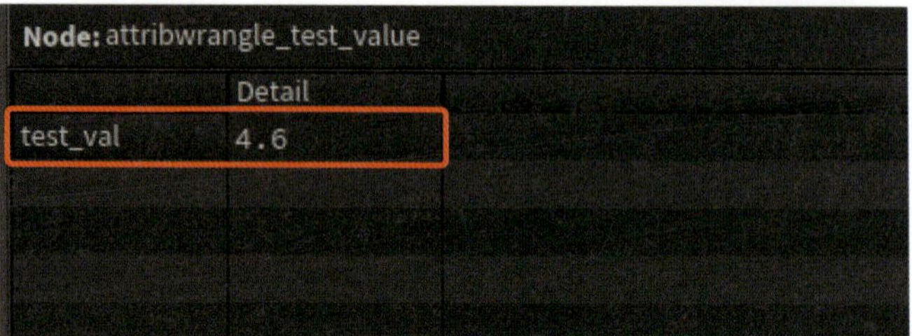

図02-304 lerp関数解説

上の図を見てください。lerp関数とはちょっと話は逸れますが、Attribute WrangleのRun OverをDetail(only once)にしていることが今までとちょっと違うところです。Detailはジオメトリそのもの1つをまとめたものでしたが中身が何もないものでも1つのコンポーネントなので、VEXのテストなどで利用すると便利なことがあります（メッシュを用意する必要がない場合など）。余談ですが覚えておいてください。

気を取り直してlerp関数のサンプルを見てみましょう。

```
@test_val = lerp(3.0, 5.0, 0.8)
```

このプログラムが実行されるとtest_valueディテールアトリビュートに4.6という値が入っていますね。これは3.0から5.0までの80%の割合の数値ということになります。計算はコンピュータに任せて、仕組みを理解してください。現在は2つのfloat値の割合を計算しましたが、もちろんvector値の計算も行えます。これを利用すればブレンドシェイプを再現できそうですね。

プログラムは次のとおりです。

```
Vector edit_P = point(1, "P", 0);
@P = lerp(@P, edit_P, 0.8);
```

1行目はすでに学びましたね。左から2番目のコネクタに入力、アトリビュート名はP、ポイントナンバは0という意味です。

そして2行目は左辺で「位置アトリビュートPに計算結果を代入してね」とHoudiniに伝え、右辺で「現在の位置Pとedit_Pとの割合を80%にしてね」と書いているわけです。

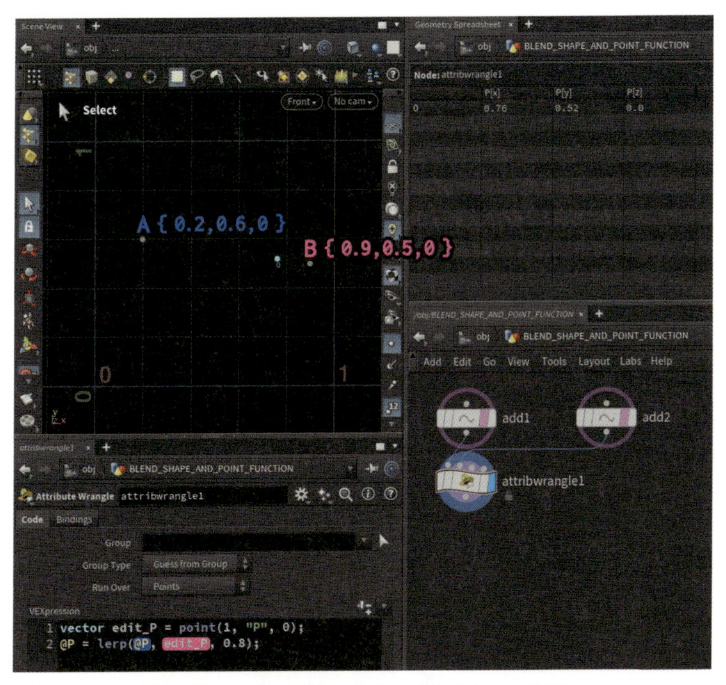

図02-305 lerp関数を用いたブレンドシェイプ：1つのポイントに対応

これでブレンドシェイプの再現はできましたが、現状では1行目のpoint関数の第3引数が0で固定になっているので、ポイントが複数あったときのことを考慮しなければいけません。

これを改善した汎用的な書き方は次のようになります。

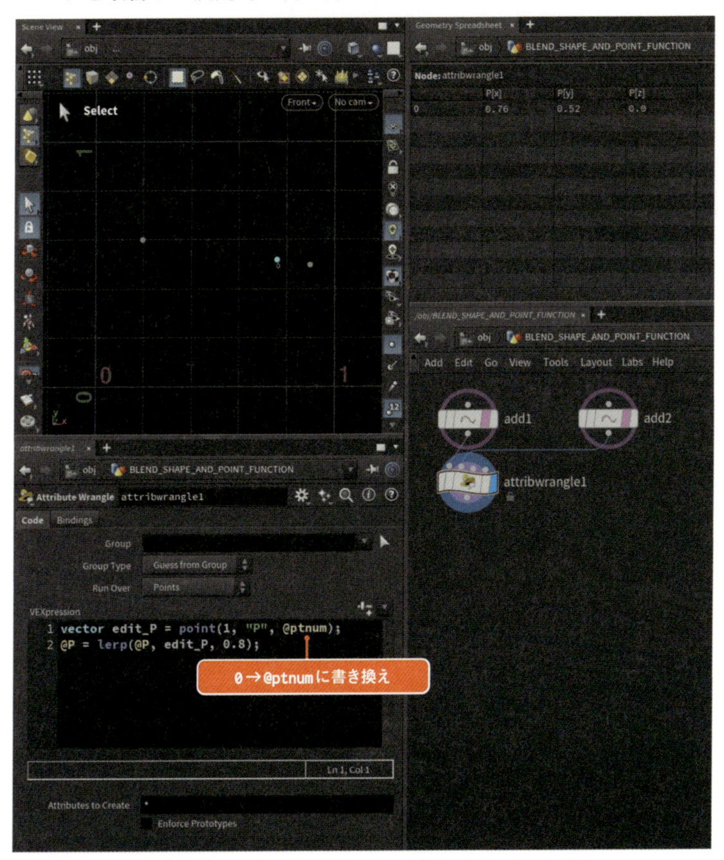

図02-306 lerp関数を用いたブレンドシェイプ：複数のポイントにも対応

```
Vector edit_P = point(1, "P", @ptnum);
@P = lerp(@P, edit_P, 0.8);
```

point関数の第3引数0を@ptnumに変更しました。これによって自分自身のポイントナンバをキーとして2番目のコネクタの位置Pを参照してくれるようになります。

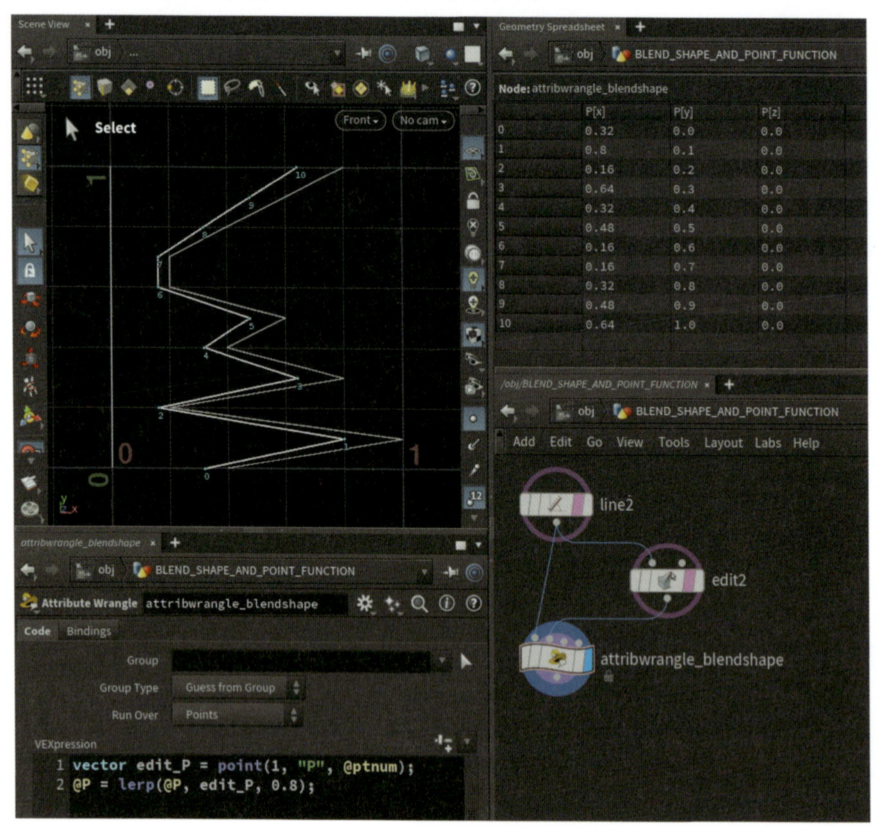

図02-307 lerp関数を用いたBlendShapeSOPの置き換え

BlendShapeSOPと同じ結果になりましたね。point関数の第3引数に@ptnumをセットすることはとても多いので、仕組みをしっかりと理解しておきましょう。

›› fit関数

ここではchramp関数の項目で紹介だけしていたfit関数について学びます。簡単に説明すると「データの範囲を置き換える(リマップする)」というものなのですが、具体例とともに学んだほうがわかりやすいため1つひとつ見ていきます。またすでに学んだデータの正規化も関係してきますので不安な方は復習してから臨んでください。

まずは下の図をご覧ください。

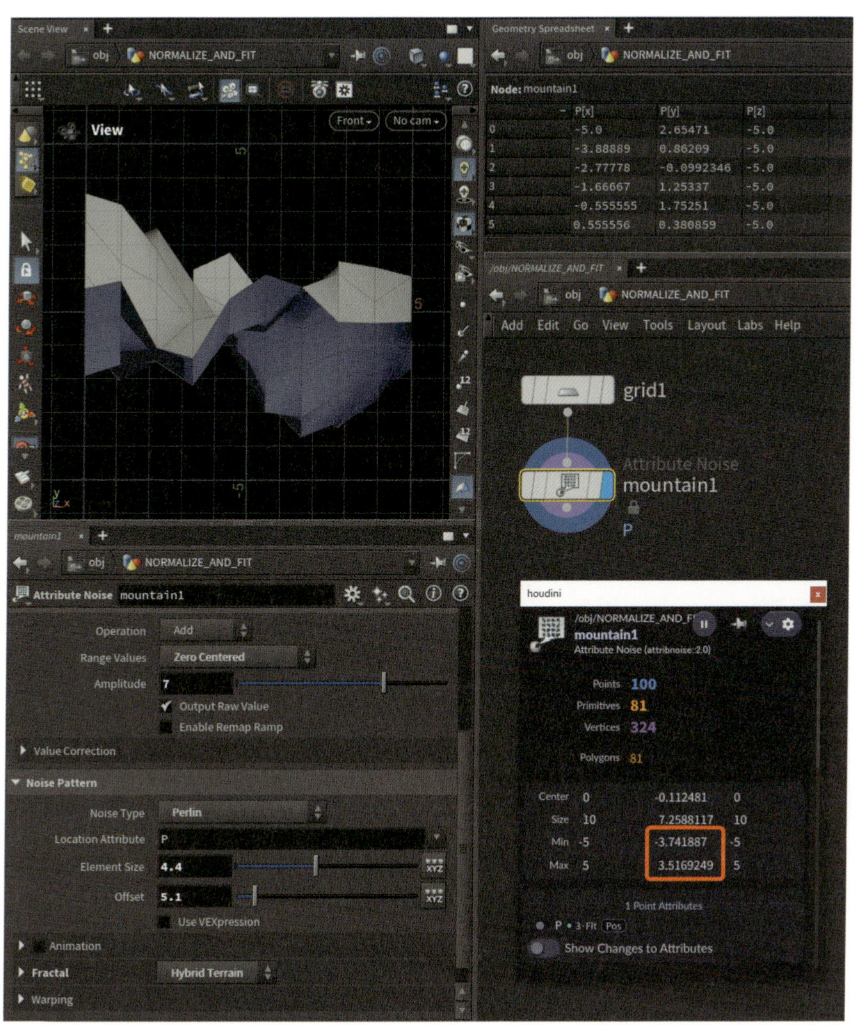

図02-308　fit関数：準備として山の形状を作成

ネットワークとしてはとても簡単で、GridSOPにMountainSOPを繋いだだけです。グリッドが山のように変形していますね。ここで高さ情報(`@P.y`)を正規化したアトリビュートを作ってみましょう。アトリビュート名を`height_ratio`とすると、下の図のように一番低い部分(青丸)が`0`で一番高い部分(赤丸)が`1`となるようなデータです。

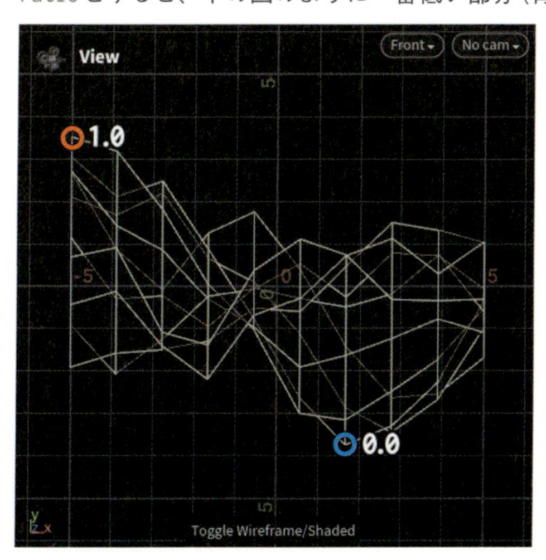

図02-309　fit関数：高さ情報の正規化イメージ

ここでfit関数を利用します。引数の説明は以下のとおりです。

```
fit(データ, 元の最小値, 元の最大値, 変換後の最小値, 変換後の最大値)
```

この関数を実際に使う前に、変換する高さ、つまり@P.yの最大値と最小値を調べましょう。値を調べるにはジオメトリスプレッドシートが便利ですね。P[y]の部分をクリックすると昇順・降順を切り替えられるので、順次確認します。

Node: mountain1

	P[x]	P[y] ▲	P[z]
26	1.66667	-3.74189	-2.77778
17	2.77778	-3.44299	-3.88889
27	2.77778	-3.29782	-2.77778
36	1.66667	-3.1522	-1.66667
35	0.555556	-2.99432	-1.66667
16	1.66667	-2.8713	-3.88889

図02-310　fit関数：高さ情報の最小値を確認

Node: mountain1

	P[x]	P[y] ▼	P[z]
30	-5.0	3.51692	-1.66667
31	-3.88889	3.17678	-1.66667
20	-5.0	3.03101	-2.77778
40	-5.0	2.71121	-0.555555
0	-5.0	2.65471	-5.0
22	-2.77778	2.47504	-2.77778

図02-311　fit関数：高さ情報の最大値を確認

ポイントナンバ	P[y]
26	-3.74189
30	3.51692

このような値でした。これを0から1の範囲の値に変換したデータをheight_ratioにセットしたい、というのが今回の目的です。それでは実際にプログラムを書いてみます。

```
@height_ratio = fit(@P.y, -3.74189, 3.51692, 0, 1);
```

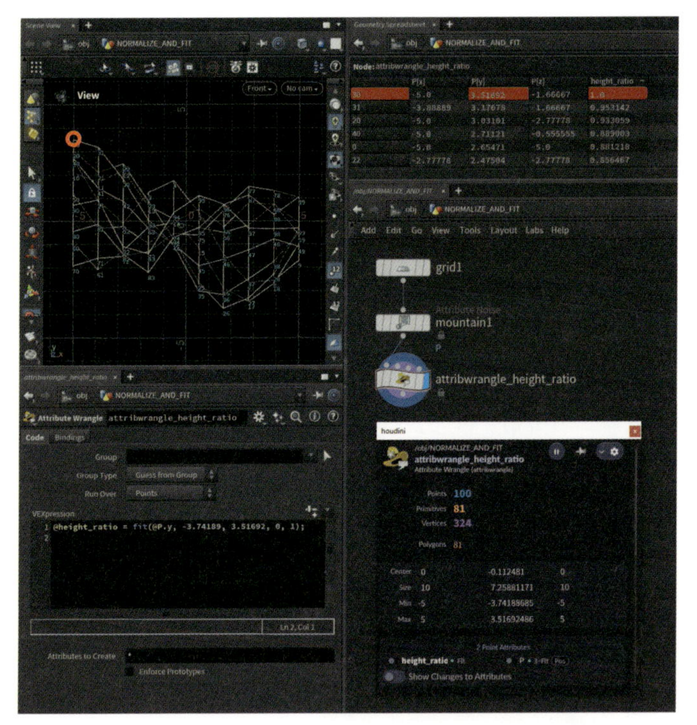

図02-312　fit関数：高さ情報の正規化

図のとおり、`@P.y`が最大値`3.51692`をとるポイントナンバ`30`のとき、ポイントアトリビュート`height_ratio`が`1.0`になっていますね。

今回は正規化されたアトリビュート`height_ratio`を作りました。これはこれで非常に使いやすいデータなのですが、この`fit`関数を形状変化に利用してみましょう。実はとても簡単です。

```
@P.y = fit(@P.y, -3.74189, 3.51692, 1, 4);
```

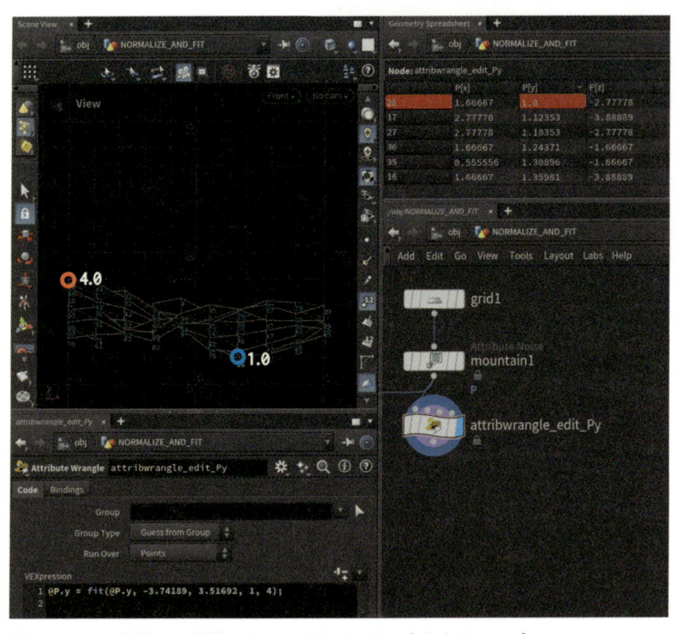

図02-313　fit関数：fit関数によってジオメトリの高さをリマップ

左辺を`@P.y`にすることで右辺の計算結果を`@P.y`、つまり高さに代入しています。これで高さの最小値・最大値をコントロールできるわけです。今回は第3引数の「変換後の最小値」に`1`を、第四引数の「変換後の最大値」に`4`を与えたので、高さが`1.0`から`4.0`に変化したということです。

ある範囲のデータを別の範囲に置き換えるというのは非常によくあるオーダーなのでぜひ理解していきましょう。

ここで紹介した方法は確かに正しいのですが、第2引数と第3引数の「元の最小値」と「元の最大値」を自分で調べて記載するというフローは手数が多く不便です。実際にMountainSOPのパラメータを変更すると「元の最小値」と「元の最大値」は変化しますので、その度に値を入れ直さなければいけません。

ここで、最大値と最小値を自動的に取得する仕組みも紹介しておきましょう。少し難しいですが理解できるとプロシージャルな仕組みを作ることができます。

ここでAttribute Promote(アトリビュート プロモート)SOPというノードを紹介しておきます。これはアトリビュートのコンポーネントを切り替えるノードです。まずは簡単なサンプルを見てみましょう。

GridSOPで板ポリを一枚作り、ColorSOPで`Class`パラメータを`Primitive`に指定して色アトリビュート`Cd`を`{0.1, 0.2, 0.5}`で作成します。

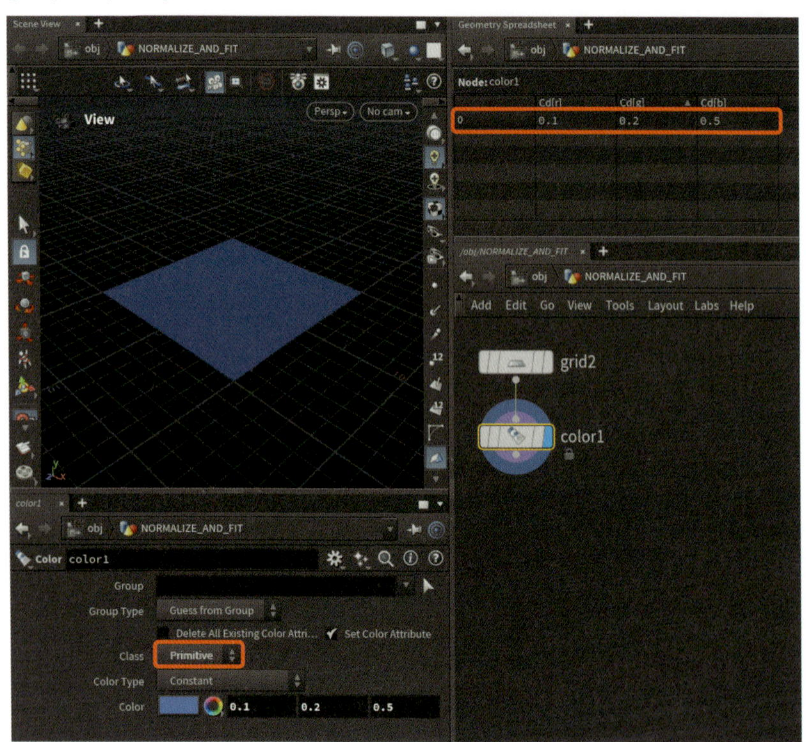

図02-314 Attribute PromoteSOP:Primitiveに色をセット

続いてAttribute PromoteSOPを繋ぎ、パラメータを次の表のとおりに設定します。

パラメータ	値
Original Name	Cd
Original Class	Primitive
New Class	Point(デフォルトのまま)
Promotion Method	Average(デフォルトのまま)
Delete Original	オン(デフォルトのまま)

パラメータを見ると分かりますが、これはClassがPrimitiveにセットされているCdアトリビュートを新しくPointクラスに切り替えたということです。

この変換時の手法は今回はデフォルトのAverageにしていますが、後ほどここを変更する例を説明します。

まずはプリミティブアトリビュートだったCdが、ポイントアトリビュートのCdに切り替わったということを理解してください。ジオメトリスプレッドシートを見るとわかりやすいでしょう。

またDelete Originalパラメータにチェックが入っているので、元のプリミティブアトリビュートは削除してポイントアトリビュートに移植しているということになります。

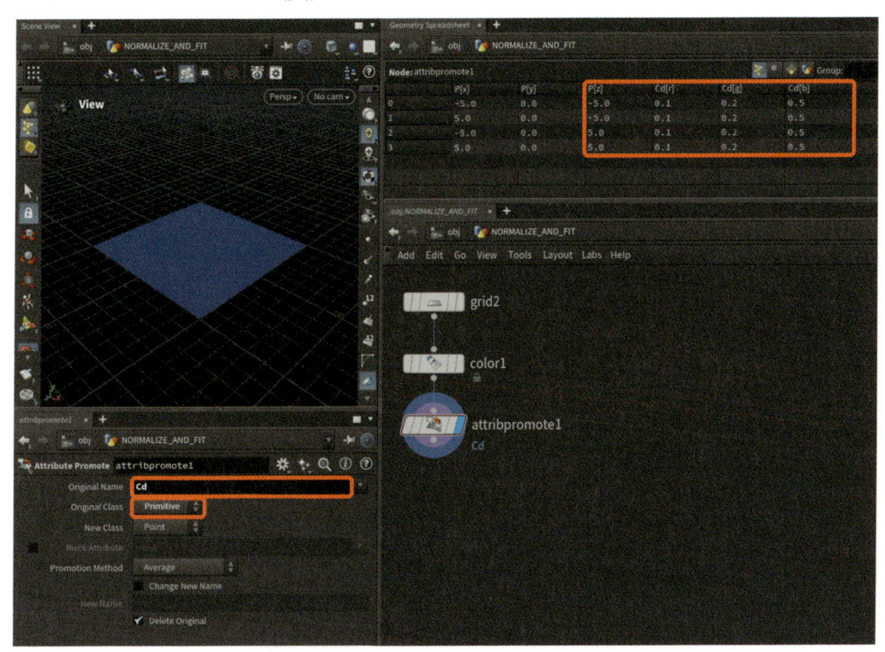

図02-315　Attribute PromoteSOP：CdアトリビュートをPrimitiveからPointに切り換え

シンプルな説明はここで切り上げて、元の作例に戻りましょう。GridSOPとMountainSOPはそのままで、まずはAttribute Wrangleを接続します。

ノード名をわかりやすくattribwrangle_heightとし、プログラムを次のように記述しましょう。

```
@height = @P.y;
```

その後にAttribute PromoteSOPを繋ぎ、ノード名をattribpromote_maxとし、パラメータを次の表のとおりに設定します。

パラメータ	値
Original Name	height
Original Class	Point（デフォルトのまま）
New Class	Detail
Promotion Method	Maximum
Change New Name	オン
New Name	max_height
Delete Original	オフ

2章 基本操作編

少し変更したパラメータが増えましたが、それほど難しくないので順に見ていきます。このパラメータは

1. ClassがPointにセットされているheightアトリビュートを新しくDetailクラスに切り替えたい
2. データの転写方法をMaximumに設定したので切り替え時に最大値が渡される
3. オリジナルの名前のままではなく、新しくmax_heightという名前にする
4. Delete Originalパラメータをオフにすることで、オリジナルのポイントアトリビュートは削除せずとっておく

このような感じです。新しい名前を付けたところやオリジナルのアトリビュートを削除しない設定などが難しく思えるかもしれませんが、この後の操作でその理由がわかります。

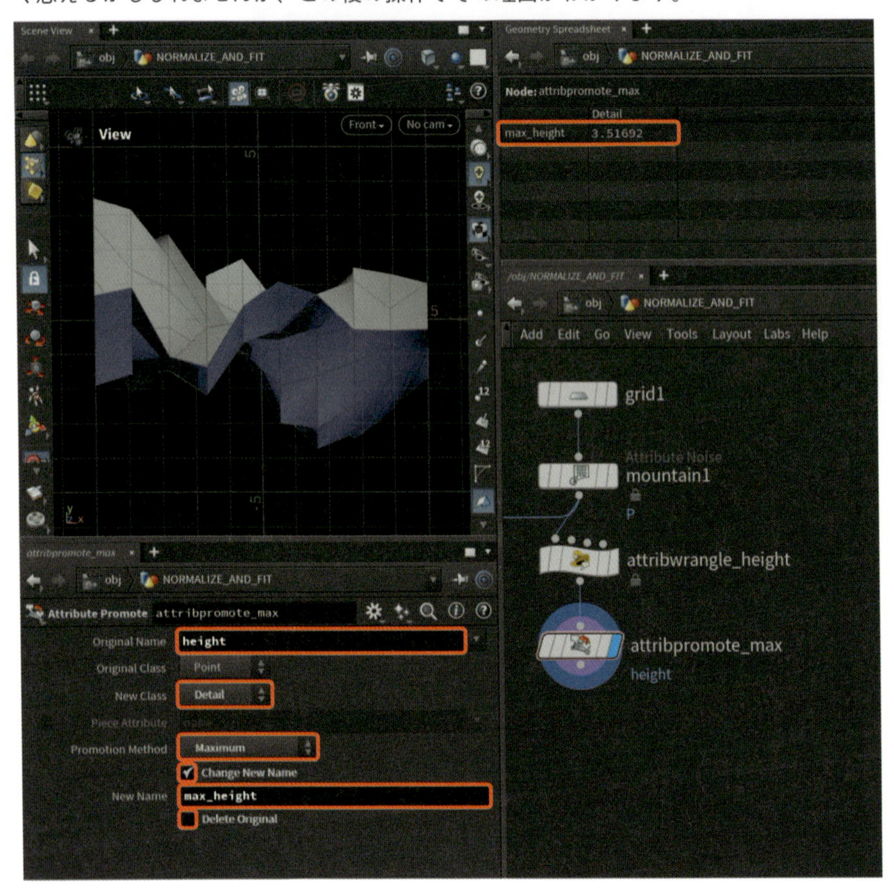

図02-316　Attribute PromoteSOP：ポイントアトリビュートから最大値のディテールアトリビュートを作成

もう一度Attribute PromoteSOPを繋ぎ、ノード名をattribpromote_minとし、パラメータを次の表のとおりに設定します。

パラメータ	値
Original Name	height
Original Class	Point (デフォルトのまま)
New Class	Detail
Promotion Method	Minimum
Change New Name	オン
New Name	min_height
Delete Original	オン (デフォルトのまま)

先程のAttribute PromoteSOPとほぼ同じパラメータですが、Promotion MethodをMinimumに設定しているので切り替え時に最小値が渡されます。そして今回はDelete Originaをオンにしています。max_heightアトリビュートを作った後にmin_heightを作りたかったので前回の操作ではオリジナルのポイントアトリビュートを削除しなかったわけです。

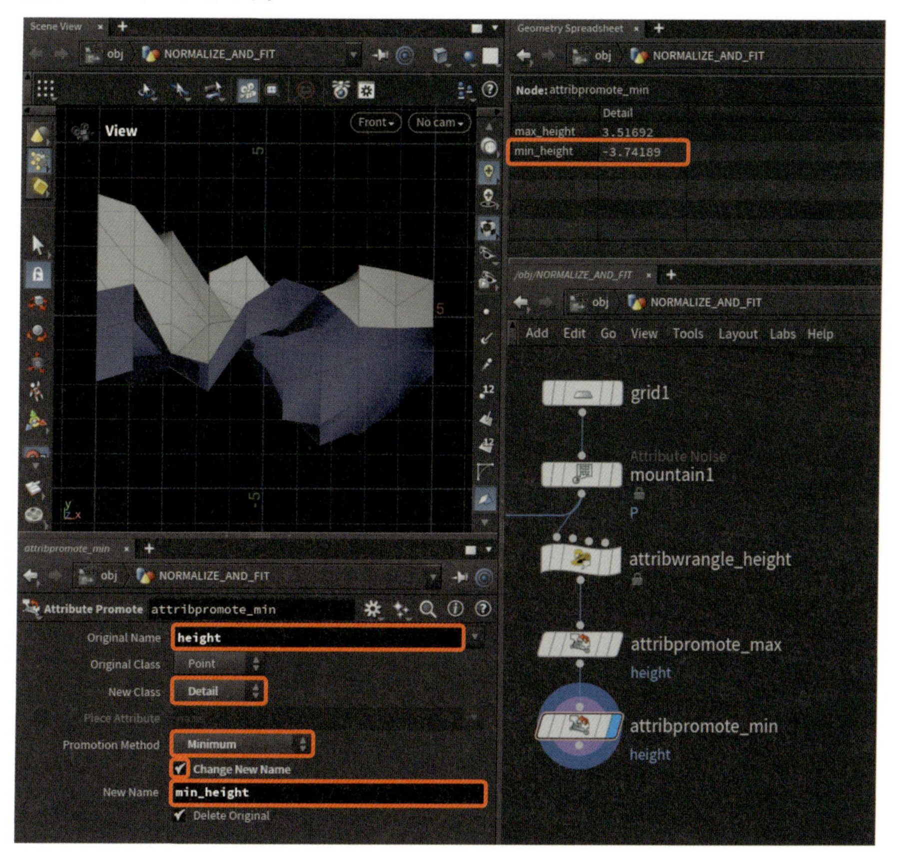

図02-317　Attribute PromoteSOP：ポイントアトリビュートから最小値のディテールアトリビュートを作成

このフローでP.yの最大値と最小値を自動的に計算し、ディテールアトリビュートにセットすることができました。このアトリビュートを利用すれば自分で数値を直接入れる必要はなくなりますね！

Attribute Wrangleを接続し、次のようにプログラムを記述します。

```
float min = detail(0, "min_height");
float max = detail(0, "max_height");

@height_ratio = fit(@P.y, min, max, 0, 1);
```

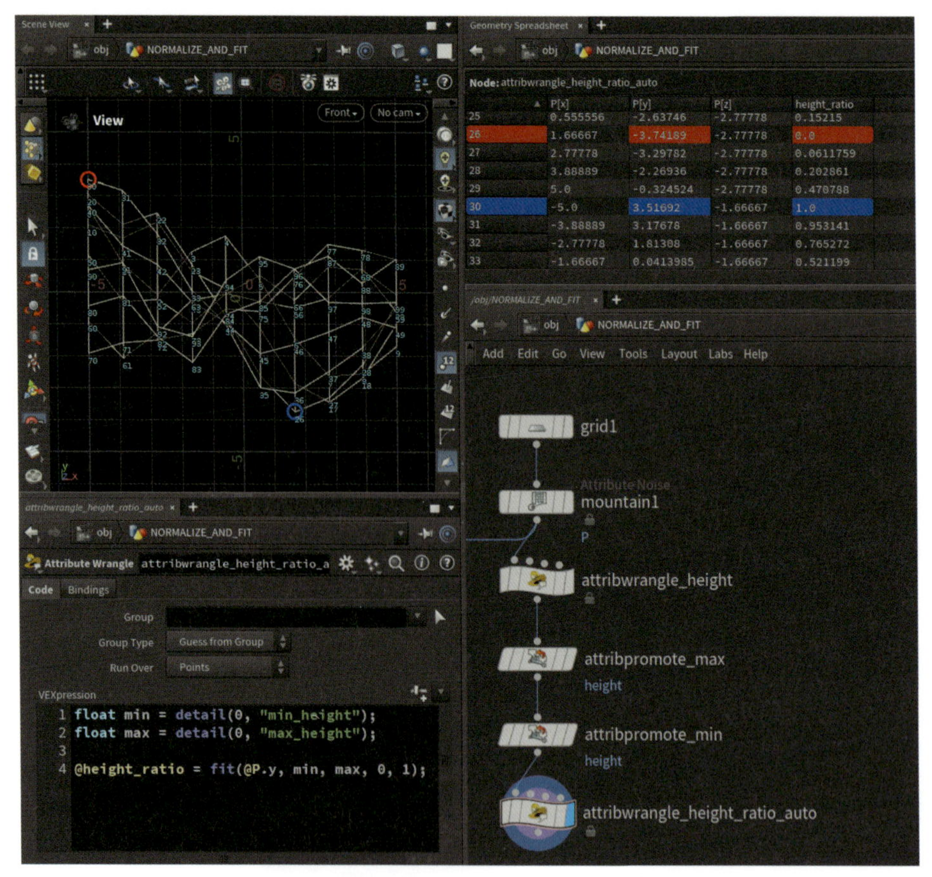

図02-318　fit関数：高さ情報の最大値・最小値を非破壊で記述

1行目と2行目に`detail`関数というのが登場しましたが、これはディテールアトリビュートにアクセスする関数です。以前学んだ`point`関数の仲間ですね。

`point`関数の引数は次のような仕組みでした。

```
point(参照するジオメトリが入力されているコネクタの番号, 取得するアトリビュート名, 参照するジオメトリのポイントナンバ)
```

対してdetail関数の引数はこのような仕組みです。

```
detail(参照するジオメトリが入力されているコネクタの番号, 取得するアトリビュート名)
```

ディテールは1つしかないので第3引数は存在しないのが特徴です。

このフローは多用するのでイディオムとして覚えておいてもよいですが、その仕組みは必ず理解した上で使ってください。

続いて`fit`関数の仲間である`fit01`関数をご紹介してVEXの脱初心者編を終わりにしましょう。`fit01`関数はその関数名に秘密があります。この`01`の部分に注目して引数を見てみましょう。

```
fit01(データ, 変換後の最小値, 変換後の最大値)
```

`fit`関数と比べて「元の最小値」と「元の最大値」がありませんね。これは最小値が`0`、最大値が`1`のデータ用の関数なんですね。つまり引数の説明をより正確に書くと以下のようになります。

```
fit01(正規化されたデータ, 変換後の最小値, 変換後の最大値)
```

正規化されたデータをある範囲に置き換えたいときはよくあることなので、それに適した関数をHoudiniが用意してくれているわけです。引数も少なくなってスッキリした見た目になりますね。もちろん、正規化されたデータでも`fit`関数で置き換えすることも可能です。

```
fit(正規化されたデータ, 0, 1, 変換後の最小値, 変換後の最大値)
```

これとまったく同じ意味ということになります。簡単なサンプルを見てみましょう。

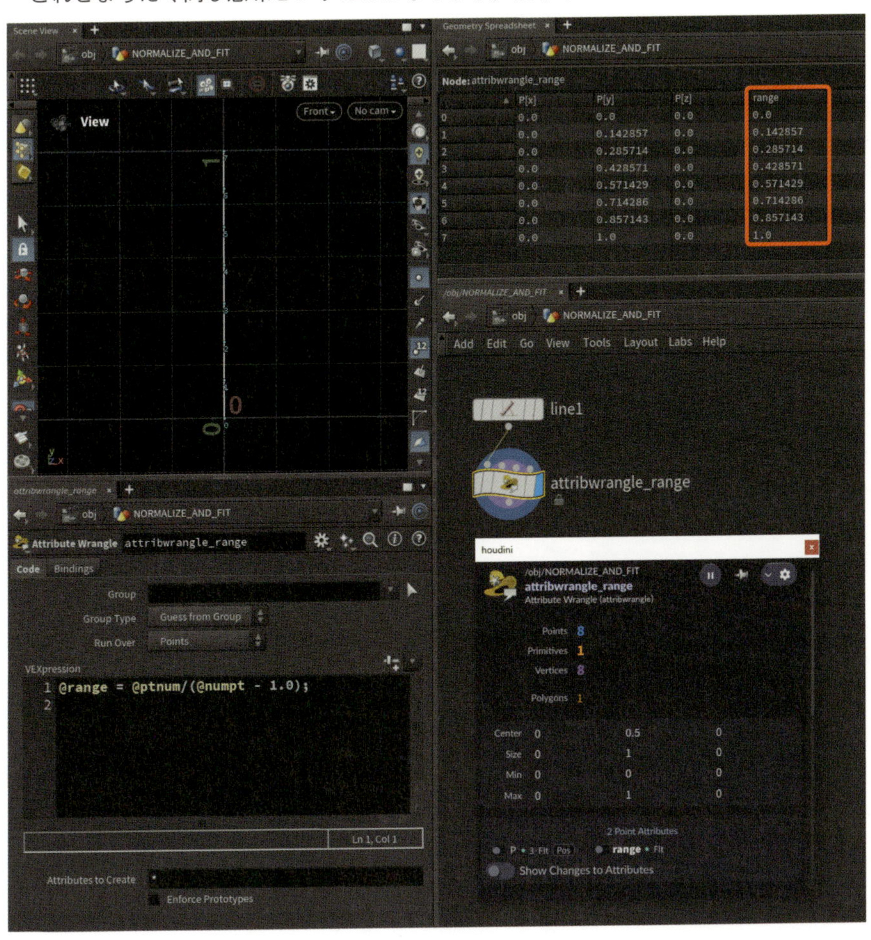

図02-319　fit01関数：正規化されたデータの準備

まずポイントを8個持ったラインを作ります。その後Attribute Wrangleを繋ぎ正規化されたポイントアトリビュート`range`を作成します。

```
@range = @ptnum/(@numpt - 1.0);
```

続いてこの正規化された（つまり0から1の値をとる）rangeアトリビュートを元に、データの範囲を置き換えたremapped_rangeアトリビュートを作ってみましょう。

```
@remapped_range = fit01(@range, -3, 8);
```

先程の説明のとおり、新しく-3.0から8.0の範囲にリマップされたデータを作ることができました。これから先、Houdiniを操作する際データの範囲を変更したいということはよくあります。ぜひここで理解しておきましょう。

》プリミティブのランダム削除

VEXの脱初心者編について一通り解説が済みましたので、AddSOPの項目で後回しにしていた次のようなプログラムを理解できる準備が整いました。

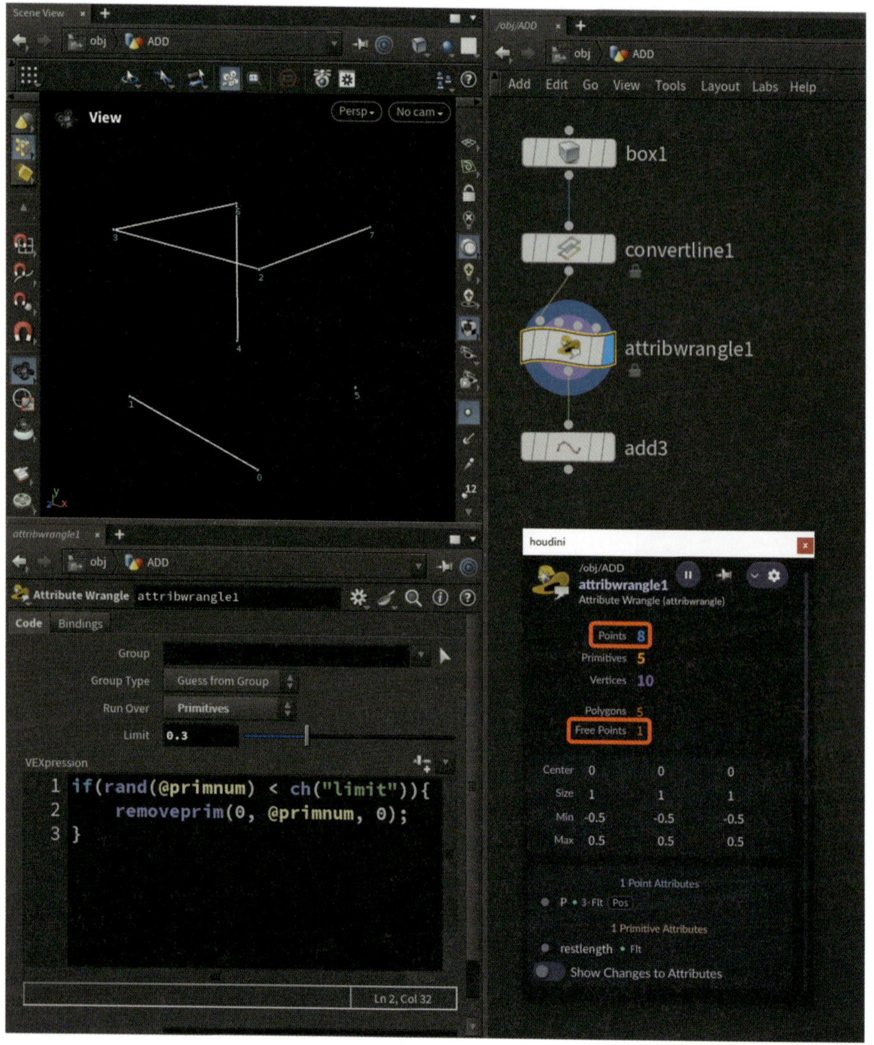

図02-320 removeprim関数

```
if(rand(@primnum) < ch("limit")) {
        removeprim(0, @primnum, 0);
}
```

処理を順に見ていきましょう。

このプログラムを見た皆さんはすでにif()の中身が正しくなったとき、{}の中身を実行するんだなとわかっているかと思います。難しいプログラムも、結局は小さな部品の組み合わせです。このようにプログラムを構造的にざっくりと把握し、その後個別に詳しく見ていくという読み方をすると理解しやすいでしょう。

では前半のif(rand(@primnum) < ch("limit"))について見てみましょう。プリミティブナンバをシード値にした0～1のランダムな値がlimitパラメータよりも小さい時、if文がtrueになり続く文が実行されるということになります。

それではif文の条件が満たされたらどんな内容が実行されるのか見ていきましょう。

```
removeprim(0, @primnum, 0);
```

少しだけ難しいですが今の皆さんなら理解できます。新しい関数removeprimが出てきたのでドキュメントも参考にしながら見ていきましょう。

removeprim VEX function:https://www.sidefx.com/ja/docs/houdini19.5/vex/functions/removeprim.html

簡単に説明するとremoveprimは文字どおり、**プリミティブを取り除く関数**です。その引数を順に見ていきましょう。

引数	内容
第1引数	参照するジオメトリが入力されているコネクタの番号
第2引数	取り除かれるプリミティブナンバ
第3引数	プリミティブを取り除くときに関係するポイントも削除するかどうか

第1引数は今までによく出てきたやつです。今回は自分自身を参照するので入力コネクタは0となっています。続く第2引数は取り除くプリミティブナンバを指定します。今回は全部のプリミティブを削除する対象にするので、自分自身のプリミティブナンバである@primnumを指定します(逆に決め打ちでこのプリミティブを削除したいという場合は、そのプリミティブナンバを指定します。例えば5などです)。

最後に指定する第3引数は「プリミティブを取り除くときに関係するポイントも削除するかどうか」を示すもので、ポイントを削除する場合は1を、削除しない場合は0を指定します。これは実際に数値を変更してみるとわかりやすいでしょう。今回は0を指定しているため、どこにも接続されていないポイントが残った状態になったというわけです。

これでこのプログラムの解説は終わりです。VEXの勉強を重ねてきた皆さんであれば、最初は難しかったプログラムも段々と読めるようになってきたのではないかと思います。

》Attribute VOPについて

いままでジオメトリ操作、つまりアトリビュート操作においてAttribute Wrangleというノードを解説してきました。これとほぼ同じことができるものにAttribute VOPというノードがあります。

筆者は今までチューター・メンターとして講義をする際、Attribute VOPを先に、その後Attribute Wrangleの順に教えるというスタイルで行ってきたのですが、こと実務のプロシージャルモデリングに関してはAttribute Wrangleを用いるケースが大半で、最初からWrangleを教えたほうが混乱が少ないという結論に達して現在ではAttribute Wrangle、Attribute VOPの順で教えています。

Houdiniで絵作りまでしたいという場合はVOPの知識は必須になりますが、本書では紙面の関係上簡単なサンプルのご紹介のみとさせていただきます。大切なところは「Attribute Wrangleの方がシンプルに記述することができる」という点です。両者を見比べてその違いを確認していきましょう。

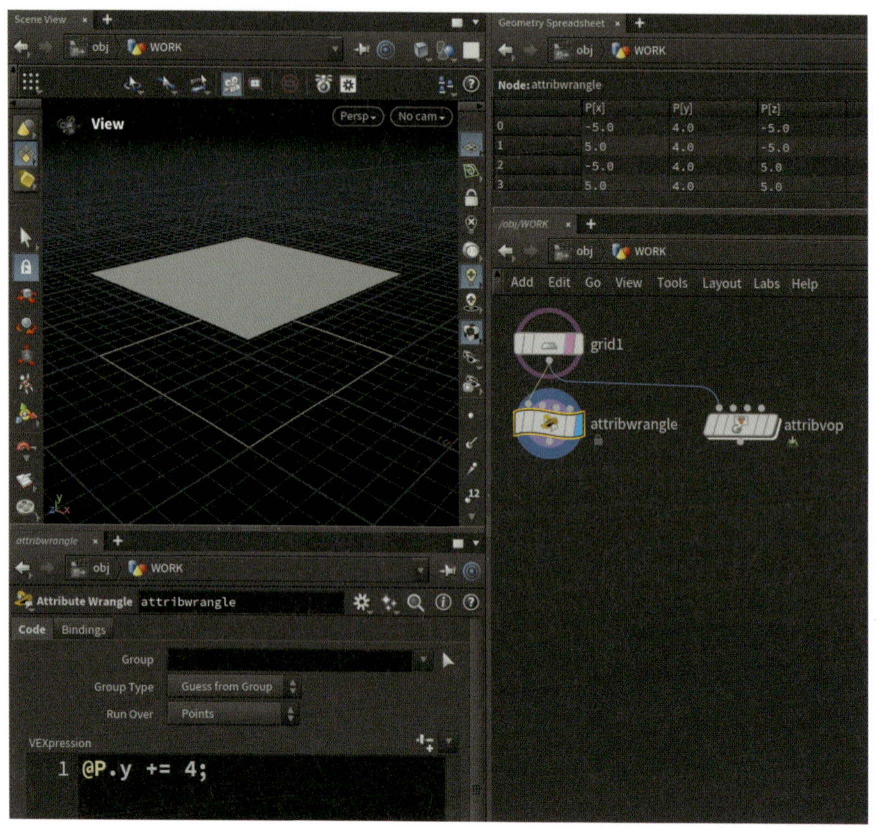

図02-321　Attribute Wrangleで実装した例

```
@P.y += 4;
```

上の図のとおり、ネットワークはGridSOPとAttribute Wrangleを接続しただけです。プログラムの意味はもうわかりますね。現在の@P.yに4を足したものを@P.yに代入しています。現象としては「Gridが上方向に4移動する」ということになりますね。

これをAttribute VOPで再現したのが次の図です。

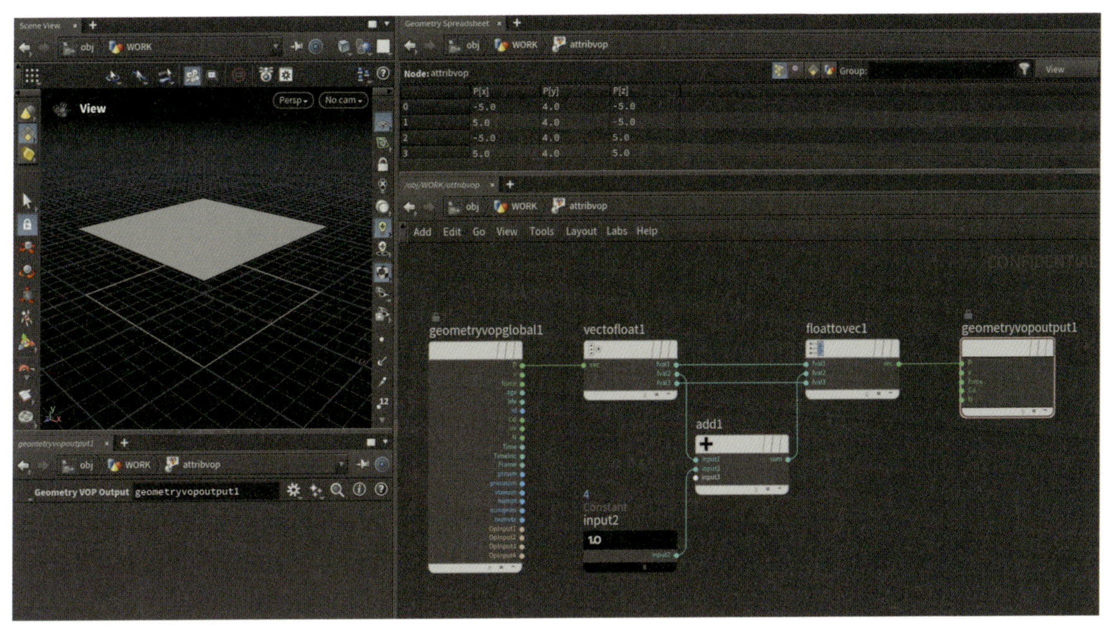

図02-322 Attribute VOPで実装した例

ビューポートでも、ジオメトリスプレッドシートでもまったく同じ結果になっていますがAttribute VOP内のノードはやや複雑に見えます。このネットワークについて簡単に解説を行います。

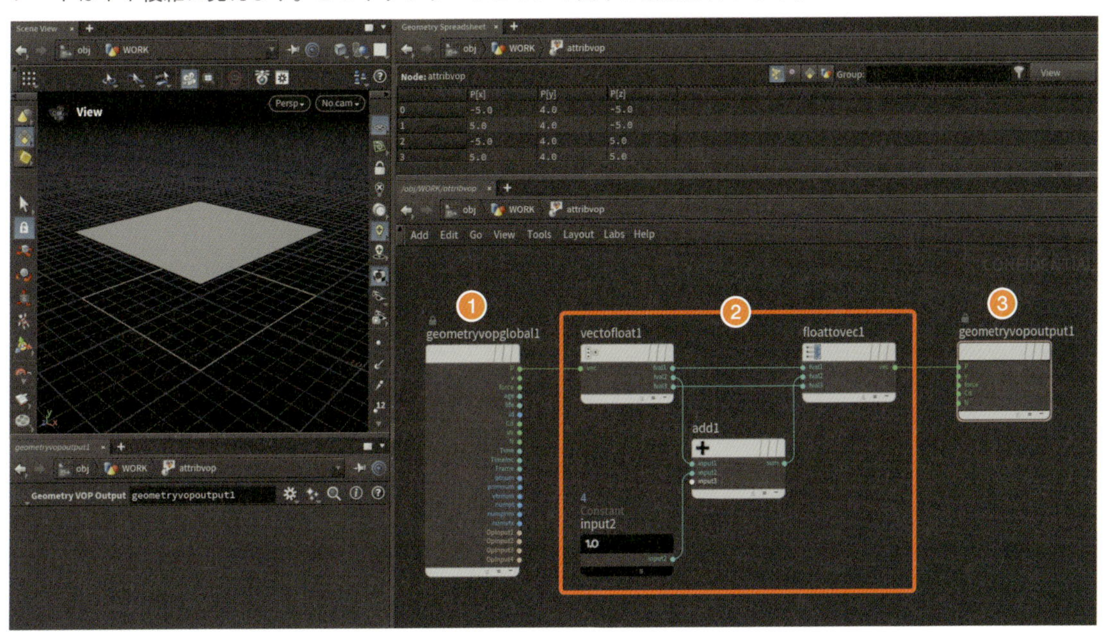

図02-323 Attribute VOP：処理の流れ

Attribute VOPを作り、中に入るとデフォルトで❶(Geometry VOP Global Parameters)と❸(Geometry VOP Output)のノードが入っています。処理の大まかな流れとしては次のとおりです。

1 Geometry VOP Global Parametersは入力された状態のジオメトリのデータが入っており、その中から計算に使いそうなものをHoudiniが用意してくれています。

2 ❷の部分で計算を行います(この部分を自分で作ります)。

3　Geometry VOP Outputに計算結果を繋ぐとジオメトリが更新されます。

Houdiniの基本的なネットワークのお約束は上から下に処理が行われるという形にでしたが、**Attribute VOP内では左から右に処理が行われる**ので注意しましょう。
それでは計算を行っている部分を実際に見ていきましょう。

2-1. 計算に使うのは`P`アトリビュートなので、Geometry VOP Global Parametersの`P`からVector to Floatノードに接続します。

2-2. Vector to Floatの出力コネクタは上から`fval1`、`fval2`、`fval3`とあります。これは`P`アトリビュートの`x`、`y`、`z`にあたるので、上から2番目、つまり`P.y`をAddノード（足し算）に繋ぎます。

2-3. Addノードの入力コネクタに`1float Default`パラメータに`4`をセットしたConstantノードを接続します。

2-4. Float to Vectorの`fval2`入力コネクタに足し算した結果を接続し、`fval1`、`fval3`にはVector to Floatノードからそのまま接続します。

2-5. Float to Vectorの出力コネクタをGeometry VOP Outputの`P`に接続します。

Attribute VOPはネットワークが肥大化しがちなので、次のサンプルファイルをご参考に処理を追いかけてみるとよいでしょう。

サンプルファイル：`attrib_vop.hip`

処理を追って行けば分かるとおり、Attribute VOPでやっていることはVEXのプログラムとまったく同じ処理です。どちらがわかりやすいかは好みの問題もあるのですが、筆者はVEXの方が管理しやすいと思います（Attribute VOPは処理を確認するため必ず内部に入る必要があり、かつ計算がすべてノードのためネットワークが肥大化しやすいためです）。
両方使えるほうがよいので、学習法としてはVEXで実装した後Attribute VOPで再現してみるという訓練がおすすめです。
ここまでで基本の学習は終了です。しっかり基礎をおさえた上でプロシージャルモデリングのドリル（問題）に進みましょう。

3章 考える(考え続ける)訓練編

さて、ここまでの学習で旅立ちの準備が整いました。ここからは実際のプロシージャルモデリングを通して知識を血肉に変えていきましょう。

本章では初めて出てくるノードも多く登場しますが、恐れることはありません。**ノードの機能とジオメトリ・アトリビュートをどう変化させるのか**さえ意識していけば、オプションを覚えていくことはそれほど難しくありません。

そして本書の特徴として、**複数のアプローチを比較する**ことを主眼においています。処理速度やメンテナンス性、可読性やスケーラビリティなどの観点から良い実装・悪い実装を見定めることやケース・バイ・ケースで選択すべき考え方など学ぶべきことはたくさんあります。

誰しも最初のうちはいきなり良い設計ができるわけではありません。本章を通してネットワークを「改善し続けること」の大切さをともに学んでいきましょう。

カプセルのモデリングをしてみよう

シンプルな形状の課題ですが、**プロシージャルに**作るにはコツが必要です。いくつかの方法から最もコントロールしやすい方法を探っていきましょう。

本章では書籍とサンプルファイルをお手元に準備して、実際にネットワークを作りながら読み進めてください。

サンプルファイル:capsule.hip

悪いアプローチ

ここではおさらいを兼ねてHoudiniで破壊的フローとなってしまうモデリング手法を確認していきましょう。ネットワークは簡単で、次のとおりです。

接続順	ノード名	処理
1	SphereSOP	球を作る
2	BlastSOP	下半分を削除する
3	TransformSOP	上方向に移動する
4	MirrorSOP	ジオメトリをミラー反転する(Y軸方向)
5	PolyBridgeSOP	指定したエッジ同士をポリゴンサーフェイスで接続する

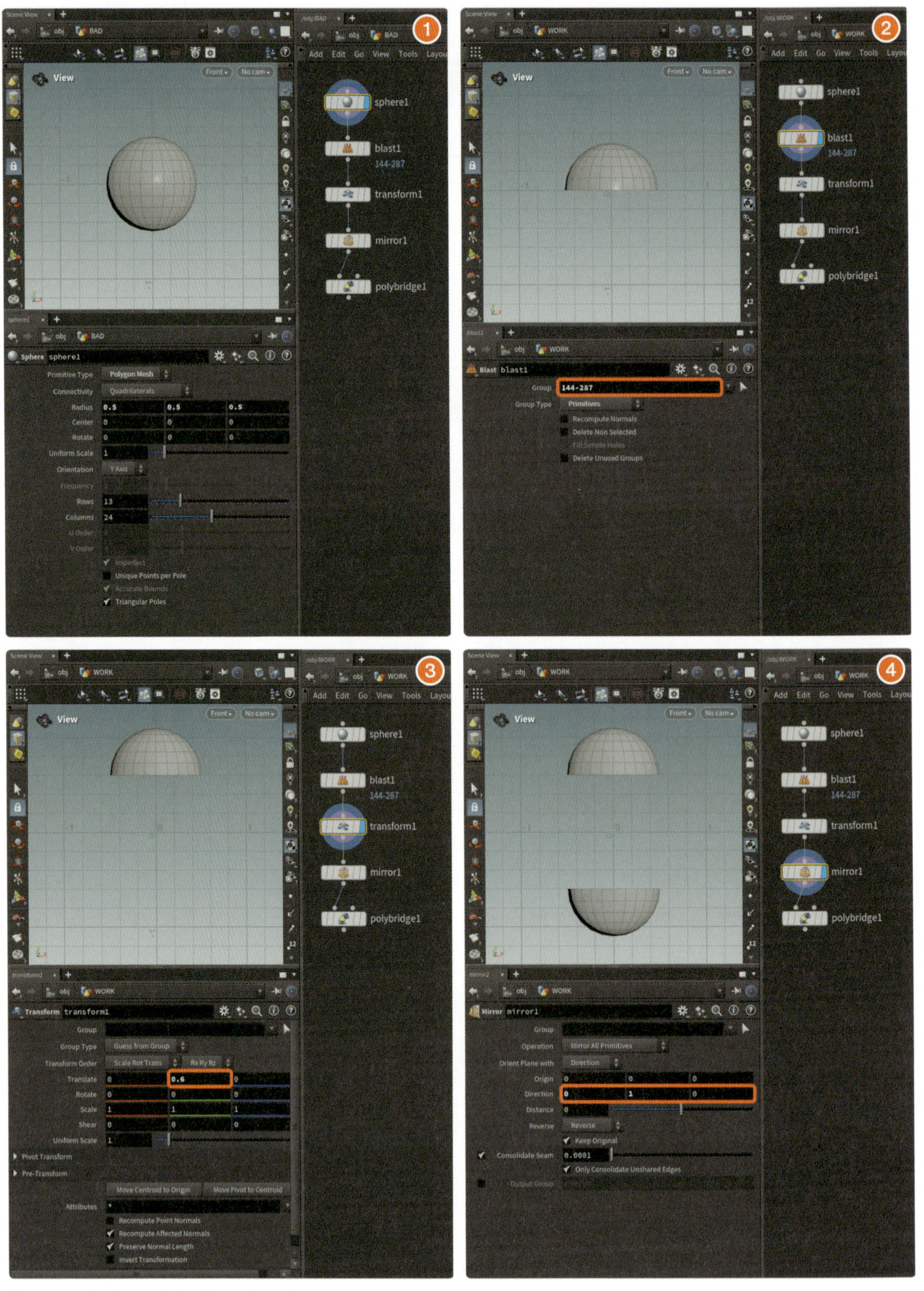

図03-001　カプセルの作例：悪いアプローチ

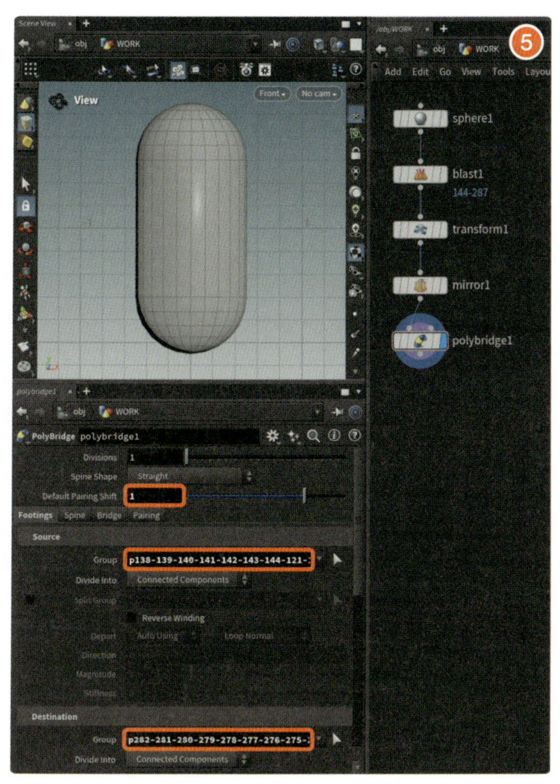

図03-001　カプセルの作例：悪いアプローチ（続き）

MirrorSOP、PolyBridgeSOPは初めて出てきましたが、オプションについては全体の流れを確認しながら説明しましょう。動画もご用意したのでそちらも参考にしていただくとよりわかりやすいかもしれません。

カプセルの作例：悪いアプローチ

capsule.mp4

破壊的な作業による修正に弱いモデリング例

ノードとパラメータを見ていくと、このネットワークには問題がいくつもあることが分かります。まず気がつくのはBlastSOPでしょう。`Group`パラメータに`144-287`という値が入っていることから「ここは手動選択したな」ということがわかりますね。手動選択でジオメトリを削除すると、**上流のトポロジーを変更すると想定どおりのプリミティブナンバ指定にならない**というのはすでに学びましたね。

続いてTransformSOPのY座標に`0.6`を与えてジオメトリを上に移動させるのはよいでしょう。これは見た目で好きな値を入れてください。

その後にMirrorSOPを接続しています。パラメータを見てみると`Direction`が`{0, 1, 0}`となっており、Y軸方向にミラーするというのは理解しやすいですね。`Keep Original`にチェックが入っていることでオリジナルを残したまま反転コピーを作るというのもイメージどおりです。

最後にPolyBridgeSOPですが、`Source`エッジループと`Destination`エッジループを手動で選択し、かつ生成されたポリゴンの流れを修正するために`Default Pairing Shift`パラメータを目合わせで調整しています。ここでもBlastSOP同様に手作業が発生してしまっています。

この反省を活かし、プロシージャルな手法でカプセルを作っていきます。

良いアプローチ01

サンプルファイルのGeometryノード、GOODの中を見ながら読み進めてください。

接続順	ノード名	処理
1	SphereSOP	球を作る
2	ClipSOP	下半分を削除する
3	TransformSOP	Y軸上方向に移動する
4	GroupSOP	端っこのエッジをグループ化
5	Attribute WrangleSOP	押出方向の法線Nを決定
6	PolyExtrude	軸下方向に押し出し
7	GroupSOP	再度端っこのエッジをグループ化
8	MirrorSOP	ジオメトリをミラー反転する（Y軸方向）
9	DissolveSOP	不要なエッジを削除
10	NormalSOP	法線を再計算

まずはネットワークを見てみましょう。先程と比べ長くなりましたね。ただし順を追って読み解けば決して難しくありません。1つひとつの機能を理解し、自分自身でも組めるよう学んでいきましょう。

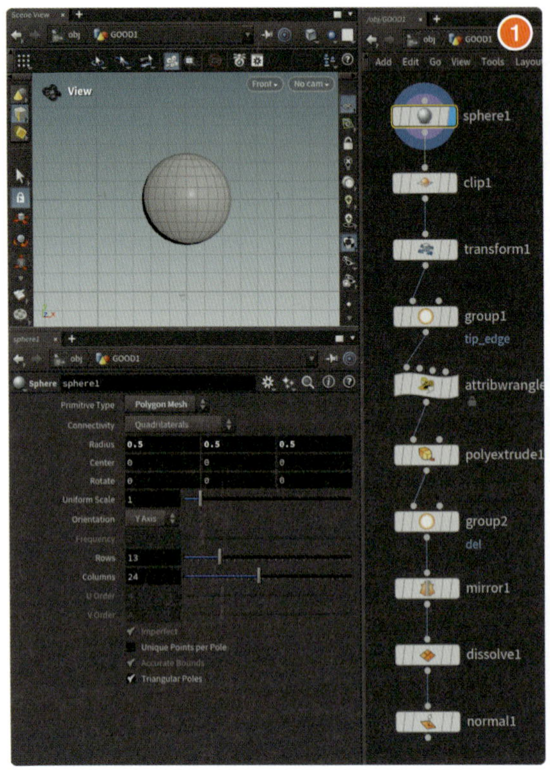

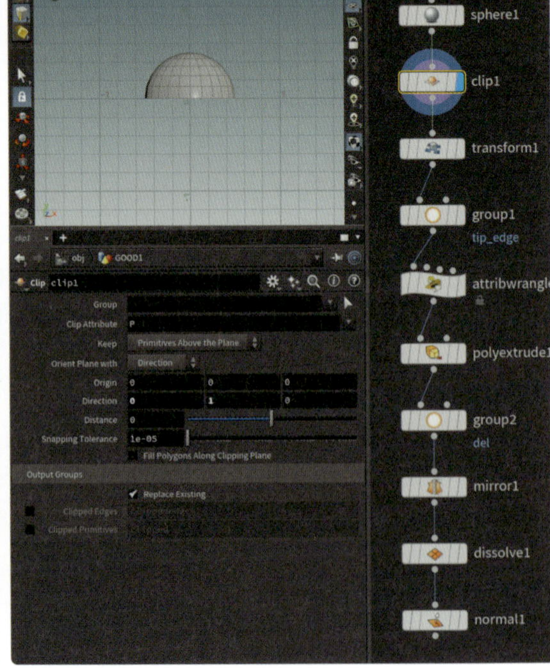

図03-002 カプセルの作例：良いアプローチ その1前半

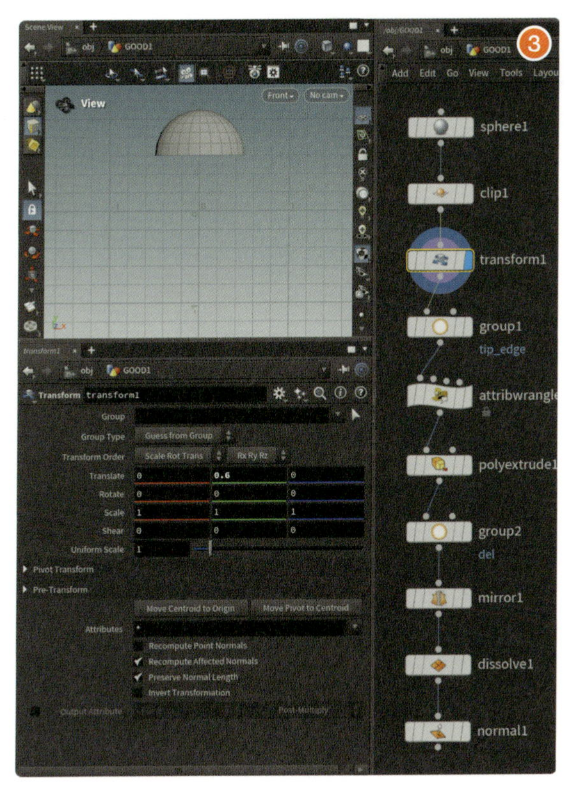

図03-002 カプセルの作例：良いアプローチ その1前半（続き）

1～3の流れは問題ありませんね。この処理のポイントはClipSOPで、Sphereのトポロジー（分割数）が変更されても真ん中でカットしてくれるため変更に強い仕組みになっています。そしてTransformSOPでジオメトリを上に移動しますが、この移動した数値を後々再利用します。

4～6の流れを確認しましょう。目的としては「半球の一番端のエッジだけ下方向に押し出す」という処理になります。パラメータも含めて確認していきましょう。

4 「半球の一番端のエッジを指定する」にはGroupSOPの`Include by Edges`オプションを使いましょう。`Unshared Edges`にチェックを入れることで端っこのエッジを指定することができましたね。グループ化する際は手動選択ではなく仕組みを利用して設定すると変更に強くなります。グループ名は`tip_edge`にしておきます。

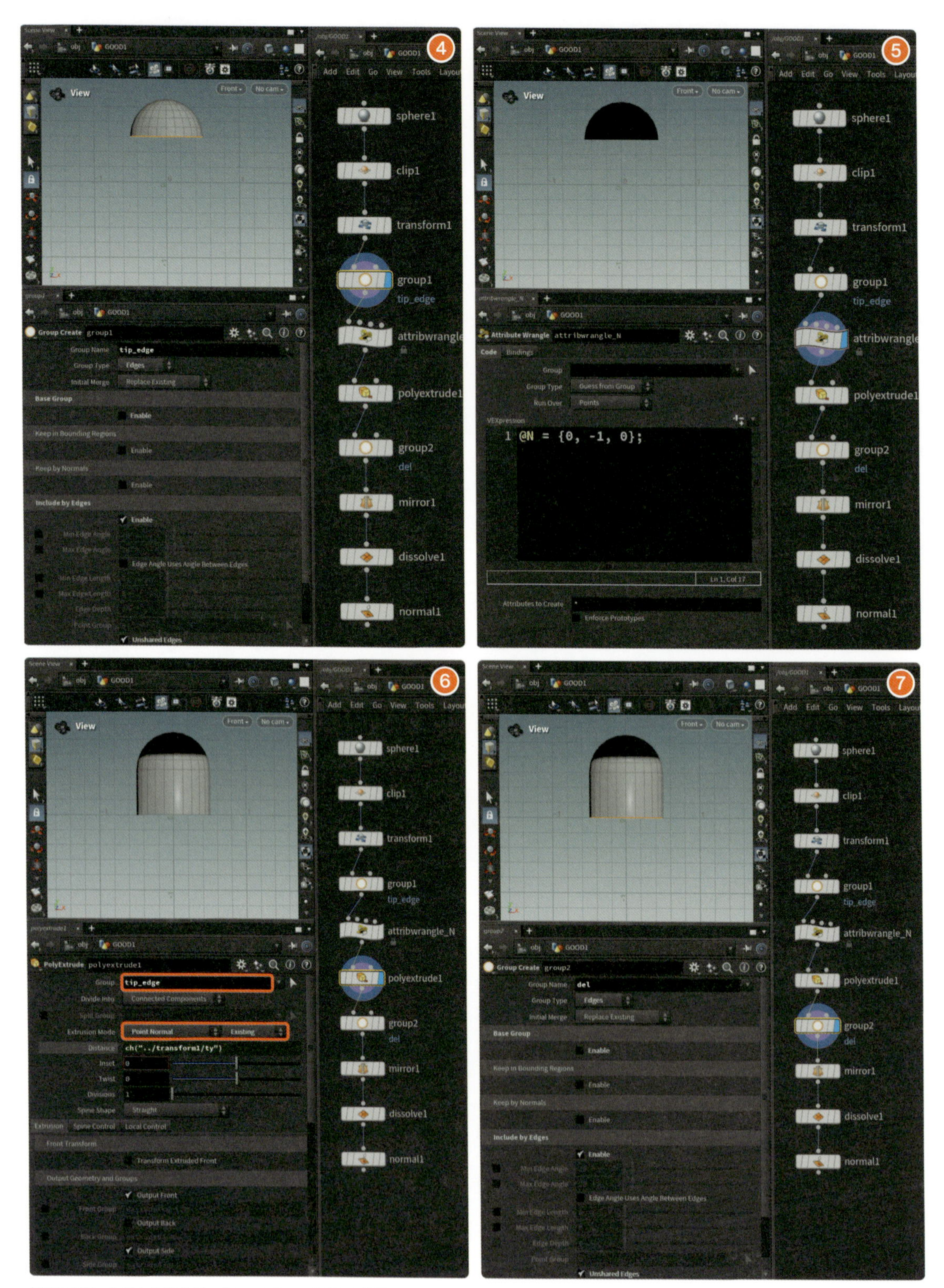

図03-003 カプセルの作例：良いアプローチ その1後半

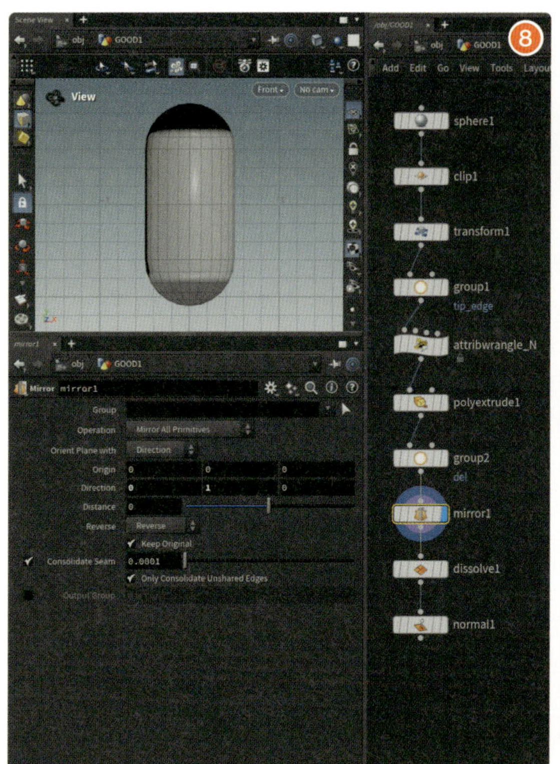

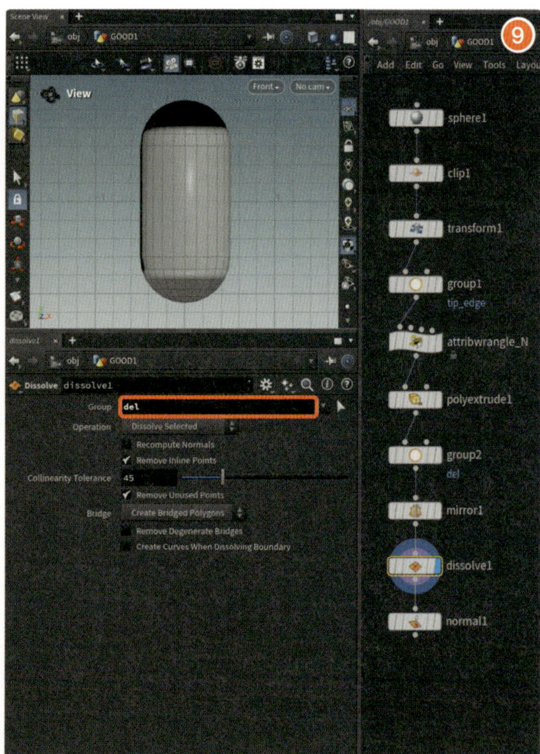

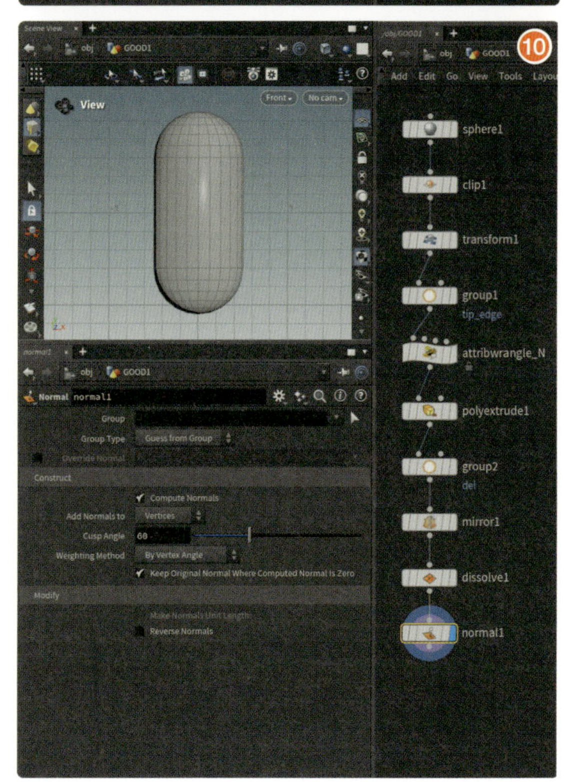

図03-003 カプセルの作例：良いアプローチ その1後半（続き）

5 Attribute WrangleSOPでは押し出し方向を指定しています。押し出しは続くPolyExtrudeSOPで実行しますが、その**押し出し方向はポイント法線N**を使用することができます。これはMountainSOPと同様の性質です。もちろん、法線ベクトルを作成するノードはAttribute CreateSOPで代用してもOKです。

6 PolyExtrudeSOPで押し出しを行いますが、ここで押し出しの対象をGroupSOPで作成したtip_edgeグループに限定しています。続いてExtrusion ModeをPoint NormalとExistingに変更します。これで「現在設定されているポイント法線方向に押し出す」という設定ができました。最後にDistanceにch("../transform1/ty")というエクスプレッションを入れましょう。この設定により**3**の手順で自由な高さにしても同じ値だけ押し出してくれるということになります。

7 GroupSOPで再度端っこのエッジをグループ化します。ここではグループ名をdelとします。

8 MirrorSOPでY軸方向にミラー反転します。Consolidate Seamはミラーを行った際、統合するポイントの距離を決定する値ですが、今回の作り方では、**ミラー反転したときに端っこのポイントが必ず同じ位置になる**のでこの値を調整する必要はありません。便利ですね。

9 初めて登場するDissolveSOPですが、このノードはエッジを削除する機能を持っています。削除時にポリゴンを結合してくれるのも特徴です。ここでは削除するエッジも手動選択ではなく、**7**の手順で作ったdelグループを指定している点にも注目しましょう。

10 最後にシェーディングを整えるためNormalSOPを接続しています。行程の途中で押し出し方向を指定するためにポイント法線Nを一方向に設定しシェーディングがおかしくなってしまっていましたが、**最後に適正な法線に直してしまえば良い**という考え方がとても大切です。

これでプロシージャルなカプセルをモデリングすることができました。Sphereの分解数を変更したり、TransformSOPでカプセルの長さを変えたりしても破綻しないことを確認してください。

このネットワークでも目的は達成できましたが、より処理を完結にし、わかりやすいネットワークに改善することにトライしてみましょう。このように機能を担保しながらよりよいネットワークにする作業を**リファクタリング**と呼びます。

とりあえず動く状態に持っていくことが最も重要ですが、自身のスキルアップや誰が見てもわかりやすいネットワークを考え続けることがよいHoudinistへの近道です。

リファクタリング

サンプルファイルのGeometryノード、GOOD_REFACTORINGの中を見ながら読み進めてください。

接続順	ノード名	処理
1	SphereSOP	球を作る
2	ClipSOP	半分を削除する（同時に端っこのエッジグループを作成）
3	TransformSOP	Y軸上方向に移動する
4	PolyExtrude	Y軸下方向に押し出し
5	MirrorSOP	ジオメトリをミラー反転する（Y軸方向）
6	DissolveSOP	不要なエッジを削除

下の図では変更を加えたノードを見ていきます。

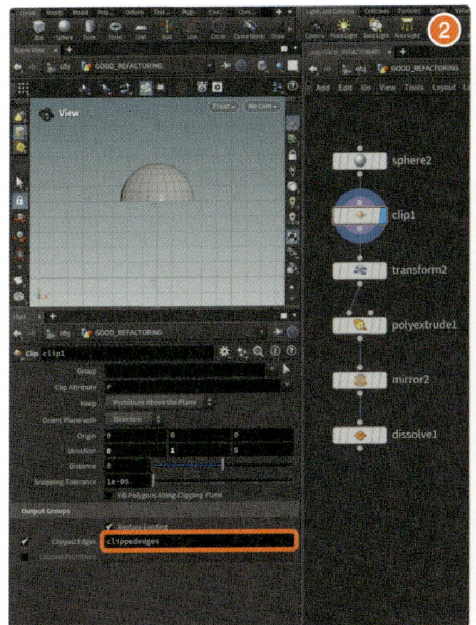

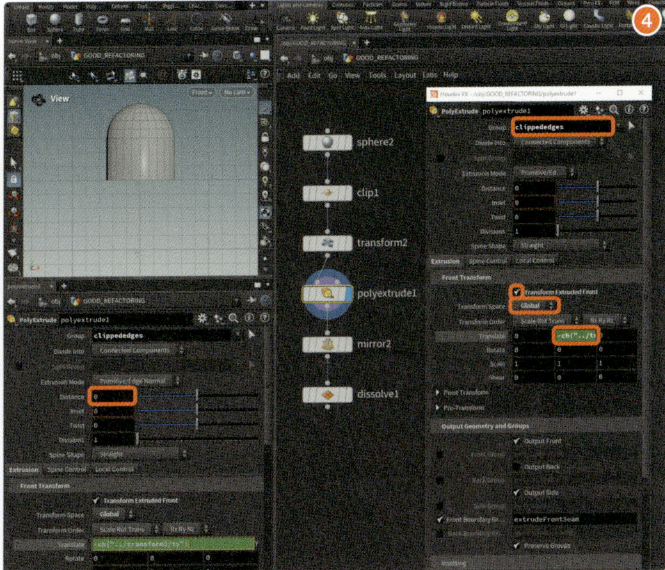

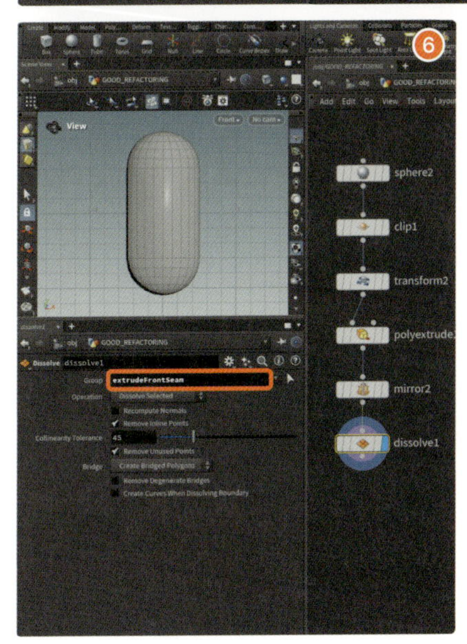

図03-004 カプセルの作例：リファクタリング

まず目を引くのは、❷の ClipSOP の Output Groups にある Clipped Edges オプションです。こちらをオンにするとカットしたエッジにグループを割り当ててくれます。とても便利ですね。今回はグループ名を clippededges としています。

続いて修正を加えたのが❹の PolyExtrudeSOP です。パラメータを順に見ていきましょう。押し出し箇所を決定する Group は ClipSOP で設定した clippededges を指定していますが、押し出し距離を設定する Distance は 0 に設定しています。

続いて Extrusion > Front Transform の Transform Extruded Front にチェックを入れます。すると押し出し方向と距離に関するパラメータが表示されます。これによってジオメトリの形状ではなく、ローカル座標・グローバル座標を基準に押し出しを行うことができるようになります。

ローカル座標とグローバル座標を簡単に説明すると次のとおりです。

座標系	説明
ローカル座標	オブジェクトを基準とした座標
グローバル座標	三次元空間そのものの座標

言葉にするとわかりにくいですが、下の図を見ていただくと理解しやすいかと思います。

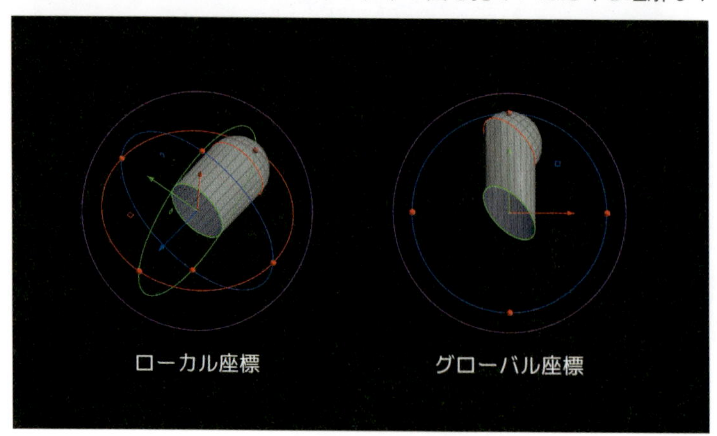

図03-005 ローカル座標とグローバル座標それぞれを基準に押し出し

オブジェクトが回転しているときローカル座標はそのオブジェクトの方向を、グローバル座標はオブジェクトとはまったく関係のない3D世界の座標を示しています。

今回はオブジェクトの向きとは関係なしに下方向に押し出したいので`Transform Space`を`Global`にしましょう。そして下方向に押し出したいので、`Translate`のY座標に`-ch("../transform2/ty")`と記述します。本サンプルでは`Translate`ラベルをクリックすると`-0.6`と表示されますね。これは上流のTransformSOPのY座標にマイナスをつけたもの、ということです。

PolyExtrudeSOPのオプションについて最後に`Output Geometry and Groups`を設定しましょう。`Front Boundary Group`にチェックを入れると押し出しの前面と側面の境界エッジのグループを作成することができます。リファクタリング前ではGroupSOPで行っていたグループ作成作業をPolyExtrudeSOPだけで作ってしまおうということです。

残るMirrorSOPは変更なし、そして❻のDissolveSOPは`Group`パラメータに`extrudeFrontSeam`を指定します。ここは先程PolyExtrudeSOPで作成したグループですね。

ネットワークを振り返ってみると、不要なノードが少なくなり、見通しが良くなりましたね。ただし説明したとおりPolyExtrudeSOPのオプションを多用した仕組みなので、ノードの仕組みやオプションに詳しくないうちは構築することが難しいという一面もあります。

各ノードの機能を徐々に深掘りしながら、このオプションはどんな使い方をすると便利だろうと考えるクセをつけるとよいでしょう。

良いアプローチ02

カプセルの作成において、まったく違うアプローチをとることもできます。そしてなんと**2ノード**で完結する非常にシンプルなネットワークですのでご紹介しましょう。

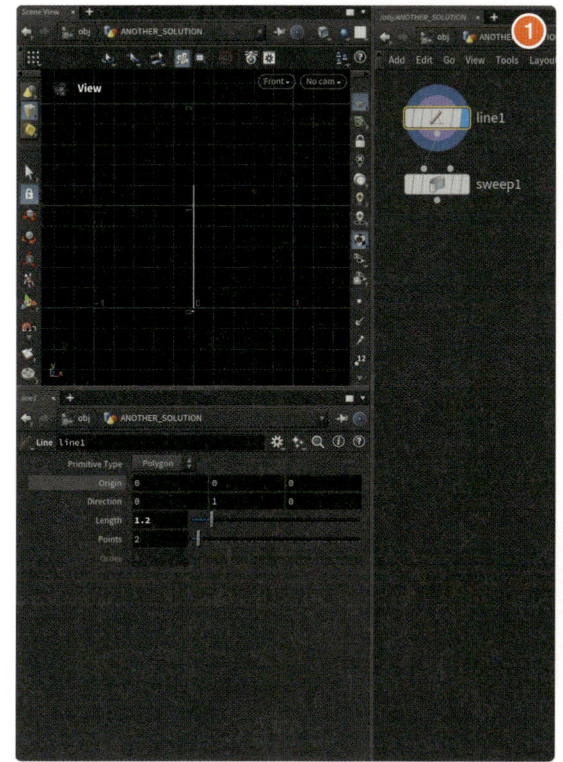

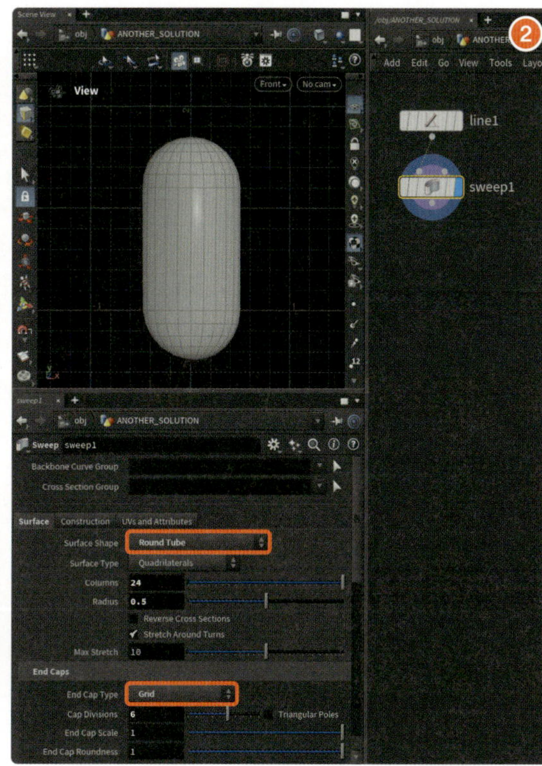

図03-006 カプセルの作例：良いアプローチ その2

本ネットワークのキモは2番目のノードであるSweepSOPです。このノードは第1入力コネクタに接続した曲線（当然直線も）に沿って第2入力コネクタに接続した断面のサーフェスを作成してくれるノードです。

そして便利なオプションとして、第2入力を接続しなくても円や四角形、リボン（平面）を利用することができます。ここではそのオプションを利用しています。

それではLineSOPを作成したところから実際に手を動かしてみます。

SweepSOPをLineSOPに繋げ、ディスプレイフラグを立てるとエラーがでます。エラーの内容を見てみると「No cross section geometry provided」とあります。これは「断面を決定するジオメトリがないよ」という意味で、簡単に言うと第2入力コネクタに断面形状を示すノードが刺さっていないため発生しているエラーです。

このエラーを消すには第2入力コネクタにノードを挿すか、SweepSOPで第2入力コネクタを必要としないオプションを設定する方法があります。今回は後者で進めましょう。

`Surface Shape`パラメータを`Round Tube`に設定するとエラーが消え、円柱状の形状になります。あとは`Columns`で分割数を、`Radius`で半径を設定しましょう。

しかしこのままでは端が閉じておらず、開いた円柱になっているので`End Cap Type`を`Grid`に設定します。これでグリッド状のメッシュで蓋が作成されました。残るは`Cap Divisions`で分割数を設定して完成です。

これで半球部分の分割数や高さを調整可能なカプセルが完成しました。しかしできあがったカプセルがワールドの中心にいないのが少々気になりますね。これを修正していきましょう。

図03-006の❶を見ると、長さが`1.2`でY座標上方向に伸びているラインということがわかります。このラインが「長さを変更しても常に中心にある」ように設定すればよさそうです。

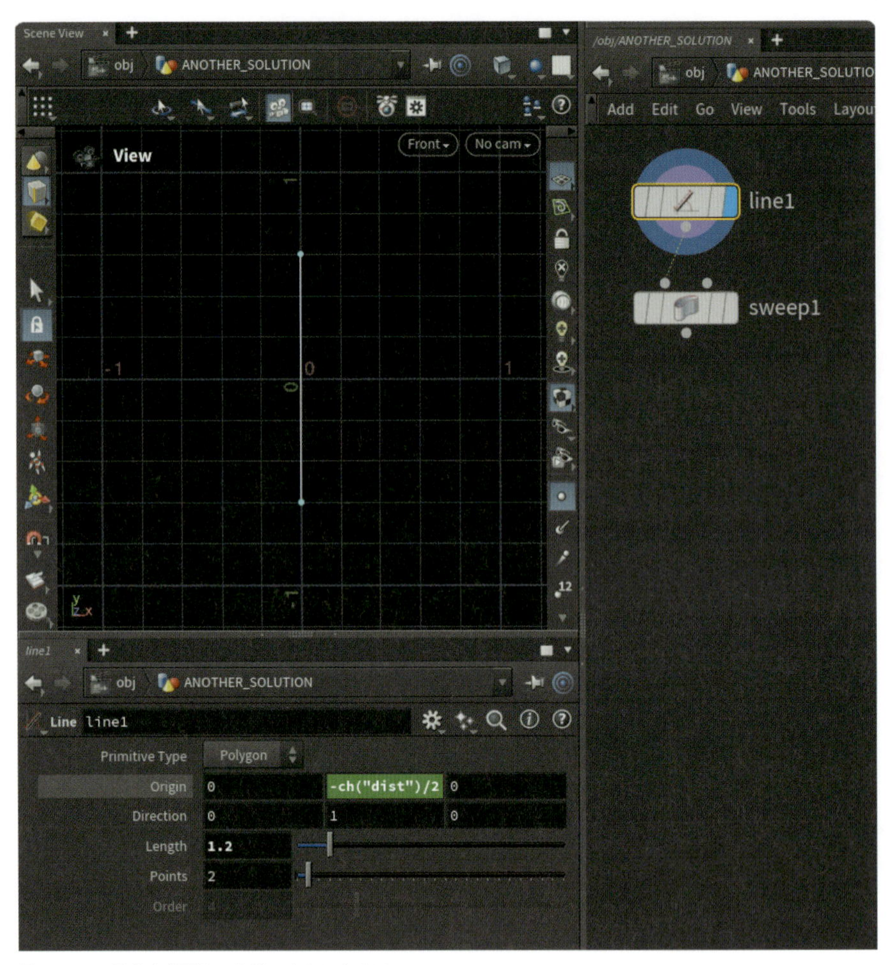

図03-007　長さを変更しても常に中心にあるLine

本エクスプレッションはプリセット作成の説明時にご紹介したので説明は割愛します。このエクスプレッションを記載しても良いですし、プリセットを作成していればそれを適用してもよいでしょう。

まとめると、SweepSOPを使ったアプローチでは直線だけでなく曲線を入力することができるのが大きなメリットです。このように「カプセルのモデリング」というシンプルな課題に対しても様々な方法があるところがHoudiniの魅力の1つです。みなさんも色々なアプローチを考えてみてください。

》積雪ツールを作ってみよう

「雪が積もる」と一言で言うのは簡単ですが、それをHoudiniに伝えるのは少々難しいですね。ふんわりとしたイメージを再利用可能なロジックで言語化できればもう設計は終わったようなものです。あとは持てる知識を最大限活用して実装するだけです。

さあ、一緒にトライしてみましょう。

サンプルファイル：`snow_builder.hip`

まず雪のメッシュを生成させるノードだけご紹介しておきましょう。ここではParticle Fluid SurfaceSOPを使用します。これはノード名から分かるとおり、パーティクル（ポイント）からサーフェスを作ってくれるノードです。本項目の学びは全体的なロジックに集約されるので、このノード自体の解説は割愛しますが、**ジオメトリの上方向にポイントを散布すれば、その後はメッシュが作れそうだ**なと思ってください。

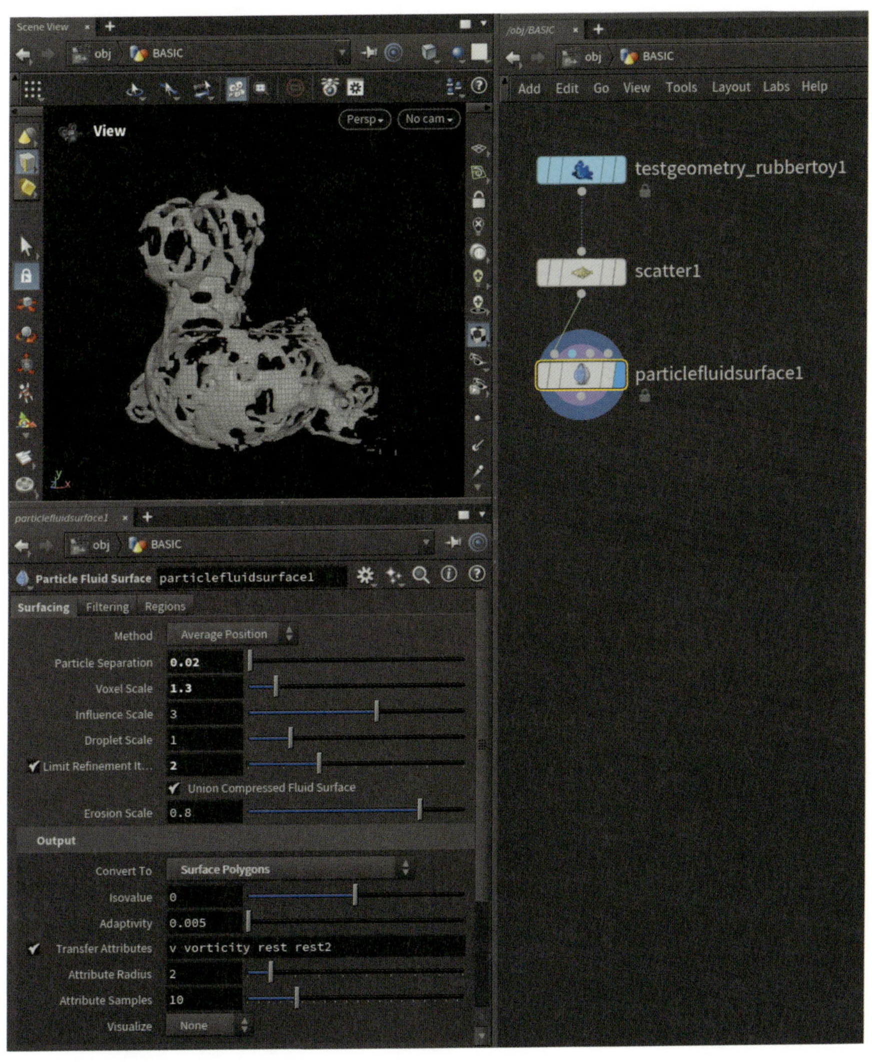

図03-008 Particle Fluid SurfaceSOP

▶悪いアプローチ

雪はメッシュの上方向に積もるので、「メッシュの上方向を向いている部分」を指定してあげれば良さそうです。これはすでに学習したGroupSOPで実現できそうです。雪を降らせる物体は何でも良いのですが、ここではブタさんに登場していただきましょう。

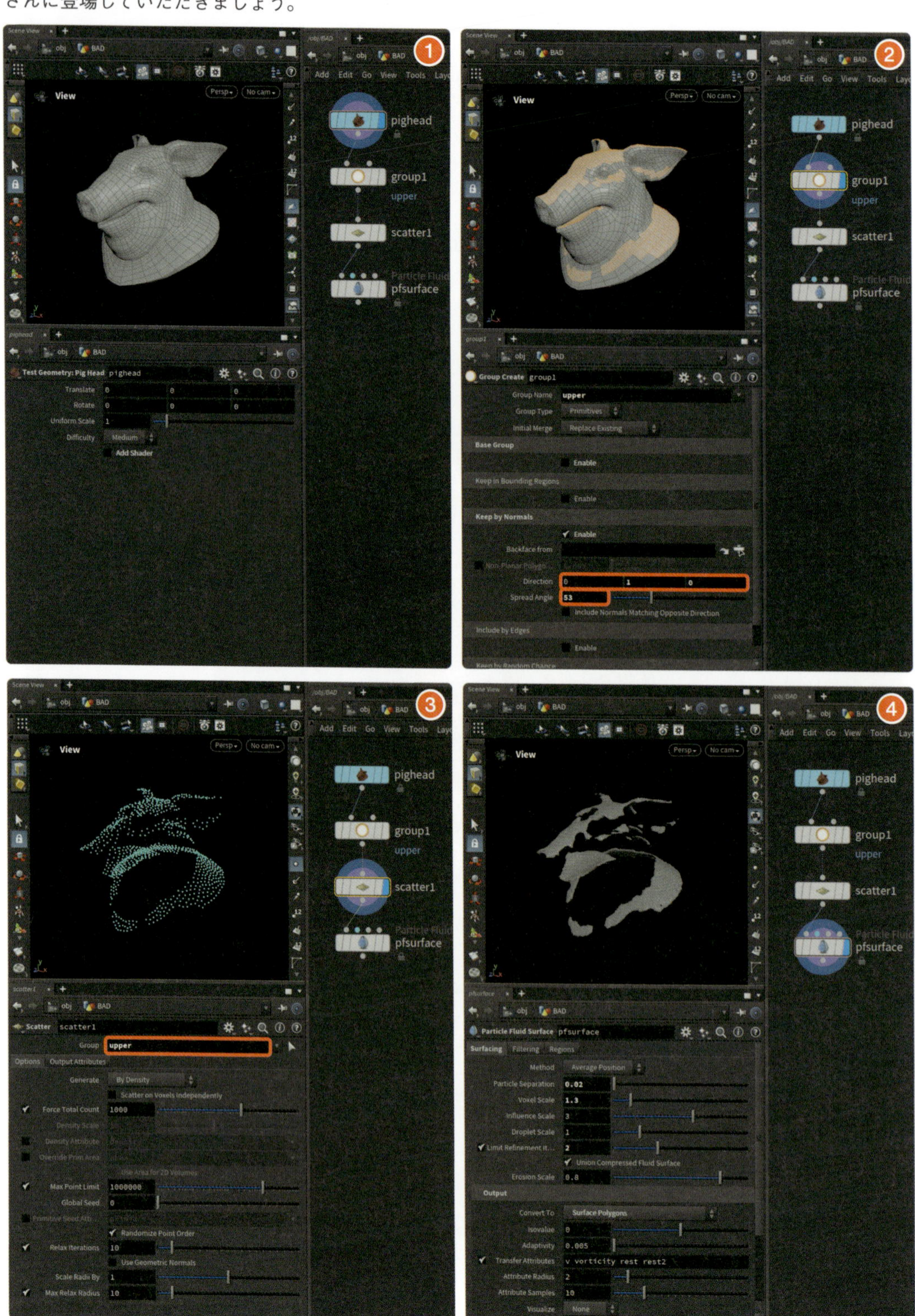

図03-009 積雪ツール：悪いアプローチ

ブタさんのパラメータはAdd Shaderのチェックを外しただけです。これによってマテリアルが外れテクスチャが表示されなくなります。これは以降のビューポートを見やすくしただけなのでもちろんデフォルトのオンのまま進めてもOKです。

続いてGroupSOPですが、Keep by Normalsオプションを用いて面法線が上方向{0, 1, 0}を向いているフェースをupperグループに割り当てています。Soread Angleは「指定した方向(ここでは上方向)からどの程度の角度の振れ幅を許可するか」でしたね。ここではグループの領域を見ながら53をセットしました。ちなみにこの値を0にすると完全に真上を向いているフェースだけがグループに入るのですが、ブタさんには該当するフェースがないのでグループには1つもフェースが入りません。

そしてScatterSOPのポイントとしてGroupパラメータにupperを指定します。見てのとおり、上方向を向いている部分だけにポイントが散布されていますね。

最後にParticle Fluid SurfaceSOPでメッシュを生成しています。

いかがでしょうか？　悪いところは見当たらないように思えますね。しかし、ブタさんの「舌の部分」にも雪が積もってしまっていますね。舌の上には遮蔽物があるので、本来であれば雪は積もりません。

このように「あ！　これはGroupSOPを使えば行けそうだ！！」という直感にこだわりすぎると改善点を見逃してしまうことがあります。

ロジックを探す際、第一印象は大切な要素の1つですが、本当にこれでいいのか？と自問自答をしながら作業を進めるクセをつけていきましょう。

良いアプローチ

さて、「雪が積もる」という自然現象についてもう一度考えてみましょう。

空(つまりY軸上方向)から下向きに落ちてきて物体にぶつかって停止するという事がわかります。

この「上方向から下方向に向かってポイントをぶつける」というロジックを素直に実装してあげればOKです。トライしてみましょう。

接続順	ノード名	処理
1	PigHeadSOP	ブタさんを作る
2	BoxSOP	ブタさんと同サイズのボックスを作る
3	DeleteSOP	ボックスのY軸上面以外のフェースを削除
4	ScatterSOP	残ったボックス上面のフェースにポイントを散布
5	RaySOP	Y軸下方向にポイントをブタさんにぶつける
6	BlastSOP	ブタさんにぶつからなかったポイントを削除
7	Particle Fluid SurfaceSOP	雪のサーフェスを作成

そこまで複雑なネットワークではありませんが、Houdiniらしい技法が多く登場します。テクニックを覚えることも重要ですが、何のためにそれを行っているか、目的に合わせてノードを選択するという意識をしてください。

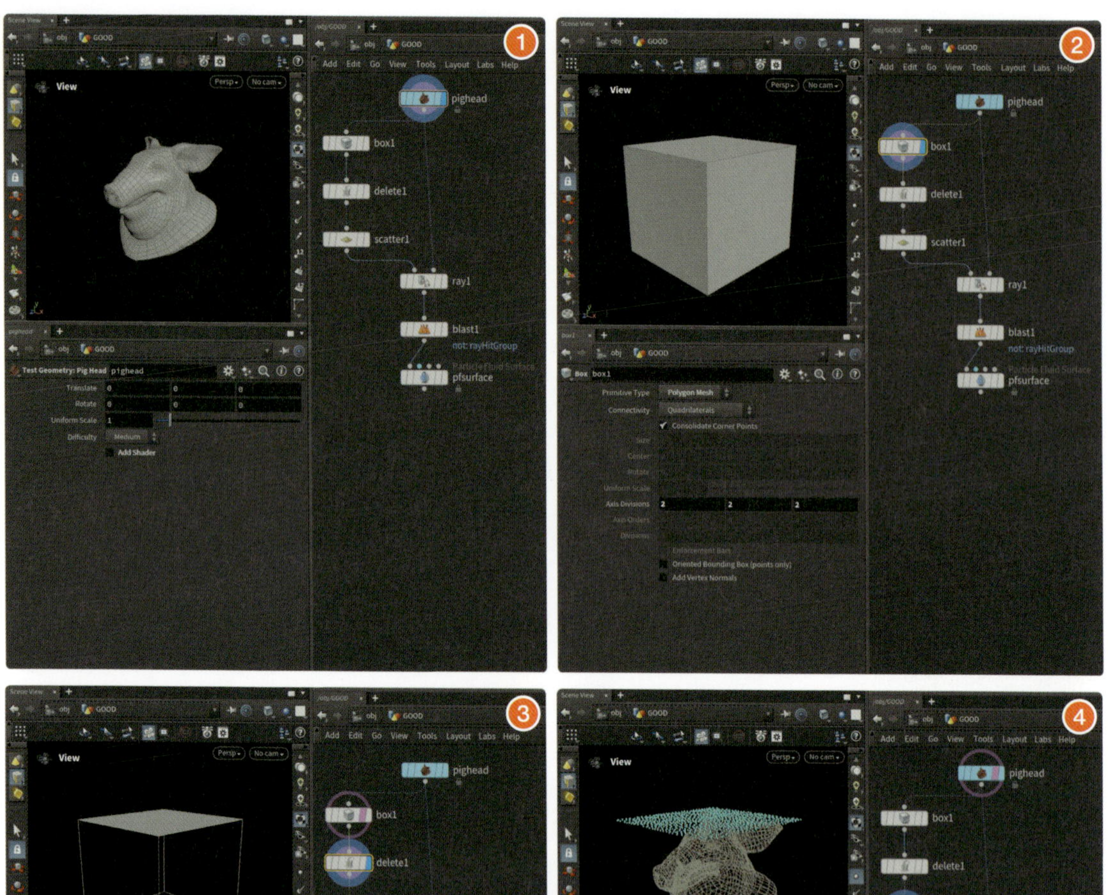

図03-010　積雪ツール：良いアプローチ前半

まず先程と異なっているのが、❶でブタさんにBoxを接続している点です。Boxにジオメトリを入力するとそのジオメトリの境界ボックスを生成してくれます。非常に便利な仕組みですね。後の作業で「雪の発生箇所」を作成するためにこのBOXを使っているわけです。

そのままScatterSOPでポイントを発生させるとボックスすべての面に生成されてしまうので、上面のフェース以外を削除する必要があります。そのとき漠然と「上面のフェース」と捉えるのではなく、「面法線が`{0, 1, 0}`を向いているプリミティブ」と考えるのがHoudini流です。

面法線をキーにプリミティブを削除するにはDeleteSOPの`Normal`オプションを利用しましょう（❸）。先程出てきたGroupノードの`Keep by Normals`オプションと同じ考え方ですが、今回は単純なボックスなので`Spread`

Angleは0で大丈夫です。そしてScatterSOPで上面のフェースにポイントを発生させています（❹）。

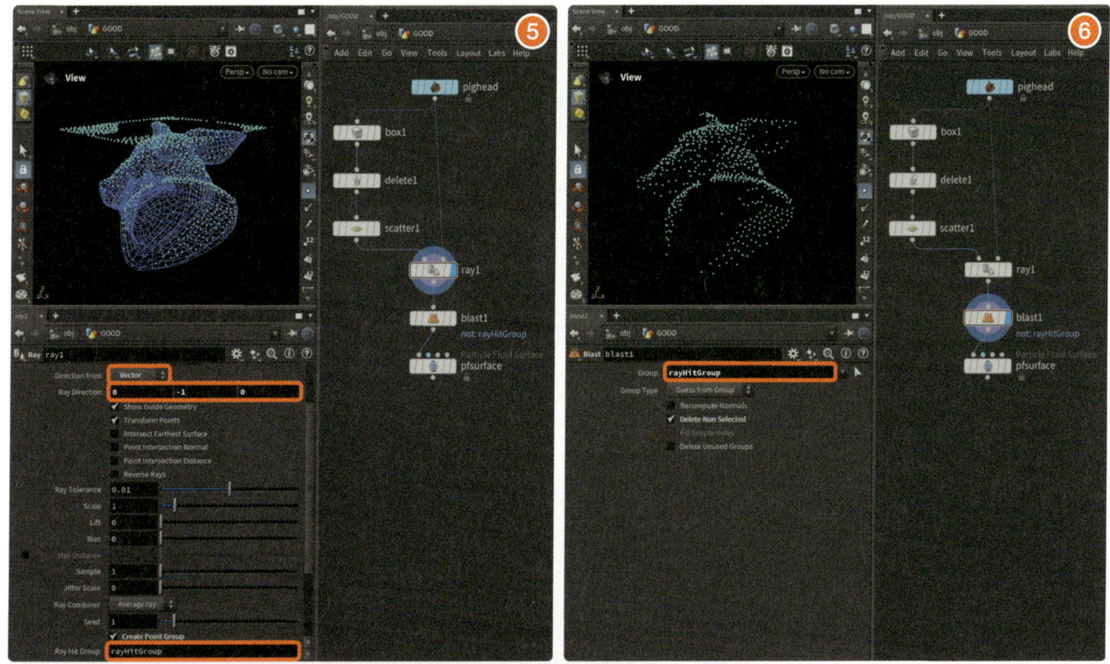

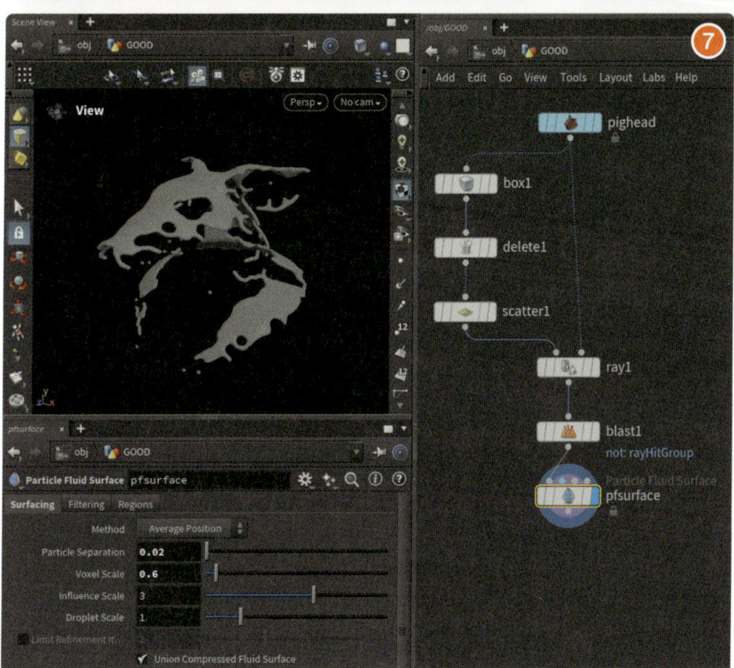

図03-011　積雪ツール：良いアプローチ後半

ここから積雪の「下向きに落ちてきてブタさんにぶつける」部分の実装となります。任意の方向にぶつかるまで移動させるのは、RaySOPが定石です（❺）。しかし続く作業のための準備も重要になるのでパラメータを追っていきましょう。

RaySOPのパラメータは次のとおりです。

パラメータ	値
Direction from	Vector
Ray Direction	{0, -1, 0}
Create Point Group	オン

Direction fromとRay Directionについては難しくありません。ポイントを移動させる方向を「vector型」で「指定した方向」に設定したということです。まさにこれが「下向きに落ちてきて」の部分に相当します。

RaySOPの機能によって下方向にポイントが移動し、ブタさんにぶつかったところで止まるというイメージどおりの挙動をしていますが、シーンビューを見てみると元の位置から移動していないポイントも見受けられます。これは下方向にブタさんが存在せず、ぶつからなかったため移動しなかった、ということになります。

そこで重要なオプションがCreate Point Groupです。これをオンにすることにより対象物（ここではブタさんに）ぶつかったポイントがrayHitGroupに格納されます。これは続く処理で**ぶつからなかったポイントを削除する**のに利用します。

BlastSOPでは先程設定したrayHitGroup以外を削除しています（❻）。Delete Non Selectedオプションをオンにすることを忘れないようにしましょう。

最後にParticle Fluid SurfaceSOPでメッシュを生成しています（❼）。これは先程の作例とまったく同じです。このネットワークを使えば遮蔽物がある場合も問題なく動作することが分かりますね。

このように「雪が積もる」という自然現象を紐解き、順に実装していけば必ずゴールに近づいていくことができます。もちろん初学者のうちは適切なノードを知らず壁にぶつかることも多いですが、一歩一歩積み重ねていきましょう。

ツール作成

HoudiniにはHDA（Houdini Digital Asset）というネットワークを再利用しやすくする仕組みが搭載されており、実務では非常に多く使う機能の1つです。本書は初学者向けの内容なので、HDAについては割愛しますがその前段階としてのサブネットという機能について簡単にご紹介します。

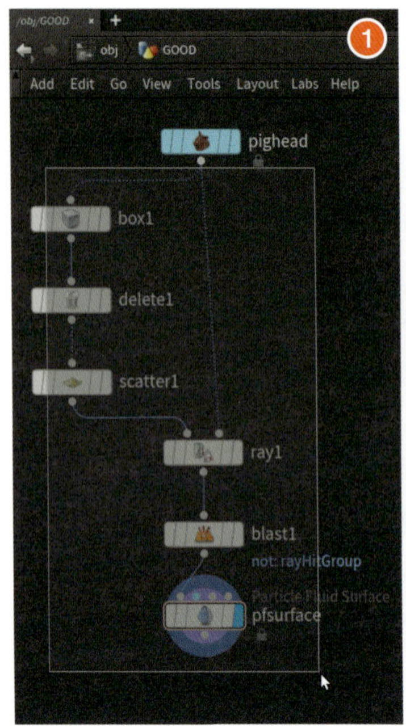

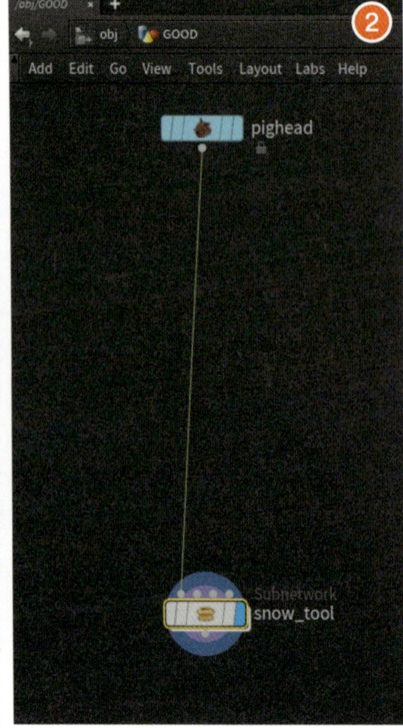

図03-012　サブネットの作成

サブネットとはネットワークをまとめて1つにまとめたものです。サブネットの作り方は簡単です。

1. ひとまとめにしたいネットワークを選択する。
2. Shift + C キーを押す。
3. 作成されたサブネットにわかりやすい名前をつけ、上流を好きに差し替える。

今回のように「雪を積もらせる」というツールを作成したら使いまわししたくなりますね。このようにサブネットを利用することで再利用可能な仕組みを作ることができます。

Houdiniに慣れてきたらHDAの作成方法などを調べてみるとよいでしょう。

建築に応用できる柱の配置を行ってみよう

枠（長方形）の内側に接するように柱を配置したいことはよくありますよね。他のDCCツールではスナップ機能などを使って実現することが多いでしょう。しかし、その方法では枠や柱の形が変わるたびに手で配置し直す必要が出てきます。これでは効率が悪いですね。そこでHoudiniを用いて非破壊で柱の配置を実現しましょう。

今回使う形状は次のとおりです。

1. 柱の形状はX軸0.3m、Y軸2m、Z軸0.2mとする
2. 柱はX軸5m、Z軸3mの枠の「内側に接する状態」で配置されるものとする

もちろん設置後も柱の形状および枠のサイズを変更できるものにします。

仕組みとしては柱を四隅に配置するので、Copy to PointsSOPを利用することは想像できますね。それではまず行き当たりばったりで作ってみましょう。もちろんこれは筋が悪い実装を体感してもらうための「行き当たりばったり」なのであまり褒められた方法ではないのですが、手を動かしてわかることもあるので必要な遠回りです。

サンプルファイル：place_columns.hip

悪いアプローチ

まずは何も考えずCopy to PointsSOPを使用してみましょう。何も考えず、とは書きましたが最低限コピー時の方向をコントロールすることは必要なので、復習を兼ねて簡単に解説していきます。

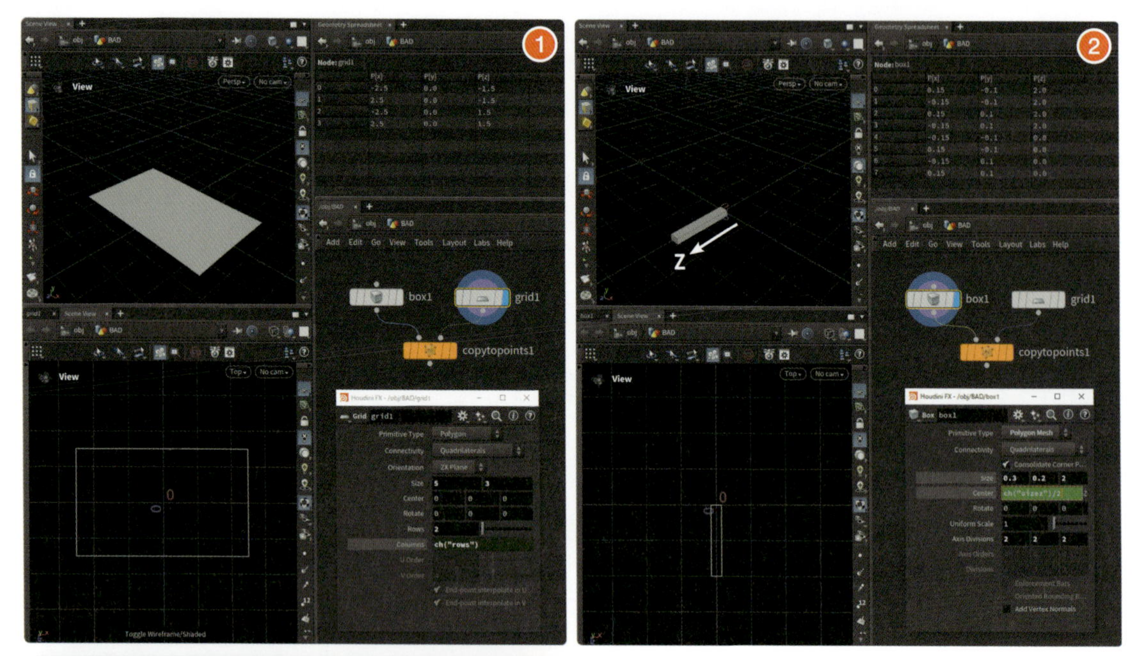

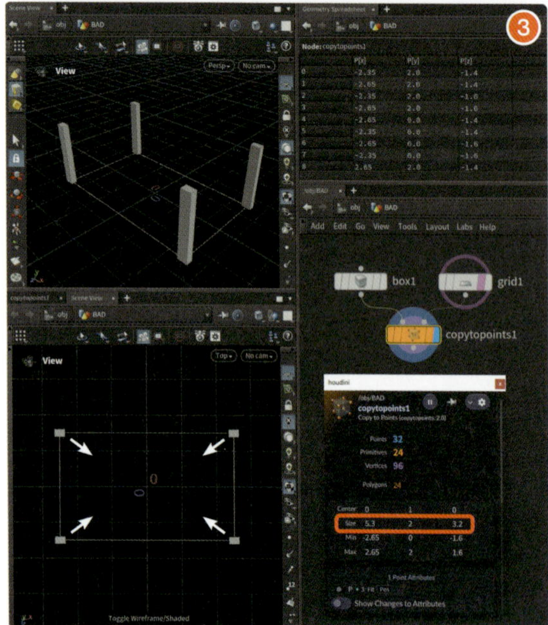

図03-013　柱の配置：悪いアプローチ

1. GridSOPを作成します。Sizeパラメータを{5, 3}に、Columnsパラメータにch("rows")エクスプレッションを記載してRowsと同じ値になるように設定します。最終的に柱がこの枠内に収まるようにしたいというわけですね。そしてこの平面は上方向を向いているので、法線も上方向を向いています。これはDisplay normalsボタンをオンにするとわかりやすいです。

2. BoxSOPを使って柱を作ります。最終的にY軸方向に2mの長さを持つ柱にしたいのですが、Copy to Pointsと法線N、upベクトルの関係を思い出しましょう。「コピーされるオブジェクト」のZ軸方向がコピー時に「コピーされるポイント」のN方向を向くという仕組みがあるのでした。そのため、柱のSizeパラメータは{0.3, 0.2, 2}となり、CenterパラメータのZにch("sizez")/2を入力します。コピー時の方向コントロールが不安な方は、ブタさんなどのわかりやすいオブジェクトを利用して向きを確認すると良いでしょう。ここは何度も繰り返し練習して自在にコントロールできるようになってください。

3 最後にGridSOPとBoxSOPをCopy to PointsSOPに接続します。やりたい方向へは進んでいますが、枠の内側に柱が収まっていません。これを修正する方法について考えていきましょう。

ここでMatch SizeSOPというノードを使ってみます。このノードはオブジェクトの位置合わせやサイズ調整に役に立つノードなのですが、先にお伝えしておくと**本作例ではうまく動作しません**。

先にMatch SizeSOPの簡単な利用法の解説を行い、本作例で問題がある理由の説明をした上で、問題発見のためのデバッグ方法などもお伝えしましょう。

■ Match SizeSOP

このノードは大きく2つの機能があり、1つは位置合わせ、もう1つはサイズ合わせとなります。まずは位置合わせの代表的な例として「必ず接地する」方法についてご紹介しましょう。

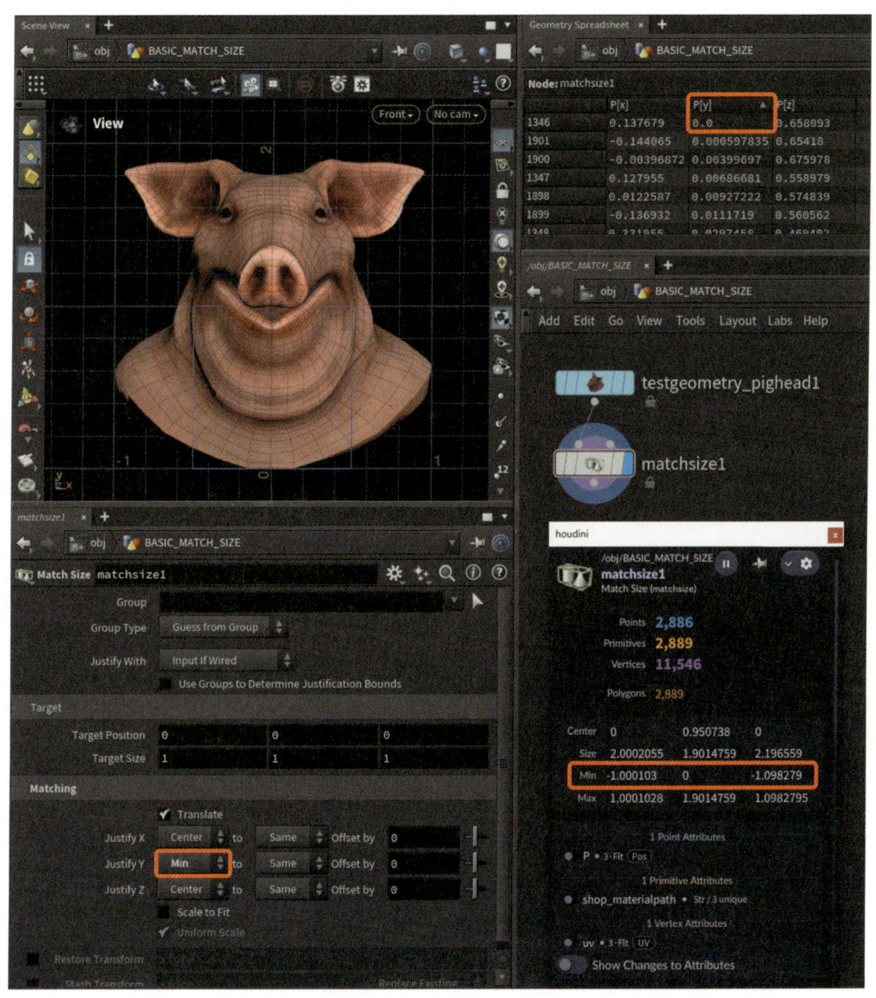

図03-014 Match SizeSOP：位置合わせ

パラメータとしては`Justify Y`を`Min`に設定しただけです。これはオブジェクトの最小値を`0`にするように移動するという意味で、これにより「必ず接地する」という目的が達せられる訳です。このように`Justify X`、`Justify Y`、`Justify Z`の値を変更するだけで様々な位置調整を行うことができ、また第2入力コネクタに別のジオメトリを接続することで、任意のジオメトリの中心地や隣り合うように配置するなどかなり柔軟な操作を行えます。
　今度は第2入力コネクタにBoxを接続し、`Scale to Fit`パラメータをオンにしてみましょう。デフォルトでは`Uniform Scale`にチェックが入っているため、元のブタさんのアスペクト比を保持したままBoxに収まる範囲で大きさを変更してくれます。続けて`Uniform Scale`のチェックを外すとよりわかりやすいでしょう。

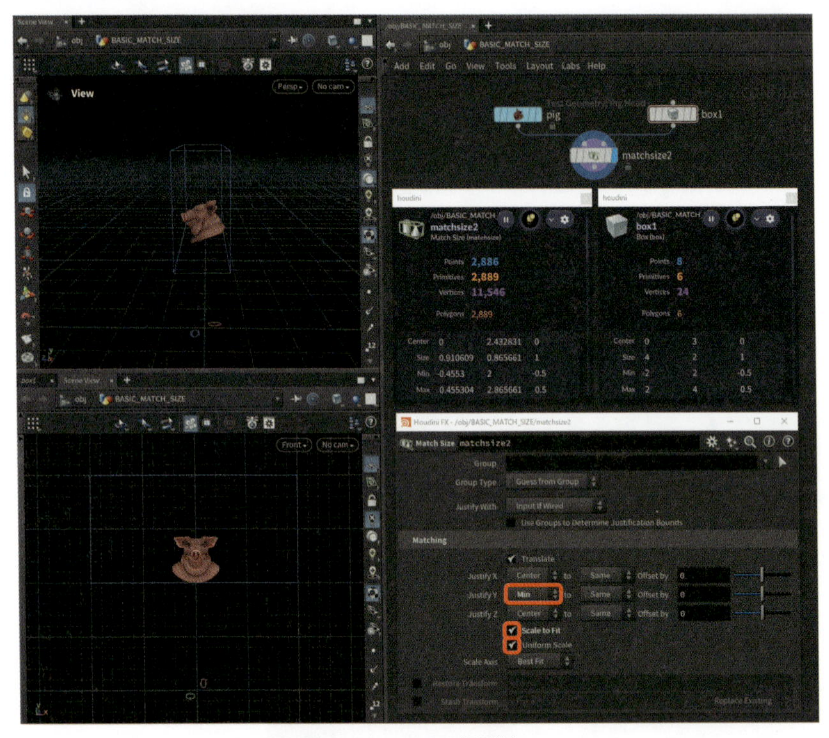

図03-015　Match SizeSOP：サイズ合わせ（アスペクト比維持）

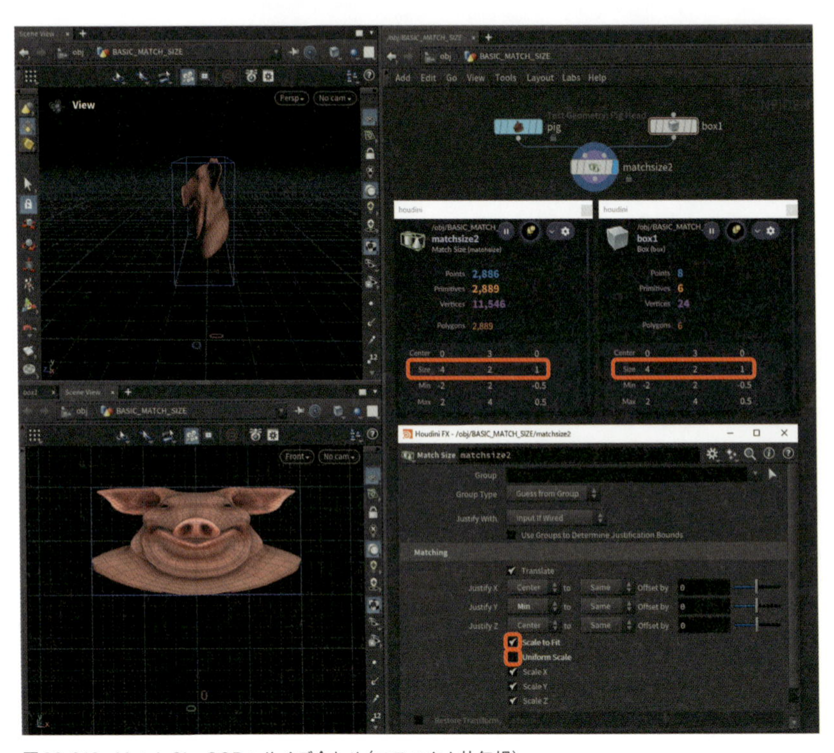

図03-016　Match SizeSOP：サイズ合わせ（アスペクト比無視）

このようにScale to Fitパラメータを用いることによって大きさをコントロールできる点をおさえておきましょう。ケースによっては非常に便利に利用できるノードです。

■本作例での問題

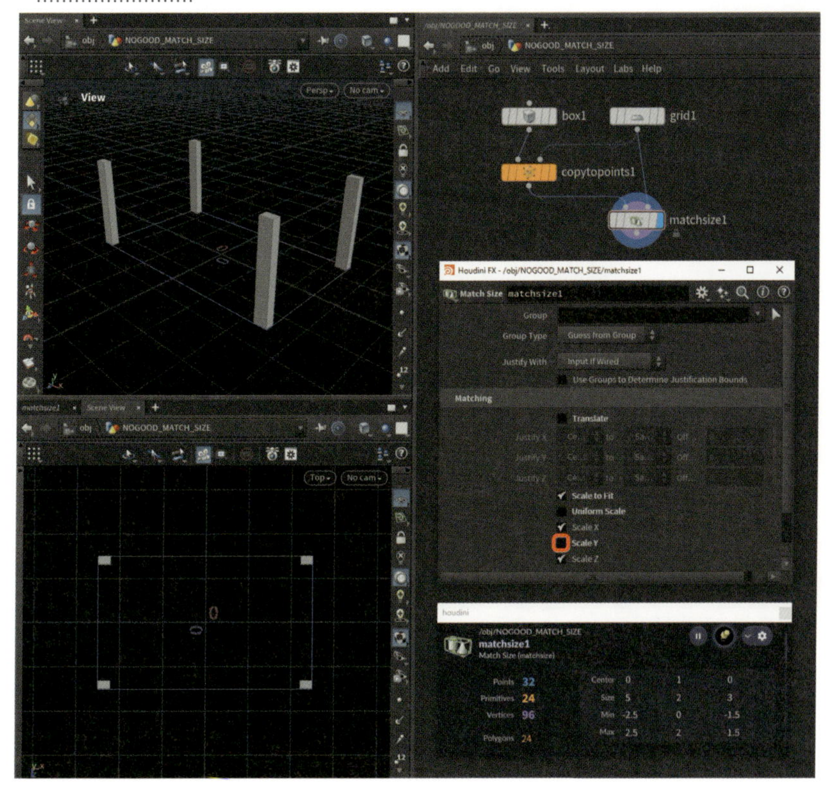

図03-017　柱の配置：位置合わせ失敗例

先程ご紹介したMatch SizeSOPのScale to Fitパラメータを利用して柱を枠線の内側に納めました。Y座標もフィットさせると柱の高さがゼロになってしまうので、Scale Yはオフにしています。

これで一見うまくいったように見えますが、4本の柱をまとめてフィットさせているため、**柱そのもののサイズも縮んでしまっている**という問題が起こっています。しかし厄介なのは見た目では気づきにくい程度の変化なので発見が遅れるタイプのミスということになります。

このように「おかしいかも」と思ったときには数値で判断するのがHoudini流のデバッグです。そしてもちろん数値はアトリビュートで判断するのがわかりやすいでしょう。さあ、次の項目で柱のサイズを測ってみましょう。

■デバッグ方法のご紹介

デバッグ方法に関してはケース・バイ・ケースでそのときに最も適したものを選ぶ必要があるのですが、ここでは主に**長さを測る際に、汎用的に使える方法**をお伝えしましょう。それはConvert LineSOPを利用する方法です。Convert LineSOPはその名のとおり、ジオメトリをラインに変換してくれるノードなのですが、変換時にデフォルトでrestlengthというラインの長さを示すプリミティブアトリビュートを生成してくれます。これが非常に便利なので使ってみましょう。

長さを調べたいラインをビューポート上で選択すると、ジオメトリスプレッドシートで選択したコンポーネントがハイライトされます（本例ではプリミティブナンバ40）。

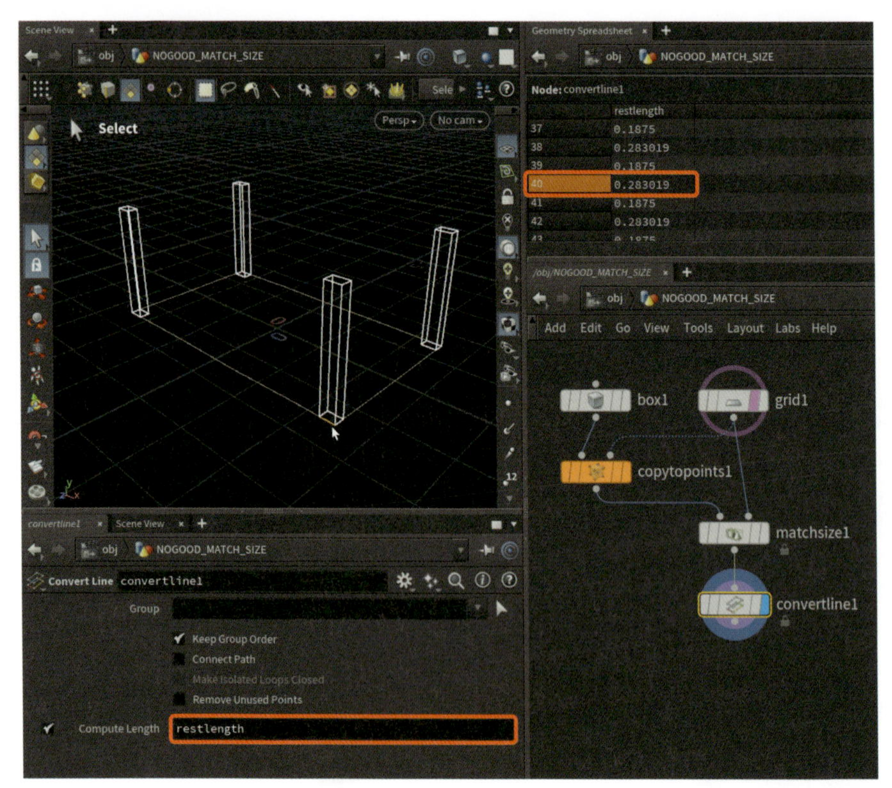

図03-018　Houdiniのデバッグ：エッジの長さを測定

この値をみると0.283019となっていますが、本来はこの値は0.3でなければいけませんね。Match SizeSOPによって全体が縮んだ影響で柱1つひとつの縮尺も影響を受けてしまったことが分かります。

このように、目合わせで確認などのあやふやな手法ではなく正確な値を把握することができるのがHoudiniの利点の1つです。さて、次項でこれらの問題を解決していきましょう。

▶良いアプローチ

先程の失敗から、「コピーしてからサイズを調整する」手法は筋が悪そうということがわかりました。では、「コピーしてから柱を動かす」方法はどうでしょうか？　移動であれば柱のサイズは影響を受けなそうです。

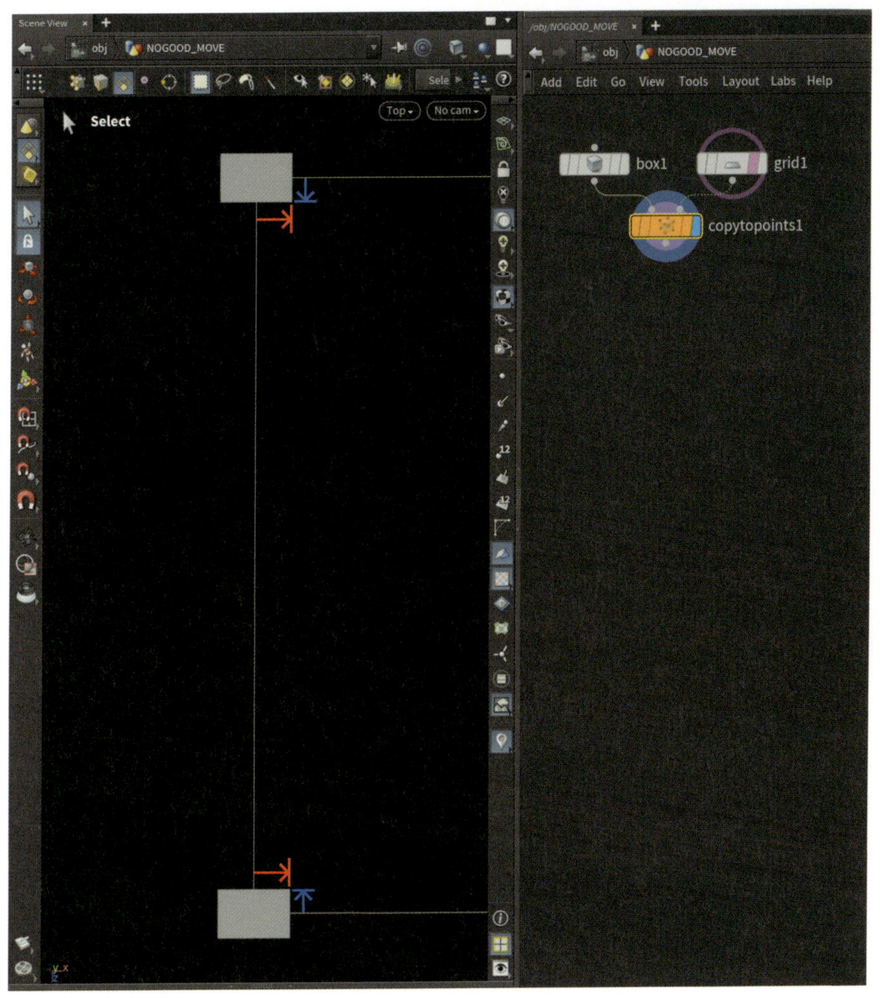

図03-019　柱の配置：コピー後に移動する方法の検討

図は配置図の左側を拡大したところです。柱の動かし方ですが、柱のX軸の厚さの半分内側に、柱のZ軸の厚さの半分内側にそれぞれ移動してあげれば正しい位置にセットできそうです。しかしこれを実際にやろうと思うと分岐が大変になります。図の青い矢印を見ていただければわかりますが、上の方の柱は+Z方向に移動、下の方の柱は-Z方向に移動と、場合分けで移動方向を変更しなければなりません（X方向に関しても右半分の柱は反対方向に動かさなければいけませんね）。

なので、この「移動する」というのもスマートな解決策とは言えなそうです。

そこで発想を根本から変えて、「コピーして」から「◯◯する」ではなく、「正しい位置にいきなりコピーする」という方法について考えてみましょう。

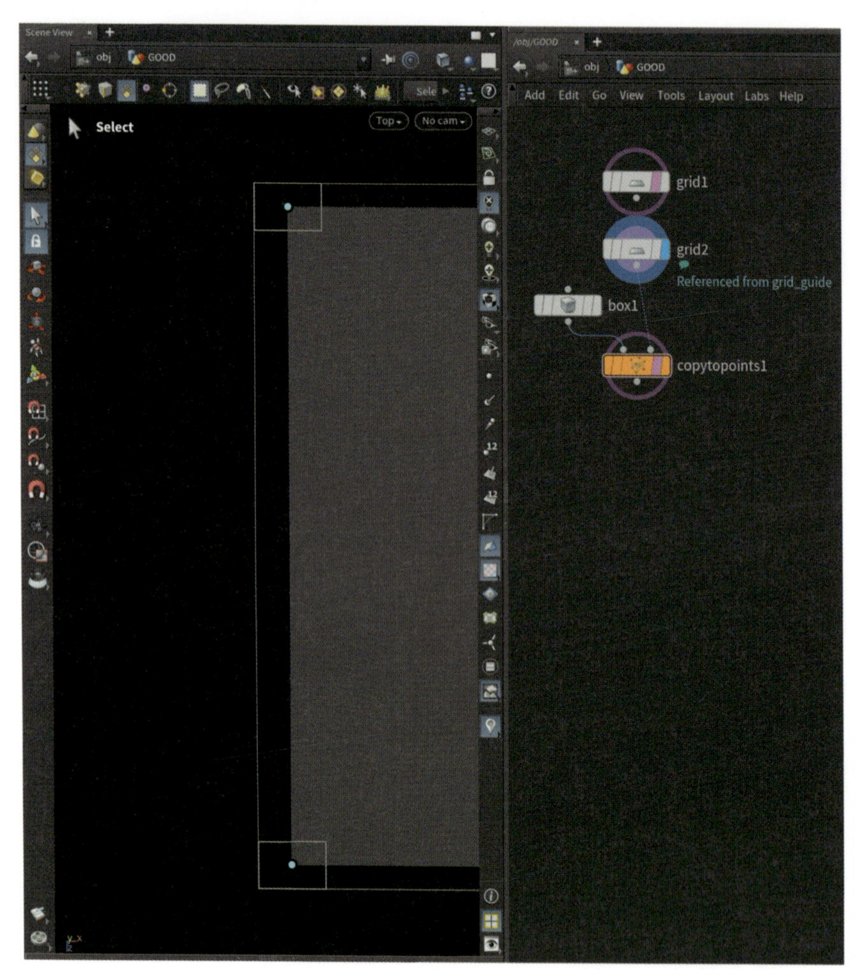

図03-020 柱の配置：良いアプローチ

コピー用のグリッドを小さくすることでコピーする位置（ポイント）自体の位置を変え、コピーしたらすでに目的を達している状態にできたら最高ですね。この方法であれば**柱ごとに移動方向を切り替えるような面倒もなさそう**です。

さて、実際にコピー用のグリッドを作成していきましょう！

1 コントロール用のGridとコピー用のグリッドを分離する

ここが本ロジックのキモになります。柱を内側に収める外枠（grid1）をCtrl+Shift+Altキー+ドラッグしてください。するとgrid1の「リファレンスコピー」が作成されます（これはノードを右クリック > Actions > Create Reference Copyと同じ処理になります）。

Altキー+ドラッグで作成されるのは普通のコピーで、それぞれのノードはまったくの別物として扱われます。これはCtrl+Cキー、Ctrl+Vキーのコピー＆ペーストと同じですね。しかし、リファレンスコピーはすべてのパラメータにchエクスプレッションが入っている状態で作成されるコピーで、grid1のパラメータとすべてが連動して動きます。

リファレンスコピーの作成
reference_copy.mp4
ノードのコピーとリファレンスコピーの比較による解説

このchエクスプレッションに変更を加えることでコピー用のグリッドを作成していきましょう。

2　コピー用グリッドのパラメータ変更する

次の表のようにエクスプレッションを書き換えます。

パラメータ	変更前	変更後
sizex	ch("../grid1/sizex")	ch("../grid1/sizex") **- ch("../box1/sizex")**
sizey	ch("../grid1/sizey")	ch("../grid1/sizey") **- ch("../box1/sizey")**

変更後のマイナスしている部分が追加したエクスプレッションです。ここはそんなに難しくなくて、柱のX軸の厚さ（ch("../box1/sizex")）と柱のY軸の厚さ（ch("../box1/sizey")）の分だけ引き算しているということです。

この「コピー用グリッド」にCopy to Pointsすることで、柱がコントロール用グリッドの枠線に収まるようになります。

この方法を用いれば、柱やコントロール用グリッドのサイズを変更してもエクスプレッションによってコピー用グリッドのサイズが追従するので常にコントロール用グリッドの内側に柱が収まるようになります。

ここでとても大切なところは、**ユーザーがコントロールするパラメータ（コントロール用グリッド）と実際にジオメトリをコピーするポイントの位置（コピー用グリッド）を分離させる仕組みを作る**ということです。

この大切さは初学者のうちはピンとこないかもしれませんが、ツール作成のときにとても重要な考え方になるので覚えておいてください。

▶良いアプローチ（別解）

一般的な手法は先程ご紹介したコピー用グリッドを作成するものになるかと思いますが、ここでは別解を用意しました。1つの課題に対して様々なアプローチを選択できることがHoudiniの良さであり、他の方法を常に模索し手札を増やしていくことが上達の近道です。

今回ご紹介する方法は少々ネットワークが大きくなりますが、頭の体操として読み進めてください。

1　単純なCopy to Pointsする

一番最初の単純にCopy to Pointsした状態に戻し、どんな解法があるかもう一度考えてみましょう。

このコピー後の柱をよく見てみると、枠線の内側に入ってしまっているオレンジ色のポイントの位置に柱をCopy to Pointsしてあげればうまくいきそうという事がわかります。

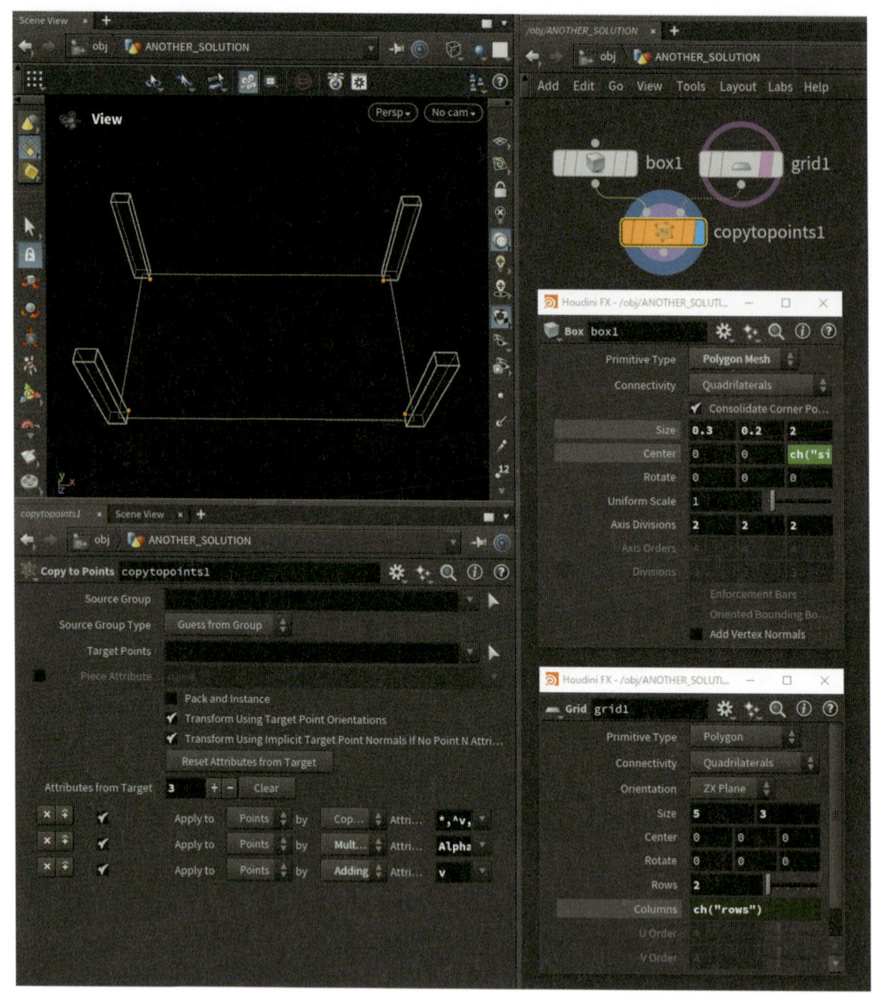

図03-021 悪いアプローチの問題点を考える

つまり、次の手順を踏めば問題が解決できるのではということです。

手順	作業
1	単純なCopy to Pointsを行い枠線からはみ出した柱を得る
2	枠線の内部に入っているポイントを指定する
3	枠線内のポイントの位置に再度柱をCopy to Pointsする

2　枠線の内部に入っているポイントを指定する

様々な方法がありますが、今回はSortSOPとGroupSOPの合せ技で達成しましょう。

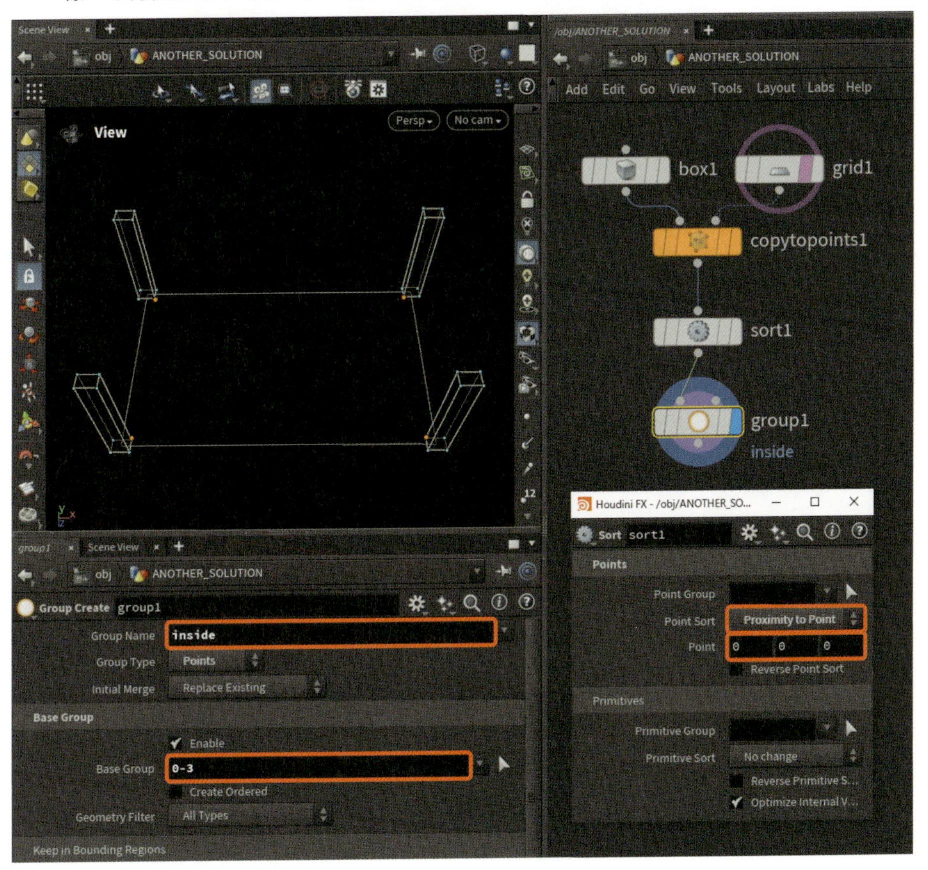

図03-022 (別解) 柱の配置：枠線の内側に入っているポイントをグループ化

ポイントナンバを変更したいので、SortSOPのパラメータ`Point Sort`を`Proximity to Point`に設定しましょう。するとその下側に`Point`というパラメータが出現しますが、ここではデフォルト値の`{0, 0, 0}`のままで使用しましょう。

`Proximity to Point`オプションは、`Point`パラメータで指定した位置と自身の位置アトリビュート`P`との距離によってポイントナンバを並び替える機能です。本例では枠線を表すグリッドの中心は原点なので、柱のポイントを原点から並び替えるとポイントナンバ`0`～`3`が枠線の内側に入っているポイントと言うことができそうです。

ここまでで下準備ができましたので、GroupSOPでグループの指定を行います。`Group Name`を`inside`とし、`Base Group`に`0-3`を設定しましょう。これは一見ポイントナンバを直接入力しているので非プロシージャルな手法に思えますが、前段階でSortSOPによるポイントナンバの並び替えを行っているのでプロシージャルになります。

3　枠線内のポイントの位置に再度柱をCopy to Pointsする

あとは普通にCopy to Pointsするだけですが、コピーするポイントを先程設定した`inside`グループに限定したいため、`Target Points`パラメータに`inside`をセットしましょう。

またしつこいようですが正しい方法にコピーするためAttribute WrangleSOPを用いて法線アトリビュート`N`を設定しています。ここはもちろんAttribute CreateSOPを用いても良いでしょう。

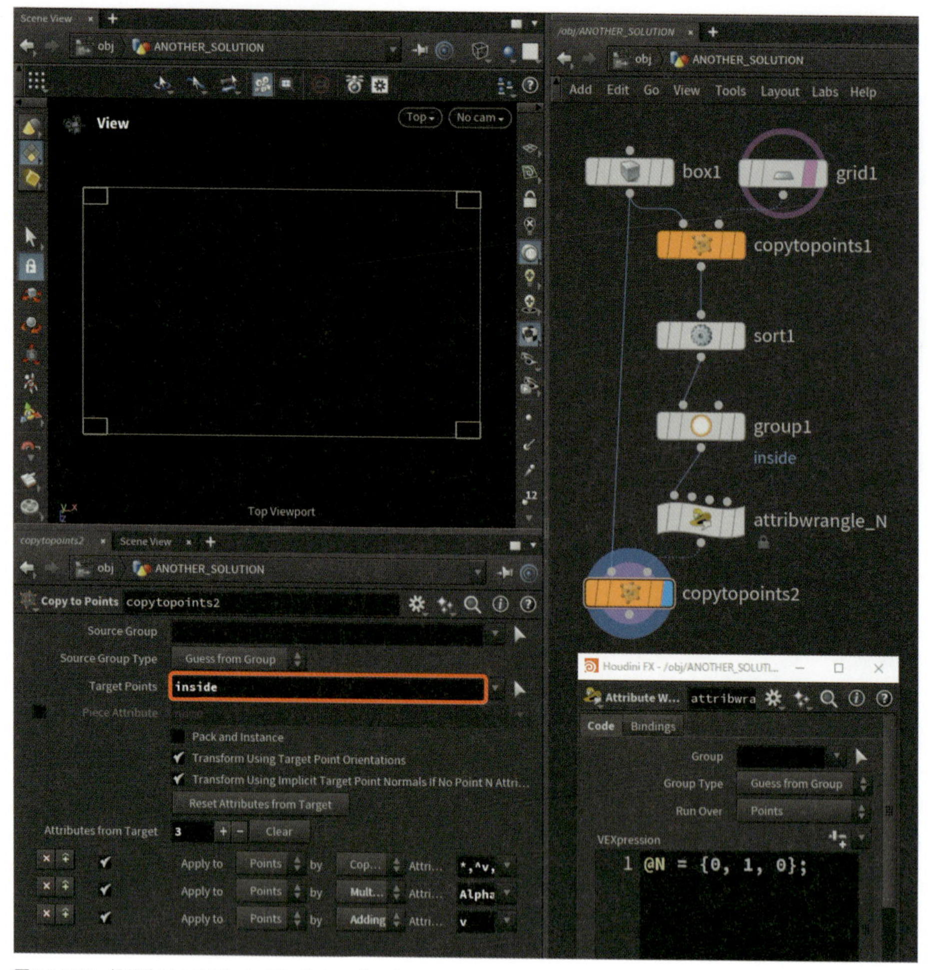

図03-023（別解）柱の配置：insideグループのポイントに柱をコピー

さて、このロジックは理解できたでしょうか？　今回の別解で最も重要な点は「最初に単純なコピーを行うが、そのジオメトリ自体は最終出力に使用しない」という部分です。

この「最初の単純なコピー」はあくまで正しいコピー用のポイントを作成するためであり、コピー用のポイントグループが作成されたらあとは用済みとなります。

最終結果には直接的に影響しないが、計算のために何らかの処理を行うというのはHoudiniを使う上で非常に多用するフローなのでぜひおさえておきましょう。

サンプルファイルにANOTHER_SOLUTION2としてもう1つの別解をご用意しました。紙面の都合で解説は割愛しますが、グループの作成方法が異なるパターンで、余裕があればこちらも参考にしてみてください。

》滑らかな曲線でメッシュをカットしてみよう

ラッソ選択でフェースを選択して削除すると、断面がガタガタになってしまいます。メッシュの解像度を上げれば滑らかに見えなくはないですが、ハイメッシュのため使いにくいですね。また手作業でジオメトリを削除していくのは破壊的な処理になってしまいますし、オペレーションミスが発生しやすくなります。

これをHoudiniらしい考え方でクリアしましょう。

今回の目標としては、任意の形状（例としてアメーバのような形を作成します）を指定した幅分削り取るシステムを作るというものになります。

サンプルファイル：smooth_cut.hip

ベースとなるメッシュの作成

まずはXY平面上にアメーバのような形状を作成します。パラメータを変更すると様々に形状が変化し、テストをしやすいサンプルにしておきます。

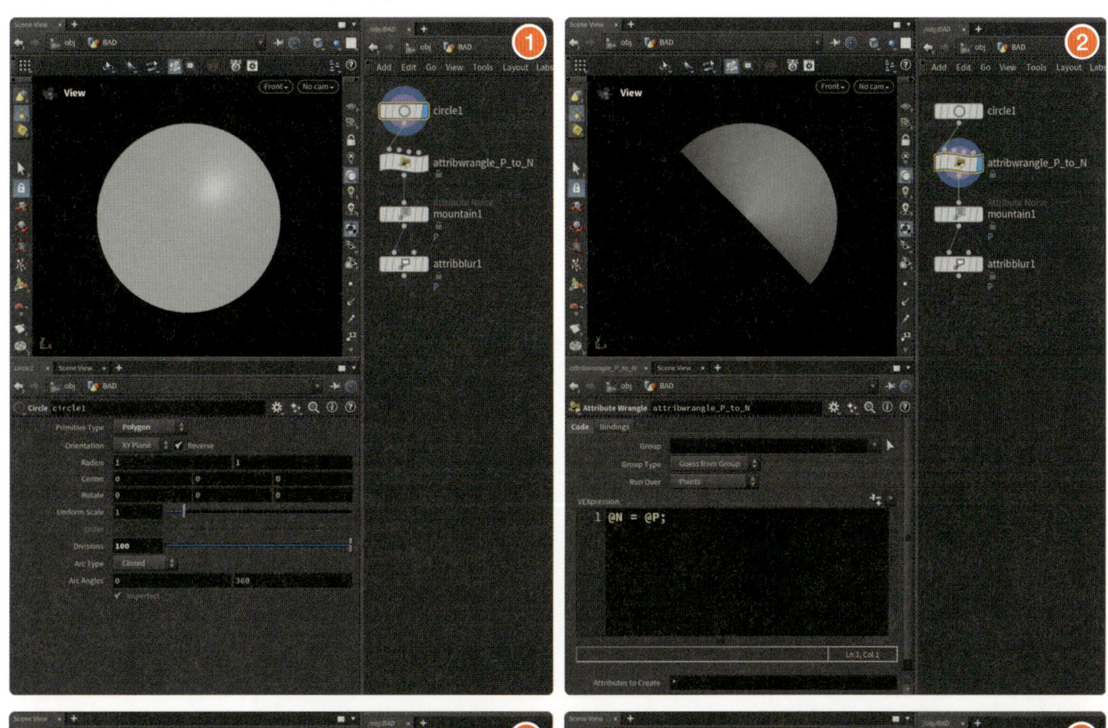

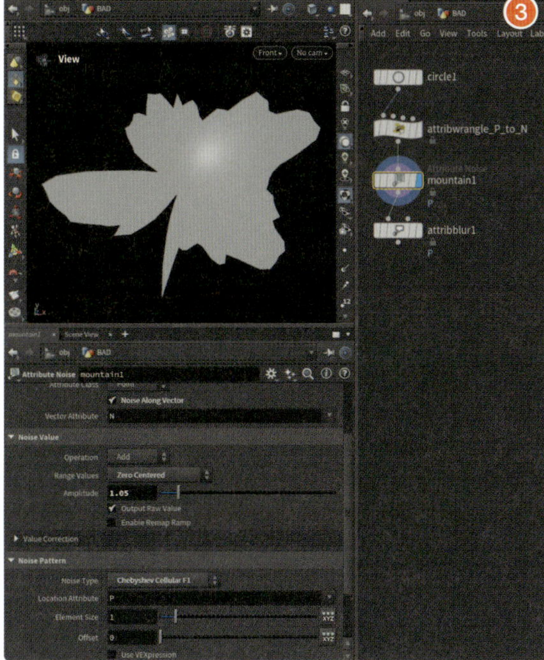

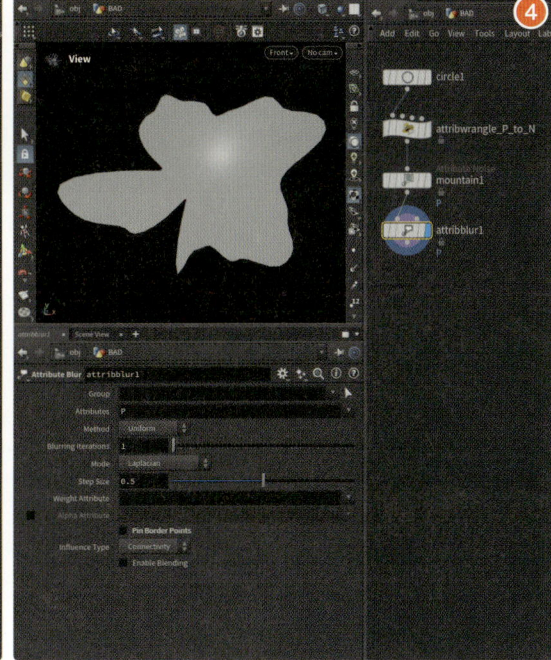

図03-024 ベースメッシュの作成手順

使うノードは4つです。簡単に見ていきましょう。

❶ CircleSOP

XY平面に円を作成し、分割数を示す`Divisions`を多めに設定しておきます。

❷ Attribute WrangleSOP

続くMountainSOPは法線方向に位置アトリビュート`P`を移動させるという特性があるため、下準備で法線ベクトル`N`アトリビュートを設定しておきます。

プログラムは簡単で、次の一行のみです。このプログラムは「位置ベクル`P`を法線ベクトル`N`に代入する」という意味を表します。

```
@N = @P;
```

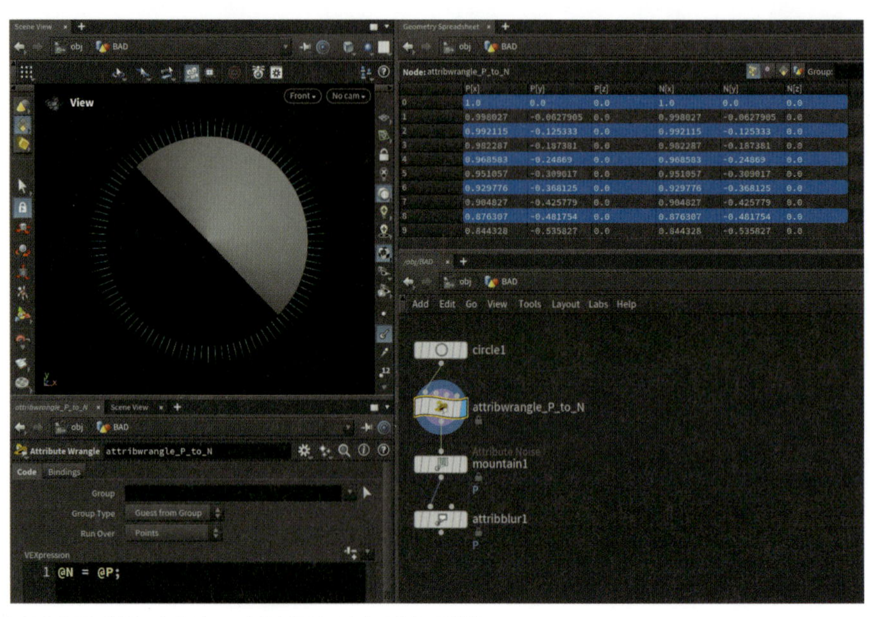

図03-025 位置アトリビュートPを法線ベクトルとして利用

`Display normals`ボタンをオンにするとわかりやすいのですが、ポイント自身の位置ベクトルを法線ベクトルにセットするので、原点ゼロから放射状の法線を得ることができます。円のジオメトリはXY平面上にあるので、法線ベクトルもZ成分がゼロになり、MountainSOPを掛けてもZ方向には移動しないということになります。

この考え方は慣れるまで難しいですが、既存のアトリビュートを利用して作業を進めるHoudiniらしい手法と言えます。

❸ MountainSOP

パラメータを変更して好きな形状を作ってください。

❹ Attribute BlurSOP

Attribute BlurSOPは、始めて登場するノードですが、難しく考える必要はありません。その名のとおり、指定したアトリビュートにブラーをかけ、滑らかにするノードとなります。今回は位置アトリビュート`P`を指定しているため、形状が滑らかになっています。またここではデフォルトでオンになっているPin Border Pointsパラメータをオフにしています。このチェックが付いていると非共有エッジ（端っこのエッジ）にブラーがかからなくなってしまうためです。

ここまでで元の形状が完成しました。このアメーバのようなジオメトリの外周を任意の距離削り取って一回り小さいメッシュを作成してみましょう。

▶悪いアプローチ

悪いアプローチと言っても、最後のDeleteSOPが悪手なだけでその手前までは同じやり方を採用しています。DivideSOP、GroupSOP、Distance along GeometrySOPで何をやっているか確認した後、DeleteSOPで行っていることとその問題点を見ていきましょう。

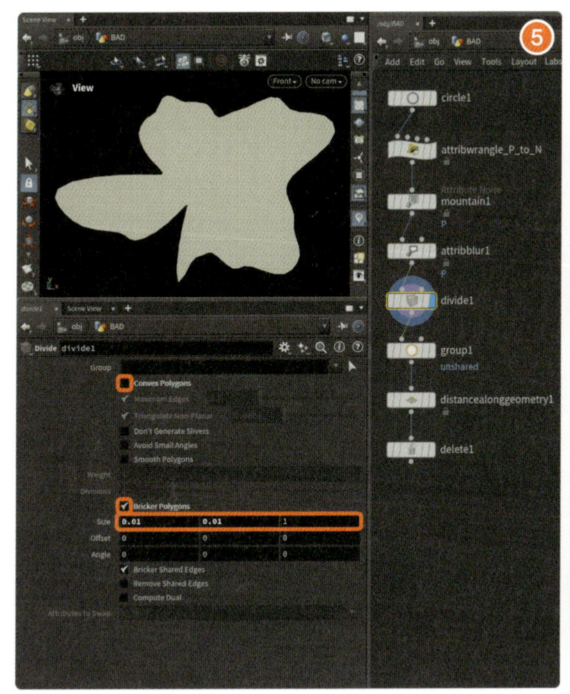

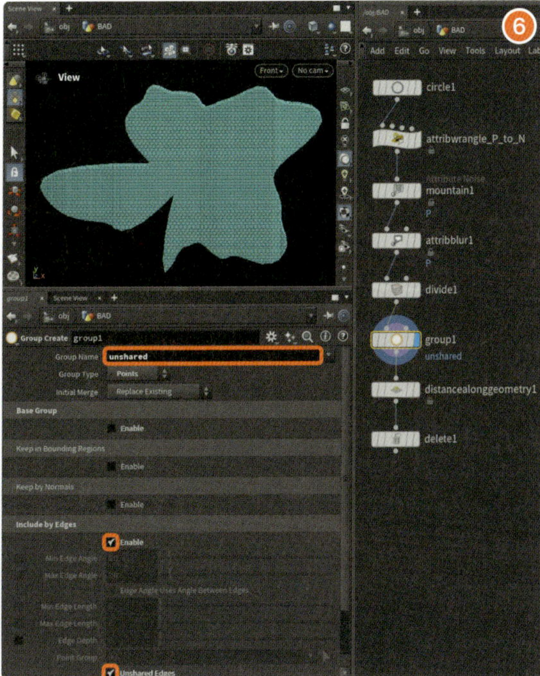

図03-026 DivideSOPとGroupSOPのパラメータ

5 DivideSOP

DivideSOPには大きく分けて3つの機能があります。

・凸多角形化（多くの場合三角ポリゴン化に使われます）

・空間ベースでメッシュを分割

・共有エッジの削除

ここでは空間ベースでメッシュを分割します。Bricker Polygonsパラメータにチェックを入れ、Sizeパラメータを{0.01, 0.01, 1}に設定、XY平面を細かく分割しました。この下準備は後のDistance along GeometrySOPで効いてきます。

6 GroupSOP

Include by Edgesオプションを使用します。Unshared Edgesにチェックを入れることで端っこのエッジを指定し、グループ名をunsharedとしましょう。

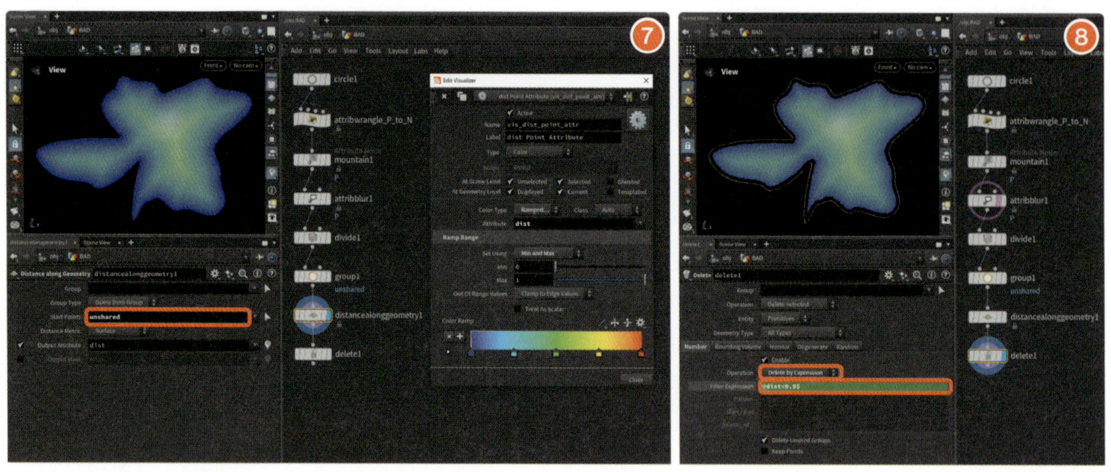

図03-027 外周からの距離を算出し、任意の値より小さかったらポイントを削除

⑦ Distance along GeometrySOP

このノードはジオメトリに沿って距離を測ってくれるノードです。今回の目的は「アメーバのようなジオメトリの外周を任意の距離削り取って一回り小さいメッシュを作成する」ことでしたね。これを実現するために、このノードを使って外周のポイント(先程設定したunsharedグループです)からの距離を算出し、distアトリビュートにその値を保持します。前の工程でDivideSOPを用いてメッシュを細かく分割したのは、distアトリビュートをなだらかに取得するためです。

パラメータを見てみましょう。Start Pointsに計測するスタート地点を指定するのでunsharedグループをセットします。Output Attributeはデフォルトでdistになっているためこのままで良さそうです。

ビューポートではVisualizationをオンにしてdistアトリビュートを可視化しています。外周は濃い青でゼロから始まり、中心部に行くにつれ黄色くなっていますね。これは外周からの距離が遠くなっている(distアトリビュートが大きくなっている)ことを示しています。

このdistアトリビュートを利用すれば目的が達成できそうです。

⑧ DeleteSOP

先程説明したとおり、ここがあまり良くない方法になります。設定したパラメータは次の表のとおりです。

パラメータ	値
Entity	Points
Operation	Delete by Expression
Filter Expression	@dist<0.05

やっていることは難しくなく、削除する対象をPointに、削除方法にエクスプレッションを使用する設定に、そしてそのエクスプレッションを次のように指定しているというものです。

```
@dist<0.05
```

エクスプレッション自体も簡単で、distアトリビュートが0.05より小さい部分を削除するというものです。この処理を行えば外周から距離0.05つまり5cmより小さいポイントを削除するので意図した結果になりそうです。

しかしビューポートを見ていただければ分かるとおり、メッシュがガタガタになってしまうという欠点があります。これはポイントを削除する以上避けられない問題です。

そこで、もっと滑らかに切り取る方法を考えたのが次のアプローチになります。

良いアプローチ

ここでは以前ご紹介したRest PositionSOPを利用した「変形を元に戻す」手法を応用しています。前項目で解説したDistance along GeometrySOPの続きから解説していきましょう。

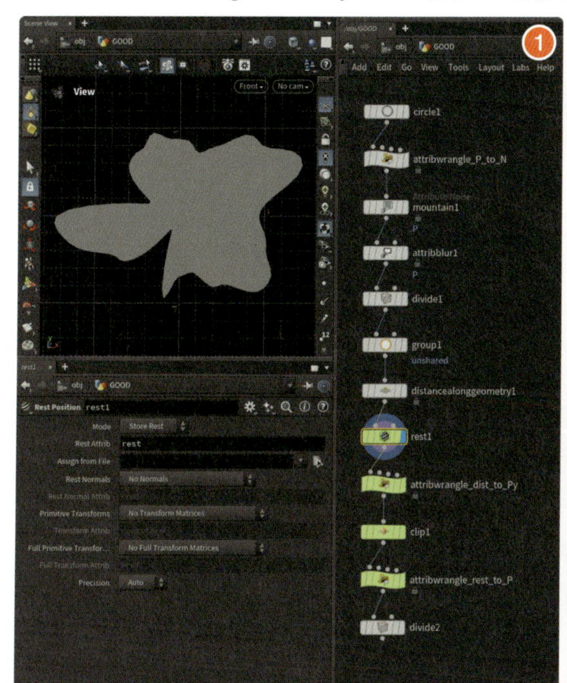

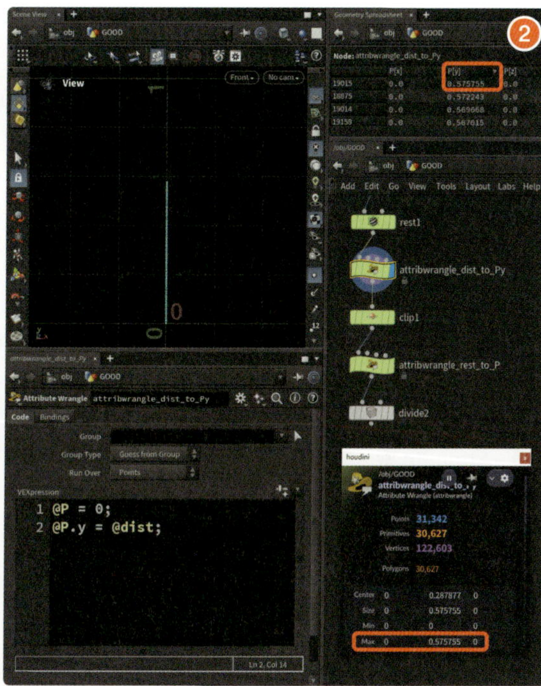

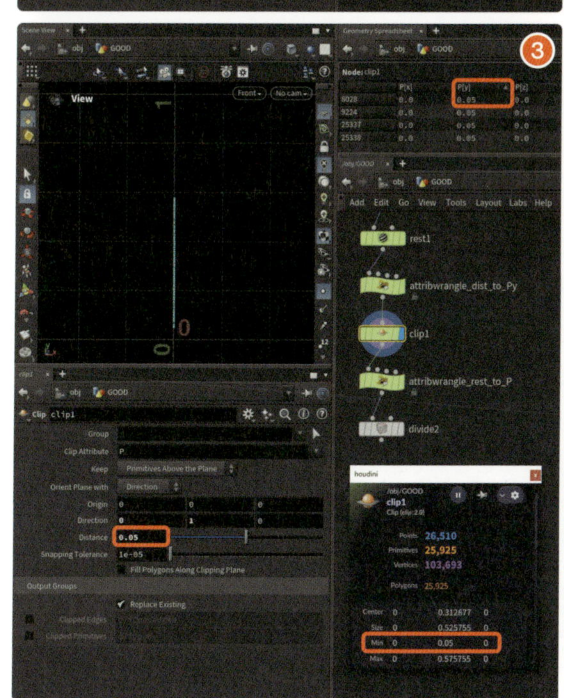

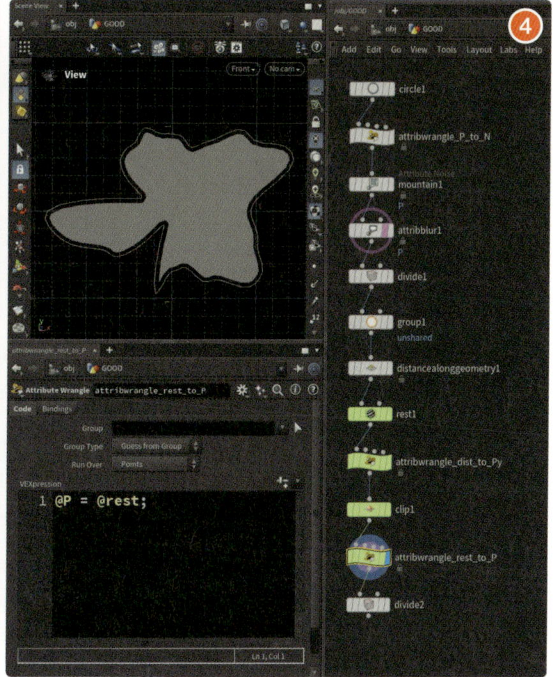

図03-028 滑らかな曲線でメッシュをカットする：良いアプローチ

❶ Rest PositionSOP

位置アトリビュートPをrestアトリビュートとして保持しておきます。パラメータはデフォルトから変更していません。

❷ Attribute WrangleSOP

続けてAttribute Wrangleで次のようなプログラムを記載します。1行目でまずポイントの位置を原点に集め、2行目でY座標をdistアトリビュートに置き換えます。このプログラムによってジオメトリの形状は原点からY軸方向に伸びるラインになります。

このラインの長さはdistアトリビュートの最大値となるのがわかりますでしょうか。

```
@P = 0;
@P.y = @dist;
```

❸ ClipSOP

Distanceパラメータに0.05をセットします。これが前項目で解説したDeleteSOPの@dist<0.05というエクスプレッションに相当します。

❹ Attribute WrangleSOP

次のようなプログラムを記述することによってポイントの位置を元に戻します。しかしClipSOPでカットされたポイントはいなくなるので、目標どおり一回り小さいメッシュを作成するを作ることができました。

```
@P = @rest;
```

❺ DivideSOP

最後にDivideSOPのRemove Shared Edgesオプションをオンにすることで内側の不要なエッジを削除して完成です(すでに解説済みのノードのため図では割愛しています)。

この手法は少々頭を使いますが、**ClipSOPは元のジオメトリとは無関係にきれいに切り取ってくれる**という特徴を利用したロジックになります。

以前ご紹介したRest Positionを使った「元の形状に戻す」テクニックをイディオムで「覚えて」しまっていると応用が効かなくなるので、よく使うネットワークもノードの意味を理解して使うようにしましょう。

▶ 良いアプローチ(別解)

最後にPolyExpand2DSOPを利用した方法を解説します。

実はこのノード一発で平面メッシュのオフセットを表現することができます。しかも内側に削ることも外側に太らすことも可能です。このように目的に沿った直接的なノードを知ることももちろん大切ですが、手持ちの知識でネットワークを組み上げ、課題を解決する訓練もとても大切です。

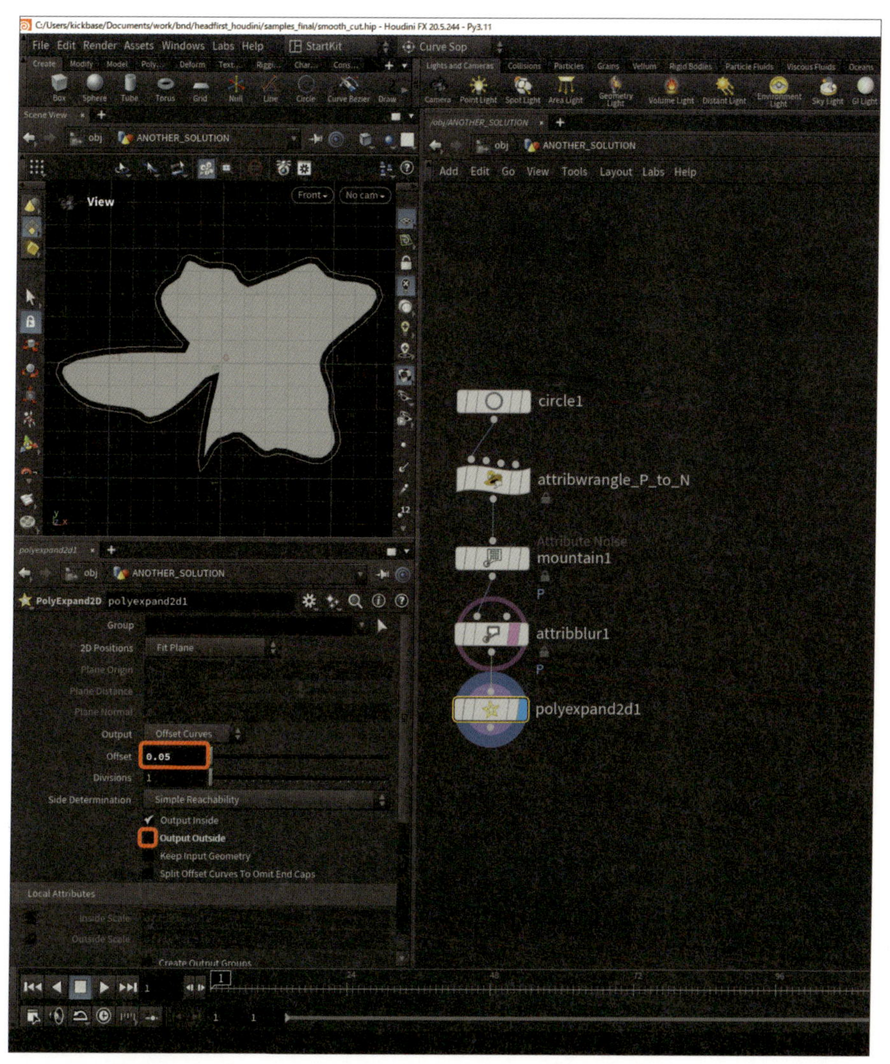

図03-029（別解）滑らかな曲線でメッシュをカットする

これは別解のためPolyExpand2DSOPについての詳しい解説は行いませんので、詳しいパラメータに関してはドキュメントを見て学んでください。

》モーフテキストアニメーションを作ってみよう

今回は良いアプローチと悪いアプローチの比較ではなく、シンプルな実装からより複雑なコントロールを可能にするネットワークへ段階的に改造していく流れをご紹介します。

業務でも一気に複雑な仕組みを作るのではなく、大きな目標（ここではモーフィング）を達成してからより高機能に作り変えるという手法は多く使います。あとから機能を追加できるというのもHoudiniの強力なメリットの1つです。

サンプルファイルを手元に読み進めてください。

サンプルファイル：`text_morph.hip`

▶最もシンプルな実装（SIMPLE）

ネットワークの仕組みを解説する前に、まずは動作を確認してみましょう。再生ヘッドを左右にドラッグすると、48フレームから120フレームにかけてLoveという文字からHoudiniという文字にパーティクル（点群）がモーフィングします。アニメーションとしてはシンプルですが、気をつけるところがいくつかあるので上からノードを見ていきましょう。

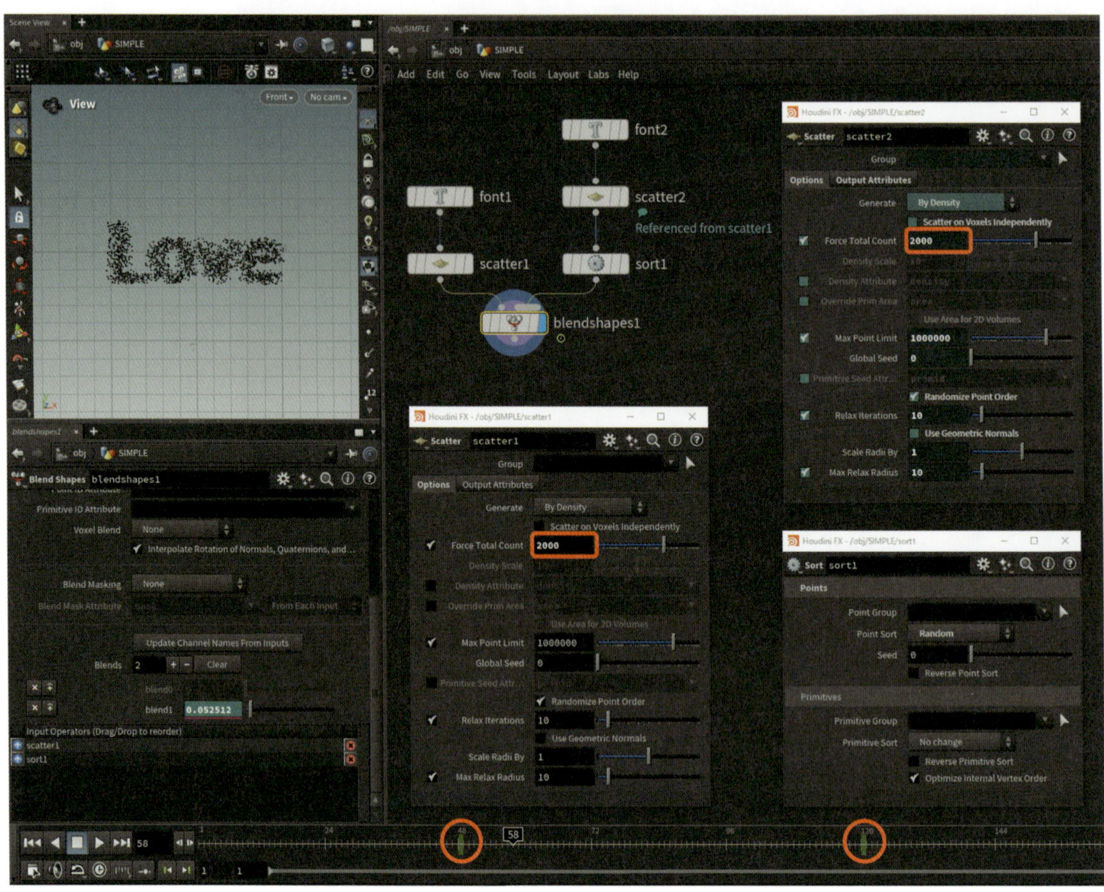

図03-030　モーフテキストアニメーション：Blend ShapesSOPの利用

1　FontSOP（font1）

文字のジオメトリを作成します。このノードにはいくつか便利な機能がありますが、ここでは最も簡単にTextパラメータにLoveと入力しましょう。

2　ScatterSOP（scatter1）

ScatterSOPはもう慣れていますね。ここではForce Total Countに2000という値をセットしていますが、これはポイント数を多くしたほうが見栄えが良かったので値を増やしただけで、デフォルトの1000でもまったく問題はありません。また他のパラメータも変更なしです。

3　FontSOP（font2）

こちらが変更後のテキストを表すのでTextパラメータにHoudiniと入力しましょう。

4　ScatterSOP（scatter2）

ここが重要なポイントの1つです。前項目で解説した手法ですが、scatter1ノードを［Ctrl］+［Shift］+［Alt］キー

＋ドラッグして「リファレンスコピー」を作成します。

なぜここでリファレンスコピーを作ったかというと、本モーフアニメーションを実行するのはBlend ShapesSOPを用いるのですが、ポイントナンバをキーに位置アトリビュートPを決めるため、ポイントの総数がLoveとHoudiniで同じである必要があるためです。scatter1のパラメータを変更してもscatter2も追従してほしかったのでリファレンスコピーを使用したということですね。

普通にScatterSOPをTabメニューで新しく作ると、scatter1のForce Total Countを変えたら、その都度scatter2でも同じ値を手打ちしなければいけないので、それを省略するためという意味です

5 SortSOP (sort1)

本ノードではポイントナンバをランダムに変更しています。このノードの役割を理解するにはsort1ノードをバイパスして再生してみるとわかりやすいです。モーフィングがボソボソとした塊になってしまいますね。ここはよりきれいなアニメーションにさせるための工夫なので、難しければバイパスのままでも学習は進めることが可能です。

6 Blend ShapesSOP (blendshapes1)

Blend Shapesの説明は以前解説したので割愛しますが、キーフレームの打ち方については初めてですので簡単に解説します。

①パラメータのアニメーション開始位置に再生ヘッドを移動します（今回は48フレーム）。

②変更したいパラメータblend1を任意の値にセットします。今回はアニメーション開始位置ではまったくブレンドされていないので0をセットします。

③キーフレームを打ちたいパラメータ、ここではblend1のラベルまたはチャンネルをAltキー＋クリックするとキーフレームが打たれます。

④次にアニメーション終了位置に再生ヘッドを移動します（今回は120フレーム）。

⑤変更したいパラメータblend1を任意の値にセットします。アニメーション終了位置ではブレンドが完了されていいるので1をセットします。

⑥再度blend1をAltキー＋クリックするとキーフレームが打たれます。
これでキーフレームを打つことができました。慣れないうちは少々ややこしいオペレーションに思えるかもしれませんので、次の動画をご参考にしてください。

キーフレームの設定
keyframe.mp4
キーフレームアニメーションの設定方法の解説

さて、ここまでは大丈夫でしょうか？　2つのScatterSOPを必ず同じパラメータにする、というリファレンスコピーを使う以外は難しいところはなかったかと思います。ここから先の作業はBlend ShapesSOPを置き換えながら、追加機能を実装していきます。

今の実装では48フレームですべてのポイントが移動開始し、120フレームですべてのポイントが停止します。これはあまり自然なアニメーションとは言えません。

具体的にやりたいことは**モーフィングの完了タイミングをポイントごとにずらしたい**というオーダーになります。

さあ、次から段階的に処理を変更していきましょう。

Attribute Wrangleによる実装（USE_VEX_CH）

Blend ShapesSOPをAttribute WrangleSOPで置き換えました。

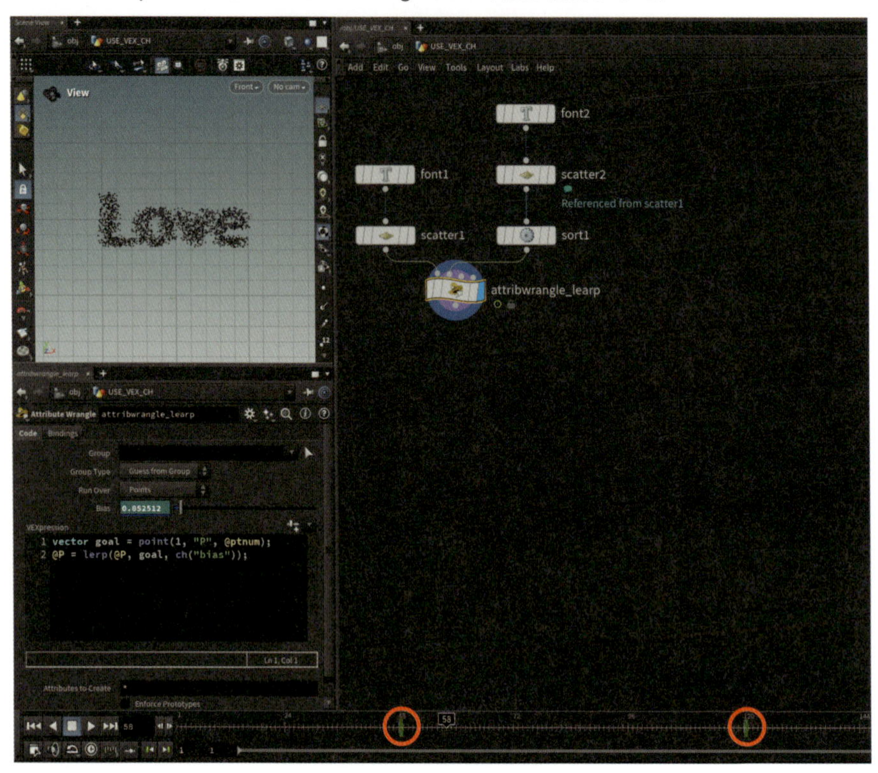

図03-031　Blend ShapesSOPをAttribute WrangleSOPで置き換え

プログラムも以前解説したものとほとんど同じなので割愛します。またbiasチャンネルのキーフレームも先ほど解説した方法でセットすることができます。

```
vector goal = point(1, "P", @ptnum);
@P = lerp(@P, goal, ch("bias"));
```

再生ヘッドを移動させてみればわかりますが、まだアニメーションはまったく変わっていません。ではなぜAttribute WrangleSOPで書き換えたのでしょうか。それはVEXを用いることでより柔軟な処理が行えるようになるからです。

まずは追加機能の下準備が完成したという段階ですね。

▶アトリビュートの利用（USE_VEX_ATTRIBUTES）

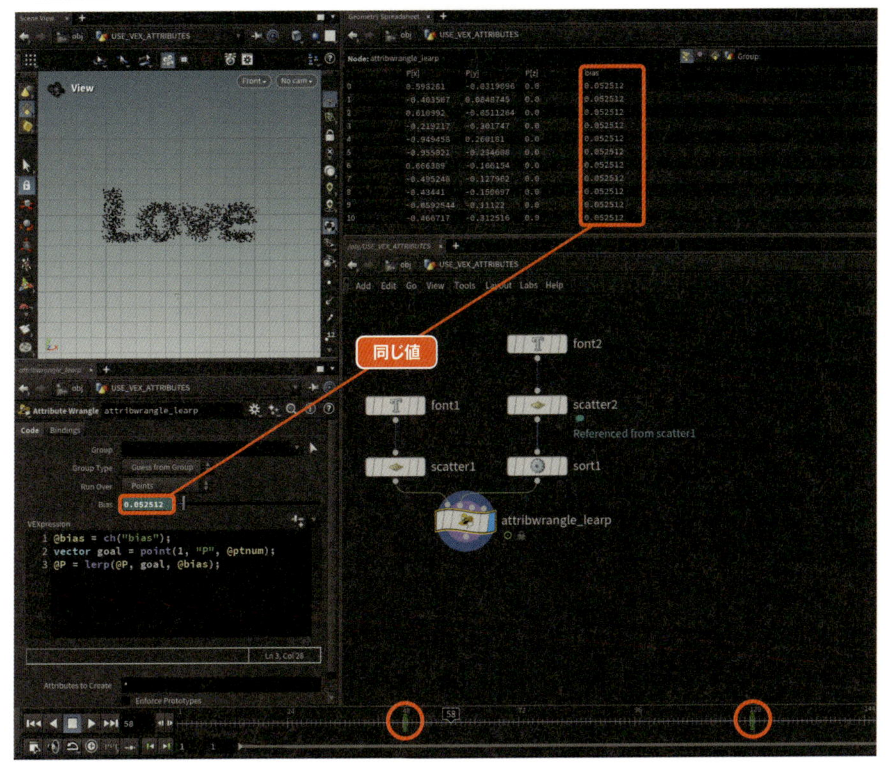

図03-032 biasチャンネルと同じ値のポイントアトリビュート、biasを作成

```
@bias = ch("bias");
vector goal = point(1, "P", @ptnum);
@P = lerp(@P, goal, @bias);
```

さて、プログラムを見てみると少し変更が加わりました。1行目にポイントアトリビュートbiasを作成し、それにチャンネルエクスプレッションとしてbiasパラメータの値を代入しています。

そして3行目のlerp関数の第3引数を@biasに変更しました。再生ヘッドを動かすとわかりますが、この変更を加えてもアニメーションはまったく変わりません。ではなぜわざわざbiasアトリビュートを作ったのか。というところが非常に重要になってきます。

ジオメトリスプレッドシートを見てみると、当然ながらすべてのbiasアトリビュートとbiasチャンネルの値が同じになっています。

しかし、**このbiasアトリビュートをポイントごとにズラすことができれば望むアニメーションが実現できそう**ですね！

最後の項目でその実装を行います。

▶アニメーションの完成(USE_VEX_RANDOM_OFFSET)

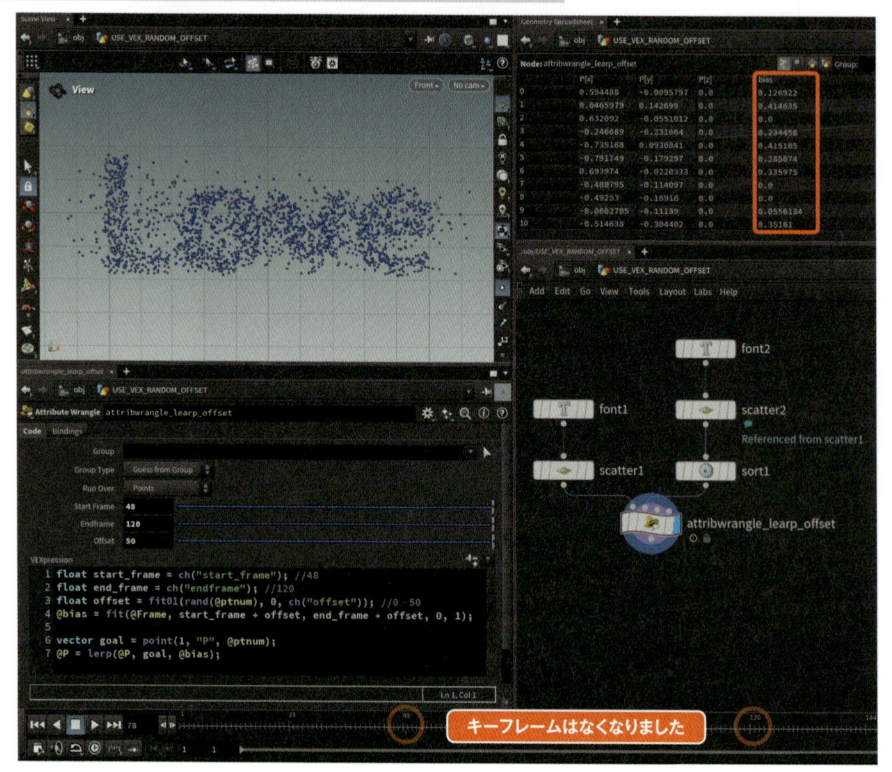

図03-033 モーフタイミングのランダマイズ

今回は今までと追加するチャンネルが異なるのでAttribute WrangleSOPを作り直すとわかりやすいかと思います。

```
float start_frame = ch("start_frame"); //48
float end_frame = ch("endframe"); //120
float offset = fit01(rand(@ptnum), 0, ch("offset")); //0～50
@bias = fit(@Frame, start_frame + offset, end_frame + offset, 0, 1);

vector goal = point(1, "P", @ptnum);
@P = lerp(@P, goal, @bias);
```

少しプログラムが長くなってきましたが、決して難しくはありませんので順に見ていきましょう。これが理解できればタイムラインで大枠のアニメーションを指定しながら、それぞれのポイントがランダムにズレながら0-1の値をとるという機能を実装することができます。

これはHoudiniをアニメーション用途で使う方にはぜひマスターしておいて欲しい手法となります。

まず1、2行は簡単ですね。アニメーションのアニメーション開始フレームと終了フレームを変数start_frameとend_frameに代入しています。

3行目のプログラムはフレームのズレ幅を作っています。rand(@ptnum)は0-1の値を取るランダム値を返すので、この値をリマップするにはfit01関数を使用することができますね。fit01関数の第2引数を0に、第3引数にch("offset")を与えることで0から50までのランダムなズレ幅を作ることができます*1。

*1 offsetパラメータに50という数値を入れているので、0から50までのデータになります。

このプログラムで最も難しいのが4行目です。気合を入れて見ていきましょう。

左辺は簡単ですね。biasアトリビュートを定義しています。続いて右辺ですが、大枠としてfit関数を利用しています。この関数を復習すると、次の引数をとる関数でした。

```
fit(データ, 元の最小値, 元の最大値, 変換後の最小値, 変換後の最大値)
```

今回のプログラムを表にまとめると次のとおりです。

引数	値	説明
1	@Frame	VEX上で現在のフレームをfloat値で使用するときの書き方です
2	start_frame + offset	アニメーション開始フレームにズレ幅を足したものです
3	end_frame + offset	アニメーション終了フレームにズレ幅を足したものです
4	0	変換後のbiasアトリビュートの最小値
5	1	変換後のbiasアトリビュートの最大値

表にしてもややこしいですね。こんな時は具体的に考えるとわかりやすいです。例えば1つのポイントに注目した際、offsetが26だったとします。そうすると先程のプログラムはこのようになります。

```
fit(@Frame, 74, 146, 0, 1)
```

このプログラムがアニメーション再生時にどんな計算結果になるかを考えてみると次のようになります。

現在のフレーム	計算結果
1～74	0
92	0.25
110	0.5
128	0.75
146～	1

74フレームより現在フレームが小さいときはずっと最小値の0、74～146のフレームで0～1に変化、それ以上のフレームでは最大値の1で打ち止めになります。

実際にはポイントナンバごとにoffsetが変わるので、ポイントごとに0～1に変化するタイミングがズレるということになります。

図03-033のジオメトリスプレッドシートを見てみてもわかるように、biasアトリビュートがズレているのがわかりますね。

少々難しかったと思いますが、簡単に振り返ってみましょう。

1 Blend ShapesSOPでは自由度が低いのでAttribute WrangleSOPで置き換える

2 lerp関数の第3引数である割合をパラメータからポイントアトリビュートに置き換える

重要な考え方なので、何度も練習して自分のものとしてください。

》任意の点からラインを引いてみよう

今回はアプローチの良し悪しではなく、複数のアプローチで目標のジオメトリを作成する例をご紹介します。どちらも最終的な形状は同じになりますが、途中の考え方が違うので派生する表現を考えたときに差が出てきます。

どちらも今まで習ったことの応用ですので、しっかりと理解して使えるようにしましょう。

サンプルファイル：connect_lines.hip

ForLoop

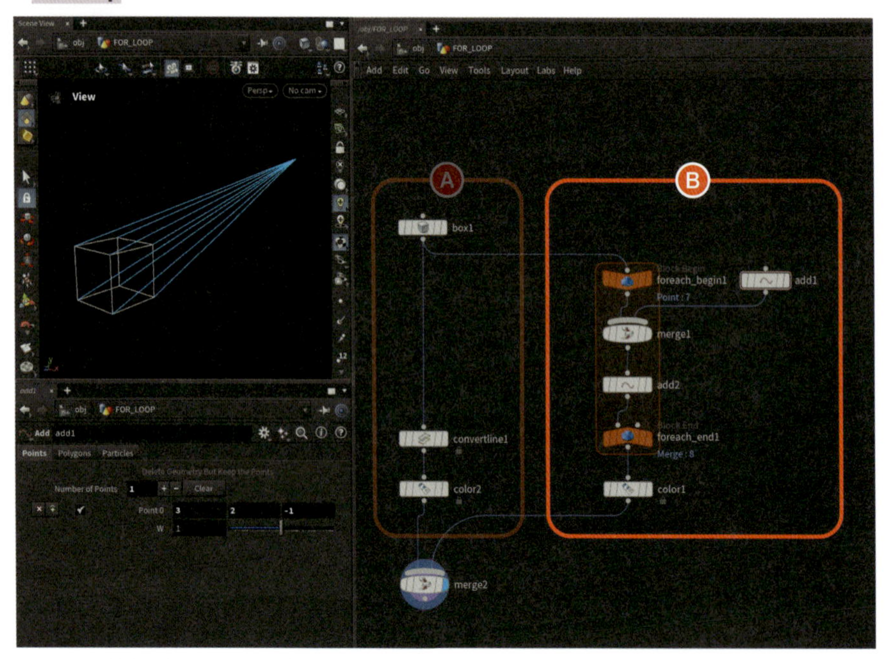

図03-034 任意の点からラインを引く：ループの利用

ネットワークは上の図のとおりです。左側のストリームA、Box > Convert Line > Colorは特別なことはしていないので説明は割愛します。

ここで重要なのがBのループを用いた仕組みです。ノードの作成順に解説していきましょう。

1 For-Each Point

TABメニューでFor-Each Pointを実行するとBlock BeginノードとBlock Endノードが生成されます。このループでは入力されたBoxのポイント1つひとつに対して個別に処理をして、最後にそれぞれをマージするというものでした。

2　AddSOP

ここで任意のポイントを1つ作ります。お好きな位置で良いのですが、今回は`{3, 2, -1}`に生成しました。

3　MergeSOP

Boxのポイント1つと先ほどAddSOPで作成したポイントをマージします。ここでポイントが2つになったわけです。

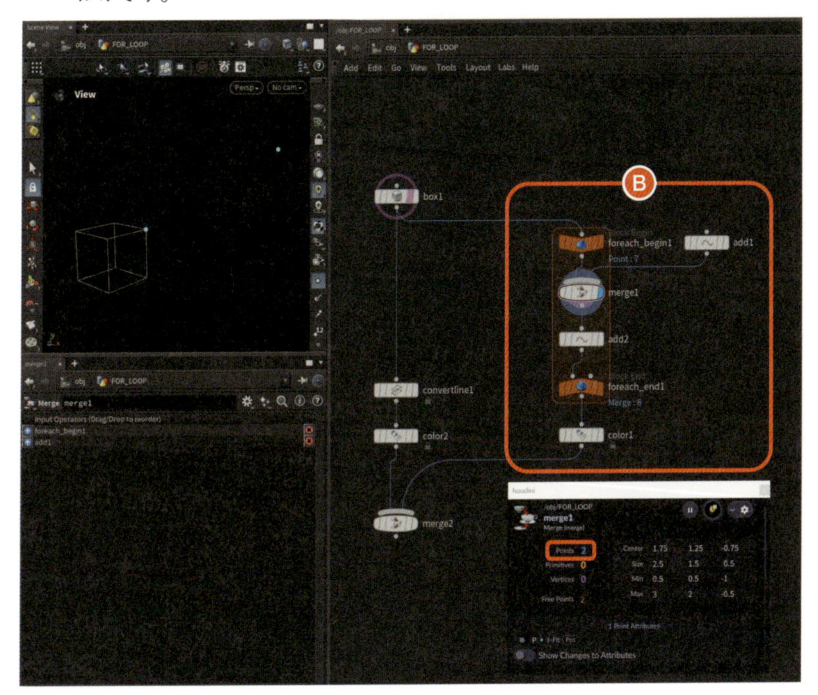

図03-035　For-Each Point内で2つのポイントをマージ

4　AddSOP

AddSOPには色々な機能があり、ここでは先程の「ポイントを作る」機能ではなくポリラインを作る機能を使用しています。パラメータは`Polygons`タブの`By Group`を指定、`Add`には`All Points`をセットします。

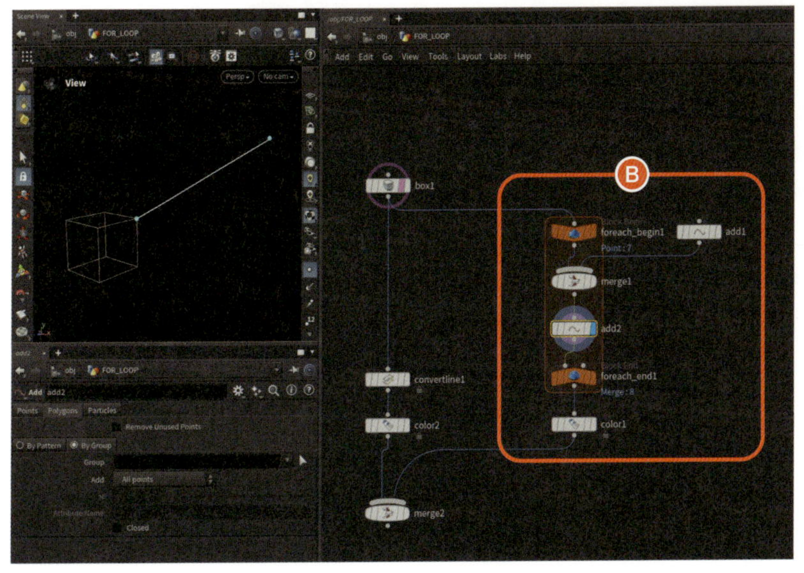

図03-036　AddSOP：2つのポイントをポリラインとして接続

最後にBlock Endノードにディスプレイフラグを立てると、すべてのループが処理されポリラインがBoxのポイントの個数分作られます。

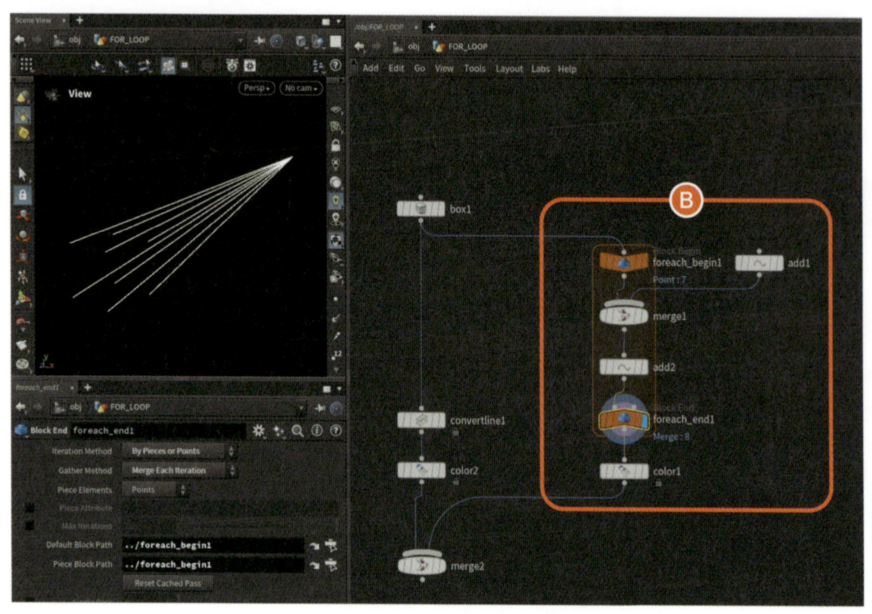

図03-037 ループ処理の完了

ループ処理は慣れないうちは複雑に見えますが、順を追ってネットワークを読んでいけばけっして理解できないものではありません。復習を重ねて様々なループ処理を行えるようにしましょう。

Copy to Points

続いてCopy to Pointsを利用する方法を見ていきましょう。Copy to Pointsの作例は今まで数多くご紹介してきましたが、今回はもう少し踏み込んだコントロールを行っています。

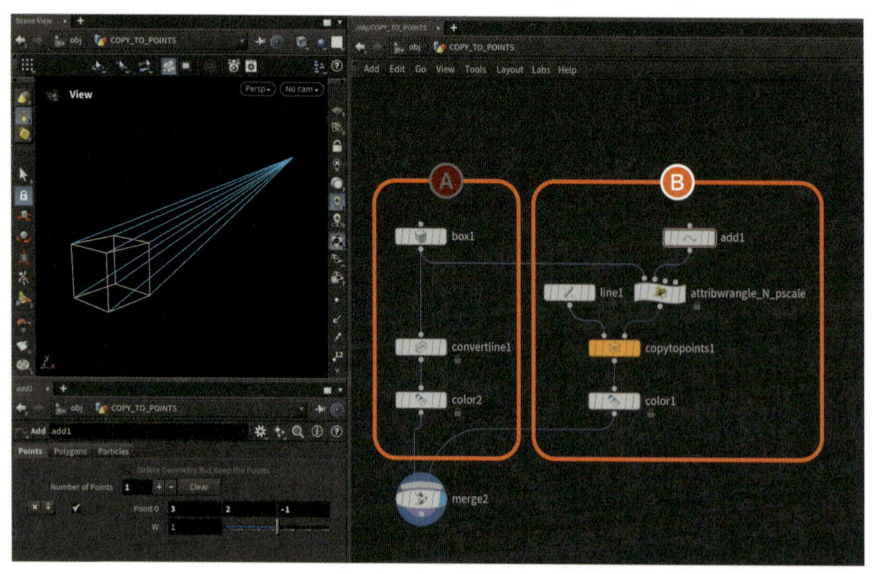

図03-038 任意の点からラインを引く：Copy to Pointsの利用

本ネットワークでも左のストリームの説明は割愛します。

1 AddSOP

任意のポイントを1つ作ります。位置も同様{3, 2, -1}に生成しました。

2 Attribute WrangleSOP

Attribute WrangleSOPを作成し、BoxSOPを第1入力、AddSOPを第2入力に挿します。そしてプログラムを次のように実装しましょう。

```
vector pos = point(1, "P", 0);
@N = pos - @P;
@pscale = distance(pos, @P);
```

1、2行目は今までも登場しました。法線ベクトルNを第2入力の位置であるposを向かせるというプログラムになります。これはDisplay normalsボタンを押してみるとわかりやすいでしょう。

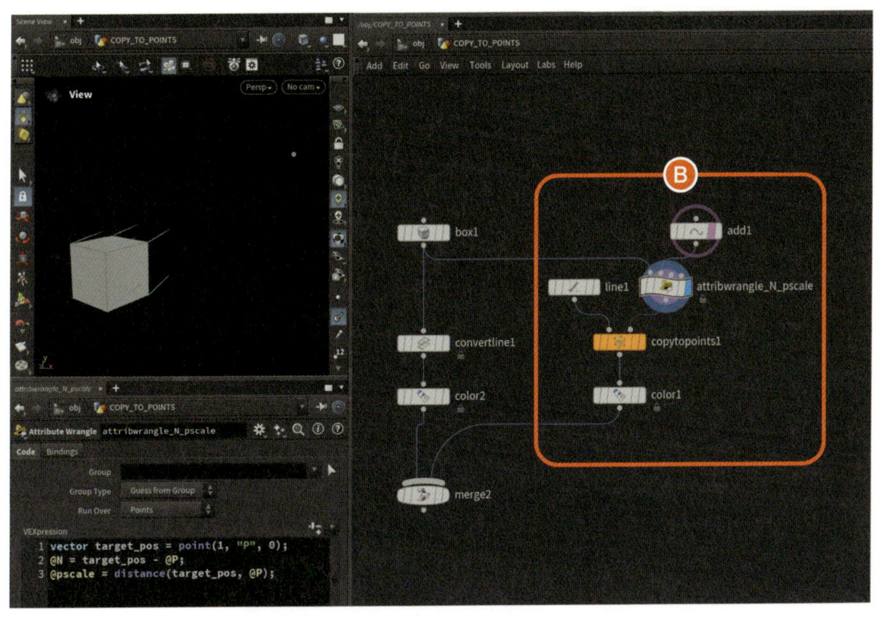

図03-039 法線ベクトルNのビジュアライズ

ここで、あえて3行目をコメントアウトしてCopy to Pointsを実行してみるとこのプログラムの意味がわかりやすいです。

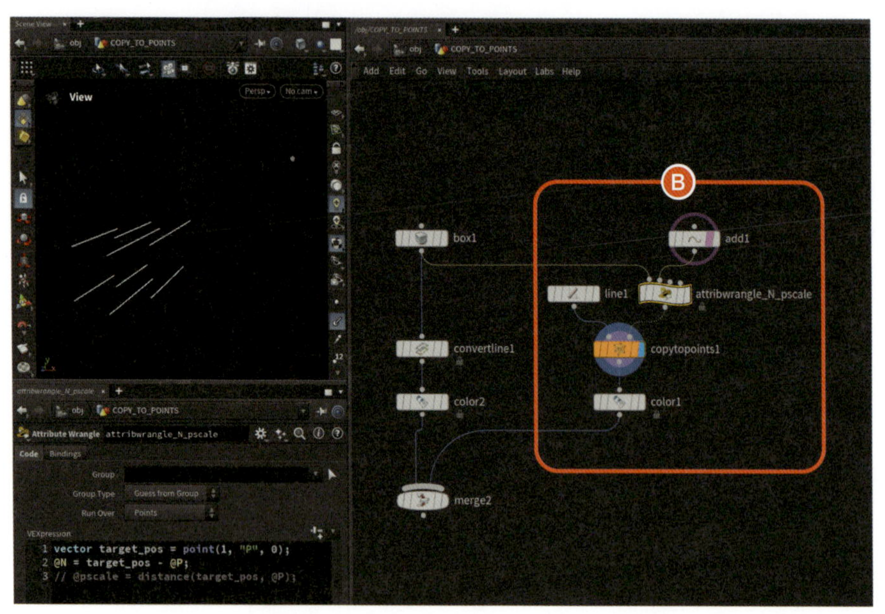

図03-040 3行目をコメントアウトしてコピーを実行したところ

ポイントアトリビュートNを設定したのでラインが正しい方向を向いてコピーされていますが、長さが足りません。そこを設定していたのが3行目のプログラムということになります。もう一度プログラムを見てみましょう。

```
@pscale = distance(pos, @P);
```

distance関数は引数に2つのベクトルをとり、その名のとおりその2つのベクトルの距離を計算してくれます。それをpscaleに代入することで、距離の分だけラインの長さが調整されるという仕組みになっているわけです。

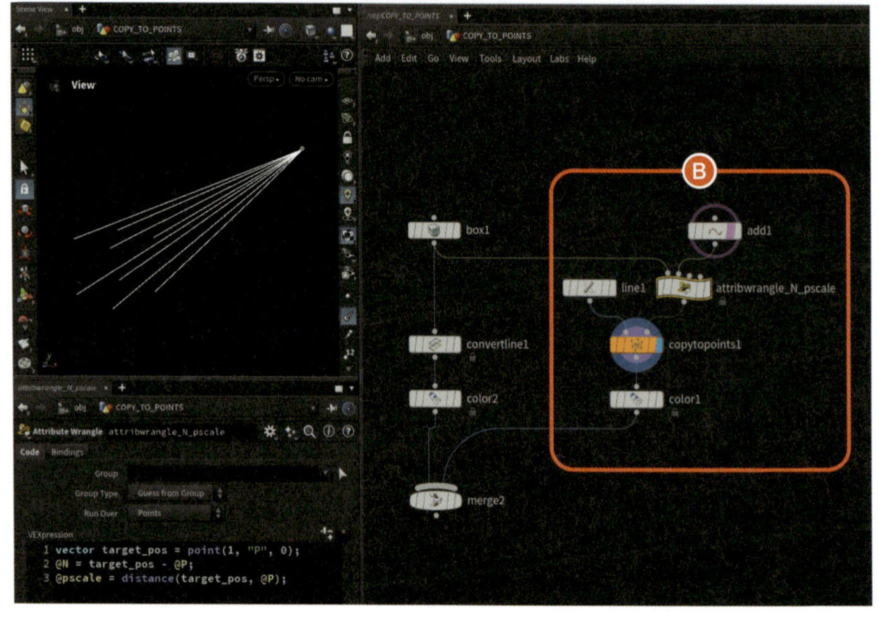

図03-041 pscaleアトリビュートを利用しラインの長さを調整

Copy to Pointsを紹介したときに、様々なケースで有用な機能であることをお伝えしましたが、アトリビュートをうまくコントロールすることで柔軟な結果を得ることができます。ぜひこの仕組みも理解してください。

応用

これまでご紹介した「任意の点からラインを引く」という機能を使って簡単なエフェクトを作ってみました。大きな仕組みはまったく同じですが、少し演出を加えることで面白い絵を作ることができるという作例です。

再生ヘッドを移動させると半球状のパーティクルが移動し、光源からそれぞれのポイントに向かうラインを作り出しています。また、それぞれのラインは透明度がついており、サイバーな印象のエフェクトとなっています。

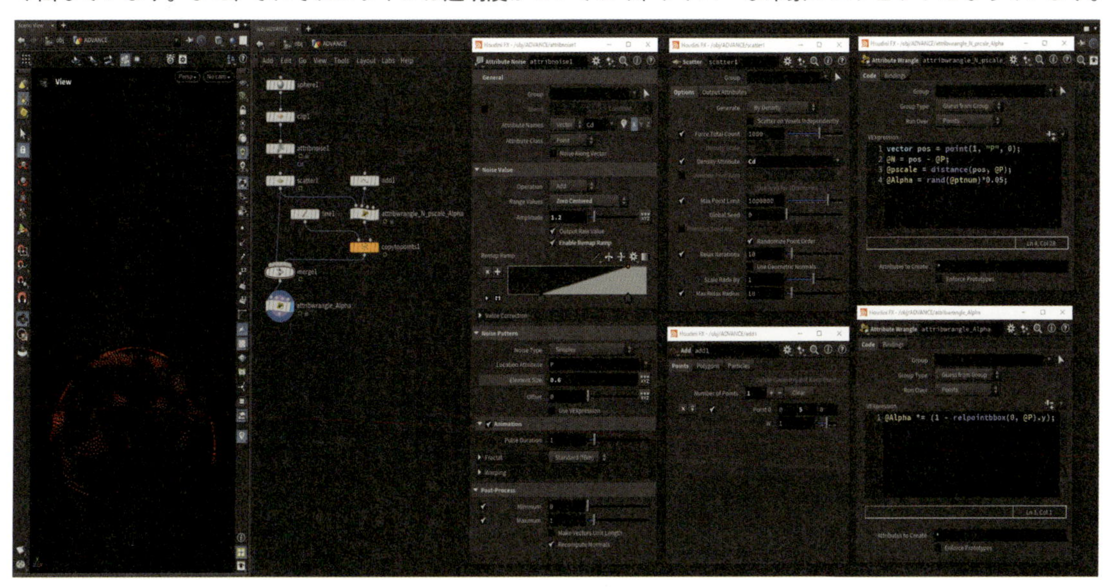

図03-042 任意の点からラインを引く：応用

以下作成したノード順に解説していきます。

1 SphereSOP
続くAttribute NoiseSOPで色を付けるために、分割数を大きく`50`に設定しておきます。

2 ClipSOP球体の下半分をカットしています。これは演出上の理由なので削除してもOKです。

3 Attribute Noise
ここは細かくパラメータを変更していますが、どれも筆者の好みの値となっているので、完全にコピーする必要はないでしょう。有用なオプションについて下表にて簡単に説明します。

パラメータ	意味
XYZ	Cdアトリビュートのどのメンバーを使用するかを決定します。今回はXだけオンにしているので、黒～赤のカラーになります。
Remap Ramp	グラフを調整してコントラストを上げています。
Animate Noise	オンにすることでノイズがアニメーションするようになります。
Pulse Duration	ノイズアニメーションのスピードを決定します。

慣れないうちはすべてのパラメータを把握する必要はありません。重要なものから1つずつ理解していきましょう。

4 ScatterSOP

Density Attributeパラメータを Cdに設定します。これにより Cdの値が大きいところ、つまり赤い部分にポイントが多く散布されます。

5 AddSOP

ポイントを1つ作成し、位置を{0, 5, 0}に設定します。このポイントが光源にあたります。

6 Attribute WrangleSOP

```
vector pos = point(1, "P", 0);
@N = pos - @P;
@pscale = distance(pos, @P);
@Alpha = rand(@ptnum)*0.05;
```

前回説明したプログラムに1行だけ追加しています。これはもう説明不要ですね。0〜0.05までのランダムな不透明度 Alphaアトリビュートを作っているだけです。

7 LineSOP

コピー先の Nアトリビュートを向くよう Directionパラメータは{0, 0, 1}を、またコピー先の pscaleの値がコピー後の長さになるよう Lengthパラメータを 1にしているところがポイントです。

8 Copy to PointsSOP

ラインをコピーします。

9 MergeSOP

左右のストリームをマージします。

10 Attribute WrangleSOP

最後に味付けをしています。少し難しそうに見えますが順番に見ていけば理解できます。

relpointbbox(0, @P).yではY軸方向のポイントの相対位置を取得しています。簡単に言うと一番上のポイントは 1を、一番下のポイントでは 0を返します。

それを 1から引くと(1 - relpointbbox(0, @P).y)となり、一番上のポイントは 0を、一番下のポイントでは 1になりますね。

それを現在の Alphaに掛け算しているので、光源が暗く、球体の下側が明るくなるような演出になります。

```
@Alpha *= (1 - relpointbbox(0, @P).y);
```

このままではあまりかっこいいエフェクトになりませんが、ジオメトリが重なった部分が輝度が高くなるようなマテリアルをアサインし、適正なライティングを設定してレンダリングすればそれなりの見た目になります。

本作例で伝えたかったことは複雑そうに見える表現も基礎の積み重ねということです。いきなり高いハードルを目指さず、着実にステップアップしながら武器を増やしていきましょう。

》旗を作ってみよう

Houdiniはダイナミクスも非常に強力なソフトですが、SOPで近い表現を行えると選択肢が広がります。ここでは「なびく旗をピン留めする」仕組みを考えてみましょう。

本例も良い・悪いアプローチという比較ではなく、基本のネットワークを組んだ上でブラッシュアップしていきましょう。

サンプルファイル：flag.hip

基本

所々に破壊編集が入っていたり、表現上修正したほうが良い箇所などがありますが、まずは大きな仕組みを作りましょう。ネットワークの解説を読みながら、どこがボトルネックになっているか考えながら読み進めてみてください。

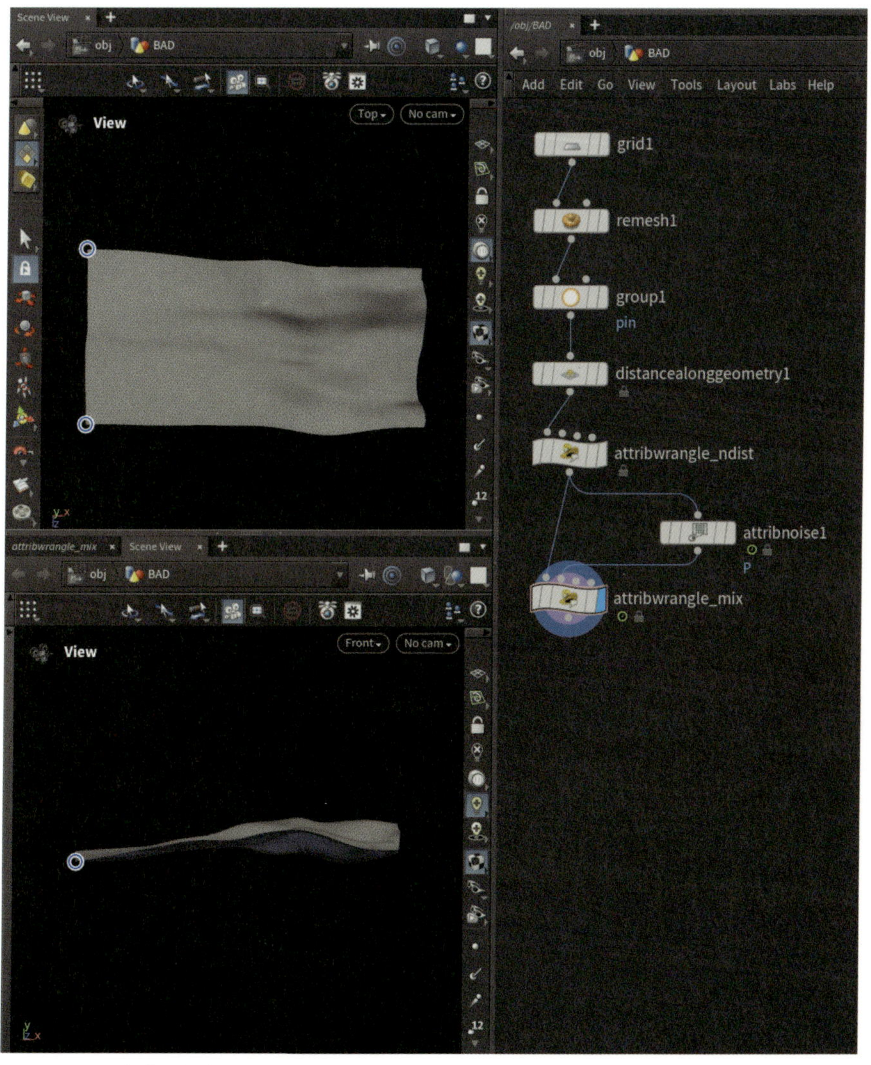

図03-043 なびく旗を作成する：ベースのネットワーク

上の図のビューポートのように、オレンジの丸で示した部分はピン留めされ静止しており、右端に行くほどはためきが大きくなるアニメーションを作成することが目的です。

1 GridSOP (grid1)

分解能はデフォルトのままで2：1の縦横比になるよう平面を作成します。ちなみに今回はSOPでアニメーションをつけているのでオブジェクトのサイズは任意でOKですが、ダイナミクスを利用する際はできるだけ実寸で制作することがリアルな表現の近道となります。

2 RemeshSOP (remesh1)

RemeshSOPはその名のとおり、メッシュを作り直すノードです。メッシュを再生成する際にできる限り正三角形になるよう計算を行うため、布系の表現には特に適しているので覚えておきましょう（四角形ポリゴンではアーティファクトが目立ちやすいという欠点があります）。

パラメータとしては`Target Size`が重要で、三角形の大きさを適切に設定してください。当然ながらこの値が小さいほど三角形が小さくなり、分割数も増えるため処理に時間がかかります。

3 GroupSOP (group1)

ピン留めの対象となるポイントをグループ化します。ここではポイントを手選択しています（勘の鋭い皆さんはここに問題がありそうということがわかりますね）。

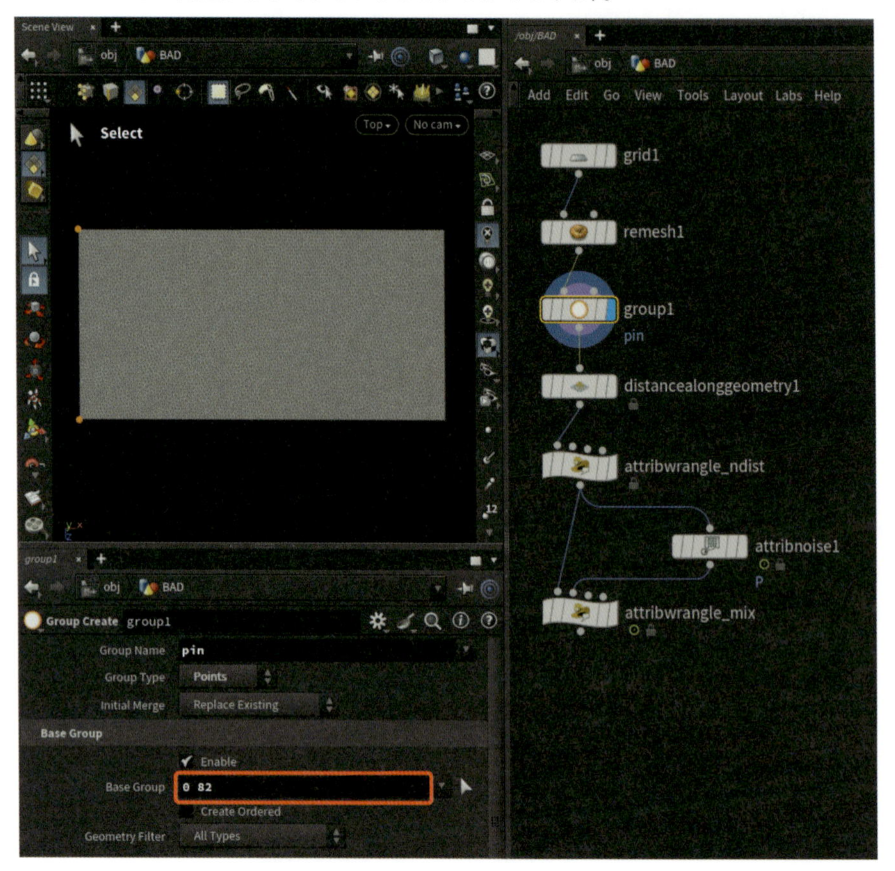

図03-044 ピン留め位置の手動選択

4 Distance along GeometrySOP (distancealonggeometry1)

このノードでpinグループから各ポイントへの距離を計算し、distアトリビュートに格納しています。Visualizationボタンをオンにすることでdistアトリビュートを視覚的に判断できるようになりますが、ほぼ真っ赤になっていますね。これはなぜかというと、distアトリビュートが1を超える値のところは赤く表示されているからということですね。

この値をうまくコントロールしてはためきの範囲を設定していくことになります。

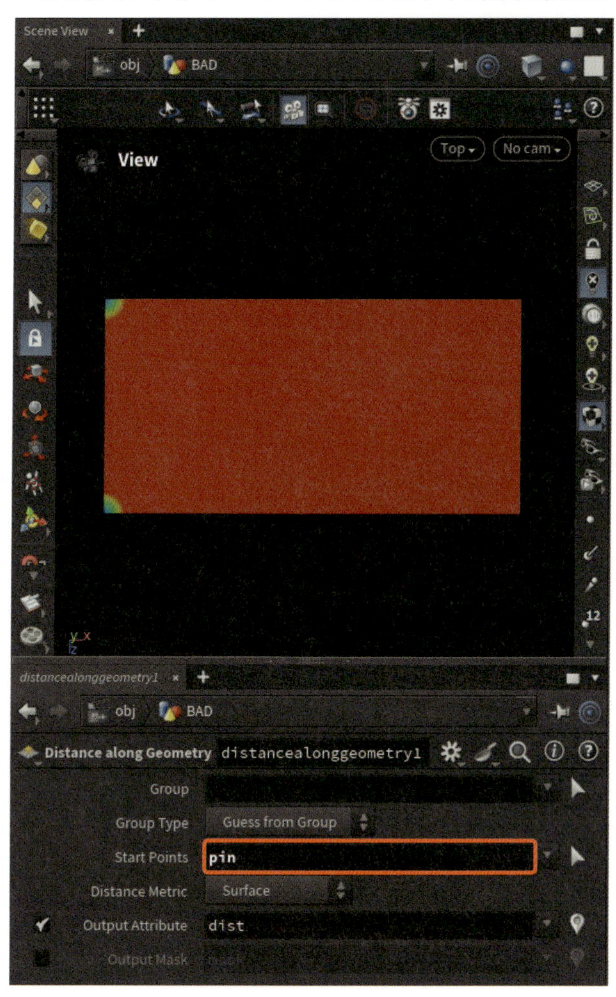

図03-045 distアトリビュートのビジュアライズ

5 Attribute WrangleSOP (attribwrangle_ndist)

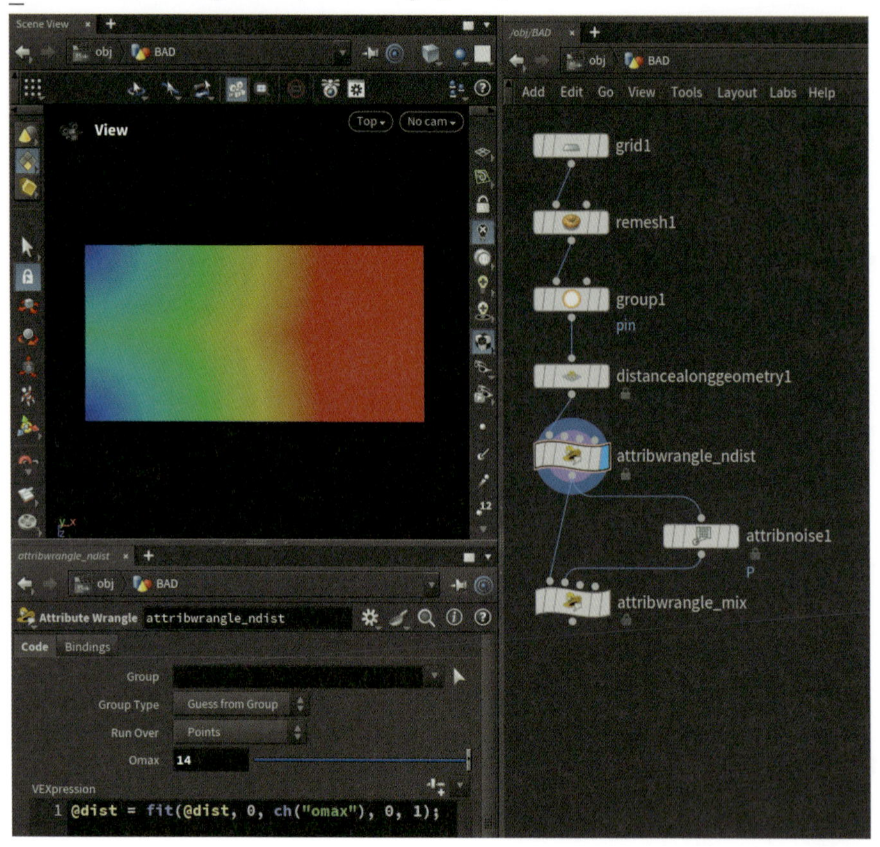

図03-046 distアトリビュートの正規化

fit関数を用いてdistアトリビュートを正規化します。ch("omax")はパラメータ化しており、14を入力しています。この数値は計算式で導いたものではなく、ビジュアライズしたdistアトリビュートを見ながら決定しています。

そもそもdistアトリビュートをなぜ作るのか、なぜ正規化するのか、アトリビュートのビジュアライズはどんな意味を持つのかという疑問がある方もおられるかと思いますが、ネットワークの解説が終わったあと振り返りながら説明しますのでご安心ください。

```
@dist = fit(@dist, 0, ch("omax"), 0, 1);
```

6　Attribute NoiseSOP (attribnoise1)

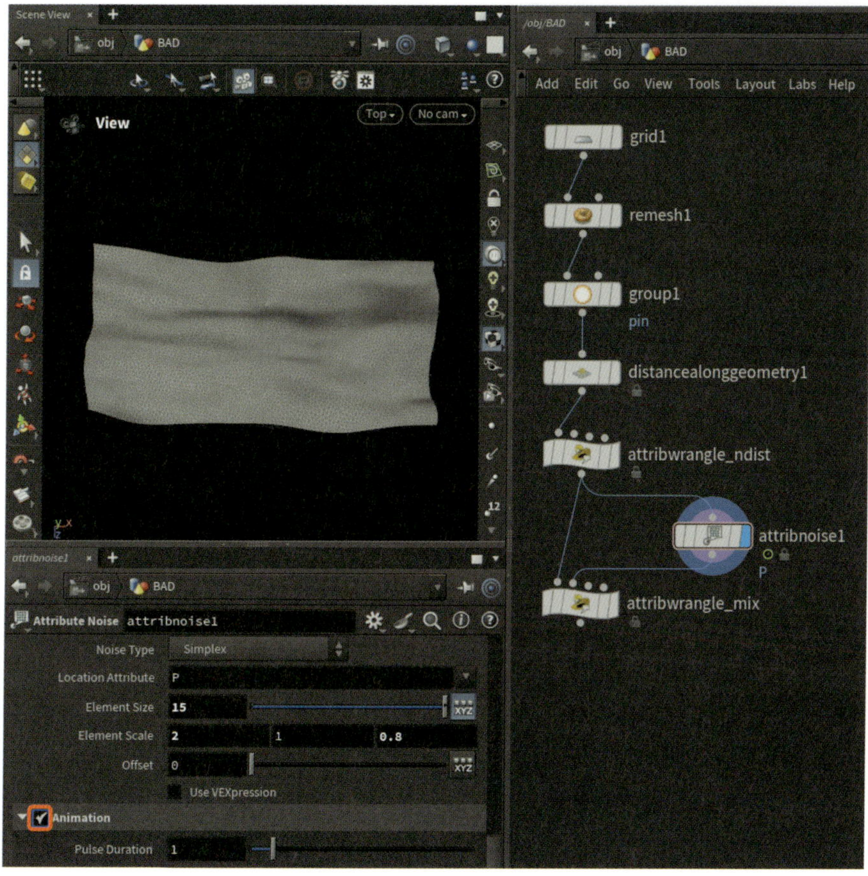

図03-047　Attribute NoiseSOPで布のはためきを表現

布のはためきをうまく表現できるようパラメータを自由に設定してください。ポイントは`Animation`パラメータのチェックをオンにすることのみです。またこのストリームでは**ピン留めはまったく意識する必要がない**というのが重要な点です。

7　Attribute WrangleSOP (attribwrangle_mix)

次のようなプログラムを書くことで、ピン留めされたはためく旗を表現することができます。`lerp`関数の第1引数に静止状態のポイント位置、第2引数にアニメーションしているポイント位置、そしてその比率を指定するデータとして`dist`アトリビュートを指定しています。

```
@P = lerp(@P, point(1, "P", @ptnum), @dist);
```

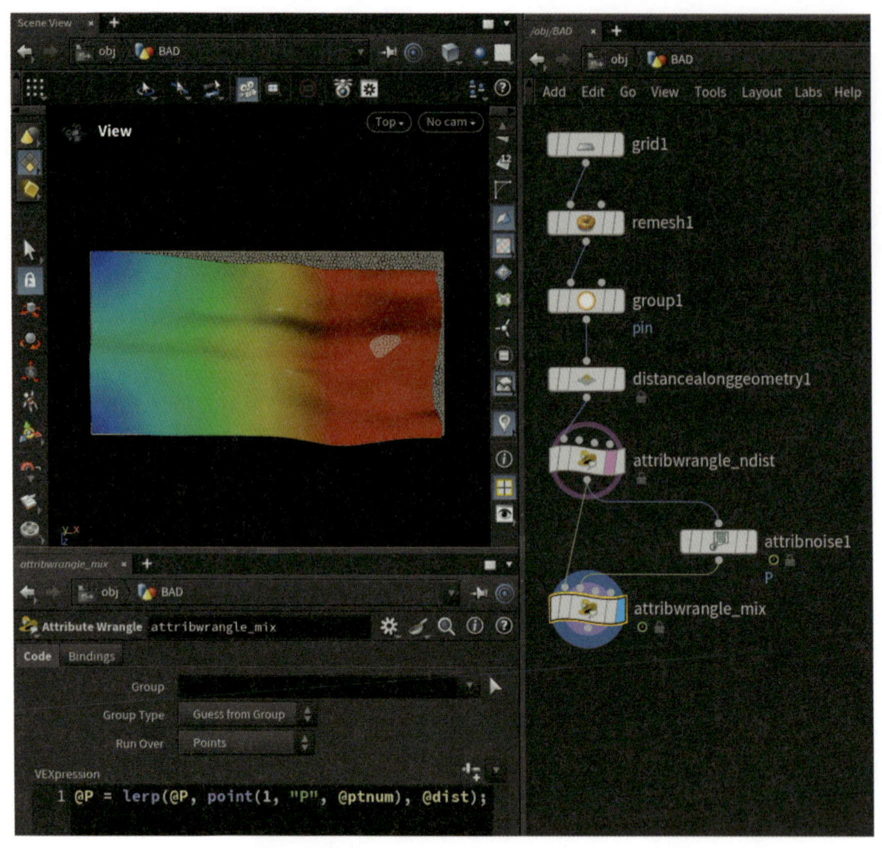

図03-048 lerp関数を用いて静止状態とアニメーション状態をブレンド

より良い実装は続く項目で解説するとして、まずは基本的なロジックについて振り返りを行いましょう。Houdiniの学習は教材を上から写経するだけではいけません。**最終的にこうしたいからその手前でこのノードが必要だな**という逆算的な思考を学ぶことが最も重要です。今まではノードを作った順に解説しましたが、以下では自分自身でネットワークを組めるようになるよう、頭の中の流れを解説しましょう。この思考の流れは単純にネットワークを逆にたどるわけではないという点に注意しながら読み進めてください。

Ⓐ Attribute WrangleSOP (attribwrangle_mix)
静止している状態とアニメーションしている状態の布を作り、`lerp`関数でそのブレンドをコントロールしたい。つまり、ピン留めされているところは静止状態(`0`)、最もはためいている部分はアニメーション状態(`1`)のアトリビュートを作る必要がある。

Ⓑ Distance along GeometrySOP (distancealonggeometry1)
ピン留めされているところが`0`、そこから遠くなっていくと値が大きくなるアトリビュートはDistance along GeometrySOPを使えば得ることができる。

Ⓒ Attribute WrangleSOP (attribwrangle_ndist)
Distance along GeometrySOPだけだと`dist`アトリビュートはピン留めされているポイントから離れると際限なく大きい値になってしまうため、正規化する必要がある。その際`0-1`のグラデーションが布のはためきに対応するので、ビジュアライズをしながら調整する。

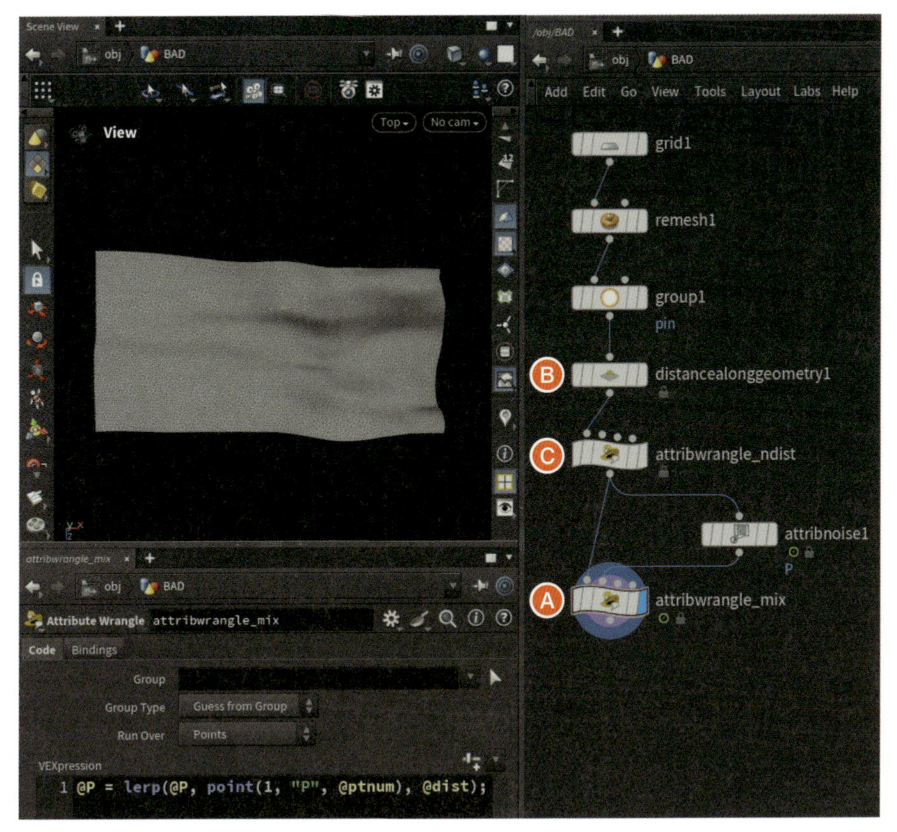

図03-049 ネットワーク構築の発想順序

このように「最終目標に必要なアトリビュートを事前に準備していく」という意識をしっかり持っているとネットワーク構築力が磨かれていきます。

改善

改善点は以下の２つです。

・ピン留めグループをプロシージャルに指定する
・旗の形状を修正する

ピン留めグループに関しては想像しやすいですが、旗の形状の修正は少々わかりにくいかもしれません。ここでは左から右に風が吹いているイメージになるよう、下の図のようなシェイプをベースに旗の形状を変更します。

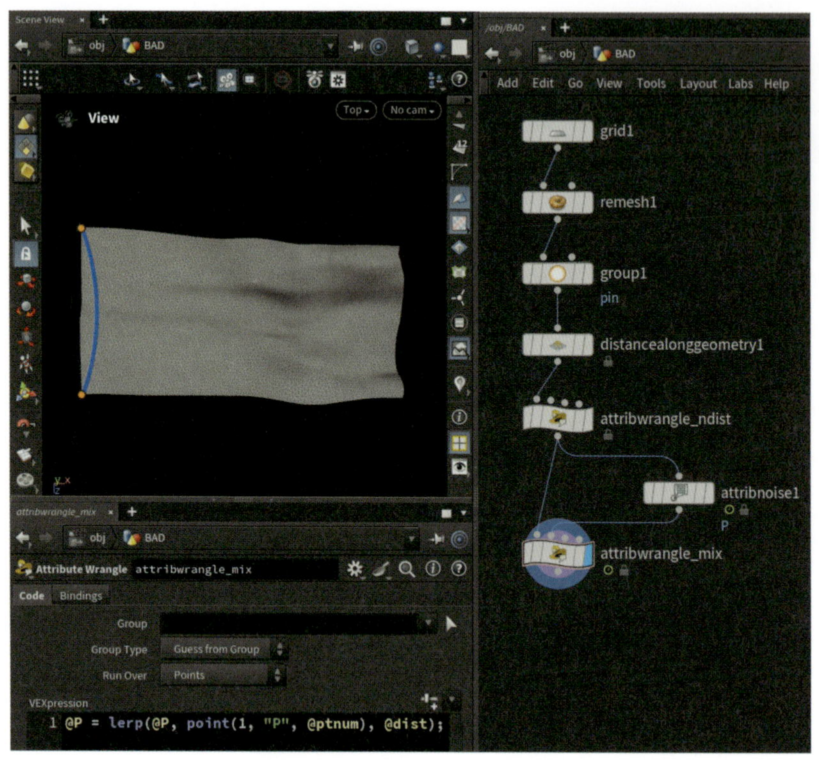

図03-050　改善点の洗い出し

改善点を洗い出したら修正後のネットワークをまずは確認し、変更点を確認していきましょう。

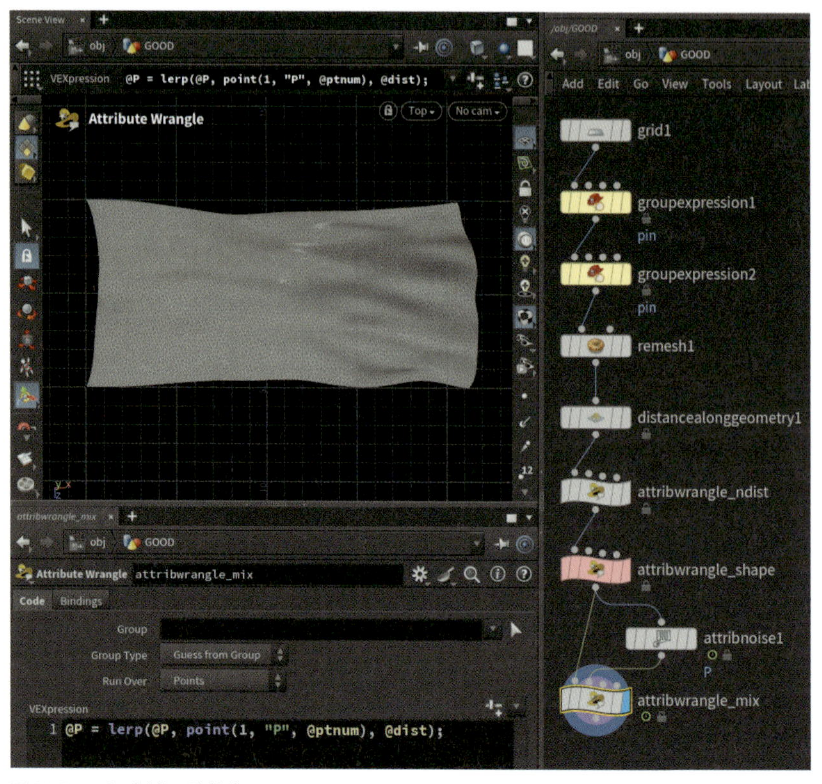

図03-051　なびく旗：改善後

■ピン留めグループをプロシージャルに指定する

元のネットワークでRemeshSOPの`Target Size`アトリビュートを変更すればわかりますが、ピン留めを指定している`pin`グループがGridの左上・左下に固定されていません。その理由は続くGroupSOPでポイントナンバを直接指定してグループ化しているから、ということですね。

このネットワークを改善して、手選択の部分を取り除き、リメッシュの分割数が変更されても追従するシステムを構築します。

1　Group ExpressionSOP (groupexpression1)

Group ExpressionSOPはVEXを使用してグループを作成することができるノードです。`neighbourcount`関数を用いて、まずはGridの一番端の4つのポイントをグループ化します。

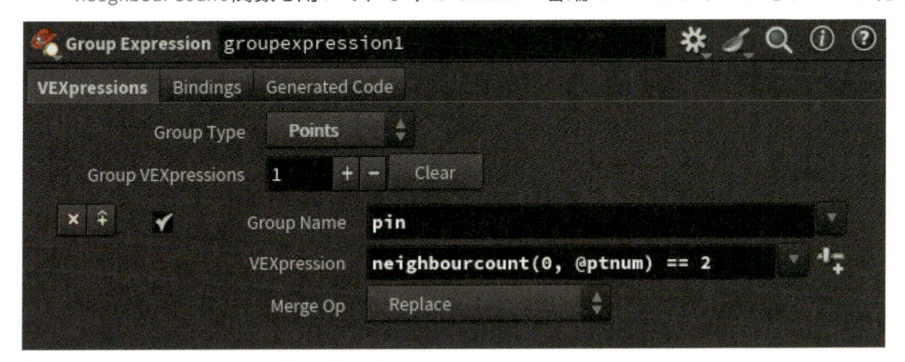

図03-052 Group ExpressionSOP：四隅のグループ化

```
neighbourcount(0, @ptnum) == 2
```

この関数を説明するために、まずはシンプルな例をご用意しました。

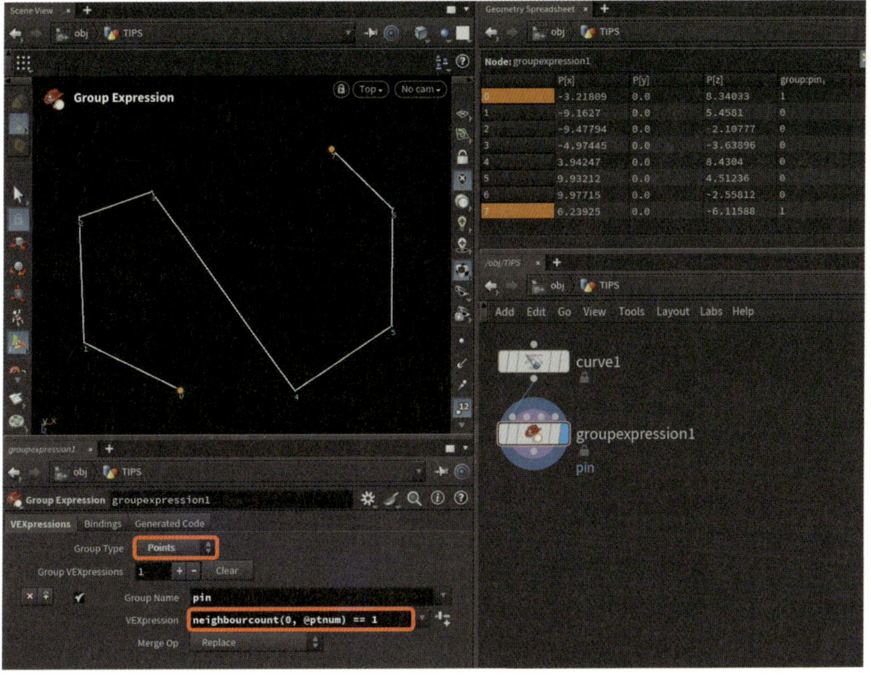

図03-053 neighbourcount関数

ネットワークは単純で、CurveSOPでポリラインを作成し、Group ExpressionSOPで端っこのポイントをグループ化しています。

Group ExpressionSOPのVEXは次のとおりです。

```
neighbourcount(0, @ptnum) == 1
```

neighbourcount関数はその名のとおり、「neighbour（お隣さんの）count（個数）」を示しており、接続されているポイントの数を取得してくれる関数です。

このポリラインでは端っこだけ**接続されているポイントの個数は1**になり、間のポイントは**接続されているポイントの個数は2**になります。

VEXの==は「左辺と右辺が等しいとき」という意味になるので、プログラムをまとめると「接続されているポイントの個数が1と等しいとき」グループ化される、という意味になります。これでポリラインの「端っこ」をプログラム的に表現することができたわけです。

Gridに話を戻すと「接続されているポイントの個数が2と等しいとき」が一番端の4つのポイントに当たります（数えてみるとわかりますが、一番端の4つのポイント以外のポイントはneighbourcount関数の値は3または4になります）。

2 Group ExpressionSOP（groupexpression2）

先程作ったグループでは一番端の4つのポイントが指定されてしまいます。これを左側の2ポイントに設定し直します。

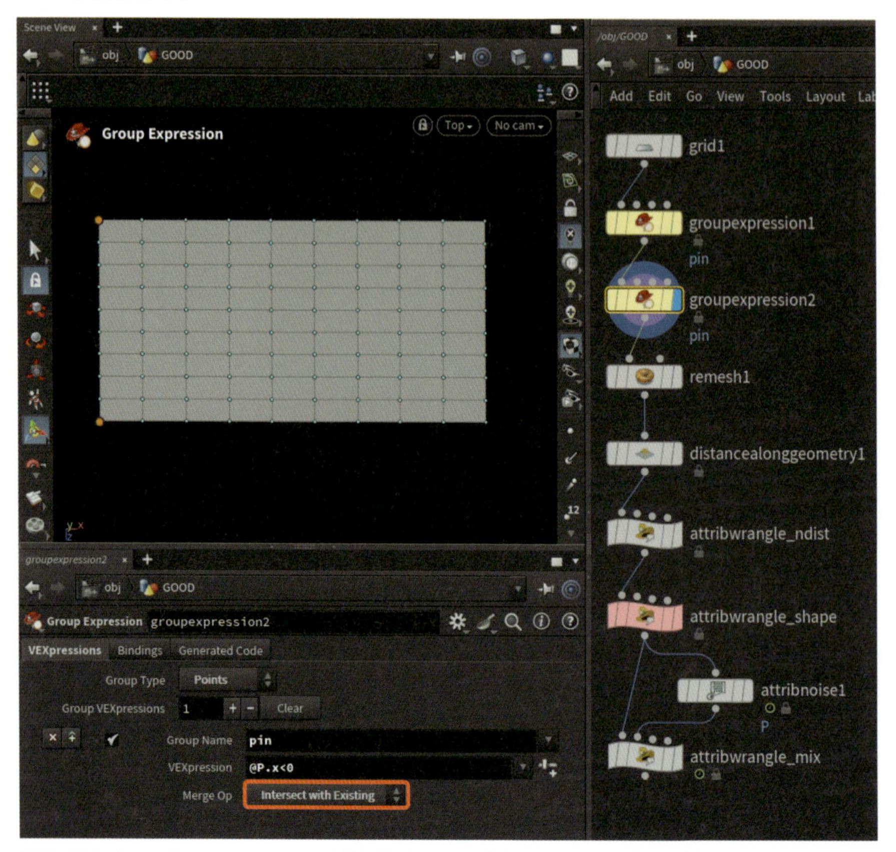

図03-054 Group ExpressionSOP：X座標の値がゼロより小さいポイントをグループ化

プログラムは次のとおりでPのX座標がゼロより小さい場合は、グループに入るよう設定しています。

```
@P.x<0
```

そして重要なポイントとしてMerge OpパラメータをIntersect with Existingにしています。これは既存のグループと重なった部分をグループにするという意味になります。

つまり、「接続されているポイントの個数が2と等しく」かつ「PのX座標がゼロより小さい」場合pinグループにするということになり、想定どおり左上と左下のポイントがグループに指定できたということになります。

3 RemeshSOP (remesh1)

続いてリメッシュをすることでグループを引き継いだ状態で三角ポリゴン化することができます。

■旗の形状を修正

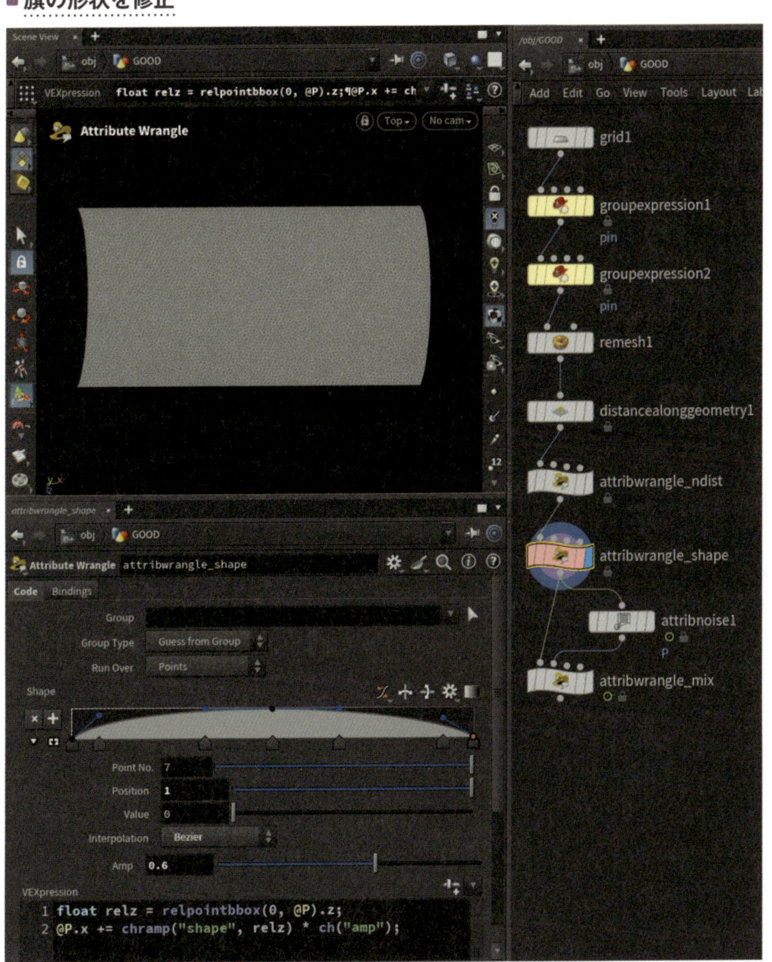

図03-055 Attribute WrangleSOP：旗の形状をchramp関数を利用して変形

ノイズでアニメーションさせる前の段階で旗の形状を変更しています。プログラムは次のとおりです。

```
float relz = relpointbbox(0, @P).z;
@P.x += chramp("shape", relz) * ch("amp");
```

少しややこしい感じがしますが、順に考えていけば難しくありません。

1. 最初に`relpointbbox(0, @P).z`でZ軸方向のバウンディングボックスに対する相対値を取得し、ローカル変数`relz`に代入します。

2. **1**で計算した「Z軸方向のバウンディングボックスに対する相対値」を`chramp`関数の引数に用いてグラフでリマップします。ここではかまぼこ型のグラフにしています。

3. `ch("amp")`を掛け算して、膨らみの大きさをコントロールします。

4. これら右辺の計算結果を左辺の`@P.x`に加算代入(+=)します。

複雑に見えるプログラムは分解して個別に理解していきましょう。

隣接する円を作ってみよう

小さい円を連続して隣接させ、大きな円を形成する形状はロープのモデリングをするときなどでよく使います。一般的な方法では**三角関数**などを使用する必要がありますが、Houdiniのアトリビュートを使えば非常に直接的に作成することができます。

サンプルファイル：`inner_circles.hip`

悪いアプローチ

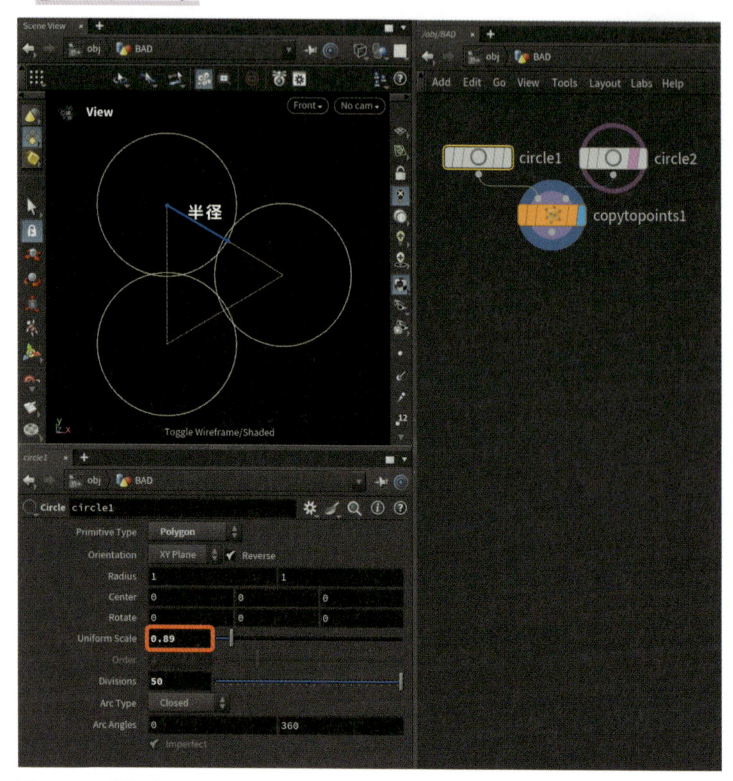

図03-056 隣接する円を作成する：悪いアプローチ

これまでにHoudiniでコピーを行う際、いくつかの方法があることをご紹介してきましたが、ここではコピー位置とコピーするオブジェクトを別々にコントロールできるCopy to PointsSOPを利用しましょう。

上の図のとおり、コピーされる円(circle1)の半径をうまく設定すればよいということがわかります(図では円同士が食い込んでいるので問題があるかたちになります)。

ここで`Uniform Scale`の値を細かく調整し、目合わせで接する値を探る方法はもう皆さん「良い手法ではないな」と思われるでしょう。きれいに接する値を見つけても、コピーする円が4個、5個と増えていけば当然うまくいきません。

よって、コピーされる個数が変更されても`Uniform Scale`つまりコピーされる円の半径が追従するシステムを組みましょう。

良いアプローチ

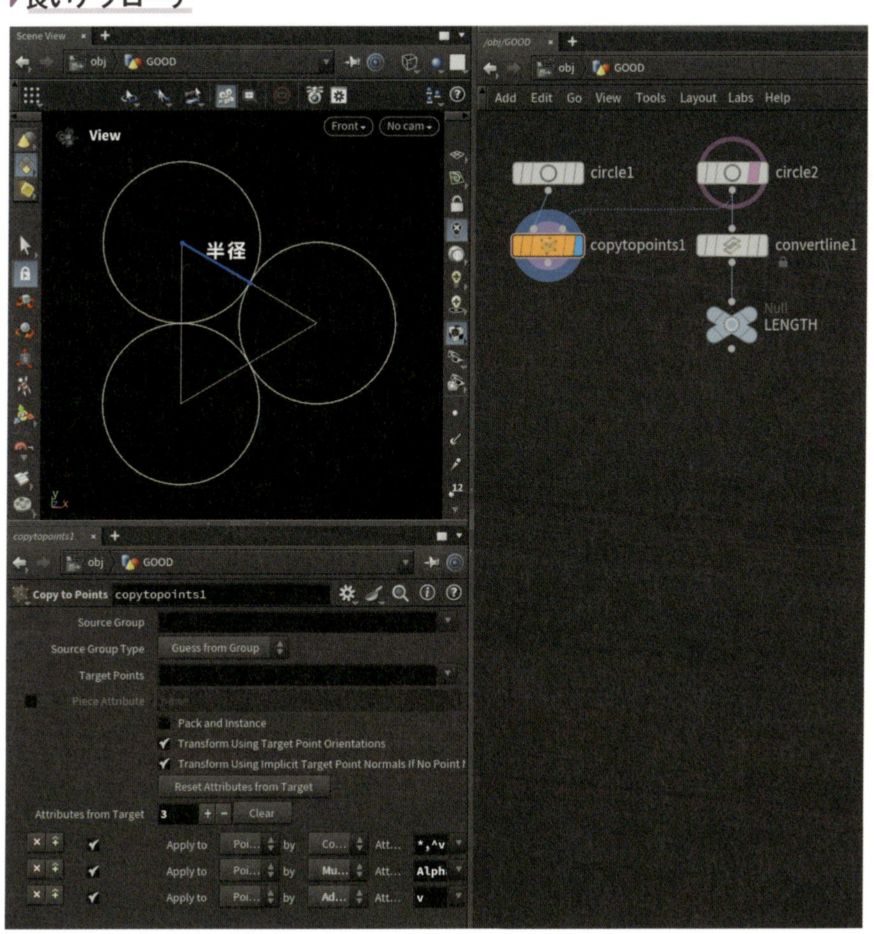

図03-057 隣接する円を作成する：良いアプローチ

先程のネットワークにConvert LineとNullSOPが追加され、circle2の`Uniform Scale`でそのストリームのアトリビュートを参照しています。そして円同士の食い込みも修正されていますね。プログラムの解説の前に、考え方を見ていきましょう。

本作例ではコピーされる円の個数はcircle2の`Divisions`で決定され、コピーされる個数が変わることでコピー元の円の半径も変化します。これはHoudiniに限った話ではないのですが、問題解決を行う際、複数の課題を一気に扱うと困難になります。まずはシンプルにcircle1のみを観察しましょう。

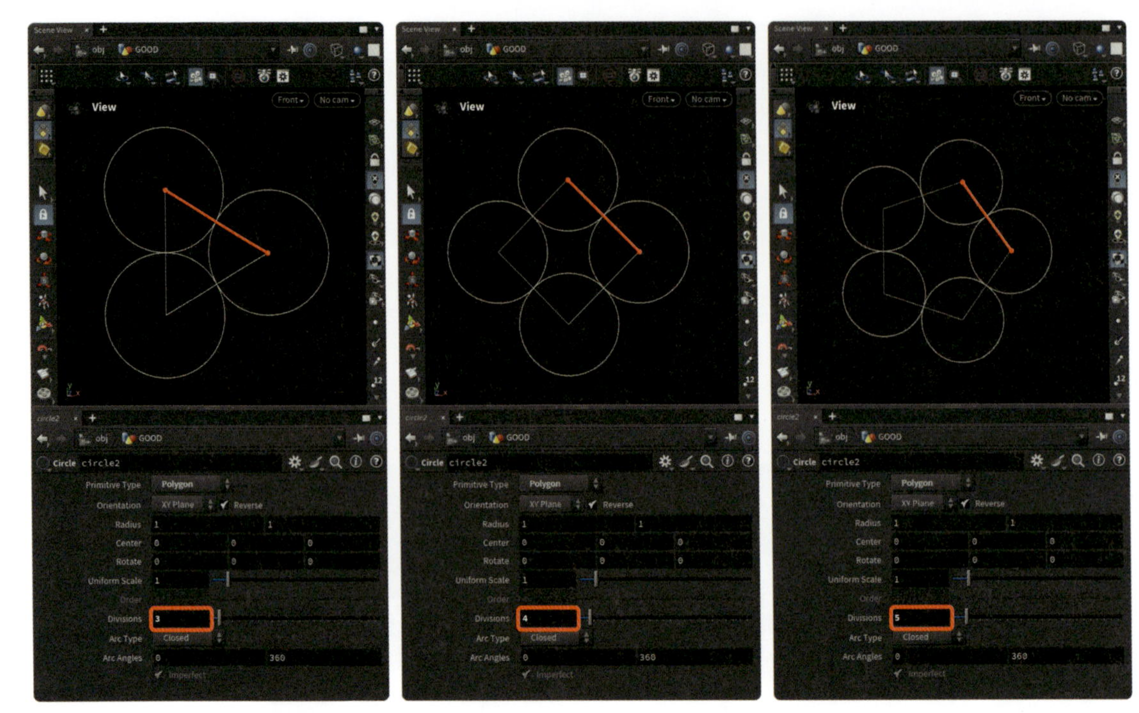

図03-058 コピーされる円の個数を変更したところ

図のように`Divisions`を変化させると円の分割数、つまりコピーされる円の個数が変化します。しかしよく考えてみると円の分割数が変化しても、コピー元の円の半径は**circle2の線分の半分**になることが見てとれます(上の図のオレンジ色の線分を半分にしたものです)。

ジオメトリをラインに変換してその長さを測りたいときに使用するノードは皆さんもうご存知ですね。Convert LineSOPです。

というわけでConvert LineSOPをcircle2に接続し、その後にNullSOPを接続します。ここではNullSOPのノード名を`LENGTH`としました。

NullSOPは「何もしない」ノードなのですが、外部から参照するときにわかりやすい目印とするため多用されるノードです。**NullSOPを作ったら適切なノード名をつける**という流れはセットで覚えておきましょう。

ここで下準備は完成です。あとはcircle1の`Uniform Scale`つまり半径を「circle2の線分の半分」に設定してあげればOKですね。

`Uniform Scale`に設定するエクスプレッションは次のとおりです。

```
prim("../LENGTH/", 0, "restlength", 0)/2
```

`prim("../LENGTH/", 0, "restlength", 0)`の説明ですが、第1引数に参照するノードを渡します。今までは入力コネクタを左から`0`、`1`、`2`などで指定するケースをご紹介してきましたが、このようにパスで指定することも可能なので覚えておきましょう。NullSOPのノード名をわかりやすく変更しているため、後々このエクスプレッションを見直しても理解しやすくなります。

第2引数は参照するプリミティブナンバです。今回参照するのは正多角形なのでどのプリミティブも同じ長さ(`restlength`)を取得できます。なのでプリミティブナンバ`0`のアトリビュートを取得することにしています。

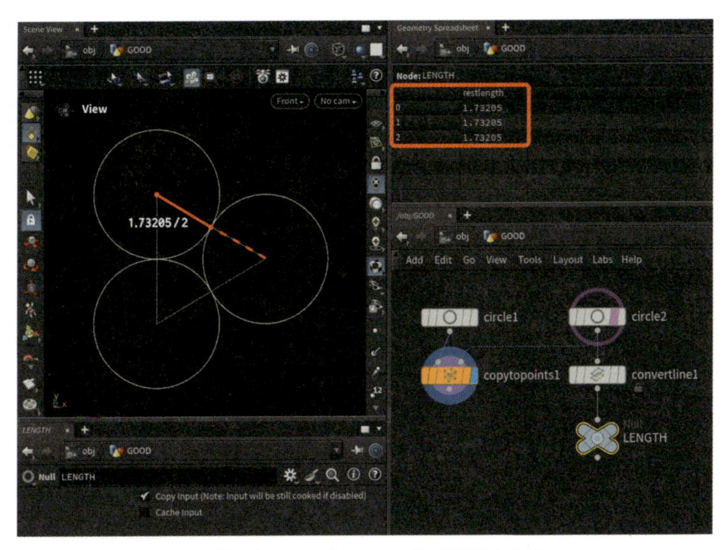

図03-059 restlengthの値はすべてのプリミティブで同じ値になる

第3引数はアトリビュート名、そして第4引数はアトリビュートのインデックス`0`を渡します。ここで`restlength`はfloat型なので`0`ということですね。それを最後に`2`で割って計算完了です。

筆者もよくやる手法ですが、プロシージャルな図形の仕組みを考えるときはHoudini上のみで考えるのではなく、紙と鉛筆を使ってみると仕組みを理解しやすくなることがあります。ぜひお試しください。

良いアプローチ（リファクタリング）

先程ご紹介したネットワークも十分管理しやすいものですが、Houdiniの機能を使うともう少し短いネットワークにすることができます。ネットワークは短ければよいというものではありませんが、本例で紹介する機能を知っておくと後々の学習時に役に立つことがあるので見ていきましょう。

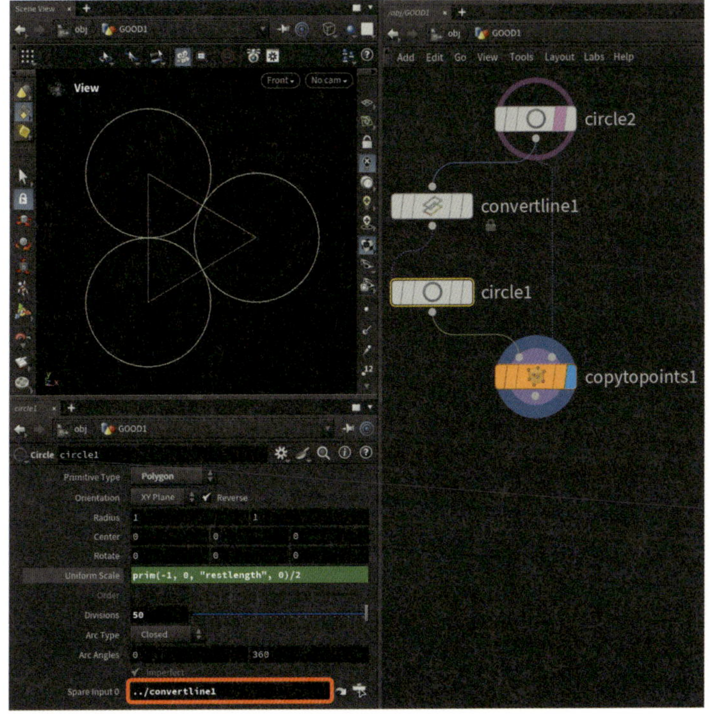

図03-060 リファクタリング後のネットワーク

上の図を見ると分かるとおり、先程の例から4つの変更点があります。

- NullSOPが削除されています。
- convertline1ノードからcircle1ノードに「紫色の破線」が接続されています。
- circle1ノードには`Spare Input 0`というパラメータが追加されており、そこに`../convertline1`が設定されています。
- `Uniform Scale`パラメータのエクスプレッションが次のように変更されています（第1引数が`-1`になっているところです）。

```
prim(-1, 0, "restlength", 0)/2
```

本ネットワークは「Spare Input」という機能を使って実現しているものなのですが、その実装手順を順番に見ていきましょう。

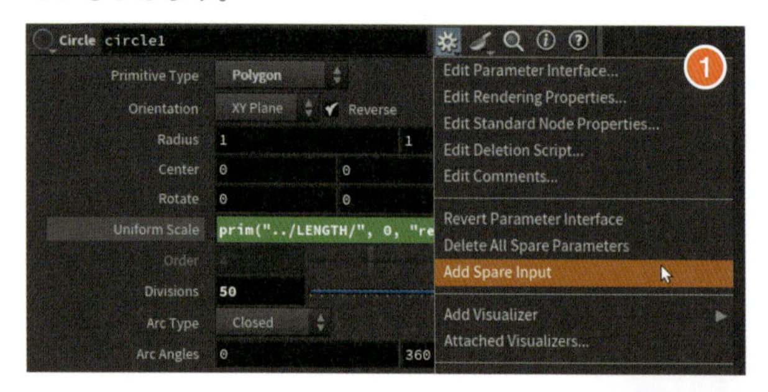

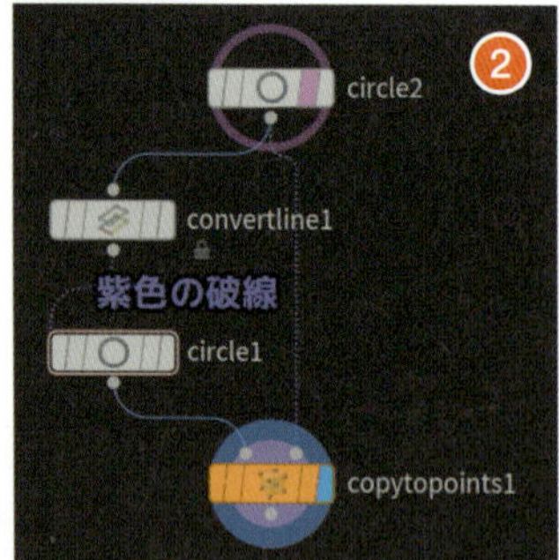

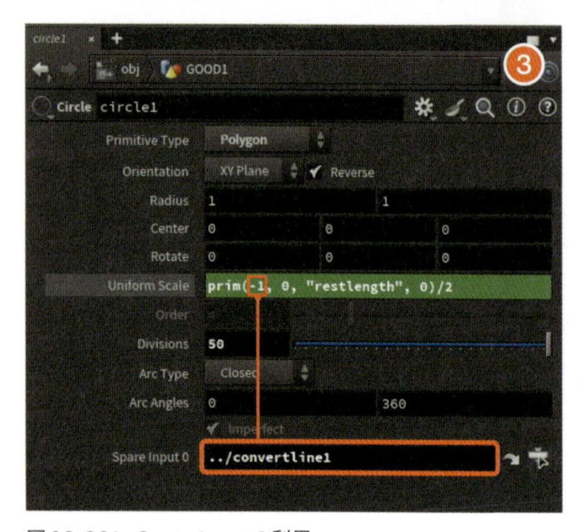

図03-061　Spare Inputの利用

1. circle1の歯車アイコンをクリックし、`Add Spare Input`を実行します。

2. `Spare Input 0`というパラメータが追加されたので、そこに参照したいノードへのパスを記載します。ここでは`../convertline1`です。`Spare Input`で参照されたノードは紫色の破線で表示されます。

3. `Spare Input 0`によって参照されたノードは入力コネクタ番号`-1`でアクセスできるようになります。

`Spare Input`を利用したネットワークにはコンパイルブロックと併用すると制限が緩和されるというメリットがあるのですが、初級レベルを超えるので、本書では割愛します。最適化や高速化を意識する段階になるとお世話になる機能ですので覚えておきましょう。

別解

本書の目的から外れるため解説は割愛しますが、三角関数を用いたものと大きい円に内接するよう円を作成するシーンを別解としてご用意しました。

学習のご参考にしてください。

三角関数を用いた解法

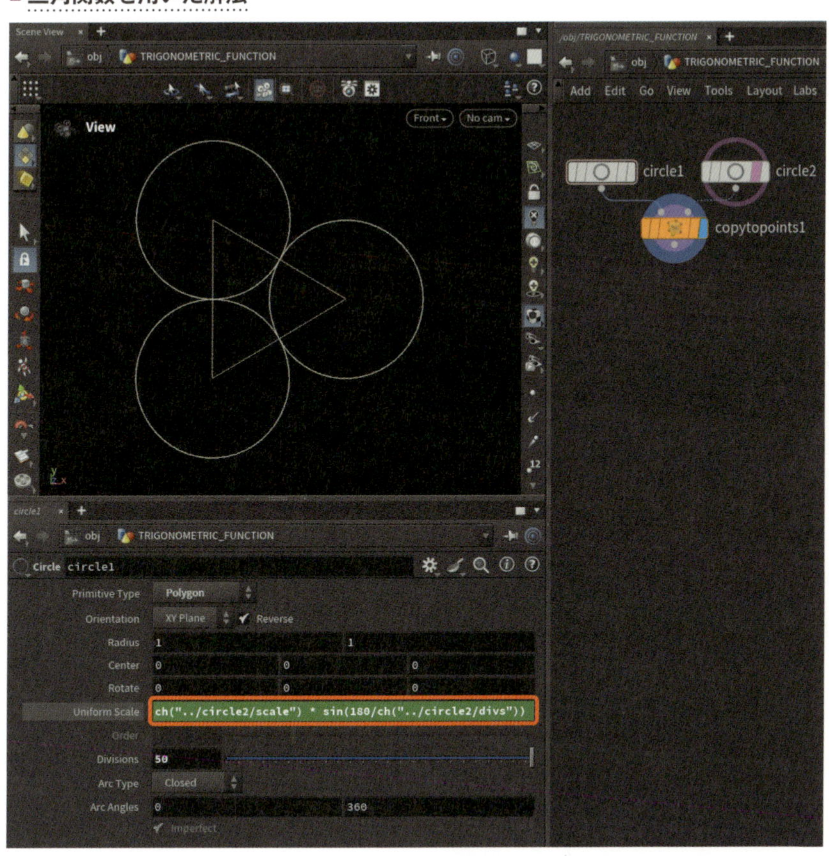

図03-062 (別解)隣接する円を作成する

circle1のエクスプレッションは下記のとおりです。

```
ch("../circle2/scale") * sin(180/ch("../circle2/divs"))
```

■大きい円に内接するように円を作成

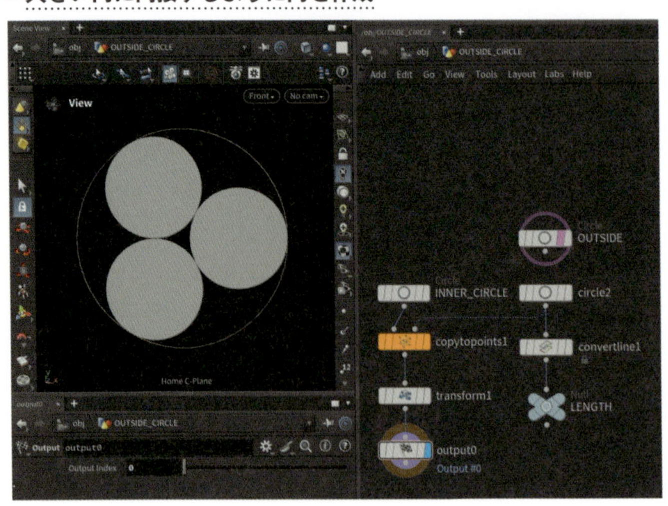

図03-063 応用作例：大きい円に内接する円を作成

オーダーによっては任意の円の内側に内接するように円を並べたい場合もあります。エクスプレッションの詳しい解説などは行いませんが、今までの知識を動員して分割すれば理解できる内容でしょう。

》大小様々な形の岩を作ってみよう

形の異なる大量のアセットを手で作るのは大変な労力を使います。ここではHoudiniのグループの仕組みをうまく使って賢く解決していきましょう。

本例では2つのアプローチをご紹介します。どちらも正しいロジックなので、ぜひ理解してください。

今回作成するモチーフはボロノイ分割した後「外側に面している破片を取り除く」というものになります。理由としてはBoxを元にボロノイ分割したモデルから作成した破片の中で、「外側に面しているもの」は不自然に見えるという理由によります。

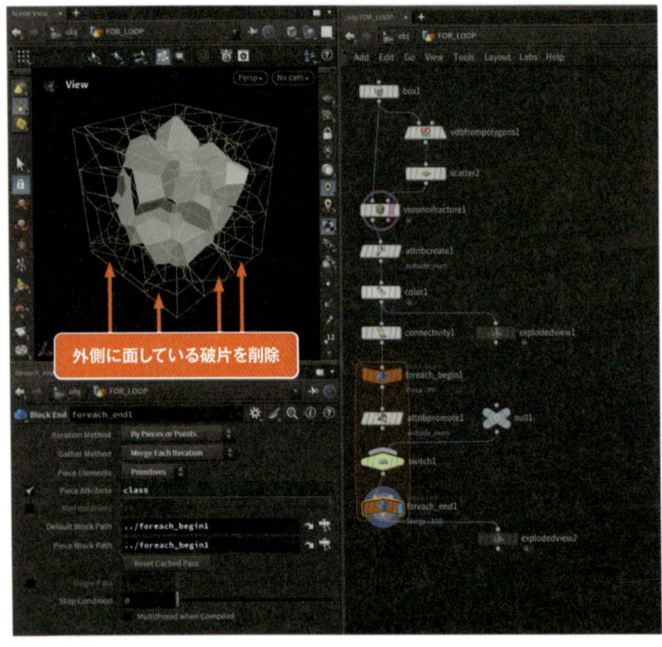

図03-064 岩の形状を作成する：アプローチ その1

このモチーフ自体は何度も制作するものではないと思いますが、そのロジックは汎用性があるので今後の制作にお役立てください。

サンプルファイル：`create_rocks.hip`

For-Loopの利用

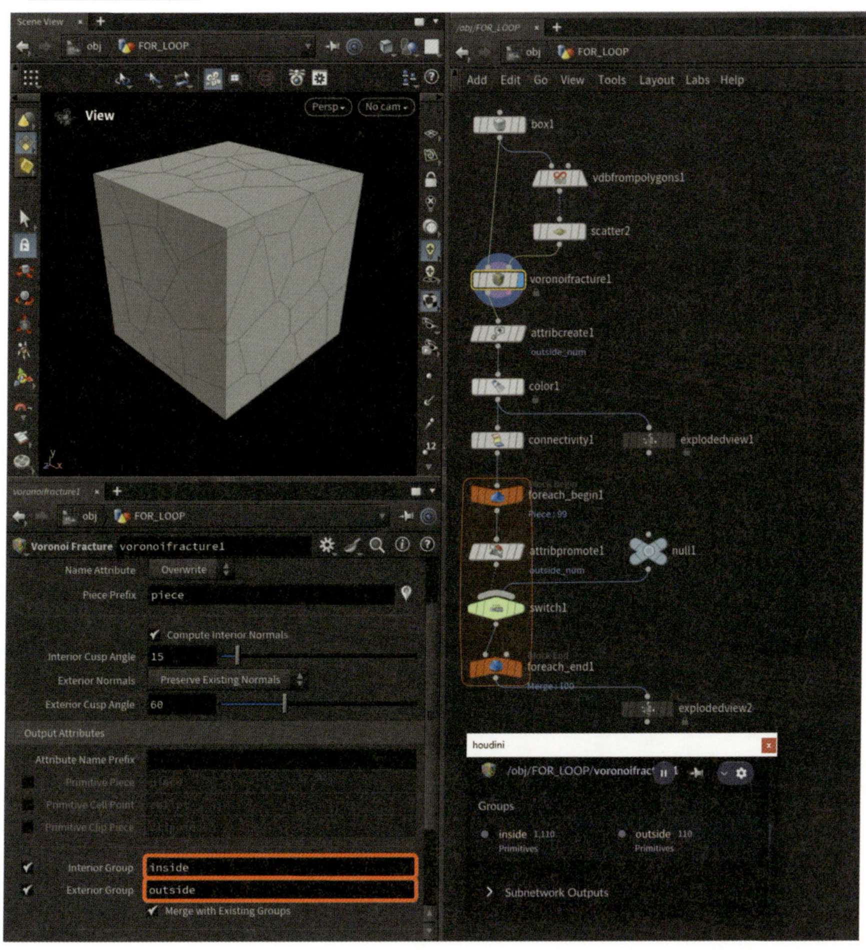

図03-065 Voronoi FractureSOP：グループの作成

VDB from PolygonsSOP、ScatterSOP、Voronoi FractureSOPを使用してボックスをボロノイ分割するところまでの処理は解説済みなので割愛します。

ただしここで重要なのがVoronoi FractureSOPの`Interior Group`パラメータと`Exterior Group`パラメータです。これによって「外側に面しているフェースと内側に面しているフェース」のプリミティブグループを作成することができます。

続いてAttribute CreateSOPを用いて`outside_num`アトリビュートを作成し、`outside`グループに属しているプリミティブのみに1を設定します。これはのちのFor-Loop内で使用するアトリビュートとなります（もちろんAttribute WrangleSOPを使用してアトリビュートを作成してもOKです）。

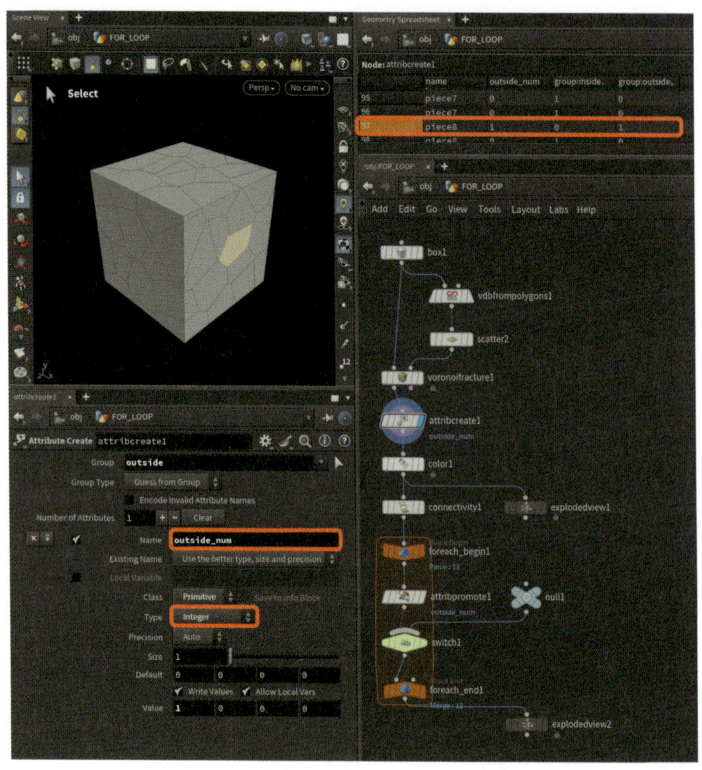

図03-066　outsideグループに属するプリミティブにoutside_numアトリビュートをセット

グループがどのように作成されているかを確認するためにはColorSOPとExploded ViewSOPを使用するとわかりやすいでしょう。本例では`outside`グループに赤い色をつけています。

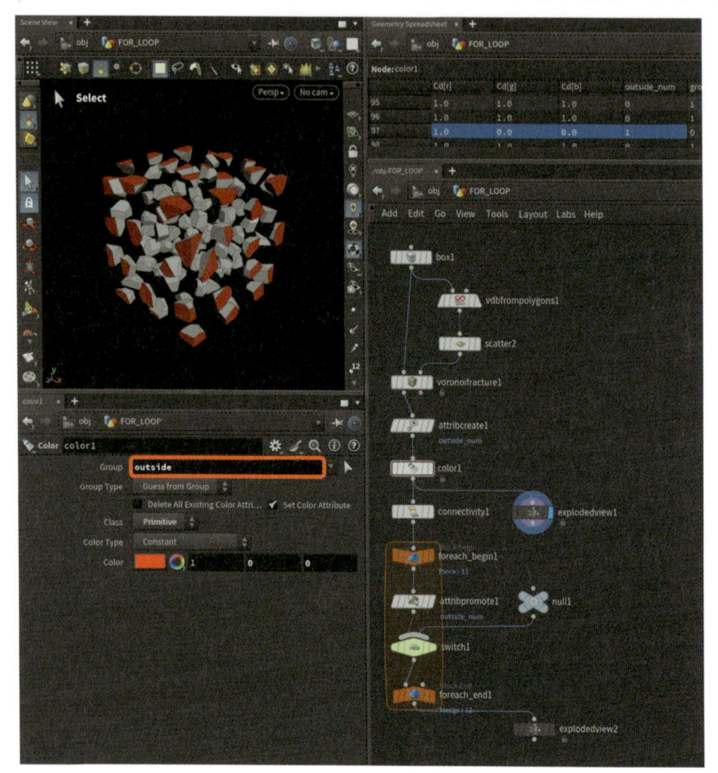

図03-067　ColorSOP、Exploded ViewSOPを利用したグループの確認

このような確認用のノードは実際の業務でも多く作成します。筆者はいつでも状態を確認できるようにノードは削除せず、ノードカラーを灰色にした上で保持しておくことが多いです。

確認が済んだところで、For-Each Connected Piecesを利用したメインのロジックに進みます。

For-Loopを用いた処理を組む際やデバッグの際に便利な機能として`Single Pass`というパラメータがあることは以前解説しました。一気にすべての状態を考えるのは難しいので、いくつかの特徴的なケースを抜き出してロジックを考えるのがおすすめな手法です。

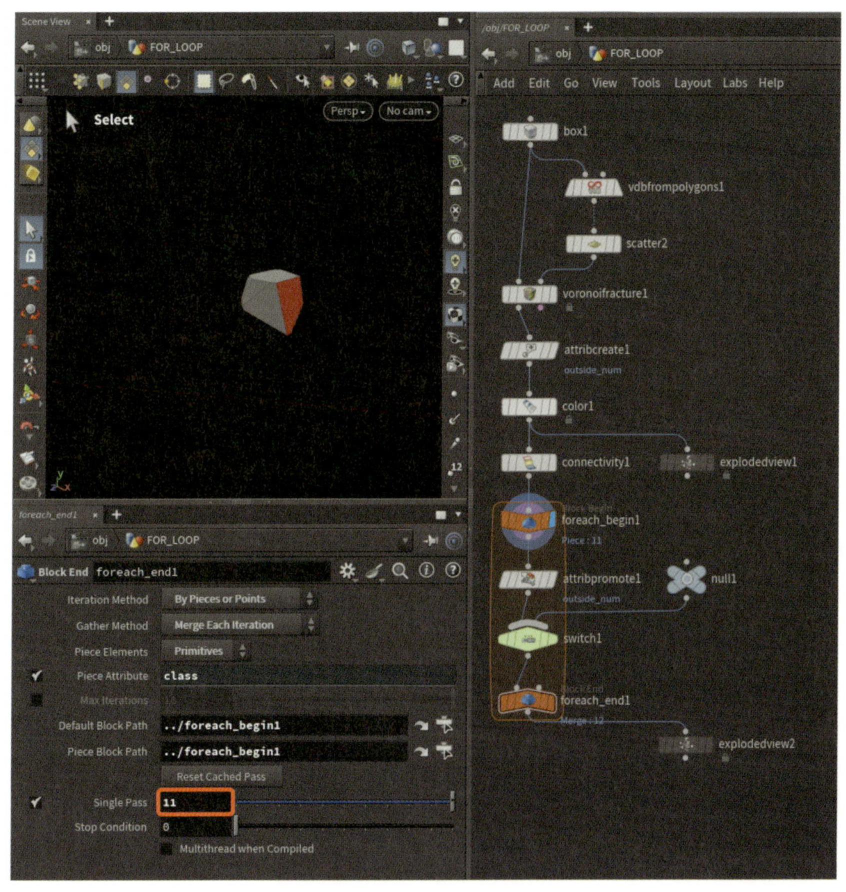

図03-068 外側に面しているフェースがある破片

まずは`Single Pass`を11に設定したときのケースを見ていきましょう。ビューポートを見ればわかるように、「外側に面しているフェースがある破片（ピース）」になります。

メインの処理に入る前に、ジオメトリスプレッドシートでピースの状態を確認しておきましょう。

Node: foreach_begin1　Group:

	Cd[r]	Cd[g]	Cd[b]	class	name	outside_num	group:inside	group:outside
0	1.0	1.0	1.0	11	piece11	0	1	0
1	1.0	1.0	1.0	11	piece11	0	1	0
2	1.0	1.0	1.0	11	piece11	0	1	0
3	1.0	1.0	1.0	11	piece11	0	1	0
4	1.0	1.0	1.0	11	piece11	0	1	0
5	1.0	1.0	1.0	11	piece11	0	1	0
6	1.0	1.0	1.0	11	piece11	0	1	0
7	1.0	1.0	1.0	11	piece11	0	1	0
8	1.0	0.0	0.0	11	piece11	1	0	1
9	1.0	1.0	1.0	11	piece11	0	1	0
10	1.0	1.0	1.0	11	piece11	0	1	0
11	1.0	1.0	1.0	11	piece11	0	1	0
12	1.0	1.0	1.0	11	piece11	0	1	0

図03-069 ジオメトリスプレッドシートによる状態の確認

プリミティブナンバ8のフェースが外側に面している部分になります。group:outesideが1になっているところ、つまりouteside グループに属しているフェースはoutside_numが1に、Cdアトリビュートが{1, 0, 0}となっています。

ここからがメインのロジックです。Attribute PromoteSOPとSwitchSOPを利用して「ピースの中に外側に面したフェースが存在しているかどうか」を判定します。

Attribute PromoteSOPのパラメータを次のように設定します。

パラメータ	値
Original Name	outside_num
Original Class	Primitive
New Class	Detail
Promotion Method	Sum

このパラメータで重要なのがPromotion Methodです。これをSumにすることで、ピース内のすべてのプリミティブアトリビュートのoutside_numを取り出し、足し算をした結果をディテールアトリビュートに切り替えています。

この処理によって作成された**ディテールアトリビュートoutside_numが1以上だったらピースに1つ以上外に面したフェースがある**ということがわかります。

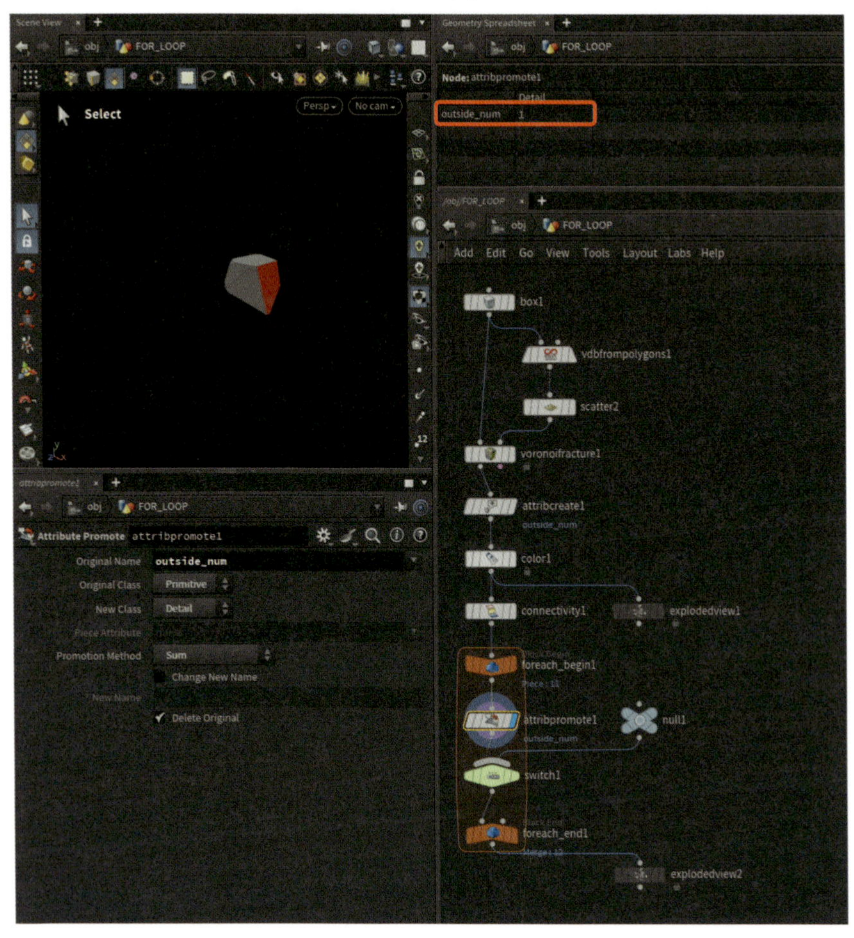

図03-070 Attribute PromoteSOP：outside_numの総和をディテールアトリビュートに移植

続くSwitchSOPで「ピースの中に外側に面したフェースが存在していたら取り除く」という処理を行います。

分岐はエクスプレッションで行っており、プログラムは次のとおりです。内容は特に難しくなく、「上流のディテールアトリビュートoutside_numが0より大きいとき」という意味です。

```
0<detail(0, "outside_num", 0)
```

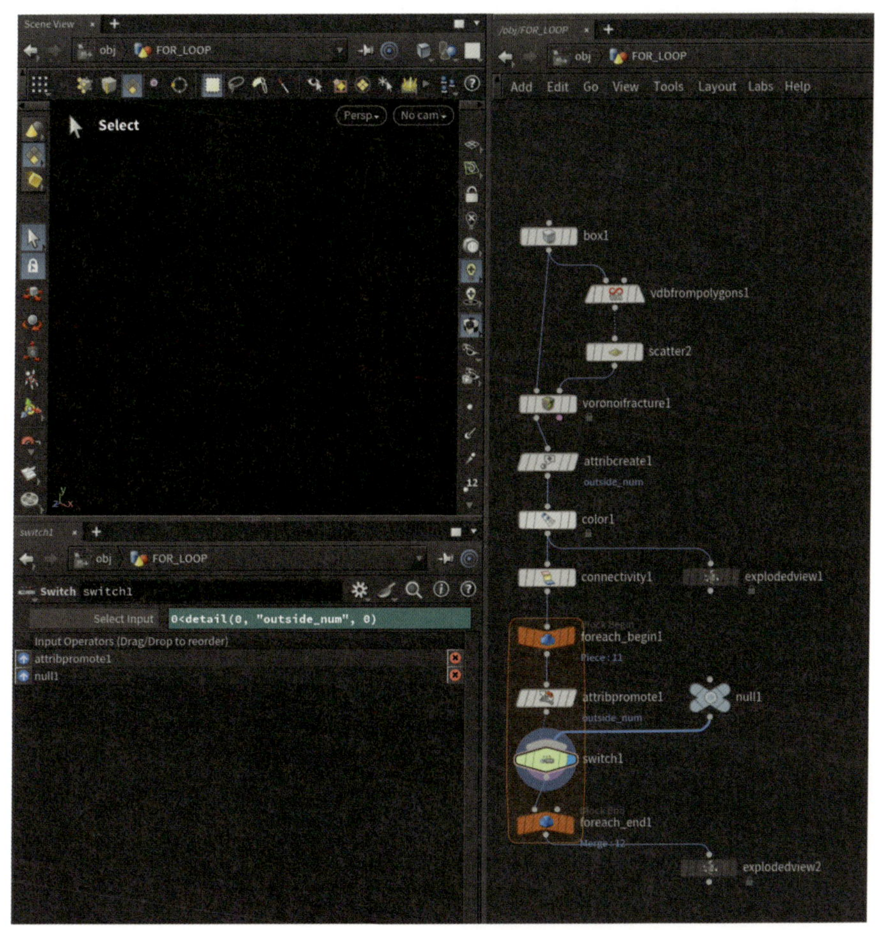

図03-071 SwitchSOP：ピースの中に外側に面したフェースが存在していたらNullに切り替える

ここで重要なのが「取り除く」という結果をどう得るかという点です。取り除くという言葉からは「削除する」という行為を想像しがちですが、「ピースの中に外側に面したフェースが存在していたらNullにする」という処理でも良いということです。

SwitchSOPのワイヤを見ればわかるように、Single Passが11の現在の状況ではNullSOPへのワイヤが実線で表示され、ビューポートにはジオメトリが何も表示されていませんね。

慣れるまで奇妙な気もすると思いますが、Houdiniらしい処理なのでぜひここで自分のものとしてください。

続いてピースの中に外側に面したフェースが存在していない場合、つまり完全に内側にあるピースのケースも確認しておきましょう。

Single Passを10に設定してみるとネットワークは下の図のようになります。

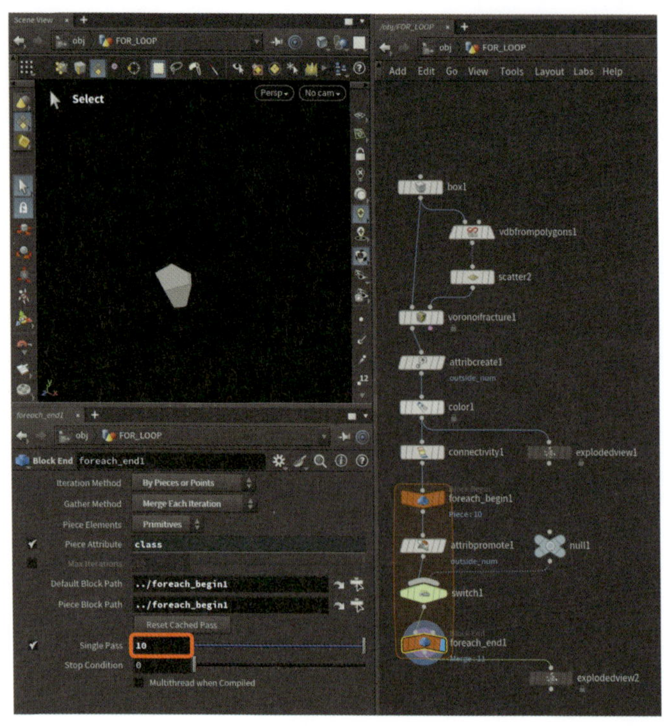

図03-072　Single Pass：10のケース

SwitchSOPのワイヤを見るとattribpromote1へワイヤが実線で表示され、ビューポートにはジオメトリが取り除かれず表示されています。

Single Passのチェックを外し、このループをすべて実行すると意図したメッシュになっていることがわかります。再度Exploded ViewSOPを作成し、ピースの状態を確認しても良いでしょう。赤いフェース、つまり外側に面したフェースが残っていないことが見て取れます。

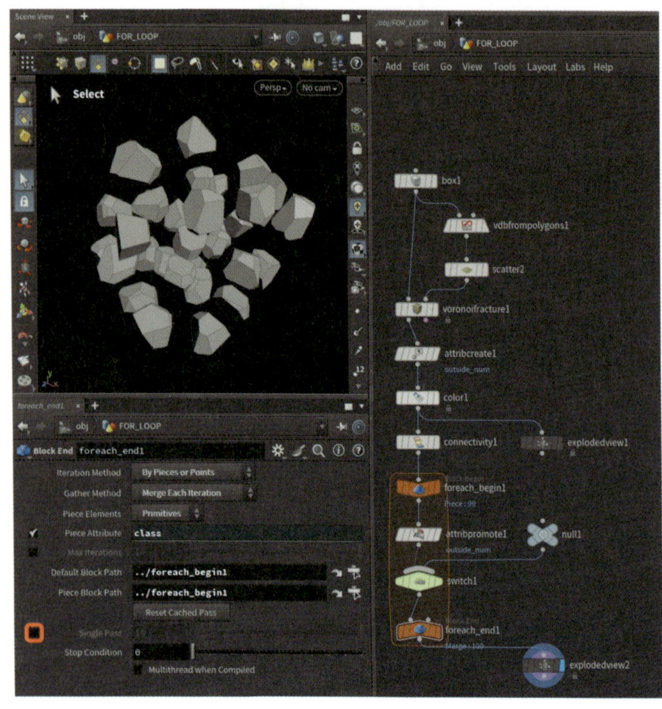

図03-073　Exploded ViewSOPを利用した最終結果の確認

Group Expandの利用

ここではループではなくGroup Expandを用いた方法について解説を行います。こちらの方がより直感的なため理解しやすいかもしれません。ループを用いた方法は古くからあるものですが、Group ExpandSOPはHoudini 18.0から登場したノードになります。このように、新しく登場したノードによってよりわかりやすくコンパクトに実装できるようになったネットワークも多くあるので、Houdiniのアップデートのたびによりスマートな実装を探すことも学びにつながるでしょう。

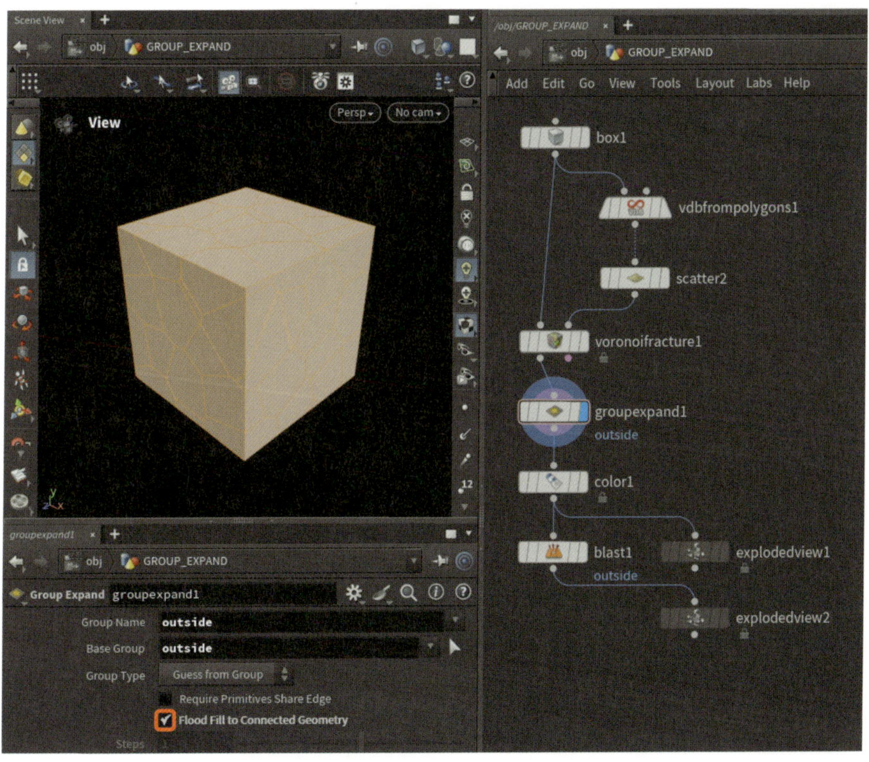

図03-074　Group ExpandSOP：outsideグループの拡大

Group ExpandSOPはグループを拡大縮小するノードです。今回のパラメータは次のように設定します。

パラメータ	値
Group Name	outside
Base Group	outside
Flood Fill to Connected Geometry	オン

Base GroupとGroup Nameを同じ値にすることで、既存のグループを拡大縮小することができます。そしてここで重要なパラメータがFlood Fill to Connected Geometryです。これをオンにすると繋がったジオメトリまでグループを拡大することができます。

拡大されたoutsideグループを確認するために、今回もColorSOPとExploded ViewSOPを使用してみましょう。

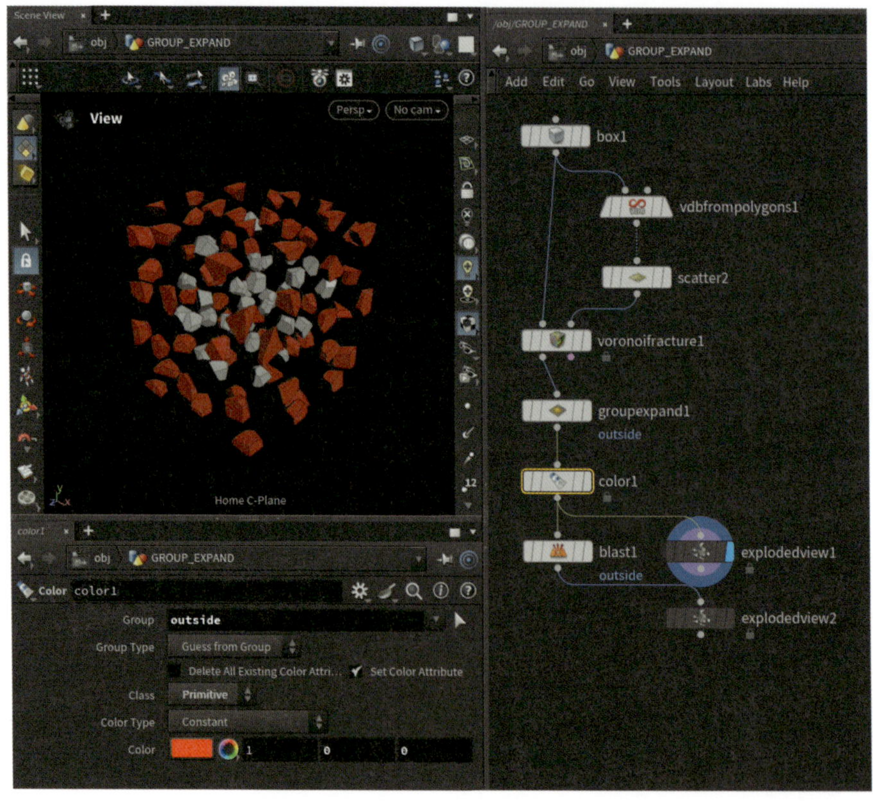

図03-075　ColorSOP、Exploded ViewSOPを利用したグループの確認

外に面したフェースをひとつでも持っているピースはグループが拡大され、すべて`outside`グループに入ったことが確認できました。あとは単純にBlastSOPで削除できそうですね。

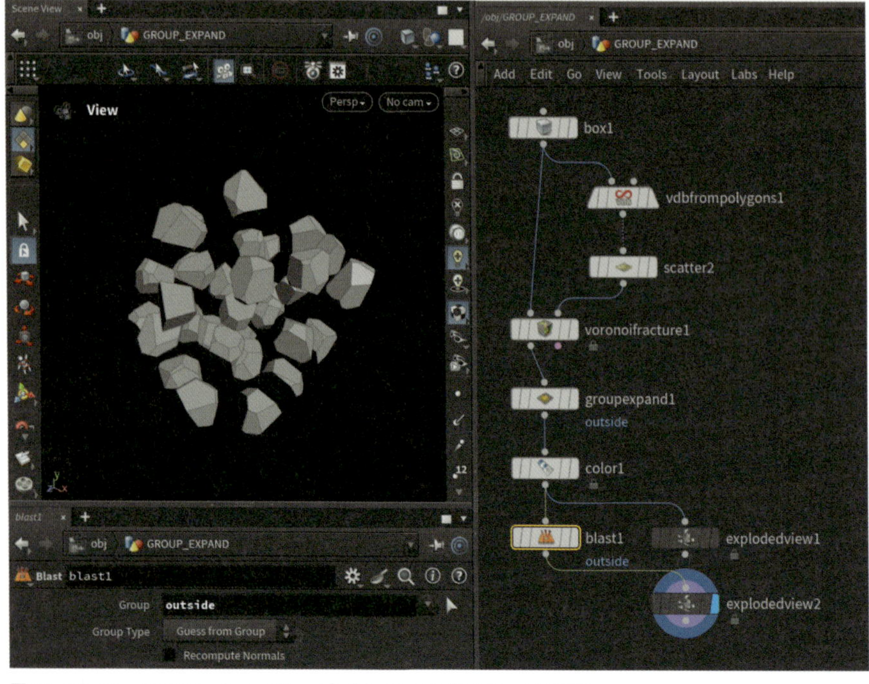

図03-076　BlastSOPでoutsideグループに属しているプリミティブを削除

Group ExpandSOPを用いることでスマートに実現することができました。古い手法も新しい手法も完全に置き換わるものではないので、ケース・バイ・ケースで使用できるようになりましょう。

》コピーをコントロールしよう

仕事をしていて**複数のオブジェクトをコピーしたい**というオーダーはよくあります。そして元々3つのオブジェクトを配置する予定だったものが4つのオブジェクトに増える場合ももちろんあるでしょう。

このように、オーダーが変わっても柔軟に対応できるコピーシステムについて解説していきます。

サンプルファイル：deliver_items.hip

悪いアプローチ

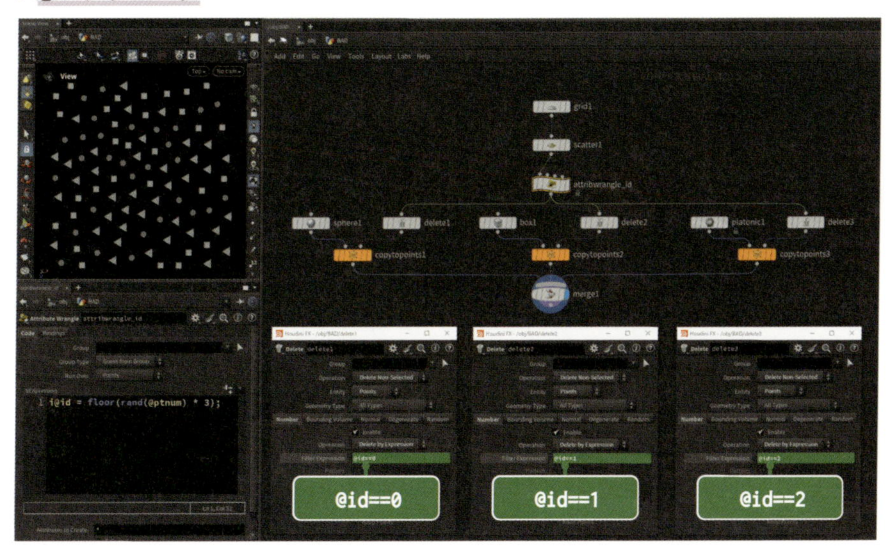

図03-077 バリエーションコピー：悪いアプローチ

目的としてはシンプルです。ビューポートを見ればわかるようにBox、Sphere、Platnic Solids（Tetrahedron）がランダムに配置されたジオメトリを作ります。

GridSOPにScatterSOPをつないでポイントを散布するところは割愛しますが、続くattribwrangle_idノードのプログラムは解説が必要ですね。

```
i@id = floor(rand(@ptnum) * 3);
```

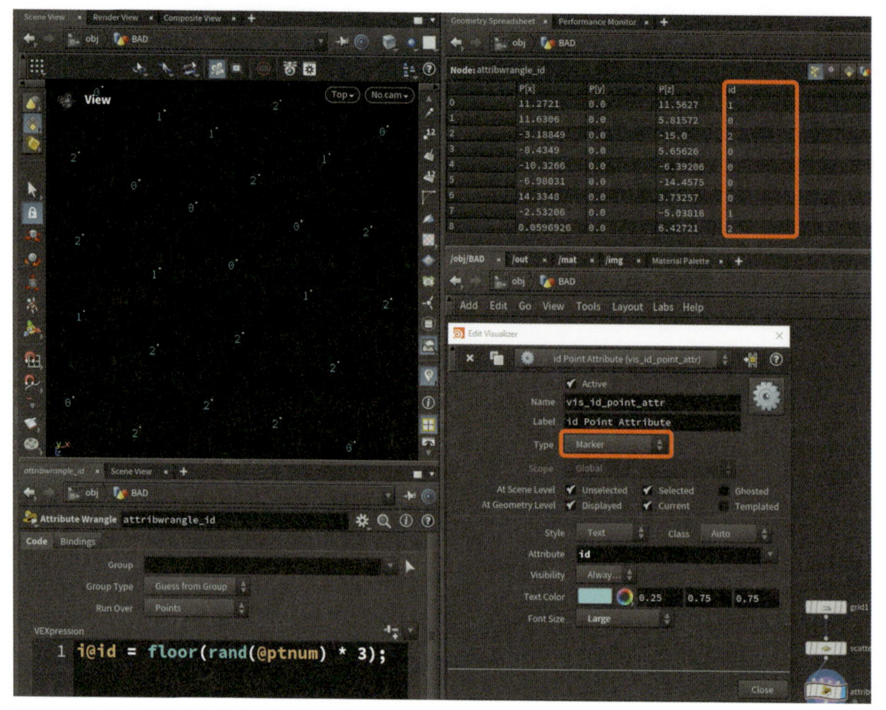

図03-078　0、1、2をとるポイントアトリビュートidを作成

ジオメトリスプレッドシートと合わせてidアトリビュートのビジュアライズもしてみました。0、1、2の整数値がランダムにセットされています。先程のプログラムはこれを表現するものとなりますので、解説を行います。

まずrand(@ptnum) * 3の部分ですが、0から1までのランダムな値に3を掛けているため、0から3の値になります。それをfloor関数に渡しているのが右辺です。

floor関数は初めて出てくる関数ですが、引数の「小数点を切り捨てる」という非常にシンプルな機能になっています。小数点を切り捨てるので整数値のみが返ります。「一番近い整数（床）に押し付ける」というイメージを持つとわかりやすいでしょうか。

これらをまとめると、「0から3のランダムなfloat値」から「小数点を切り捨ててint値を返す」ので0、1、2の整数値が取得できるというわけです。これをポイントアトリビュートidにセットしているわけですね。

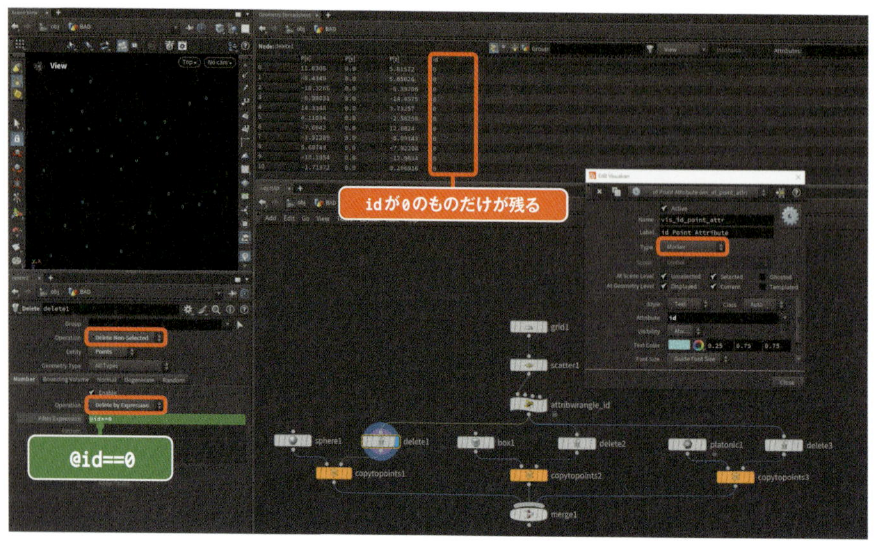

図03-079　DeleteSOP：idがゼロ以外のものを削除

続くDeleteSOPで`id`が`0`のとき、`1`のとき、`2`のときをそれぞれ分岐し、あとはそれぞれをCopy to Pointsしています。

`id`アトリビュートの作成だけ少し難しかったですが、作り自体はシンプルなネットワークと言えるでしょう。

これでも良さそうな気がしますが、本システムには決定的な問題があります。試しにBox、Sphere、Platnic Solids (Tetrahedron) に加えてTorusを配置してみましょう。

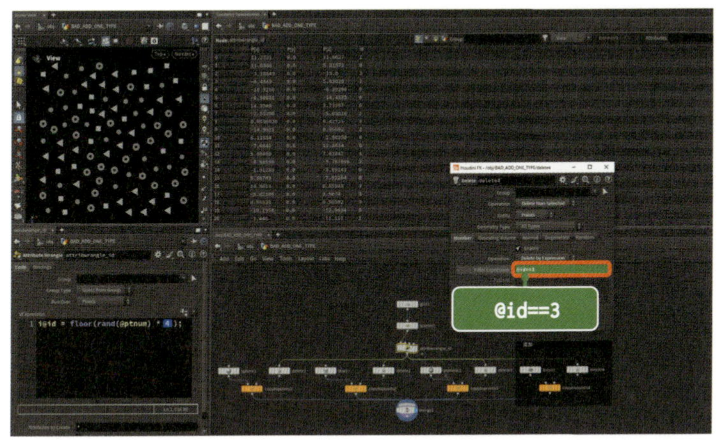

図03-080 コピー対象のオブジェクトが増えた場合のフロー

attribwrangle_idノードのプログラムを次のように修正(`* 3`を`* 4`に)します。

```
i@id = floor(rand(@ptnum) * 4);
```

ネットワークボックスで囲ったTorusSOP、DeleteSOP、Copy to PointsSOPを追加、またDeleteSOPの`Filter Expression`も新しく`@id==3`と設定する必要があります。

このように1つ変更を加えるとそれに対応する複数の追加編集が必要になるネットワークはプロシージャルと呼ぶことはできません。ここをうまくクリアする手法を見ていきましょう。

良いアプローチ

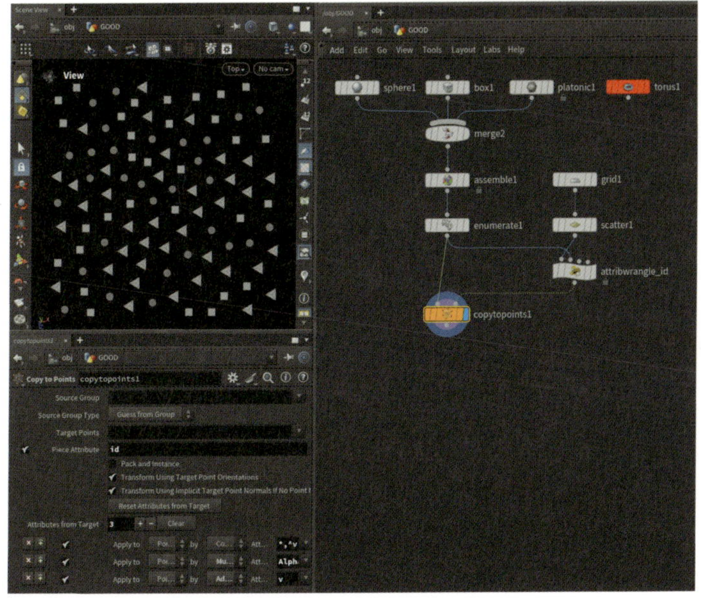

図03-081 バリエーションコピー：良いアプローチ

少々構成は変わりましたが、こちらがスケールしやすい（変更に強い）ネットワークとなります。内容の説明は後で行いますが、まずはTorusSOPをmerge1に接続してみましょう。

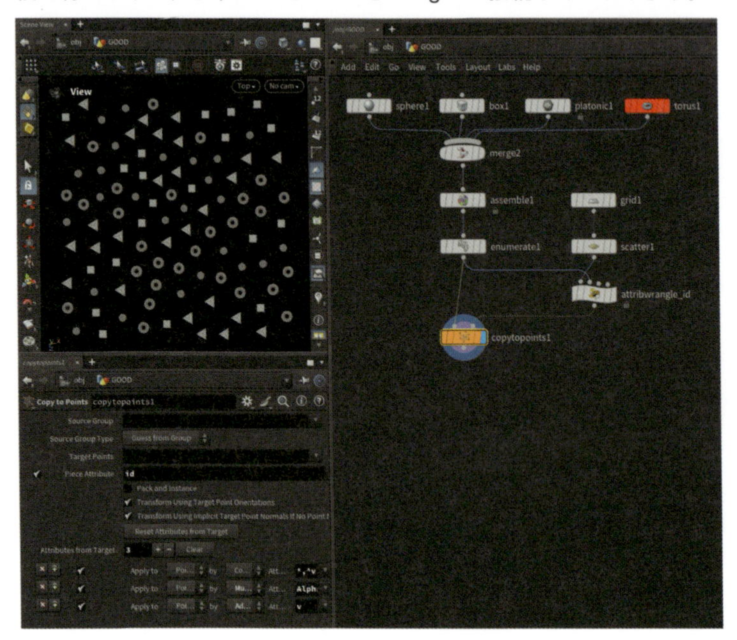

図03-082　コピー対象のオブジェクトが変動しても対応できるコピーシステム

他のパラメータは一切変更することなく、意図したとおり4個のオブジェクトをランダムで配置することができました。今回はTorusを増やしましたが、もちろん減らしても自動で対応してくれます。Copy to Pointsの新しい機能とともに、柔軟な仕組み作りを解説していきます。

最初に配布したいオブジェクトをマージします。

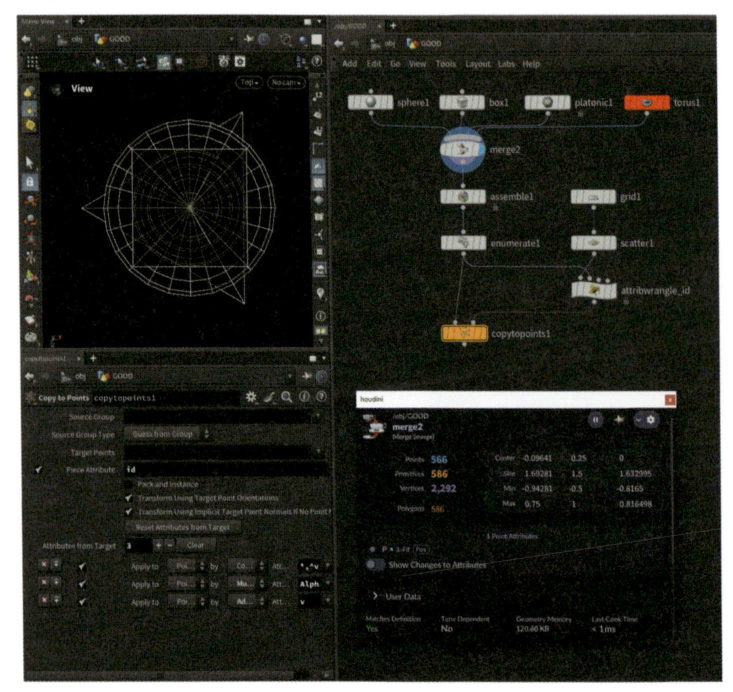

図03-083　コピー対象のオブジェクトをマージ

続けてAssembleSOPを接続して、`Create Packed Primitives`にチェックを入れます。すると接続されたプリミティブごとにパックプリミティブ化されます。

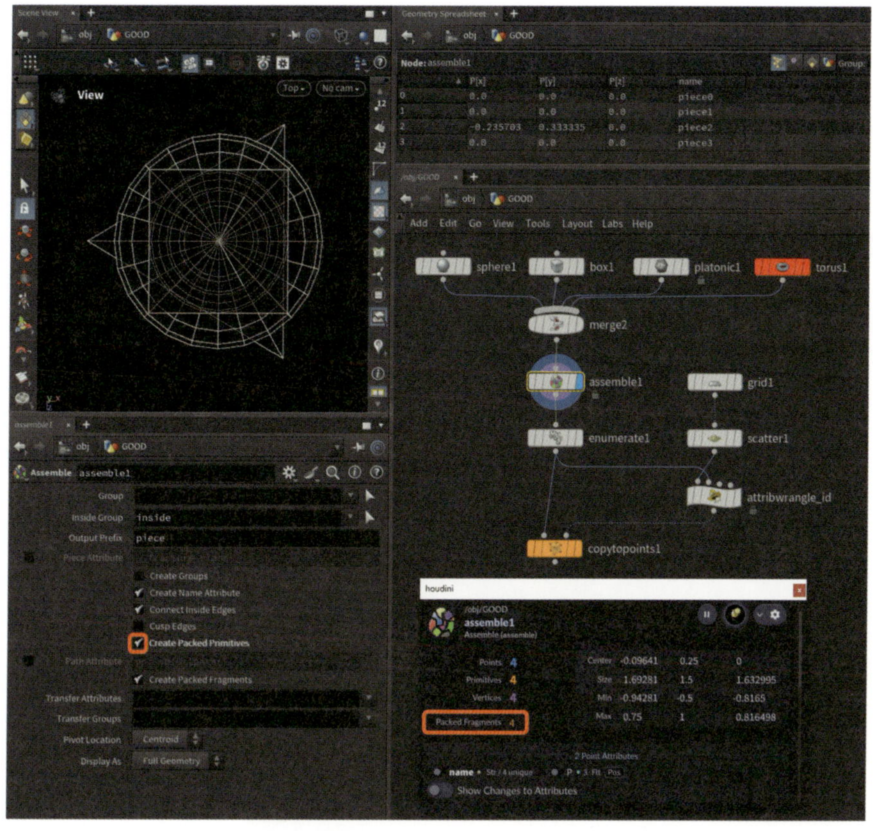

図03-084　AssembleSOP：パックプリミティブ化

そしてEnumerateSOPを接続します。このノードはポイントナンバもしくはプリミティブナンバと同じ値を整数または文字列としてセットしてくれるノードです。本例ではAttribute WrangleSOPで`Run Over`を`Point`、プログラムを`i@id = @ptnum;`としたときとまったく同じですが、「連番のアトリビュートを作る」ということを明示したノードなので活用すると読みやすいネットワークに一役買ってくれるでしょう。

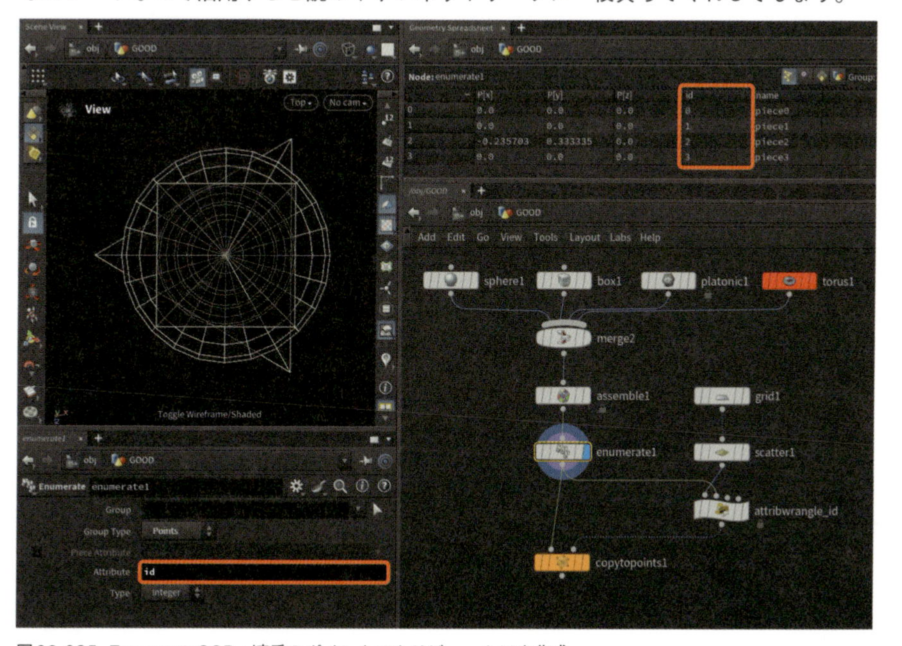

図03-085　EnumerateSOP：連番のポイントアトリビュートidを作成

ここまでで、**コピーされるオブジェクトにidというint型のアトリビュートを作る**ことができました。これが後ほど重要になってきます。

GridSOPにScatterSOPをつないでポイントを散布するところは変更なしで、続くattribwrangle_idノードを変更に追従するよう修正しています。

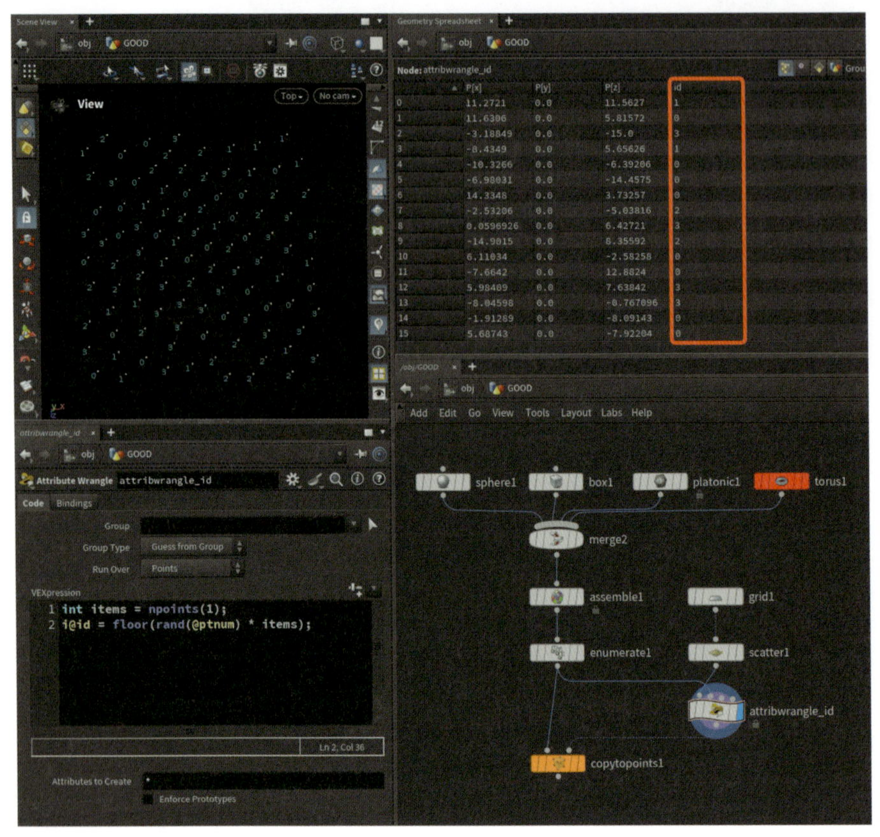

図03-086 ランダムなポイントアトリビュートidをコピー対象のオブジェクト数に追従するよう改修

プログラムにも変更を加えているので見てみましょう。

```
int items = npoints(1);
i@id = floor(rand(@ptnum) * items);
```

1行目に新しいローカル変数`items`の定義が追加され、2行目で`3`や`4`など手入力で修正していた部分に`items`を使用しています。ここを詳しく見ていきましょう。

`npoints`関数は初めて出てきましたが、引数に渡されたジオメトリのポイント数を返す関数です。本例では引数が`1`になっているため、入力コネクタ1に入っている`enumerate1`のポイント数が得られるということになりますね。なのでこの`item`という変数には「コピーしたいオブジェクトの総数」が入ることになります。

そして2行目の掛け算の部分を`items`に修正したことで、今まで手で入力してきたところが自動で計算されるということになるわけです。

最後にCopy to PointsSOPの機能についてご紹介します。

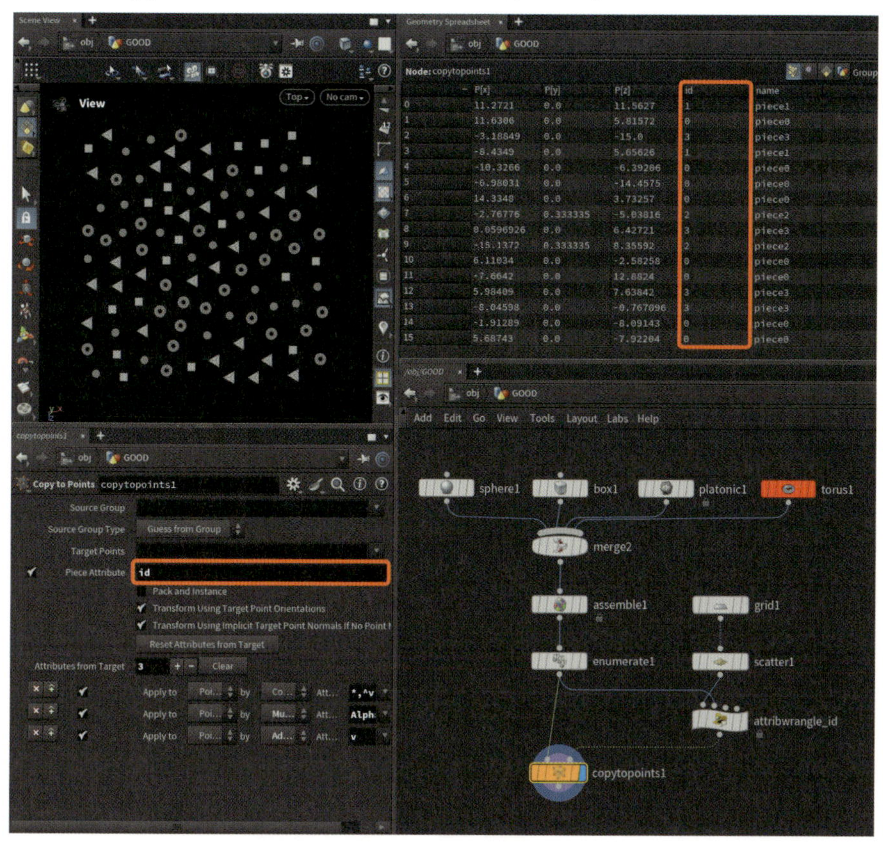

図03-087 Copy to Points：バリエーションコピーに対応した機能

これは非常に強力な機能で`Piece Attribute`パラメータにチェックをいれ、**値に指定したアトリビュート名が「コピーされるオブジェクト」と「コピー位置を参照されるポイント」に存在していた場合マッチしたものをコピーする**という機能になります。

今回の場合は「コピー位置を参照されるポイント」にランダムな`id`アトリビュートを設定済みで、「コピーされるオブジェクト」には次の表のとおり`id`アトリビュートをセットしています。

id	オブジェクト
0	Box
1	Sphere
2	Platnic Solids（Tetrahedron）
3	Torus

マッチしたアトリビュートごとにオブジェクトをコピーする際にとても便利な機能となります。

▶良いアプローチ（別解）

最後にAttribute WrangleSOPで実装していた部分をAttribute From PiecesSOPに置き換える手法をご紹介します。このノードはHoudini 18.5から登場したノードですが、Copy to Pointsのバリエーションコピーと組み合わせるとスマートなネットワークを作ることができます。

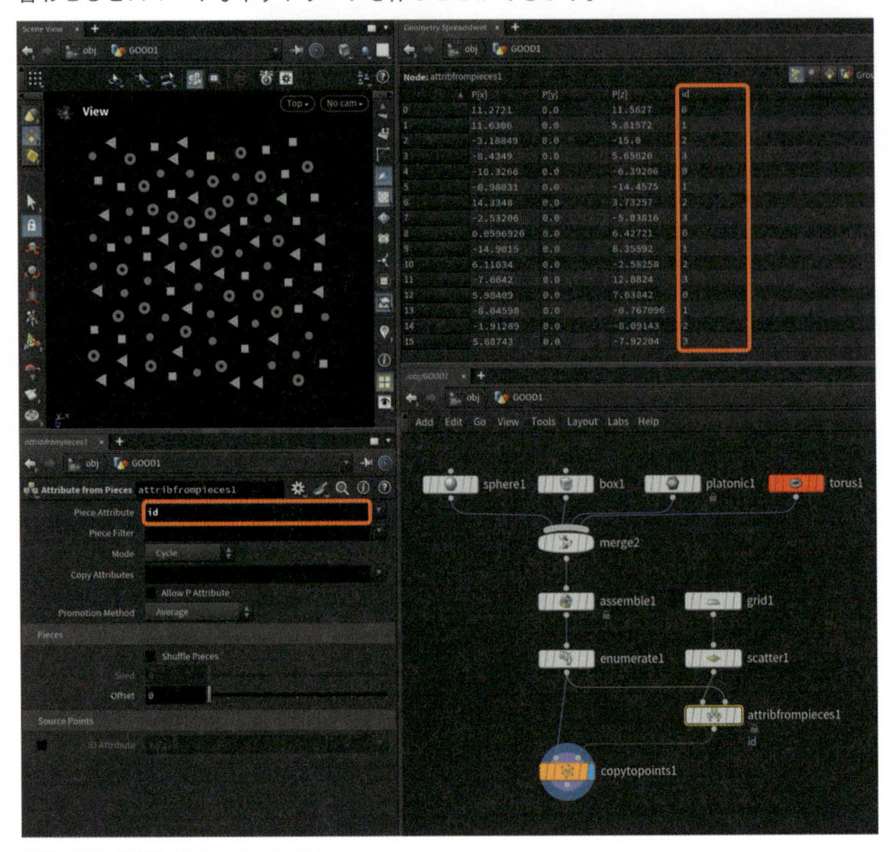

図03-088（別解）バリエーションコピー

Attribute From PiecesSOPは第2入力に散布したいジオメトリ、第1入力に分布用のアトリビュートをセットするポイントとるノードです。

本例では第2入力に`enumerate1`が刺さっており、`Piece Attribute`に`id`がセットされているため、`id`のとりうる値は`0`、`1`、`2`ということがわかり、それを`Mode`を`Random`で分布させるということを決めています。

今回はAttribute WrangleSOPで計算していたものと同様の結果を得られていますが、`Mode`を切り替えることで分布を操作できる点がメリットとなります。

≫まとめ

UIの解説から概念編に進み、並列処理の考え方やVEXの文法の解説、多用されるノードの紹介の後、様々なロジックを学んできました。

本書を通してノードや関数、パラメータの説明に「その名のとおり」というワードがよく出てきたと思います。これは意図的に用いてきたワードではあるのですが、Houdiniの本質として「名前として機能を理解する」ことは避けて通れません。

読者の中には英語が苦手な方もいると思いますが、新しい単語が出てきたら、その都度辞書を引いてその意味を理解し、それに機能を紐づけて覚えてください。まさに「名前の付いているおばけは怖くない」のです。

また表現は違えどアトリビュートの利用方法はまったく同じという作例も見てきたと思います。これは裏を返せばアトリビュートの使用方法さえ理解すれば多くの表現で利用することができるということです。

はじめて見かけたテクニックは「そんなの思いつかないよ」と思うものも多かったかもしれませんが、Houdiniの根底を流れる考え方を1つひとつ理解することで決して天啓を待つのではなく、着実に業務に当たることができるようになってきます。

あとがき

Houdiniはイージーではないが、シンプルだ。

これは僕がよく使う言葉です。Houdiniは正直難しく、CGの本質的な難しさと向かい合う瞬間が多くあります。ですが、強いロジックを身につければいつでもその考え方を利用することができ、難題に直面したときも恐れることなく取り組むことができます(大変ではあるにせよ)。

知識の寄せ集めではなく、体系的で血肉の通った武器が揃ったとき、振り返ればあなたのHoudini力は見違えるほど強くなっていることでしょう。

これからの長いHoudini道を同士として共に歩めればこれにまさる喜びはありません。

執筆参考URLなど

- https://www.sidefx.com/ja/docs/houdini/network/expressions.html
- https://www.sidefx.com/ja/docs/houdini/vex/lang.html
- https://www.sidefx.com/ja/docs/houdini18.5/network/wire.html

索　引

A - C

D - F

G - K

M - P

R - V

あ

か

さ

た - な

は

ま - ら

挫折させない
Houdiniドリル

2024年9月25日 初版第1刷発行

著者　新井 克哉
監修　太田 隆介
発行人　新 和也
編集　加藤 諒
発行　株式会社 ボーンデジタル
〒102－0074
東京都千代田区九段南1- 5 － 5
九段サウスサイドスクエア
Tel: 03－5215- 8671　Fax: 03－5215- 8667
www.borndigital.co.jp/book/
お問い合わせ先：https://www.borndigital.co.jp/contact/

装丁・本文デザイン　武田 厚志（SOUVENIR DESIGN INC.）
印刷・製本　シナノ書籍印刷株式会社

ISBN：978-4-86246-613-6

Printed in Japan